全国高等教育自学考试指定教材

线性代数(经管类)

(含:线性代数(经管类)自学考试大纲)

(2023 年版)

全国高等教育自学考试指导委员会 组编

刘吉佑 刘志学 主编

北京大学出版社

PEKING UNIVERSITY PRESS

图书在版编目(CIP)数据

线性代数. 经管类：2023年版 / 刘吉佑，刘志学主编. —北京：北京大学出版社，2023.4
全国高等教育自学考试指定教材
ISBN 978-7-301-33781-3

Ⅰ. ①线… Ⅱ. ①刘… ②刘… Ⅲ. ①线性代数－高等教育－自学考试－教材 Ⅳ. ①O151.2

中国国家版本馆CIP数据核字(2023)第036073号

书　　名	线性代数（经管类）(2023年版) XIANXING DAISHU（JINGGUAN LEI）（2023 NIAN BAN）
著作责任者	刘吉佑　刘志学　主编
责任编辑	潘丽娜
标准书号	ISBN 978-7-301-33781-3
出版发行	北京大学出版社
地　　址	北京市海淀区成府路205号　100871
网　　址	http://www.pup.cn　　新浪微博：@北京大学出版社
电子信箱	zpup@pup.cn
电　　话	邮购部010-62752015　发行部010-62750672　编辑部010-62752021
印 刷 者	河北文福旺印刷有限公司
经 销 者	新华书店
	787毫米×1092毫米　16开本　15印张　393千字
	2023年4月第1版　2023年12月第3次印刷
定　　价	48.00元

组编前言

21世纪是一个变幻难测的世纪，是一个催人奋进的时代．科学技术飞速发展，知识更替日新月异．希望、困惑、机遇、挑战，随时随地都有可能出现在每一个社会成员的生活之中．抓住机遇，寻求发展，迎接挑战，适应变化的制胜法宝就是学习——依靠自己学习、终身学习．

作为我国高等教育组成部分的自学考试，其职责就是在高等教育这个水平上倡导自学、鼓励自学、帮助自学、推动自学，为每一个自学者铺就成才之路．组织编写供读者学习的教材就是履行这个职责的重要环节．毫无疑问，这种教材应当适合自学，应当有利于学习者掌握和了解新知识、新信息，有利于学习者增强创新意识，培养实践能力，形成自学能力，也有利于学习者学以致用，解决实际工作中所遇到的问题．具有如此特点的书，我们虽然沿用了“教材”这个概念，但它与那种仅供教师讲、学生听，教师不讲、学生不懂，以“教”为中心的教科书相比，已经在内容安排、编写体例、行文风格等方面都大不相同了．希望读者对此有所了解，以便从一开始就树立起依靠自己学习的坚定信念，不断探索适合自己的学习方法，充分利用自己已有的知识基础和实际工作经验，最大限度地发挥自己的潜能，达到学习的目标．

欢迎读者提出意见和建议．

祝每一位读者自学成功．

全国高等教育自学考试指导委员会

2022年8月

目　　录

线性代数(经管类)自学考试大纲

线性代数(经管类)(2023 年版)

全国高等教育自学考试

线性代数(经管类)
自学考试大纲

全国高等教育自学考试指导委员会　制定

大纲前言

为了适应社会主义现代化建设事业的需要，鼓励自学成才，我国在20世纪80年代初建立了高等教育自学考试制度．高等教育自学考试是个人自学、社会助学和国家考试相结合的一种高等教育形式．应考者通过规定的专业考试课程并经思想品德鉴定达到毕业要求的，可获得毕业证书；国家承认学历并按照规定享有与普通高等学校毕业生同等的有关待遇．经过30多年的发展，高等教育自学考试为国家培养造就了大批专门人才．

课程自学考试大纲是国家规范自学者学习范围、要求和考试标准的文件．它是按照专业考试计划的要求，具体指导个人自学、社会助学、国家考试、编写教材、编写自学辅导书的依据．

随着经济社会的快速发展，新的法律法规不断出台，科技成果不断涌现，原大纲中有些内容过时、知识陈旧．为更新教育观念，深化教学内容和方式、考试制度、质量评价制度改革，使自学考试更好地提高人才培养的质量，各专业委员会按照专业考试计划的要求，对原课程自学考试大纲组织了修订或重编．

修订后的大纲，在层次上，本科参照一般普通高校本科水平，专科参照一般普通高校专科或高职院校的水平；在内容上，力图反映学科的发展变化，增补了自然科学和社会科学近年来研究的成果，对明显陈旧的内容进行了删减．

全国高等教育自学考试指导委员会公共课课程指导委员会组织制定了《线性代数(经管类)自学考试大纲》，经教育部批准，现颁发施行．各地教育部门、考试机构应认真贯彻执行．

全国高等教育自学考试指导委员会

2018年10月

Ⅰ. 课程性质与课程目标

一、课程性质和特点

“线性代数(经管类)”是经济管理类各专业(本科段)的一门重要的公共基础课程,是为培养各种与经济和管理有关的人才而设置的.线性代数是讨论有限维空间的线性理论的一门科学,为处理线性问题提供了有力的工具.在当今科学技术飞速发展,特别是计算机科学和信息技术的应用日新月异,科学管理理念日益加强的时代,作为描述和研究实际问题的有力工具,线性代数的理论和方法已渗透到各个科学领域以及经济学和管理科学,在工程技术和国民经济的许多领域都有广泛的应用.学习本课程,不仅使自学者掌握本课程的基本理论和方法,为学习考试计划中的多门后继课程提供必要的基础知识,而且有利于提高自学者的数学修养,养成善于抽象思维和逻辑推理习惯,从而能提高自学者分析和解决实际问题的能力.

二、课程目标

课程设置的目标是使得考生能够:

1. 理解行列式的性质,会计算行列式;

2. 熟练掌握矩阵的各种运算;

3. 会判别向量组的线性相关性与线性无关性,理解向量组的秩和矩阵的秩的概念及其关系;

4. 掌握线性方程组的解的结构和线性方程组的求解方法;

5. 会求实方阵的特征值和特征向量,理解方阵可对角化的条件,掌握方阵对角化的计算方法;

6. 了解实二次型及其标准形的概念和正定二次型的概念及判别方法.

三、与相关课程的联系与区别

学习本课程,要求考生具备高中数学的基础知识.本课程是经济管理类(本科段)各专业的公共基础课程,学习本课程又为经济管理类的各后继课程(如经济学等)奠定必要的数学基础.

四、课程的重点和难点

本课程的重点是行列式计算,矩阵运算和解线性方程组,向量组的线性相关性和线性无关性判别.

本课程的难点是行列式计算,矩阵的秩和向量组的秩的概念和求法,向量组的极大线性无关组的求法,实方阵的对角化方法以及实二次型的标准形的求法.

考生在自学过程中,要切实掌握有关内容的基本概念、基本理论和基本方法.通过做相当数量练习,具有比较熟练的运算能力,同时培养抽象思维和逻辑推理能力,并不断提高自学能力.

Ⅱ. 考核目标

课程中各章的内容均由若干知识点构成.在自学考试命题中知识点就是考核点.因此课程自学考试大纲所规定的考试内容是以分解为考核知识点的形式给出的.

因各知识点在课程中的地位、作用以及知识点自身的特点不同,自学考试中对各知识点分别按四个认知层次确定其考核要求.这四个层次从低到高依次是:识记、领会、简单应用、综合应用.它们之间是递增的关系,后者必须建立在前者的基础上,其含义分别是:

"识记"——能对大纲中的定义、定理、公式、性质、法则等有清晰准确的认识并能做出正确的选择和判断.

"领会"——要求对大纲中的概念、定理、公式、性质、法则有一定程度的理解,清楚它与有关知识点的联系和区别,并能给出正确的表述和解释.

"简单应用"——会运用大纲中各部分的少数几个知识点,解决简单的计算、证明和应用问题.

"综合应用"——在对大纲中的概念、定理、公式、性质、法则等熟悉和理解的基础上,会运用多个知识点经过分析、计算或推导解决稍复杂一些的问题.

需要特别说明的是,试题的难易与认知层次的高低虽有一定的联系,但二者并不完全一致,在每个认知层次中可以有不同的难度.

Ⅲ. 课程内容与考核要求

第一章 行 列 式

一、学习目的与要求

学习本章,要确切了解行列式的定义;理解行列式的性质;熟练掌握二阶与三阶行列式的计算,会用性质计算比较简单的低阶行列式,会计算简单的 n 阶行列式;掌握克拉默法则.

二、考核知识点

1. 行列式的定义.
2. 行列式的性质与计算.
3. 克拉默法则.

三、考核要求

1. 行列式的定义. 要求达到"识记"层次.

(1) 熟练计算二阶与三阶行列式.

(2) 清楚行列式中元素的余子式和代数余子式的定义.

(3) 了解行列式按其第一列展开的递归定义.

(4) 熟记三角行列式的计算公式.

2. 行列式的性质与计算. 要求达到"简单应用"层次.

(1) 牢记(不要求证明)并会熟练运用行列式的性质.

(2) 掌握行列式的基本计算方法.

(3) 会计算简单的 n 阶行列式.

(4) 会计算低阶范德蒙德行列式.

3. 克拉默法则. 要求达到"简单应用"层次.

(1) 知道克拉默法则.

(2) 会用克拉默法则求解简单的线性方程组.

四、本章重点

重点:行列式的性质与计算.

难点:n 阶行列式的计算.

第二章　矩　　阵

一、学习目的与要求

学习本章，要求掌握矩阵的各种运算及其运算法则；知道方阵可逆的充要条件；会求可逆矩阵的逆矩阵；熟练掌握矩阵的初等变换；理解矩阵的秩的定义，会求矩阵的秩.

二、考核知识点

1. 矩阵的各种运算的定义及其运算律. 重点是矩阵的乘法.

2. 分块矩阵的定义及其加法、减法和乘法运算.

3. 逆矩阵的定义与性质，伴随矩阵，方阵可逆的判别条件.

4. 矩阵的初等变换和初等矩阵.

5. 可逆矩阵的逆矩阵的求法.

6. 矩阵的秩的定义与求法.

三、考核要求

1. 矩阵的定义. 要求达到“识记层次”.

(1) 理解矩阵的定义.

(2) 知道三角矩阵、对角矩阵、单位矩阵和零矩阵的定义.

(3) 清楚矩阵与行列式是两个有本质区别的概念，清楚矩阵与行列式的符号区别，清楚矩阵的行列式的定义.

2. 矩阵运算及其运算规律. 要求达到“综合应用”层次.

(1) 掌握矩阵相等与加、减法的定义及其可运算的条件和运算律.

(2) 理解数乘矩阵运算的定义. 注意 $k\boldsymbol{A}$ 与 $k|\boldsymbol{A}|$ 的区别以及矩阵加法与行列式加法、矩阵相乘与行列式相乘的区别.

(3) 熟练运用 $|k\boldsymbol{A}|=k^n|\boldsymbol{A}|$，其中 $\boldsymbol{A}$ 是 n 阶方阵.

(4) 掌握矩阵乘法的定义和相乘条件；掌握矩阵乘法的运算法则. 注意矩阵乘法不满足交换律和消去律.

(5) 会运用方阵乘积的行列式规则：当 $\boldsymbol{A},\boldsymbol{B}$ 是同阶方阵时，有

$$|\boldsymbol{AB}|=|\boldsymbol{A}|\cdot|\boldsymbol{B}|.$$

(6) 知道矩阵转置的定义和矩阵转置的运算律，特别注意

$$(\boldsymbol{AB})^{\mathrm{T}}=\boldsymbol{B}^{\mathrm{T}}\boldsymbol{A}^{\mathrm{T}}.$$

(7) 知道对称矩阵和反对称矩阵的定义.

3. 方阵的逆矩阵. 要求达到“领会”层次.

(1) 理解可逆矩阵的概念与性质.

(2) 熟练掌握方阵可逆的条件和求逆运算律，知道 $|\boldsymbol{A}|\neq 0$ 是 $\boldsymbol{A}$ 可逆的一个充要条件.

(3) 理解方阵的伴随矩阵的定义. 会用两个基本结论：$\boldsymbol{AA}^*=|\boldsymbol{A}|\boldsymbol{E}$，$|\boldsymbol{A}^*|=|\boldsymbol{A}|^{n-1}$.

(4) 会用公式 $\boldsymbol{A}^{-1}=\dfrac{1}{|\boldsymbol{A}|}\boldsymbol{A}^*$ 求二阶和三阶矩阵的逆矩阵.

（5）会解简单的矩阵方程.

4. 分块矩阵. 要求达到“识记”层次.

（1）知道分块矩阵的定义.

（2）了解分块矩阵的加法、数乘和乘法运算.

（3）会求准对角矩阵的逆矩阵和准三角矩阵的行列式.

5. 矩阵的初等变换与初等方阵. 要求达到“简单应用”层次.

（1）理解矩阵的初等变换和初等方阵的定义及其相互之间的关系.

（2）知道初等方阵的逆矩阵.

（3）知道等价矩阵的概念和等价标准形.

（4）会利用矩阵的初等行变换求可逆矩阵的逆矩阵.

6. 矩阵的秩的定义. 要求达到“领会”层次.

（1）理解矩阵的秩的定义.

（2）知道方阵满秩的概念及其性质.

（3）知道两个同阶方阵等价的充要条件是两个方阵的秩相等.

7. 矩阵的秩的求法. 要求达到“简单应用”层次.

（1）会根据定义求比较简单的矩阵的秩.

（2）会用矩阵的初等行变换化矩阵为阶梯形矩阵，并求出矩阵的秩.

四、本章重难点

重点：矩阵运算及逆矩阵的求法，矩阵的初等变换.

难点：逆矩阵的求法及矩阵的秩的概念.

第三章 向量空间

一、学习目的与要求

学习本章，要求知道 n 维向量的概念；掌握向量是同维数向量组的线性组合的概念和组合系数的求法；理解向量组线性相关与线性无关的定义和判别法；理解向量组的极大无关组的定义和向量组的秩的定义；会求向量组的极大无关组和向量组的秩；清楚向量组的秩与矩阵的秩之间的关系. 知道向量空间 $\mathbf{R}^n$ 的定义和向量空间的基与维数和坐标的概念.

二、考核知识点

1. n 维向量及其线性运算，n 维向量空间 $\mathbf{R}^n$ 的概念.

2. 向量的线性组合的定义和线性组合系数的计算.

3. 向量组线性相关和线性无关的概念及其判别法.

4. 向量组等价的概念.

5. 向量组的极大无关组与向量组的秩的定义及其求法.

6. 向量组的秩与矩阵的秩的关系.

7. 向量空间的子空间及向量空间的基、维数和坐标的概念.

三、考核要求

1. n 维向量的定义与向量组的线性组合.要求达到“简单应用”层次.

(1) 知道 n 维向量的定义.

(2) 掌握向量的线性运算及运算法则.

(3) 知道向量是向量组的线性组合(即向量 $\boldsymbol{\beta}$ 可用向量组 $\boldsymbol{\alpha}_1,\boldsymbol{\alpha}_2,\cdots,\boldsymbol{\alpha}_m$ 线性表出)的定义及其线性方程组形式表示法.

(4) 掌握求线性组合系数的方法.

2. 向量组的线性相关与线性无关.要求达到“简单应用”层次.

(1) 理解向量组线性相关和线性无关的定义.

(2) 知道向量组 $\boldsymbol{\alpha}_1,\boldsymbol{\alpha}_2,\cdots,\boldsymbol{\alpha}_m$ 线性相关的充要条件是:这 m 个向量中至少有一个向量可由该向量组中其余的 $m-1$ 个向量线性表出.

(3) 会用定义讨论向量组的线性相关与线性无关.

(4) 掌握求线性相关系数的方法(解齐次线性方程组).

3. 向量组的极大线性无关组和向量组的秩.要求达到“简单应用”层次.

(1) 知道两个向量组等价的定义及其简单性质.

(2) 理解向量组的极大无关组的定义及其与原向量组的等价关系.

(3) 知道两个等价的线性无关向量组所含向量的个数相等.

(4) 理解向量组的秩的定义,能用定义确定简单向量组的极大无关组及其秩.

4. 向量组的秩与矩阵的秩的关系.要求达到“简单应用”层次.

(1) 知道矩阵的行秩与列秩的定义.

(2) 知道矩阵 $\boldsymbol{A}$ 的秩等于 $\boldsymbol{A}$ 的行秩,也等于 $\boldsymbol{A}$ 的列秩.

(3) 会利用矩阵的初等行变换求向量组的秩及向量组的极大线性无关组.

(4) 熟知关于矩阵的秩的一些重要结论.

5. 向量空间.要求达到“识记”层次.

(1) 知道向量空间及其子空间的定义.

(2) 知道向量空间的基和维数的概念.

(3) 会求向量在某个基下的坐标.

四、本章重点

重点:线性组合系数的求法;向量组线性相关和线性无关的定义及其判别法;求向量组的秩.

难点:向量组线性相关和线性无关的判别法;向量组的秩的概念.

第四章　线性方程组

一、学习目的与要求

学习本章,要求熟练掌握齐次线性方程组的解空间、基础解系和通解的含义与求法;熟练掌握非齐次线性方程组的有解判别法和通解的求法.

二、考核知识点

1. 齐次线性方程组有非零解的充要条件.

2. 齐次线性方程组解的性质与解空间、基础解系和通解的概念.

3. 齐次线性方程组的基础解系和通解的求法.

4. 非齐次线性方程组有解及有唯一解的充要条件.

5. 非齐次线性方程组解的性质与解的结构.

6. 非齐次线性方程组的通解的求法.

三、考核要求

1. 齐次线性方程组有非零解的充要条件. 要求达到“领会”层次.

(1) 知道齐次线性方程组的解只有两种情况：只有零解或有非零解.

(2) 理解齐次线性方程组有非零解的充要条件.

2. 齐次线性方程组解的性质与解空间. 要求达到“领会”层次.

(1) 理解齐次线性方程组解的性质.

(2) 知道齐次线性方程组的解空间的概念.

3. 齐次线性方程组的基础解系与通解. 要求达到“综合应用”层次.

(1) 理解齐次线性方程组的基础解系的定义，会判定基础解系所含向量的个数.

(2) 掌握用矩阵的初等行变换求齐次线性方程组的方法；会化齐次线性方程组的系数矩阵为简化行阶梯形矩阵；会根据简化行阶梯形矩阵写出等价方程组并写出方程组的通解.

4. 非齐次线性方程组有解的充要条件. 要求达到“领会”层次.

(1) 知道非齐次线性方程组解的三种情况：有唯一解，有无穷多解，无解.

(2) 理解非齐次线性方程组有解的判定定理.

(3) 掌握非齐次线性方程组有唯一解，有无穷多解和无解的判别方法.

(4) 会讨论简单的含参数非齐次线性方程组的求解问题.

5. 非齐次线性方程组解的性质、解的结构和通解的求法. 要求达到“综合应用”层次.

(1) 理解非齐次线性方程组的解与它对应的齐次线性方程组(即导出组)的解之间的关系.

(2) 熟练掌握非齐次线性方程组的通解的求法.

四、本章重点

重点：齐次线性方程组有非零解的充要条件；非齐次线性方程组有解的充要条件；会用矩阵的初等行变换求解线性方程组.

难点：齐次线性方程组的基础解系的求法.

第五章　特征值与特征向量

一、学习目的与要求

学习本章，要求熟练掌握实方阵的特征值和特征向量的定义与求法；了解特征值与特征向量的性质；清楚两个方阵相似的定义和性质；理解方阵与对角矩阵相似的条件并会用相似变换化方阵为对角矩阵；会计算两个实向量的内积和向量的长度，会判定两个向量是否正交；了解正交向量组的定义；会用施密特方法把线性无关向量组化为等价的正交单位向量组；了解正交矩阵的定义、性质及其判定方法；了解实对称矩阵的特征值和特征向量的性质；会用正交矩阵化实对称矩阵为对角矩阵.

二、考核知识点

1. 实方阵的特征值和特征向量的定义、性质与计算.
2. 方阵相似的定义与性质.
3. 方阵的相似对角化.
4. 实向量的内积、长度及其正交性.
5. 正交向量组与正交矩阵.
6. 施密特正交化方法.
7. 实对称矩阵的正交相似对角化.

三、考核要求

1. 特征值与特征向量. 要求达到“简单应用”层次.
(1) 理解实方阵的特征值和特征向量的定义.
(2) 掌握求特征值和特征向量的方法.
2. 特征值和特征向量的性质. 要求达到“识记”层次.
(1) 方阵 $\boldsymbol{A}$ 的属于特征值 λ 的特征向量的非零线性组合仍是 $\boldsymbol{A}$ 的属于 λ 的特征向量.
(2) 可逆矩阵 $\boldsymbol{A}$ 的特征值 $\lambda\neq 0$，且 λ^{-1} 是 $\boldsymbol{A}^{-1}$ 的特征值.
(3) 若 $\boldsymbol{A}=(a_{ij})_{n\times n}$ 的全部特征值为 $\lambda_1,\lambda_2,\cdots,\lambda_n$，则 $\sum_{i=1}^{n}\lambda_i=\sum_{i=1}^{n}a_{ii}$，$\prod_{i=1}^{n}\lambda_i=|\boldsymbol{A}|$.
(4) 若 λ 是矩阵 $\boldsymbol{A}$ 的特征值，$f(x)$ 是一个多项式，则 $f(\lambda)$ 是 $f(\boldsymbol{A})$ 特征值.
(5) 矩阵 $\boldsymbol{A}$ 的属于不同特征值的特征向量线性无关.
3. 方阵相似对角化. 要求达到“简单应用”层次.
(1) 熟知 n 阶方阵 $\boldsymbol{A}$ 相似于对角矩阵的充要条件是 $\boldsymbol{A}$ 有 n 个线性无关的特征向量.
(2) 熟知 n 阶方阵 $\boldsymbol{A}$ 相似于对角矩阵的一个充分条件是 $\boldsymbol{A}$ 有 n 个两两不同的特征值.
(3) 掌握用相似变换化方阵为对角矩阵的方法.
4. 向量内积和正交矩阵. 要求达到“领会”层次.
(1) 清楚向量内积的定义和基本性质，会计算向量的内积.
(2) 知道向量的长度的定义并会把非零向量单位化.
(3) 理解两个向量正交的概念，会判定两个非零向量是否正交.
(4) 知道标准正交向量组的定义及其线性无关性.
(5) 掌握正交矩阵的定义及其性质.
(6) 知道判定一个矩阵 $\boldsymbol{A}$ 是正交矩阵的方法：$\boldsymbol{A}$ 的行向量组和列向量组分别都是标准正交向量组.
(7) 了解线性无关向量组的施密特正交化方法，熟记将线性无关向量组 $\boldsymbol{\alpha}_1,\boldsymbol{\alpha}_2,\boldsymbol{\alpha}_3$ 正交化的公式.

5. 实对称矩阵的性质. 要求达到“识记”层次.

(1) 知道实对称矩阵的特征值都是实数.

(2) 知道实对称矩阵的属于不同特征值的特征向量是正交的.

(3) 知道 n 阶实对称矩阵必有 n 个线性无关的特征向量.

(4) 知道实对称矩阵必正交相似于对角矩阵.

6. 实对称矩阵的正交相似标准形. 要求达到“简单应用”层次.

(1) 会求实对称矩阵的正交相似标准形及相应的正交相似变换矩阵.

四、本章重点

重点：求实方阵的特征值和特征向量；方阵可相似对角化的条件和方法；方阵的相似对角化；实对称矩阵的正交相似对角化.

难点：方阵与实对称矩阵的相似标准形的求法.

第六章 实二次型

一、学习目的与要求

学习本章，要求理解实二次型的定义及其矩阵表示；了解实二次型的标准形；了解合同矩阵的概念；会用正交变换化二次型为标准形；了解用配方法化二次型为合同标准形；知道惯性定理；理解正定二次型和正定矩阵的定义. 掌握正定二次型和正定矩阵的判别方法.

二、考核知识点

1. 实二次型的定义及其矩阵表示.

2. 矩阵合同的定义.

3. 实二次型的标准形.

4. 惯性定理与实二次型的规范形.

5. 正定二次型与正定矩阵的概念与判定方法.

三、考核要求

1. 实二次型的定义及其矩阵表示. 要求达到“领会”层次.

(1) 理解实二次型的定义，知道实二次型的矩阵表示.

(2) 知道二次型的秩.

2. 实二次型的标准形. 要求达到“领会”层次.

(1) 知道实二次型的标准形概念.

(2) 知道矩阵合同的定义.

3. 化实二次型为标准形. 要求达到“简单应用”层次.

(1) 知道正交变换的定义.

(2) 掌握用正交变换化二次型为标准形的方法.

(3) 了解用配方法化二次型为标准形的方法.

4. 惯性定理与二次型的规范形. 要求达到“识记”层次.

（1）知道惯性定理；知道二次型的正、负惯性指数及符号差.

（2）知道二次型的规范形.

5. 正定二次型与正定矩阵. 要求达到“领会”层次.

（1）理解二次型 $f=\boldsymbol{x}^{\mathrm{T}}\boldsymbol{A}\boldsymbol{x}$ 是正定二次型（对应矩阵 $\boldsymbol{A}$ 是正定矩阵）的概念.

（2）知道正定二次型和正定矩阵的判别方法.

四、本章重点

重点：化二次型为标准形以及正定二次型和正定矩阵的判别方法.

难点：用正交变换化二次型为标准形.

Ⅳ. 关于大纲的说明与考核实施要求

一、自学考试大纲的目的和作用

课程自学考试大纲是根据专业自学考试计划的要求，结合自学考试的特点而确定. 其目的是对个人自学、社会助学和课程考试命题进行指导和规定.

课程自学考试大纲明确了课程学习的内容以及深广度，规定了课程自学考试的范围和标准. 因此，它是编写自学考试教材和辅导书的依据，是社会助学组织进行自学辅导的依据，是自学者学习教材、掌握课程内容知识范围和程度的依据，也是进行自学考试命题的依据.

二、课程自学考试大纲与教材的关系

课程自学考试大纲是进行学习和考核的依据，教材是学习掌握课程知识的基本内容与范围，教材的内容是大纲所规定的课程知识和内容的扩展与发挥. 课程内容在教材中可以体现一定的深度或难度，但在大纲中对考核的要求一定要适当.

大纲与教材所体现的课程内容应基本一致；大纲里面的课程内容和考核知识点，教材里一般也要有. 反过来教材里有的内容，大纲里就不一定体现.（注：如果教材是推荐选用的，其中有的内容与大纲要求不一致的地方，应以大纲规定为准.）

三、关于自学教材

《线性代数(经管类)(2023年版)》，全国高等教育自学考试指导委员会组编，刘吉佑、刘志学主编，北京大学出版社.

四、关于自学要求和自学方法的指导

本大纲的课程基本要求是依据专业考试计划和专业培养目标而确定的. 课程基本要求还明确了课程的基本内容，以及对基本内容掌握的程度. 基本要求中的知识点构成了课程内容的主体部分. 因此，课程基本内容掌握程度、课程考核知识点是高等教育自学考试考核的主要内容.

为有效地指导个人自学和社会助学，本大纲已指明了课程的重点和难点，在章节的基本要求中一般也指明了章节内容的重点和难点.

本课程共3学分.

线性代数既是一个历史悠久的数学分支，又是一门蓬勃发展的新兴学科. 它的特点是，从无数实际事物中抽出共性形成抽象概念，通过抽象思维和逻辑推理，得到一些结论，而这些结论必适用于具有这些共性的所有个体. 本课程适用于自学考试经济管理类的各专业. 由于本课程的特点，要求考生在自学时注意以下事项：

1. 学习每一章内容之前，先认真了解本自学考试大纲对该章的考核知识点、自学要求，考核要求中每一知识点的能力层次要求，做到学习时心中有数.

2. 线性代数课程概念较多、推理较多，对教材的每一个章节要逐段细读、反复推敲. 对课程中的基本概念、基本理论和基本方法的学习，要下足够的功夫，反复思考，深入领会每一个知识点.必须理解基本概念和理论，清楚概念的实际意义，并结合典型例子，理解透彻，要了解相关概念之间的联系与区别；对基本方法必须正确掌握.要做到"手脑联动"，把一些重要定理、公式和性质的推导过程和例题计算等，自己独立再演算一遍，这样可以加深对所学知识的理解与掌握，有利于了解推理与计算的难点和关键所在，这样才能"举一反三"，训练解题能力，从而不断提高自学能力.

3. 要逐渐提高使用行列式、矩阵、向量等常用数学工具的能力，掌握本课程解决问题的常用方法.例如矩阵的初等变换，就是在求逆矩阵、求向量组的极大线性无关组和向量组的秩、求解线性方程组等问题中的一个常用方法，应该熟练掌握.应在理解的基础上，对基本结论、常用方法和公式进行归纳整理，熟练掌握并灵活运用.

4. 线性代数课程具有抽象和推理的特点.借助较简单的例子，先获得对抽象概念和理论的直观的感性认识，然后经过认真思考，达到透彻理解抽象概念的目的.这就是，先从"抽象、一般"到"具体、特殊"，再回到"抽象、一般"的理解过程.对于定理的条件和结论之间的关系要理解透彻，这样才能正确应用定理.

5. 要做相当数量的习题，帮助理解、消化和巩固所学知识，培养分析问题和解决问题的能力，特别是提高运算能力.做题要计算准确，步骤要清晰，书写规范，要算出最后结果.适当做一些简单的证明题，掌握一些简单的证明方法，对学好本课程也是十分必要的.

参加自学考试的考生必须要有"自信""坚持""刻苦"和"科学的学习方法".有志者，事竟成！

6. 自学时间和安排的建议(仅供参考)：

章　次	内　　容	自学时间/小时
一	行列式	24
二	矩阵	32
三	向量空间	26
四	线性方程组	22
五	特征值与特征向量	26
六	实二次型	20
总计		150

五、应考指导

1. 如何学习

很好的计划和组织是你学习成功的法宝.如果你正在接受培训学习，一定要跟紧课程并完成作业.为了在考试中做出满意的回答，你必须对所学课程内容有很好的理解.使用"行动计划表"来监控你的学习进展.你阅读课本时可以做读书笔记.如有需要重点注意的内容，可以用彩笔来标注.如：红色代表重点；绿色代表需要深入研究的领域；黄色代表可以运用在工作之中.可以在空白处记录相关网站，文章.

2. 如何考试

卷面整洁非常重要.书写工整，段落与间距合理，卷面赏心悦目有助于教师评分，教师只能为他能看懂的内容打分.回答所提出的问题.要回答所问的问题，而不是回答你自己乐意回答的问题.避免超过问题的范围.

3. 如何处理紧张情绪

正确处理对失败的惧怕，要正面思考. 如果可能，请教已经通过该科目考试的人，问他们一些问题. 做深呼吸放松，这有助于使头脑清醒，缓解紧张情绪. 考试前合理膳食，保持旺盛精力，保持冷静.

六、对社会助学的要求

1. 要熟知自学考试大纲对本课程总的要求和各章的知识点，准确理解对各知识点要求达到的认知层次和考核要求，并在辅导过程中帮助考生掌握这些要求. 不要随意增删内容和提高或降低要求.

2. 要注重基础，在兼顾全面学习的基础上，必须突出重点. 结合典型例子，讲清楚基本概念、定理、公式和法则，重点、难点更要讲透；要引导学生注意基本理论的学习；帮助考生真正达到考核的要求. 要求注重培养良好的学风，帮助考生提高自学能力.

3. 要引导考生掌握科学的学习方法，让考生逐步学会独立学习，使考生在自学过程中善于提出问题、分析问题、做出判断、解决问题、从而提高自学能力.

4. 要求考生坚持自学、及时复习和独立地多做习题，并牢记典型题的解题方法和技巧. 听懂不等于真懂，关键在于自己多练，多体会；学习要坚持不懈，合理安排时间，不间断.

5. 助学单位在安排本课程的辅导时，授课时间建议在 50～60 小时. 尽可能安排一些习题课，及时发现和解决问题，提高学习效果.

七、对考核内容的说明

本课程要求考生学习和掌握的知识点内容都作为考核的内容. 课程中各章的内容均由若干知识点组成，在自学考试中成为考核知识点. 因此，课程自学考试大纲中所规定的考试内容是以分解为考核知识点的方式给出的. 由于各知识点在课程中的地位、作用以及知识自身的特点不同，自学考试将对各知识点分别按四个认知层次确定其考核要求.

八、关于考试命题的若干规定

1. 本课程考试采用闭卷笔试方式考核，考试时间 150 分钟. 60 分为及格线. 考试时允许带钢笔、铅笔、橡皮等常用文具用品，允许考生带无储存功能的计算器. 不允许带任何书籍和资料.

2. 本大纲各章所规定的基本要求、知识点及知识点下的知识细目，都属于考核的内容. 考试命题既要覆盖到章，又要避免面面俱到. 要注意突出课程的重点、章节重点，加大重点内容的覆盖度.

3. 命题不应有超出大纲中考核知识点范围的题，考核目标不得高于大纲中所规定的相应的最高能力层次要求. 命题应着重考核自学者对基本概念、基本知识和基本理论是否了解或掌握，对基本方法是否会用或熟练. 不应出与基本要求不符的偏题或怪题.

4. 本课程在试卷中对不同能力层次要求的分数比例大致为：识记占 15%，领会占 35%，简单应用占 35%，综合应用占 15%.

5. 要合理安排试题的难易程度，试题的难度可分为：易、较易、较难和难四个等级. 每份试卷中不同难度试题的分数比例一般为：2∶4∶3∶1.

6. 课程考试命题的主要题型有：单项选择题、填空题、计算题、证明题四种. 题量依次约 5，10，7，1，共计 23 题，所占分数依次约为 10，20，63 分和 7 分，共计 100 分.

线性代数(经管类)试题样卷

一、单项选择题:本大题共 5 小题,每小题 2 分,共 10 分. 在每小题列出的备选项中只有一项是最符合题目要求的,请将其选出.

1. 已知$\begin{vmatrix} a_1 & b_1 & c_1 \\ a_2 & b_2 & c_2 \\ a_3 & b_3 & c_3 \end{vmatrix}=m$,则$\begin{vmatrix} a_1+b_1 & -2b_1 & 3a_1+c_1 \\ a_2+b_2 & -2b_2 & 3a_2+c_2 \\ a_3+b_3 & -2b_3 & 3a_3+c_3 \end{vmatrix}=$(　　).

A. $-2m$　　B. $-m$　　C. m　　D. $2m$

2. 设$\boldsymbol{A}=\begin{pmatrix} 0 & -2 \\ 2 & 0 \end{pmatrix}$,则$\boldsymbol{A}^4=$(　　).

A. $\begin{pmatrix} -16 & 0 \\ 0 & -16 \end{pmatrix}$　B. $\begin{pmatrix} -4 & 0 \\ 0 & -4 \end{pmatrix}$　C. $\begin{pmatrix} 4 & 0 \\ 0 & 4 \end{pmatrix}$　D. $\begin{pmatrix} 16 & 0 \\ 0 & 16 \end{pmatrix}$

3. 若向量组$\boldsymbol{\beta}_1,\boldsymbol{\beta}_2,\cdots,\boldsymbol{\beta}_s$可由向量组$\boldsymbol{\alpha}_1,\boldsymbol{\alpha}_2,\cdots,\boldsymbol{\alpha}_t$线性表出,则必有(　　).

A. $s\leqslant t$　　B. $s>t$

C. 秩$(\boldsymbol{\beta}_1,\boldsymbol{\beta}_2,\cdots,\boldsymbol{\beta}_s)\leqslant$秩$(\boldsymbol{\alpha}_1,\boldsymbol{\alpha}_2,\cdots,\boldsymbol{\alpha}_t)$　D. 秩$(\boldsymbol{\beta}_1,\boldsymbol{\beta}_2,\cdots,\boldsymbol{\beta}_s)>$秩$(\boldsymbol{\alpha}_1,\boldsymbol{\alpha}_2,\cdots,\boldsymbol{\alpha}_t)$

4. 齐次线性方程组$\begin{cases} x_1-x_2+2x_3+x_4+4x_5=0, \\ x_1+x_2-3x_3-x_4+2x_5=0 \end{cases}$的解空间的维数为(　　).

A. 1　　B. 2　　C. 3　　D. 4

5. 已知$\boldsymbol{A}=\begin{pmatrix} -2 & 0 & 0 \\ 0 & 2 & 1 \\ 0 & 1 & 2 \end{pmatrix}$,下列矩阵中与$\boldsymbol{A}$合同的是(　　).

A. $\begin{pmatrix} -1 & & \\ & -1 & \\ & & -1 \end{pmatrix}$　　B. $\begin{pmatrix} 1 & & \\ & -1 & \\ & & -1 \end{pmatrix}$

C. $\begin{pmatrix} 1 & & \\ & 1 & \\ & & -1 \end{pmatrix}$　　D. $\begin{pmatrix} 1 & & \\ & 1 & \\ & & 1 \end{pmatrix}$

二、填空题:本大题共 10 小题,每小题 2 分,共 20 分.

6. 若行列式$\begin{vmatrix} 1 & 0 & 2 \\ x & 3 & 1 \\ 4 & x & 5 \end{vmatrix}$的代数余子式$A_{12}=-1$,则代数余子式$A_{21}=$________.

7. 已知矩阵$\boldsymbol{A}=\begin{pmatrix} 0 & -1 \\ -1 & 0 \end{pmatrix}$,则$\boldsymbol{A}^2+3\boldsymbol{A}+2\boldsymbol{E}=$________.

8. 设$\boldsymbol{A}$是4×3矩阵,且$\boldsymbol{A}$的秩为$\mathrm{r}(\boldsymbol{A})=2$,而$\boldsymbol{B}=\begin{pmatrix} 1 & 0 & 3 \\ 0 & 1 & 0 \\ -1 & 0 & 2 \end{pmatrix}$,则$\mathrm{r}(\boldsymbol{AB})=$________.

9. 设矩阵 $\boldsymbol{A}=\begin{pmatrix}1&2&-2\\2&1&2\\3&0&4\end{pmatrix}$，向量 $\boldsymbol{\alpha}=\begin{pmatrix}a\\1\\1\end{pmatrix}$. 已知 $\boldsymbol{A\alpha}$ 与 $\boldsymbol{\alpha}$ 线性相关，则 $a=$________.

10. 已知向量组 $\boldsymbol{\alpha}_1=(1,2,-1,1)^{\mathrm{T}},\boldsymbol{\alpha}_2=(2,0,t,0)^{\mathrm{T}},\boldsymbol{\alpha}_3=(0,-4,5,-2)^{\mathrm{T}}$ 的秩为 2，则 t $=$________.

11. 设 $\boldsymbol{A}$ 为 3 阶方阵，且 $\mathrm{r}(\boldsymbol{A})=1$，又矩阵 $\boldsymbol{B}=\begin{pmatrix}1&-1&0\\2&1&1\\3&0&k\end{pmatrix}$，满足 $\boldsymbol{AB}=\boldsymbol{O}$，则 $k=$______.

12. 设方程组 $\begin{pmatrix}a&1&1\\1&a&1\\1&1&a\end{pmatrix}\begin{pmatrix}x_1\\x_2\\x_3\end{pmatrix}=\begin{pmatrix}1\\1\\-2\end{pmatrix}$有无穷多个解，则 $a=$________.

13. 设 $\lambda_0=2$ 是 n 阶矩阵 $\boldsymbol{A}$ 的一个特征值，则 $\boldsymbol{A}^2-\boldsymbol{A}+2\boldsymbol{E}$ 的一个特征值为________.

14. 方阵 $\boldsymbol{A}$ 的属于两两不同特征值的特征向量组必是线性________组.

15. 二次型 $f(x_1,x_2,x_3)=2x_1^2+x_2^2-2x_1x_2-4x_2x_3$ 的矩阵为________.

三、计算题：本大题共 7 小题，每小题 9 分，共 63 分.

16. 计算行列式 $\boldsymbol{D}=\begin{vmatrix}0&1&1&a\\1&0&1&b\\1&1&0&c\\a&b&c&d\end{vmatrix}$的值.

17. 设矩阵 $\boldsymbol{A}=\begin{pmatrix}1&0&0\\1&2&0\\2&2&3\end{pmatrix}$，$\boldsymbol{A}^*$ 是 $\boldsymbol{A}$ 的伴随矩阵，求$(\boldsymbol{A}^{-1})^*$.

18. 已知矩阵 $A=\begin{pmatrix}4&2&1\\2&2&0\\1&0&1\end{pmatrix}$，$\boldsymbol{B}=\begin{pmatrix}1&0&0\\2&1&0\\3&2&1\end{pmatrix}$. 若矩阵 $\boldsymbol{X}$ 满足等式 $\boldsymbol{AX}=\boldsymbol{B}+\boldsymbol{X}$，求 $\boldsymbol{X}$.

19. 求向量组 $\boldsymbol{\alpha}_1=(1,1,4,2)^{\mathrm{T}},\boldsymbol{\alpha}_2=(1,-1,-2,4)^{\mathrm{T}},\boldsymbol{\alpha}_3=(-3,2,3,-11)^{\mathrm{T}}$ 的一个极大无关组，并将其余向量用该极大无关组线性表出.

20. 已知线性方程组

$$\begin{cases}x_1+x_2+kx_3=4,\\-x_1+kx_2+x_3=k^2,\\x_1-x_2+2x_3=-4.\end{cases}$$

求 k 的值，使方程组(1)有唯一解；(2)无解；(3)有无穷多解，并在有无穷多解时求出其通解.

21. 已知矩阵 $\boldsymbol{A}=\begin{pmatrix}1&-3&3\\3&-5&3\\6&-6&4\end{pmatrix}$. 求 $\boldsymbol{A}$ 的特征值和全部特征向量，并问 $\boldsymbol{A}$ 能否对角化？

22. 求正交变换 $\boldsymbol{x}=\boldsymbol{Qy}$，把二次型 $f(x_1,x_2,x_3)=2x_1^2+3x_2^2+3x_3^2+4x_2x_3$ 化为标准形，并写出 f 的标准形.

四、证明题：本题 7 分.

23. 设矩阵 $\boldsymbol{C}=\boldsymbol{AB}$，且 $\boldsymbol{C}$ 的列向量组线性无关. 证明：$\boldsymbol{B}$ 的列向量组线性无关.

线性代数(经管类)试题样卷答案

一、1. A.　2. D.　3. C.　4. C.　5. C.

二、6. 2.　7. $\begin{pmatrix} 3 & -3 \\ -3 & 3 \end{pmatrix}$.　8. 2.　9. $a=-1$.　10. $t=3$.

11. $k=1$.　12. $a=-2$.　13. 4.　14. 无关.　15. $\begin{pmatrix} 2 & -1 & 0 \\ -1 & 1 & -2 \\ 0 & -2 & 0 \end{pmatrix}$.

三、16. $2(d-2ab)+(c-a-b)^2$.　17. $\begin{pmatrix} \frac{1}{6} & 0 & 0 \\ \frac{1}{6} & \frac{1}{3} & 0 \\ \frac{1}{3} & \frac{1}{3} & \frac{1}{2} \end{pmatrix}$.

18. $\boldsymbol{X}=\begin{pmatrix} 3 & 2 & 1 \\ -4 & -3 & -2 \\ 0 & 0 & 1 \end{pmatrix}$.　19. 一个极大无关组为 $\boldsymbol{\alpha}_1,\boldsymbol{\alpha}_2$；$\boldsymbol{\alpha}_3=-\frac{1}{2}\boldsymbol{\alpha}_1-\frac{5}{2}\boldsymbol{\alpha}_2$.

20. (1) 当 $k\neq 4$ 且 $k\neq -1$ 时，$\mathrm{r}(\boldsymbol{A})=\mathrm{r}(\overline{\boldsymbol{A}})=3$，方程组有唯一解；

(2) 当 $k=-1$ 时，$\mathrm{r}(\boldsymbol{A})=2$，$\mathrm{r}(\overline{\boldsymbol{A}})=3$，方程组无解；

(3) 当 $k=4$ 时，$\mathrm{r}(\boldsymbol{A})=\mathrm{r}(\overline{\boldsymbol{A}})=2<3$，方程组有无穷多解. 其通解为

$$\begin{pmatrix} x_1 \\ x_2 \\ x_3 \end{pmatrix}=k\begin{pmatrix} -3 \\ -1 \\ 1 \end{pmatrix}+\begin{pmatrix} 0 \\ 4 \\ 0 \end{pmatrix},\quad k \text{ 为任意实数.}$$

21. $\boldsymbol{A}$ 的特征多项式为 $|\lambda\boldsymbol{E}-\boldsymbol{A}|=(\lambda+2)^2(\lambda-4)$，特征值为 $\lambda_1=\lambda_2=-2,\lambda_3=4$.

$\boldsymbol{A}$ 的属于特征值 $\lambda_1=-2$ 的全部特征向量为 $\boldsymbol{p}_1=k_1(1,1,0)^{\mathrm{T}}+k_2(-1,0,1)^{\mathrm{T}}$，$k_1,k_2$ 不同时为零.

$\boldsymbol{A}$ 的属于特征值 $\lambda_3=4$ 的全部特征向量为 $\boldsymbol{p}_2=k_3(1,1,2)^{\mathrm{T}}$，$k_3\neq 0$.

由于 $\boldsymbol{A}$ 存在三个线性无关的特征向量，所以 $\boldsymbol{A}$ 可以对角化.

22. f 的矩阵为 $\boldsymbol{A}=\begin{pmatrix} 2 & 0 & 0 \\ 0 & 3 & 2 \\ 0 & 2 & 3 \end{pmatrix}$. $\boldsymbol{A}$ 的特征多项式为

$$|\lambda\boldsymbol{E}-\boldsymbol{A}|=(\lambda-1)(\lambda-2)(\lambda-5),$$

特征值为 $\lambda_1=1,\lambda_2=2,\lambda_3=5$，对应的特征向量分别为

$$\boldsymbol{p}_1=\begin{pmatrix} 0 \\ -1 \\ 1 \end{pmatrix},\quad \boldsymbol{p}_2=\begin{pmatrix} 1 \\ 0 \\ 0 \end{pmatrix},\quad \boldsymbol{p}_3=\begin{pmatrix} 0 \\ 1 \\ 1 \end{pmatrix}.$$

所以正交变换为

$$\begin{pmatrix} x_1 \\ x_2 \\ x_3 \end{pmatrix} = \begin{pmatrix} 0 & 1 & 0 \\ -\frac{1}{\sqrt{2}} & 0 & \frac{1}{\sqrt{2}} \\ \frac{1}{\sqrt{2}} & 0 & \frac{1}{\sqrt{2}} \end{pmatrix} \begin{pmatrix} y_1 \\ y_2 \\ y_3 \end{pmatrix}.$$

f 的标准形为 $f = y_1^2 + 2y_2^2 + 5y_3^2$.

四、23. 提示：设 $\boldsymbol{A}$ 为 $m \times n$ 矩阵，$\boldsymbol{B}$ 为 $n \times p$ 矩阵，则 $\boldsymbol{C}$ 为 $m \times p$ 矩阵. 因为 $\boldsymbol{C}$ 的列向量组线性无关，所以 $\mathrm{r}(\boldsymbol{C}) = p$. 又 $\mathrm{r}(\boldsymbol{B}) \geqslant \mathrm{r}(\boldsymbol{C}) = p \Rightarrow \mathrm{r}(\boldsymbol{B}) = p$，由此推出 $\boldsymbol{B}$ 的列向量组线性无关.

大 纲 后 记

《线性代数(经管类)自学考试大纲》是根据全国高等教育自学考试经管类公共课的考核要求编写的.2018 年 6 月公共课课程指导委员会召开审稿会议,对本大纲进行讨论评审,修改后,经主审复审定稿.

本大纲由北京邮电大学刘吉佑副教授主持编写.

本大纲经由中国人民大学卢刚教授主审,北方工业大学邹杰涛教授参加审稿并提出改进意见.

本大纲最后由全国高等教育自学考试指导委员会审定.

本大纲编审人员付出了辛勤劳动,特此表示感谢.

全国高等教育自学考试指导委员会

公共课课程指导委员会

2018 年 10 月

全国高等教育自学考试指定教材

线性代数(经管类)

(2023年版)

全国高等教育自学考试指导委员会　组编
刘吉佑　刘志学　主编

编写说明

线性代数是一门应用十分广泛的数学学科，是经济管理类本科段各专业的一门重要的基础理论课程. 线性代数为研究和处理涉及许多变元的线性问题提供了有力的数学工具，这一工具在工程技术、经济科学和管理科学中都有广泛的应用. 通过本课程的学习，要使考生掌握线性代数的基本概念、基本理论和基本方法，培养应用线性代数的基本思想和基本方法来分析和解决实际问题的能力.

本书是根据《线性代数(经管类)自学考试大纲》的精神和要求编写的，章节安排、自学要求、重点和难点都符合大纲要求. 依据自学考试大纲，本书内容有：行列式、矩阵、向量空间、线性方程组、特征值与特征向量及实二次型.

线性代数课程概念较多，有些内容比较抽象，为了便于自学，本书在编写中尽量做到科学性与通俗性相结合，内容由浅入深，逐步提高；在引入重要概念和介绍重要方法时，都挑选了典型例题，通过典型例题来阐述线性代数的思想和处理问题的方法，帮助读者掌握所学内容. 对某些比较难以掌握的概念和方法，作了必要的说明.

为了加深对概念的理解，培养逻辑推理能力，比较简单的定理尽量给出证明，这有助于对这些定理的掌握和运用；有些没有给出证明的定理，初学者只要弄清楚条件，记住结论，并弄清含义即可.

教材中对每一章都进行了小结，提出了需要掌握的基本概念、公式和结论，以及需要加强练习的内容；每一节都配有相应的习题，所有习题在书后都有参考答案或提示，希望通过练习有助于读者巩固和熟练掌握所学知识.

本书 2023 年版保留了 2018 年版的编写体系. 对 2018 年版的修改主要在以下几个方面：一是对书中的一些重要概念和重要内容作了更加细致明晰的解说，以使论述更加准确且通俗易懂；二是对书中的例题进行了调整和补充；三是对每一节后面的习题进行了调整和补充.

本书此次修订，首次配备了相应的数字资源.

中央财经大学统计与数学学院尹钊教授、清华大学数学科学系朱彬教授和杨晶副教授细致审阅了全书，他们对本书的修改稿提出了很多宝贵意见和建议，编者按照这些意见和建议作了适当的修改，谨向上述各位教授表示诚挚的谢意.

北京大学出版社潘丽娜老师为本教材的出版作了认真细致的工作，在此表示诚挚的感谢.

我们希望本教材使广大读者学业有成，恳请读者和各位同行教师能对书中的缺点和错误不吝赐教，我们将不胜感激.

刘吉佑　刘志学

2023 年 1 月于北京

预 备 知 识

一、连加号与连乘号

1. **连加号** $\sum\limits_{i=1}^{n} a_i = a_1 + a_2 + \cdots + a_n$ 表示 n 个数 $a_1, a_2, \cdots, a_n$ 之和. 对任意数 b，有 $\sum\limits_{i=1}^{n}(ba_i) = b\sum\limits_{i=1}^{n} a_i$. 这就是说，公因数可从连加号中提出来.

2. **双重连加号**

$$\begin{aligned}\sum_{i=1}^{m}\sum_{j=1}^{n} a_{ij} &= \sum_{i=1}^{m}(a_{i1} + a_{i2} + \cdots + a_{in}) \\ &= (a_{11} + a_{12} + \cdots + a_{1n}) + (a_{21} + a_{22} + \cdots + a_{2n}) \\ &\quad + \cdots + (a_{m1} + a_{m2} + \cdots + a_{mn}).\end{aligned}$$

显然，两个连加号可交换：

$$\sum_{i=1}^{m}\sum_{j=1}^{n} a_{ij} = \sum_{j=1}^{n}\sum_{i=1}^{m} a_{ij}.$$

3. **连乘号** $\prod\limits_{i=1}^{n} a_i = a_1 \times a_2 \times \cdots \times a_n$表示 n 个数 $a_1, a_2, \cdots, a_n$ 之积. 特别，

$$\prod_{k=1}^{n} k = 1 \times 2 \times \cdots \times n = n!,$$

读作“n **的阶乘**”或“n **阶乘**”. 对任意数 b，有 $\prod\limits_{i=1}^{n}(ba_i) = b^n\prod\limits_{i=1}^{n} a_i$. 这说明，公因数从连乘号中提出来后要乘 n 次.

二、充分必要条件

设 A 表示“下大雨”，B 表示“地湿”. 因为“下大雨”能充分保证“地湿”，所以，我们就说，“下大雨”是“地湿”的充分条件；因为一旦“下大雨”，必定会“地湿”，我们就说，“地湿”是“下大雨”的必要条件. 但“地湿”不一定是“下大雨”造成的(可能是洒水车洒的)，所以，“下大雨”不是“地湿”的必要条件；“地湿”也不是“下大雨”的充分条件.

一般地，设 A 和 B 表示两个命题. 如果当 A 正确时，B 一定正确，我们就说，A 是 B 的**充分条件**，B 是 A 的**必要条件**. 它们必是成对存在的命题. 如果 A 既是 B 的充分条件，又是 B 的必要条件，则称 A 是 B 的**充分必要条件**，简称 A 是 B 的**充要条件**. 此时，B 也是 A 的充要条件. 有时也称 A 与 B 是**等价命题**，用记号“$A \Leftrightarrow B$”表示. 它的另一种常用说法是：命题 A 成立当且仅当命题 B 成立.(它的含义是：当 B 成立时，A 必成立；且只有当 B 成立时，A 才成立).

如果要证明 A 与 B 是等价命题，则由 A 成立推出 B 成立，称为“**必要性证明**”，用“$A \Rightarrow B$”表示；由 B 成立推出 A 成立，称为“**充分性证明**”，用“$A \Leftarrow B$”表示.

例如.两个三角形全等$\Leftrightarrow$两个角对应相等且对应的两条夹边相等$\Leftrightarrow$两条边对应相等且对应的两个夹角相等.但三个角对应相等仅是两个三角形全等的必要条件而不是充分条件.又如,一个四边形中4个角相等是它是平行四边形的充分条件而不是必要条件.

因此,在命题A与B之间存在4种可能性:A是B的充分非必要条件;A是B的必要非充分条件;A是B的充要条件,以及A是B的无关的条件.

三、数学归纳法

我们先举一个例子.证明:对于任意正整数n,都有如下求和公式:

$$1+2+\cdots+n=\frac{n(n+1)}{2}.$$

首先,当$n=1$时,此公式显然正确(我们把这一步称为**归纳基础**).

其次,假设此公式对$n=k$正确(我们把这一步称为**归纳假设**),即假设有

$$1+2+\cdots+k=\frac{k(k+1)}{2}.$$

最后,要证明此公式对$n=k+1$也正确(我们把这一步称为**归纳证明**).证法如下:

$$\begin{aligned}1+2+\cdots+k+(k+1)&=\frac{k(k+1)}{2}+(k+1)=(k+1)\left(\frac{k+2}{2}\right)\\&=\frac{(k+1)(k+2)}{2}.\end{aligned}$$

我们把上述过程总结一下.若把这个公式记为$P(n)$,那么,$P(1)$正确就是归纳基础.归纳假设就是“如果$P(k)$正确”.如果从这个“假设”出发,能证明$P(k+1)$也正确,那么就完成了归纳证明.证出的结论是:对于任何正整数n,公式$P(n)$都正确.

我们可以把这些命题$P(n)$,$n=1,2,\cdots$看成无穷多张多米诺骨牌.证明“归纳基础”就是推倒第一张骨牌.“归纳假设与归纳证明”相当于要精确放置所有骨牌,确保在任意一张骨牌倒下后,它后面的那一张骨牌必须倒下.所以,归纳法就是多米诺骨牌效应.

不过,归纳基础不一定要求从$n=1$开始.实际上,可以从任意一个正整数n_0开始.如果归纳基础$P(n_0)$正确.只要从归纳假设“$P(k)$,$k>n_0$正确”可以证出“$P(k+1)$也正确”,那么,同样可以说,对任何正整数$n\geqslant n_0$,$P(n)$都正确.

例如,要证明的命题是:对于正整数$n\geqslant 3$,都有$2^n>2n$.首先,当$n=3$时,显然有$2^3=8>2\times 3=6$.如果$2^k>2k$是正确的,那么,$2^{k+1}=2^k\times 2>2k\times 2>2(k+1)$,这说明当$n=k+1$时,公式也正确.所以,所述命题是正确的.

第一章 行 列 式

线性代数学的核心内容是:研究线性方程组的解的存在条件、解的结构以及解的求法. 所用的基本工具是矩阵, 而行列式是研究矩阵的很有效的工具之一. 行列式作为一种数学工具,不但在本课程中极其重要,而且在其他数学学科乃至在其他许多学科(例如计算机科学、经济学、管理学等)都是必不可少的.

1.1 行列式的定义

行列式的研究起源于对线性方程组的研究. 在中学我们学过用代入消元法和加减消元法解二元一次方程组和三元一次方程组.

我们用**加减消元法**解下面例 1 中的二元一次方程组:

例 1 解方程组:

$$\begin{cases} a_{11}x_1+a_{12}x_2=b_1, & ① \\ a_{21}x_1+a_{22}x_2=b_2. & ② \end{cases} \tag{1.1}$$

解 由 $a_{22}\times①-a_{12}\times②$,消去未知量 x_2,得

$$(a_{11}a_{22}-a_{12}a_{21})x_1=a_{22}b_1-a_{12}b_2. \tag{1.2}$$

由 $a_{11}\times②-a_{21}\times①$,消去未知量 x_1,得

$$(a_{11}a_{22}-a_{12}a_{21})x_2=a_{11}b_2-a_{21}b_1. \tag{1.3}$$

当 $a_{11}a_{22}-a_{12}a_{21}\neq 0$ 时,得方程组(1.1)的唯一解

$$x_1=\frac{a_{22}b_1-a_{12}b_2}{a_{11}a_{22}-a_{12}a_{21}}, \quad x_2=\frac{a_{11}b_2-a_{21}b_1}{a_{11}a_{22}-a_{12}a_{21}}.$$

1.1.1 二阶行列式与三阶行列式

为了便于记忆方程组(1.1)的解,我们引入记号

$$D=\begin{vmatrix} a & b \\ c & d \end{vmatrix}=ad-bc,$$

称之为**二阶行列式**. 二阶行列式等于它的左上角到右下角的两个元素的乘积减去从右上角到左下角的两个元素的乘积.

这样,二元一次方程组(1.1)的解可以用二阶行列式表示为

$$x_1=\frac{\begin{vmatrix} b_1 & a_{12} \\ b_2 & a_{22} \end{vmatrix}}{\begin{vmatrix} a_{11} & a_{12} \\ a_{21} & a_{22} \end{vmatrix}}, \quad x_2=\frac{\begin{vmatrix} a_{11} & b_1 \\ a_{21} & b_2 \end{vmatrix}}{\begin{vmatrix} a_{11} & a_{12} \\ a_{21} & a_{22} \end{vmatrix}}. \tag{1.4}$$

从这个解的表达式可以看出：

(1) x_1 与 x_2 的分母都是行列式 $\begin{vmatrix} a_{11} & a_{12} \\ a_{21} & a_{22} \end{vmatrix}$，它是方程组(1.1)中未知量前面的系数按原顺序排成的二阶行列式.

(2) x_1 的分子行列式为 $\begin{vmatrix} b_1 & a_{12} \\ b_2 & a_{22} \end{vmatrix}$，这个行列式的第一列是原方程组的常数列，第二列由 x_2 的系数组成，它也可以看成 $\begin{vmatrix} a_{11} & a_{12} \\ a_{21} & a_{22} \end{vmatrix}$ 的第一列换成常数项而得到的；同样地，x_2 的分子行列式是由分母行列式的第二列换成常数项而得到的.

例 2 解方程组：

$$\begin{cases} 2x_1 - 3x_2 = 5, \\ 2x_1 + 5x_2 = -3. \end{cases}$$

解 由于分母行列式为

$$\begin{vmatrix} 2 & -3 \\ 2 & 5 \end{vmatrix} = 2\times5-(-3)\times2=16\neq0,$$

x_1 的分子行列式为

$$\begin{vmatrix} 5 & -3 \\ -3 & 5 \end{vmatrix} = 5\times5-(-3)\times(-3)=16,$$

x_2 的分子行列式为

$$\begin{vmatrix} 2 & 5 \\ 2 & -3 \end{vmatrix} = 2\times(-3)-5\times2=-16.$$

于是根据二元一次方程组的求解公式(1.4)可得到方程组的唯一解：

$$x_1=\frac{16}{16}=1, \quad x_2=\frac{-16}{16}=-1.$$

对于以下的特殊的行列式，有非常简单的结果：

$$\begin{vmatrix} a & b \\ 0 & d \end{vmatrix} = \begin{vmatrix} a & 0 \\ c & d \end{vmatrix} = \begin{vmatrix} a & 0 \\ 0 & d \end{vmatrix} = ad,$$

它们的值与 b 或 c 的值毫无关系；

$$\begin{vmatrix} a & b \\ c & 0 \end{vmatrix} = \begin{vmatrix} 0 & b \\ c & d \end{vmatrix} = \begin{vmatrix} 0 & b \\ c & 0 \end{vmatrix} = -bc,$$

它们的值与 a 或 d 的值毫无关系.

在讨论三元一次方程组时，引入了三阶行列式这一工具. **三阶行列式**定义为

$$D_3 = \begin{vmatrix} a_{11} & a_{12} & a_{13} \\ a_{21} & a_{22} & a_{23} \\ a_{31} & a_{32} & a_{33} \end{vmatrix}$$

$$=a_{11}a_{22}a_{33}+a_{12}a_{23}a_{31}+a_{13}a_{21}a_{32}-a_{13}a_{22}a_{31}-a_{12}a_{21}a_{33}-a_{11}a_{23}a_{32}.$$

从这个定义可以看出，三阶行列式表示 $6=3!$ 项的代数和，每一项都是三个数的乘积并适当附上正号“+”或负号“−”，这三个数取之于 D 中不同的行和不同的列；反之，任意取之于 D 中不同的行和不同的列的三个数的乘积适当附上正号“+”或负号“−”后都是 D 的定义式

中的某一项. 在后面我们将会看到，对于更高阶的行列式也有类似特点.

我们可以用**对角线法**来记忆三阶行列式中每一项前面的正、负号的确定方法. 如图 1-1所示，其中各实线联结的三个元素的乘积前面带“+”号，各虚线联结的三个元素的乘积前面带“−”号.

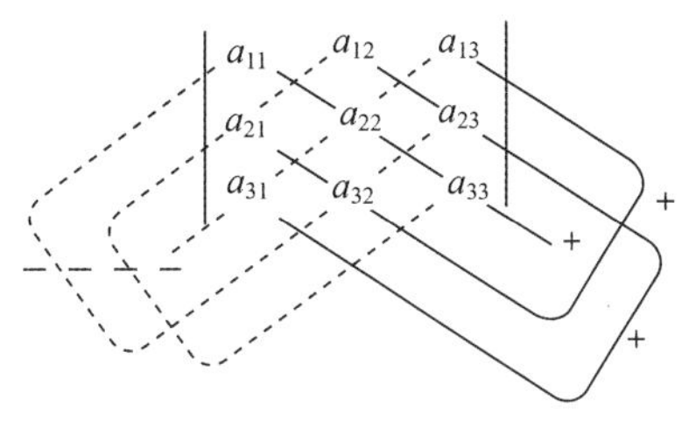

图 1-1

例 3 $D=\begin{vmatrix}1&2&3\\4&5&6\\7&8&9\end{vmatrix}=1\times5\times9+2\times6\times7+3\times4\times8-3\times5\times7-2\times4\times9-1\times6\times8=0.$

例 4 $\begin{vmatrix}a&*&*\\0&b&*\\0&0&c\end{vmatrix}=\begin{vmatrix}a&0&0\\ *&b&0\\ *&*&c\end{vmatrix}=abc,\quad \begin{vmatrix}*&*&a\\ *&b&0\\c&0&0\end{vmatrix}=\begin{vmatrix}0&0&a\\0&b&*\\c&*&*\end{vmatrix}=-abc,$

其中，* 表示在这些位置上的元素可以任意取值，它们不影响行列式的值.

下面考查二阶行列式和三阶行列式的关系. 为此我们把三阶行列式改写为

$$\begin{aligned}D&=\begin{vmatrix}a_{11}&a_{12}&a_{13}\\a_{21}&a_{22}&a_{23}\\a_{31}&a_{32}&a_{33}\end{vmatrix}\\&=a_{11}a_{22}a_{33}+a_{12}a_{23}a_{31}+a_{13}a_{21}a_{32}-a_{13}a_{22}a_{31}-a_{12}a_{21}a_{33}-a_{11}a_{23}a_{32}\\&=a_{11}a_{22}a_{33}-a_{11}a_{23}a_{32}-a_{12}a_{21}a_{33}+a_{13}a_{21}a_{32}+a_{12}a_{23}a_{31}-a_{13}a_{22}a_{31}\\&=a_{11}(a_{22}a_{33}-a_{23}a_{32})-a_{21}(a_{12}a_{33}-a_{13}a_{32})+a_{31}(a_{12}a_{23}-a_{13}a_{22})\\&=a_{11}\begin{vmatrix}a_{22}&a_{23}\\a_{32}&a_{33}\end{vmatrix}-a_{21}\begin{vmatrix}a_{12}&a_{13}\\a_{32}&a_{33}\end{vmatrix}+a_{31}\begin{vmatrix}a_{12}&a_{13}\\a_{22}&a_{23}\end{vmatrix}.\end{aligned}\tag{1.5}$$

这说明，要计算一个三阶行列式，可以按上述公式拆成三个二阶行列式来计算. 注意在第二个二阶行列式前面的系数 a_{21} 的前面必须取“−”号！

例 5 $D=\begin{vmatrix}2&5&6\\0&-3&-5\\1&2&3\end{vmatrix}=2\times\begin{vmatrix}-3&-5\\2&3\end{vmatrix}-0\times\begin{vmatrix}5&6\\2&3\end{vmatrix}+1\times\begin{vmatrix}5&6\\-3&-5\end{vmatrix}=2-7=-5.$

例 6 解方程 $\begin{vmatrix}1&1&1\\1&2&x\\1&4&x^2\end{vmatrix}=0.$

解 由于

$$\begin{vmatrix}1&1&1\\1&2&x\\1&4&x^2\end{vmatrix}=1\times\begin{vmatrix}2&x\\4&x^2\end{vmatrix}-1\times\begin{vmatrix}1&1\\4&x^2\end{vmatrix}+1\times\begin{vmatrix}1&1\\2&x\end{vmatrix}=x^2-3x+2,$$

于是方程为

$$x^2-3x+2=0.$$

解得方程的根为 $x_1=1$ 和 $x_2=2$.

例 7 当 x 取何值时，$\begin{vmatrix} x-1 & 4 & 2 \\ -2 & x & x \\ 4 & 2 & 1 \end{vmatrix}>0$.

解 由于

$$\begin{vmatrix} x-1 & 4 & 2 \\ -2 & x & x \\ 4 & 2 & 1 \end{vmatrix}=(x-1)\begin{vmatrix} x & x \\ 2 & 1 \end{vmatrix}-(-2)\begin{vmatrix} 4 & 2 \\ 2 & 1 \end{vmatrix}+4\cdot\begin{vmatrix} 4 & 2 \\ x & x \end{vmatrix}$$

$$=(x-1)(-x)-(-2)\cdot 0+4\cdot 2x=-x^2+9x,$$

解不等式 $-x^2+9x=-x(x-9)>0$，得 $0<x<9$. 故当 $0<x<9$ 时，所给行列式的值大于零.

为了便于把三阶行列式的定义推广到 n 阶行列式上去，我们把上述三阶行列式的定义式改写成另一种等价形式. 为此，对于三阶行列式

$$D=\begin{vmatrix} a_{11} & a_{12} & a_{13} \\ a_{21} & a_{22} & a_{23} \\ a_{31} & a_{32} & a_{33} \end{vmatrix},$$

我们引进如下三个二阶行列式：

$$M_{11}=\begin{vmatrix} a_{22} & a_{23} \\ a_{32} & a_{33} \end{vmatrix},\quad M_{21}=\begin{vmatrix} a_{12} & a_{13} \\ a_{32} & a_{33} \end{vmatrix},\quad M_{31}=\begin{vmatrix} a_{12} & a_{13} \\ a_{22} & a_{23} \end{vmatrix},$$

其中 M_{11} 是在 D 中划去第一行和第一列的元素，剩下的 4 个元素按原来的相对顺序排成的二阶行列式. 用类似的方法可以得到 M_{21} 与 M_{31}，只不过被划去的分别是第二行和第一列的元素与第三行和第一列的元素. 记

$$A_{i1}=(-1)^{i+1}M_{i1},\quad i=1,2,3,$$

即

$$A_{11}=M_{11},\quad A_{21}=-M_{21},\quad A_{31}=M_{31}.$$

称 M_{i1} 为元素 a_{i1} 在 D 中的**余子式**，称 A_{i1} 为元素 a_{i1} 在 D 中的**代数余子式**. 于是，由公式(1.5)可以知道三阶行列式的计算公式可以简写成

$$D=a_{11}M_{11}-a_{21}M_{21}+a_{31}M_{31}=a_{11}A_{11}+a_{21}A_{21}+a_{31}A_{31}. \tag{1.6}$$

我们把它称为 D 按其**第一列的展开式**. 我们经常把它简写成

$$D=\sum_{i=1}^{3}a_{i1}A_{i1}=\sum_{i=1}^{3}(-1)^{i+1}a_{i1}M_{i1}.$$

1.1.2 n 阶行列式

一阶行列式 $D=|a|=a$. 注意：它不是指单个数 a 的绝对值. 例如，$|-5|=-5$.

n 阶行列式 我们记

$$D=\begin{vmatrix} a_{11} & a_{12} & \cdots & a_{1n} \\ a_{21} & a_{22} & \cdots & a_{2n} \\ \vdots & \vdots & \ddots & \vdots \\ a_{n1} & a_{n2} & \cdots & a_{nn} \end{vmatrix},$$

它由 n 行、n 列元素（共 n^2 个元素）组成，称之为 n 阶行列式. 其中，每一个数 a_{ij} 称为行列式的一个元素，它的前一个下标 i 称为**行标**，它表示这个数 a_{ij} 在第 i 行上；后一个下标 j 称为**列标**，它表示这个数 a_{ij} 在第 j 列上. 所以 a_{ij} 在行列式的第 i 行和第 j 列的交叉位置上. 为叙述方便起见，我们用 (i,j) 表示这个位置. n 阶行列式 D 通常也简记为 $|a_{ij}|_n$.

在 D 中划去元素 a_{ij} 所在第 i 行和第 j 列后其余的 $n-1$ 行和 $n-1$ 列上剩下的元素，按原来的相对顺序组成一个 $n-1$ 阶行列式，记为 M_{ij}，即

$$M_{ij}=\begin{vmatrix} a_{11} & \cdots & a_{1,j-1} & a_{1,j+1} & \cdots & a_{1n} \\ \vdots & & \vdots & \vdots & & \vdots \\ a_{i-1,1} & \cdots & a_{i-1,j-1} & a_{i-1,j+1} & \cdots & a_{i-1,n} \\ a_{i+1,1} & \cdots & a_{i+1,j-1} & a_{i+1,j+1} & \cdots & a_{i+1,n} \\ \vdots & & \vdots & \vdots & & \vdots \\ a_{n1} & \cdots & a_{n,j-1} & a_{n,j+1} & \cdots & a_{nn} \end{vmatrix},$$

称 M_{ij} 为元素 a_{ij} 的**余子式**. 令

$$A_{ij}=(-1)^{i+j}M_{ij},$$

称 A_{ij} 为元素 a_{ij} 的**代数余子式** $(i,j=1,2,\cdots,n)$.

现在我们引进 n 阶行列式的值的**递归定义**：

定义 1.1.1 当 $n=1$ 时，定义 $D=|a_{11}|=a_{11}$，假定对 $n-1$ 阶行列式已经定义，那么对任意的 i,j，M_{ij} 是 $n-1$ 阶行列式，由假定它的值是已经定义好的，从而 A_{ij} 的值也是已经定义好的，则 n 阶行列式 D 的**值**定义为

$$D=a_{11}A_{11}+a_{21}A_{21}+\cdots+a_{n1}A_{n1}. \tag{1.7}$$

称(1.7)式为 D **按第一列的展开式.**

事实上，(1.7)式给出了一个计算 n 阶行列式的方法：先将 n 阶行列式化成一些 $n-1$ 阶行列式的代数和，再化成一些 $n-2$ 阶行列式的代数和……最后便可求出 D 的值.

由余子式和代数余子式的关系可得

$$D=a_{11}M_{11}-a_{21}M_{21}+\cdots+(-1)^{n+1}a_{n1}M_{n1}.$$

行列式 D 也可按第一行展开来定义为

$$D=a_{11}A_{11}+a_{12}A_{12}+\cdots+a_{1n}A_{1n}.$$

前面已经看到，三阶行列式是 3! 项的代数和. 对于一个四阶行列式，根据行列式的定义，将它按第一列展开时，它被表示成 4 个三阶行列式的代数和，因而它的展开式中的求和项数为 $4\times3!=4!$. 以此类推，可知 n 阶行列式 D 的求和项数为 $n!$；此外，仍然与三阶行列式类似，n 阶行列式 D 中每一项都是 n 个数的乘积前面附上适当的正、负号，这 n 个数取之于 D 中不同的行和不同的列；反之，任意取之于 D 中不同的行和不同的列的 n 个数的乘积前面附上适当的正、负号后，都是 D 的展开式中的某一项.

应该注意的是，任何一个行列式，不管它是多少阶的，它都是一个数. 另外，对于四阶及四阶以上的行列式，已经没有类似于三阶行列式的对角线法则，也就不能再用对角线法则来计算四阶及以上阶数的行列式了.

例 8 证明：n 阶行列式 $D_n=\begin{vmatrix} a_1 & * & \cdots & * \\ & a_2 & \cdots & * \\ & & \ddots & \vdots \\ & & & a_n \end{vmatrix}=a_1a_2\cdots a_n=\prod_{i=1}^{n}a_i$.

在这种行列式中，凡是空白的地方都表示该处元素值为零(可以不写出)，* 号表示在这些位置上的元素可以任意取值，它们不影响行列式的值. 我们称这种行列式为**上三角行列式**(可任意取值的元素在主对角线的上面. 行列式中从左上角到右下角这一条对角线称为**主对角线**).

证 可以对行列式的阶数 n 用归纳法证明这个求值公式成立. 首先，对一阶行列式，显然有 $D_1=|a_1|=a_1$. 其次，假设对 $n-1$ 阶上三角行列式有

$$D_{n-1}=\begin{vmatrix} a_2 & * & \cdots & * \\ & a_3 & \cdots & * \\ & & \ddots & \vdots \\ & & & a_n \end{vmatrix}=a_2a_3\cdots a_n,$$

则将 D_n 按其第一列展开即可得到 $D_n=a_1D_{n-1}=a_1a_2\cdots a_n$.

习 题 1.1

1. 计算下列二阶行列式：

(1) $\begin{vmatrix} x+1 & x \\ x^2 & x^2-x+1 \end{vmatrix}$；　　(2) $\begin{vmatrix} x-1 & 1 \\ x^2 & x^2+x+1 \end{vmatrix}$；

(3) $\begin{vmatrix} 1 & \log_b a \\ \log_a b & 1 \end{vmatrix}$；　　(4) $\begin{vmatrix} 2a & a+b \\ a+b & 2b \end{vmatrix}$.

2. 利用对角线法则计算下列三阶行列式：

(1) $\begin{vmatrix} 2 & 1 & -1 \\ 0 & -4 & 8 \\ 1 & -1 & 3 \end{vmatrix}$；　(2) $\begin{vmatrix} 3 & 1 & 2 \\ 2 & 3 & 1 \\ 1 & 2 & 3 \end{vmatrix}$；　(3) $\begin{vmatrix} \cos\theta & 0 & -\sin\theta \\ 0 & -1 & 0 \\ \sin\theta & 0 & \cos\theta \end{vmatrix}$.

3. 求方程 $\begin{vmatrix} x-1 & 4 & 2 \\ -2 & x-7 & -4 \\ 4 & 10 & x+6 \end{vmatrix}=0$ 的根.

4. 在以下的各题中，a 是参数，求出：

(1) $\begin{vmatrix} a & 3 & 4 \\ -1 & a & 0 \\ 0 & a & 1 \end{vmatrix}\neq 0$ 的充要条件；

(2) $\begin{vmatrix} a & 1 & 1 \\ 0 & -1 & 0 \\ 4 & a & a \end{vmatrix}<0$ 的充要条件.

5. 证明：当 $b\neq 0$ 时，有

$$\begin{vmatrix} a_{11} & a_{12}b^{-1} & a_{13}b^{-2} \\ a_{21}b & a_{22} & a_{23}b^{-1} \\ a_{31}b^2 & a_{32}b & a_{33} \end{vmatrix}=\begin{vmatrix} a_{11} & a_{12} & a_{13} \\ a_{21} & a_{22} & a_{23} \\ a_{31} & a_{32} & a_{33} \end{vmatrix}.$$

6. 计算下面的行列式：

$$\begin{vmatrix} 0 & 0 & 0 & 0 & 1 \\ 0 & 0 & 0 & 2 & * \\ 0 & 0 & 3 & * & * \\ 0 & 4 & * & * & * \\ 5 & * & * & * & * \end{vmatrix}.$$

1.2 行列式按行(列)展开

在1.1节讲 n 阶行列式的展开式时，是把 D 按其第一列展开而逐步把行列式的阶数降低以后，再求出其值. 实际上，行列式可以按其任意一行或按其任意一列展开来求出它的值. 现在给出下面的重要定理，其证明从略.

定理1.2.1(行列式展开定理) n 阶行列式 $D=|a_{ij}|_n$ 等于它的任意一行(列)的各元素与其对应的代数余子式的乘积之和，即

$$D=a_{i1}A_{i1}+a_{i2}A_{i2}+\cdots+a_{in}A_{in}, \quad i=1,2,\cdots,n, \tag{1.8}$$

或

$$D=a_{1j}A_{1j}+a_{2j}A_{2j}+\cdots+a_{nj}A_{nj}, \quad j=1,2,\cdots,n, \tag{1.9}$$

其中，A_{ij} 是元素 a_{ij} 在 D 中的**代数余子式**.

(1.8)式称为 D **按第 i 行的展开式**，(1.9)式称为 D **按第 j 列的展开式**，$i,j=1,2,\cdots,n$. 上述展开定理也可以表示成

$$D=(-1)^{i+1}a_{i1}M_{i1}+(-1)^{i+2}a_{i2}M_{i2}+\cdots+(-1)^{i+n}a_{in}M_{in}, \quad i=1,2,\cdots,n,$$

$$D=(-1)^{1+j}a_{1j}M_{1j}+(-1)^{2+j}a_{2j}M_{2j}+\cdots+(-1)^{n+j}a_{nj}M_{nj}, \quad j=1,2,\cdots,n.$$

这两个展开式中的每一项都由三部分组成：元素 a_{ij} 和它前面的符号 $(-1)^{i+j}$ 以及它后面的余子式 M_{ij}. 三者缺一不可！

根据定理1.2.1知道，凡是含零行(某行中元素全为零)或零列(某列中元素全为零)的行列式，其值必为零.

例1 仿照1.1节中例8的归纳法证明，并按第一行展开，可证 n 阶行列式

$$D_n=\begin{vmatrix} a_1 & & & \\ * & a_2 & & \\ \vdots & \vdots & \ddots & \\ * & * & \cdots & a_n \end{vmatrix}=a_1a_2\cdots a_n.$$

我们称这种行列式为**下三角行列式**(可任意取值的元素在主对角线的下面).

例2 计算行列式

$$D=\begin{vmatrix} 1 & -1 & 2 \\ 3 & 0 & 4 \\ 2 & 1 & 1 \end{vmatrix}.$$

解 行列式可按一行(列)展开. 用行列式展开定理计算如下：

按第一列展开得到

$$D=1\times\begin{vmatrix}0&4\\1&1\end{vmatrix}-3\times\begin{vmatrix}-1&2\\1&1\end{vmatrix}+2\begin{vmatrix}-1&2\\0&4\end{vmatrix}=-4+9-8=-3.$$

按第二列展开得到

$$D=-(-1)\begin{vmatrix}3&4\\2&1\end{vmatrix}+0\times\begin{vmatrix}1&2\\2&1\end{vmatrix}-1\times\begin{vmatrix}1&2\\3&4\end{vmatrix}=-5+2=-3.$$

按第三列展开得到

$$D=2\times\begin{vmatrix}3&0\\2&1\end{vmatrix}-4\times\begin{vmatrix}1&-1\\2&1\end{vmatrix}+1\times\begin{vmatrix}1&-1\\3&0\end{vmatrix}=6-12+3=-3.$$

按第一行展开得到

$$D=1\times\begin{vmatrix}0&4\\1&1\end{vmatrix}-(-1)\times\begin{vmatrix}3&4\\2&1\end{vmatrix}+2\times\begin{vmatrix}3&0\\2&1\end{vmatrix}=-4-5+6=-3.$$

按第二行展开得到

$$D=-3\times\begin{vmatrix}-1&2\\1&1\end{vmatrix}+0\times\begin{vmatrix}1&2\\2&1\end{vmatrix}-4\times\begin{vmatrix}1&-1\\2&1\end{vmatrix}=9-12=-3.$$

按第三行展开得到

$$D=2\times\begin{vmatrix}-1&2\\0&4\end{vmatrix}-1\times\begin{vmatrix}1&2\\3&4\end{vmatrix}+1\times\begin{vmatrix}1&-1\\3&0\end{vmatrix}=-8+2+3=-3.$$

例 3 计算行列式:

$$\begin{vmatrix}1&0&2&1\\2&-1&1&0\\1&0&0&3\\-1&0&2&1\end{vmatrix}.$$

解 行列式的第二列只含一个非零元素 $a_{22}=-1$,其他元素均为 0. 按第二列展开,得

$$\begin{vmatrix}1&0&2&1\\2&-1&1&0\\1&0&0&3\\-1&0&2&1\end{vmatrix}=(-1)^{2+2}(-1)\begin{vmatrix}1&2&1\\1&0&3\\-1&2&1\end{vmatrix}=-\begin{vmatrix}1&2&1\\1&0&3\\-1&2&1\end{vmatrix}$$

$$=-\left(1\cdot\begin{vmatrix}0&3\\2&1\end{vmatrix}-2\cdot\begin{vmatrix}1&3\\-1&1\end{vmatrix}+1\cdot\begin{vmatrix}1&0\\-1&2\end{vmatrix}\right)$$

$$=-(-6-8+2)=12.$$

例 4 已知行列式$D=\begin{vmatrix}2&1&3&2\\1&2&4&0\\3&5&2&-1\\4&3&2&0\end{vmatrix}$,求$A_{11}+2A_{21}+A_{41}$的值. 其中$A_{ij}$是$a_{ij}(i,j=1,2,3,4)$的代数余子式.

解 $A_{11},A_{21},A_{31},A_{41}$是$D$中第一列元素的代数余子式. 当保持$D$的第二,三,四列元素不变时,不论第一列元素如何改变,$A_{11},A_{21},A_{31},A_{41}$的值都不变. 令

$$\overline{D}=\begin{vmatrix}1&1&3&2\\2&2&4&0\\0&5&2&-1\\1&3&2&0\end{vmatrix},$$

则D与$\overline{D}$第一列对应元素的代数余子式相等.$\overline{D}$按第一列展开，得

$$\overline{D}=A_{11}+2A_{21}+A_{41}.$$

另一方面,$\overline{D}$ 按第四列展开，得

$$\overline{D}=(-1)^{1+4}2\times\begin{vmatrix}2&2&4\\0&5&2\\1&3&2\end{vmatrix}+(-1)^{3+4}\times(-1)\times\begin{vmatrix}1&1&3\\2&2&4\\1&3&2\end{vmatrix}$$

$$=-2\times(20+4+0-20-12-0)+(4+4+18-6-4-12)=20.$$

所以$A_{11}+2A_{21}+A_{41}=20$.

例 5 将下列 n 阶行列式按其第 n 行展开可以求出

$$\begin{vmatrix}0&1&&&&\\&0&2&&&\\&&0&3&&\\&&&\ddots&\ddots&\\&&&&0&n-1\\n&&&&&0\end{vmatrix}=(-1)^{n+1}n\begin{vmatrix}1&&&\\&2&&\\&&\ddots&\\&&&n-1\end{vmatrix}=(-1)^{n+1}n!\ .$$

习　题　1.2

1. 求出 $D=\begin{vmatrix}2&-1&0\\4&1&2\\-1&1&-1\end{vmatrix}$ 中所有元素的余子式和代数余子式的值，并求出 D 的值.

2. 已知四阶行列式 D 的第三列元素依次为 $-1,2,0,1$，它们在 D 中的余子式依次为 $5,3,-7,4$，求出 D 的值.

3. 设四阶行列式 $D=\begin{vmatrix}3&0&4&0\\2&2&2&2\\0&-7&0&0\\5&3&-2&2\end{vmatrix}$. 试分别求出它的第四行各元素的余子式之和与代数余子式之和.

4. 利用行列式的展开定理计算下列各行列式的值：

(1) $\begin{vmatrix}-1&3&0&0\\5&1&0&0\\0&0&1&2\\0&0&3&4\end{vmatrix}$；　(2) $\begin{vmatrix}-1&2&5&4\\0&3&2&0\\0&4&1&-1\\0&1&1&3\end{vmatrix}$；　(3) $\begin{vmatrix}1&2&3&-2\\2&3&7&0\\3&-1&0&0\\-4&0&0&0\end{vmatrix}$；

(4) $\begin{vmatrix} a_1 & a_2 & a_3 & a_4 \\ b_1 & b_2 & b_3 & b_4 \\ c & 0 & 0 & 0 \\ d & 0 & 0 & 0 \end{vmatrix}$;　(5) $\begin{vmatrix} a & 1 & 0 & 0 \\ -1 & b & 1 & 0 \\ 0 & -1 & c & 1 \\ 0 & 0 & -1 & d \end{vmatrix}$.

5. 计算：

(1) $f(x)=\begin{vmatrix} 1 & 1 & 1 & 1 \\ 0 & 1 & -1 & -1 \\ 0 & -1 & 1 & -1 \\ x & -1 & -1 & 1 \end{vmatrix}$;　(2) $f(x)=\begin{vmatrix} -1 & 0 & x & 1 \\ 1 & 1 & -1 & -1 \\ 1 & -1 & 1 & -1 \\ 1 & -1 & -1 & 1 \end{vmatrix}$.

6. 计算下列各行列式：

(1) $\begin{vmatrix} 0 & a_1 & 0 & 0 & 0 \\ 0 & 0 & a_2 & 0 & 0 \\ 0 & 0 & 0 & a_3 & 0 \\ 0 & 0 & 0 & 0 & a_4 \\ a_5 & 0 & 0 & 0 & 0 \end{vmatrix}$;　(2) $\begin{vmatrix} 0 & 0 & 0 & a_1 & 0 \\ 0 & 0 & a_2 & 0 & 0 \\ 0 & a_3 & 0 & 0 & 0 \\ a_4 & 0 & 0 & 0 & 0 \\ 0 & 0 & 0 & 0 & a_5 \end{vmatrix}$.

7. 已知行列式 $\begin{vmatrix} 1 & x & 3 \\ x & 2 & 0 \\ 5 & -1 & 4 \end{vmatrix}$ 中(1,2)元素的代数余子式 $A_{12}=8$，求(2,1)元素的代数余子式 A_{21} 的值.

8. 计算行列式 $D=\begin{vmatrix} 4 & 3 & 0 & 0 \\ 1 & 4 & 3 & 0 \\ 0 & 1 & 4 & 3 \\ 0 & 0 & 1 & 4 \end{vmatrix}$.

1.3　行列式的性质与计算

因为 n 阶行列式是 $n!$ 项求和，而且每一项都是 n 个数的乘积，当 n 比较大时，计算量就非常大，例如，$10!=3\,628\,800$. 所以对于阶数较大的行列式很难直接用定义去求行列式的值. 这时利用行列式的性质可以有效地解决行列式的求值问题. 下面我们来研究行列式的性质，并利用行列式的性质来简化行列式的计算.

1.3.1　行列式的性质

将行列式 D 的第一行改为第一列，第二行改为第二列……第 n 行改为第 n 列，仍得到一个 n 阶行列式，这个新的行列式称为 D 的**转置行列式**，记为 D^{T} 或 D'. 即如果

$$D=\begin{vmatrix} a_{11} & a_{12} & \cdots & a_{1n} \\ a_{21} & a_{22} & \cdots & a_{2n} \\ \vdots & \vdots & & \vdots \\ a_{n1} & a_{n2} & \cdots & a_{nn} \end{vmatrix},$$

则

$$D^{\mathrm{T}}=\begin{vmatrix} a_{11} & a_{21} & \cdots & a_{n1} \\ a_{12} & a_{22} & \cdots & a_{n2} \\ \vdots & \vdots & & \vdots \\ a_{1n} & a_{2n} & \cdots & a_{nn} \end{vmatrix}.$$

性质 1 行列式和它的转置行列式相等，即 $D=D^{\mathrm{T}}$ 或

$$\begin{vmatrix} a_{11} & a_{12} & \cdots & a_{1n} \\ a_{21} & a_{22} & \cdots & a_{2n} \\ \vdots & \vdots & & \vdots \\ a_{n1} & a_{n2} & \cdots & a_{nn} \end{vmatrix}=\begin{vmatrix} a_{11} & a_{21} & \cdots & a_{n1} \\ a_{12} & a_{22} & \cdots & a_{n2} \\ \vdots & \vdots & & \vdots \\ a_{1n} & a_{2n} & \cdots & a_{nn} \end{vmatrix}.$$

根据这个性质可知，在任意一个行列式中，行与列是处于平等地位的. 凡是对“行”成立的性质，对“列”也成立；反之，凡是对“列”成立的性质，对“行”也成立. 所以只需研究行列式有关行的性质，其所有结论对列也是自然成立的.

性质 2 用数 k 乘行列式 D 中某一行（列）的所有元素所得到的行列式等于 kD. 这也就是说，行列式可以按行或按列提出公因数：

$$D_1=\begin{vmatrix} a_{11} & a_{12} & \cdots & a_{1n} \\ \vdots & \vdots & & \vdots \\ ka_{i1} & ka_{i2} & \cdots & ka_{in} \\ \vdots & \vdots & & \vdots \\ a_{n1} & a_{n2} & \cdots & a_{nn} \end{vmatrix}=k\begin{vmatrix} a_{11} & a_{12} & \cdots & a_{1n} \\ \vdots & \vdots & & \vdots \\ a_{i1} & a_{i2} & \cdots & a_{in} \\ \vdots & \vdots & & \vdots \\ a_{n1} & a_{n2} & \cdots & a_{nn} \end{vmatrix}=kD, \quad i=1,\cdots,n.$$

证 将左边的行列式 D_1 按其第 i 行展开以后，再提出公因数 k，即得右边的值：

$$D_1=\sum_{j=1}^{n}ka_{ij}A_{ij}=k\sum_{j=1}^{n}a_{ij}A_{ij}=k\left|a_{ij}\right|=kD.$$

注意 必须按行或按列逐次提出公因数.

例 1 计算行列式：$\begin{vmatrix} 2 & 5 & 5 \\ 6 & 4 & 10 \\ 3 & 6 & 15 \end{vmatrix}$.

解 $$\begin{vmatrix} 2 & 5 & 5 \\ 6 & 4 & 10 \\ 3 & 6 & 15 \end{vmatrix}=2\times3\times\begin{vmatrix} 2 & 5 & 5 \\ 3 & 2 & 5 \\ 1 & 2 & 5 \end{vmatrix}=2\times3\times5\times\begin{vmatrix} 2 & 5 & 1 \\ 3 & 2 & 1 \\ 1 & 2 & 1 \end{vmatrix}$$

$$=30\times(4+6+5-2-4-15)=30\times(-6)=-180.$$

在例 1 的计算过程中，我们先提出第二行的公因数 2 和第三行的公因数 3，得到第一个等号右边的式子，然后提出这个行列式中第三列的公因数 5，把行列式中各元素的绝对值化小以后，再求出原行列式的值.

例 2 计算行列式 $D=\begin{vmatrix} 2 & 4 & 6 \\ -4 & 2 & 8 \\ 6 & 6 & 10 \end{vmatrix}$.

解 $$D=\begin{vmatrix} 2\times1 & 2\times2 & 2\times3 \\ 2\times(-2) & 2\times1 & 2\times4 \\ 2\times3 & 2\times3 & 2\times5 \end{vmatrix}=2^3\begin{vmatrix} 1 & 2 & 3 \\ -2 & 1 & 4 \\ 3 & 3 & 5 \end{vmatrix}$$

$=8\times(5+24-18-9+20-12)=80.$

注意 在例 2 中，每行有一个公因数 2，提出公因数时提出了三个 2，而不是只提出一个 2.

例 3 $\begin{vmatrix} -ab & ac & ae \\ bd & -cd & de \\ bf & cf & -ef \end{vmatrix}=adf\begin{vmatrix} -b & c & e \\ b & -c & e \\ b & c & -e \end{vmatrix}=abcdef\begin{vmatrix} -1 & 1 & 1 \\ 1 & -1 & 1 \\ 1 & 1 & -1 \end{vmatrix}=4abcdef.$

这里是把上式第一个等号左边的行列式的第一、二、三行分别提出了公因子 a,d,f，第二个等号左边的行列式的第一、二、三列分别提出了公因子 b,c,e，化简后再求出其值.

例 4 在如下行列式 D 的每一行中都提出公因数(-1)，并用行列式性质 1 可以得到

$$D=\begin{vmatrix} 0 & a & b \\ -a & 0 & c \\ -b & -c & 0 \end{vmatrix}=(-1)^3\begin{vmatrix} 0 & -a & -b \\ a & 0 & -c \\ b & c & 0 \end{vmatrix}=-D^{\mathrm{T}}=-D.$$

因为行列式 D 是一个数，所以由 $D=-D$ 可知行列式 $D=0$.

用这种方法可以证明：任意一个奇数阶反对称行列式必为零. 所谓**反对称行列式**指的是，其中主对角线上的元素全为 0，而以主对角线为轴，两边处于对称位置上的元素异号. 即若 $D=|a_{ij}|_n$ 是反对称行列式，则它满足条件 $a_{ij}=-a_{ji}$，$i,j=1,2,\cdots,n$.

性质 3 互换行列式的任意两行（列），行列式的值改变符号. 即对于如下两个行列式：

$$D=\begin{vmatrix} a_{11} & a_{12} & \cdots & a_{1n} \\ \vdots & \vdots & & \vdots \\ a_{i1} & a_{i2} & \cdots & a_{in} \\ \vdots & \vdots & & \vdots \\ a_{j1} & a_{j2} & \cdots & a_{jn} \\ \vdots & \vdots & & \vdots \\ a_{n1} & a_{n2} & \cdots & a_{nn} \end{vmatrix},\quad D_1=\begin{vmatrix} a_{11} & a_{12} & \cdots & a_{1n} \\ \vdots & \vdots & & \vdots \\ a_{j1} & a_{j2} & \cdots & a_{jn} \\ \vdots & \vdots & & \vdots \\ a_{i1} & a_{i2} & \cdots & a_{in} \\ \vdots & \vdots & & \vdots \\ a_{n1} & a_{n2} & \cdots & a_{nn} \end{vmatrix},$$

有 $D=-D_1$.

根据这个性质可以得到下面的重要推论：

推论 如果行列式中有两行（列）相同，则此行列式的值等于零.

因为互换行列式 D 中的两个相同的行（列），其结果仍是 D，但由性质 3 可知其结果为 $-D$，因此 $D=-D$，所以 $D=0$.

性质 4 如果行列式中某两行（列）的对应元素成比例，则此行列式的值等于零.

证 设行列式 D 的第 i 行与第 j 行（$i,j=1,2,\cdots,n,i\neq j$）的对应元素成比例. 不妨设第 j 行元素是第 i 行元素乘以数 k 得到的，则

$$D=\begin{vmatrix} a_{11} & a_{12} & \cdots & a_{1n} \\ \vdots & \vdots & & \vdots \\ a_{i1} & a_{i2} & \cdots & a_{in} \\ \vdots & \vdots & & \vdots \\ ka_{i1} & ka_{i2} & \cdots & ka_{in} \\ \vdots & \vdots & & \vdots \\ a_{n1} & a_{n2} & \cdots & a_{nn} \end{vmatrix}\begin{matrix} \\ \\ i\text{行} \\ \\ j\text{行} \\ \\ \\ \end{matrix}=k\begin{vmatrix} a_{11} & a_{12} & \cdots & a_{1n} \\ \vdots & \vdots & & \vdots \\ a_{i1} & a_{i2} & \cdots & a_{in} \\ \vdots & \vdots & & \cdots \\ a_{i1} & a_{i2} & \cdots & a_{in} \\ \vdots & \vdots & & \vdots \\ a_{n1} & a_{n2} & \cdots & a_{nn} \end{vmatrix}\begin{matrix} \\ \\ i\text{行} \\ \\ j\text{行} \\ \\ \\ \end{matrix}=0.$$

由于将行列式 D 中第 j 行的比例系数 k 提到行列式的外面来以后，余下的行列式有两行对应

元素相同，因此该行列式的值为 0，从而原行列式的值等于 0. 行列式中某两列元素对应成比例的情形可以类似地证明.

例 5 求行列式 $\begin{vmatrix} 1 & -2 & 5 \\ 2 & 5 & 6 \\ -2 & 4 & -10 \end{vmatrix}$ 的值.

解 因为行列式中第一行与第三行成比例，所以

$$\begin{vmatrix} 1 & -2 & 5 \\ 2 & 5 & 6 \\ -2 & 4 & -10 \end{vmatrix} = \begin{vmatrix} 1 & -2 & 5 \\ 2 & 5 & 6 \\ (-2)\times 1 & (-2)\times(-2) & (-2)\times 5 \end{vmatrix} = 0.$$

例 6 求出 x 的四次方程 $f(x)=\begin{vmatrix} 1 & 1 & 2 & 3 \\ 1 & 2-x^2 & 2 & 3 \\ 2 & 3 & 1 & 5 \\ 2 & 3 & 1 & 9-x^2 \end{vmatrix}=0$ 的所有根.

解 将行列式按第一列展开，得

$$f(x)=\begin{vmatrix} 2-x^2 & 2 & 3 \\ 3 & 1 & 5 \\ 3 & 1 & 9-x^2 \end{vmatrix} - \begin{vmatrix} 1 & 2 & 3 \\ 3 & 1 & 5 \\ 3 & 1 & 9-x^2 \end{vmatrix} + 2\times\begin{vmatrix} 1 & 2 & 3 \\ 2-x^2 & 2 & 3 \\ 3 & 1 & 9-x^2 \end{vmatrix}$$

$$-2\times\begin{vmatrix} 1 & 2 & 3 \\ 2-x^2 & 2 & 3 \\ 3 & 1 & 5 \end{vmatrix}.$$

从上述四个三阶行列式可以看出，第一个和第三个行列式是 x 的四次多项式，而第二个和第四个行列式是 x 的二次多项式. 因此题中所给的四阶行列式表示一个 x 的四次多项式，所以 $f(x)=0$ 是四次方程，它最多有四个实数根.

将 $x=1$ 代入行列式，得到行列式

$$\begin{vmatrix} 1 & 1 & 2 & 3 \\ 1 & 1 & 2 & 3 \\ 2 & 3 & 1 & 5 \\ 2 & 3 & 1 & 8 \end{vmatrix}.$$

它的第一行与第二行相同，因此其值为 0. 分别用 $x=-1$，$x=2$，$x=-2$ 代入行列式时，得到的行列式都有两行相同，故其值必为 0. 所以，$x=\pm 1$ 和 $x=\pm 2$ 就是所求的四个根.

性质 5 若行列式的某一行（列）的元素是两个数之和，例如第 i 行的元素都是两个数之和，则这个行列式可以拆成两个行列式之和，即

$$D=\begin{vmatrix} a_{11} & a_{12} & \cdots & a_{1n} \\ \vdots & \vdots & & \vdots \\ b_{i1}+c_{i1} & b_{i2}+c_{i2} & \cdots & b_{in}+c_{in} \\ \vdots & \vdots & & \vdots \\ a_{n1} & a_{n2} & \cdots & a_{nn} \end{vmatrix}$$

$$=\begin{vmatrix} a_{11} & a_{12} & \cdots & a_{1n} \\ \vdots & \vdots & & \vdots \\ b_{i1} & b_{i2} & \cdots & b_{in} \\ \vdots & \vdots & & \vdots \\ a_{n1} & a_{n2} & \cdots & a_{nn} \end{vmatrix}+\begin{vmatrix} a_{11} & a_{12} & \cdots & a_{1n} \\ \vdots & \vdots & & \vdots \\ c_{i1} & c_{i2} & \cdots & c_{in} \\ \vdots & \vdots & & \vdots \\ a_{n1} & a_{n2} & \cdots & a_{nn} \end{vmatrix},\quad i=1,2,\cdots,n.$$

证 将第二个等号左边的行列式按其第 i 行展开即得

$$D=\sum_{j=1}^{n}(b_{ij}+c_{ij})A_{ij}=\sum_{j=1}^{n}b_{ij}A_{ij}+\sum_{j=1}^{n}c_{ij}A_{ij}.$$

这就是右边两个行列式之和.

例 7 计算行列式 $D=\begin{vmatrix} a_1+a_2 & b_1+b_2 \\ c_1+c_2 & d_1+d_2 \end{vmatrix}$.

解 按其第一行拆开得到

$$\begin{vmatrix} a_1+a_2 & b_1+b_2 \\ c_1+c_2 & d_1+d_2 \end{vmatrix}=\begin{vmatrix} a_1 & b_1 \\ c_1+c_2 & d_1+d_2 \end{vmatrix}+\begin{vmatrix} a_2 & b_2 \\ c_1+c_2 & d_1+d_2 \end{vmatrix}$$
$$=\begin{vmatrix} a_1 & b_1 \\ c_1 & d_1 \end{vmatrix}+\begin{vmatrix} a_1 & b_1 \\ c_2 & d_2 \end{vmatrix}+\begin{vmatrix} a_2 & b_2 \\ c_1 & d_1 \end{vmatrix}+\begin{vmatrix} a_2 & b_2 \\ c_2 & d_2 \end{vmatrix}.$$

按其第一列拆开得到

$$\begin{vmatrix} a_1+a_2 & b_1+b_2 \\ c_1+c_2 & d_1+d_2 \end{vmatrix}=\begin{vmatrix} a_1 & b_1+b_2 \\ c_1 & d_1+d_2 \end{vmatrix}+\begin{vmatrix} a_2 & b_1+b_2 \\ c_2 & d_1+d_2 \end{vmatrix}$$
$$=\begin{vmatrix} a_1 & b_1 \\ c_1 & d_1 \end{vmatrix}+\begin{vmatrix} a_1 & b_2 \\ c_1 & d_2 \end{vmatrix}+\begin{vmatrix} a_2 & b_1 \\ c_2 & d_1 \end{vmatrix}+\begin{vmatrix} a_2 & b_2 \\ c_2 & d_2 \end{vmatrix}.$$

不难验证

$$\begin{vmatrix} a_1 & b_1 \\ c_2 & d_2 \end{vmatrix}+\begin{vmatrix} a_2 & b_2 \\ c_1 & d_1 \end{vmatrix}=\begin{vmatrix} a_1 & b_2 \\ c_1 & d_2 \end{vmatrix}+\begin{vmatrix} a_2 & b_1 \\ c_2 & d_1 \end{vmatrix}.$$

可见,按上述两种不同的拆开方法，所求出的行列式的值是相同的.

在利用性质 5 拆开行列式时,应当逐行、逐列拆开.

性质 6 把行列式 D 的某一行(列)的所有元素都乘以同一个数以后加到另一行(列)的对应元素上去，所得的行列式仍为 D.

证 把 n 阶行列式

$$D=\begin{vmatrix} a_{11} & a_{12} & \cdots & a_{1n} \\ \vdots & \vdots & & \vdots \\ a_{i1} & a_{i2} & \cdots & a_{in} \\ \vdots & \vdots & & \vdots \\ a_{j1} & a_{j2} & \cdots & a_{jn} \\ \vdots & \vdots & & \vdots \\ a_{n1} & a_{n2} & \cdots & a_{nn} \end{vmatrix},\quad i,j=1,2,\cdots,n$$

的第 j 行的 k 倍加到第 i 行上去,得到的行列式记为 D_1,则

$$D_1=\begin{vmatrix} a_{11} & a_{12} & \cdots & a_{1n}\\ \vdots & \vdots & & \vdots\\ a_{i1}+ka_{j1} & a_{i2}+ka_{j2} & \cdots & a_{in}+ka_{jn}\\ \vdots & \vdots & & \vdots\\ a_{j1} & a_{j2} & \cdots & a_{jn}\\ \vdots & \vdots & & \vdots\\ a_{n1} & a_{n2} & \cdots & a_{nn} \end{vmatrix}$$

$$=\begin{vmatrix} a_{11} & a_{12} & \cdots & a_{1n}\\ \vdots & \vdots & & \vdots\\ a_{i1} & a_{i2} & \cdots & a_{in}\\ \vdots & \vdots & & \vdots\\ a_{j1} & a_{j2} & \cdots & a_{jn}\\ \vdots & \vdots & & \vdots\\ a_{n1} & a_{n2} & \cdots & a_{nn} \end{vmatrix}+\begin{vmatrix} a_{11} & a_{12} & \cdots & a_{1n}\\ \vdots & \vdots & & \vdots\\ ka_{j1} & ka_{j2} & \cdots & ka_{jn}\\ \vdots & \vdots & & \vdots\\ a_{j1} & a_{j2} & \cdots & a_{jn}\\ \vdots & \vdots & & \vdots\\ a_{n1} & a_{n2} & \cdots & a_{nn} \end{vmatrix}=D.$$

因为上式中最后一个等号左边的第二个行列式有两行成比例，故其值为零.

例 8 计算行列式

$$D_n=\begin{vmatrix} 1 & 1 & 1 & \cdots & 1\\ 1 & 2 & 0 & \cdots & 0\\ 1 & 0 & 3 & \cdots & 0\\ \vdots & \vdots & \vdots & & \vdots\\ 1 & 0 & 0 & \cdots & n \end{vmatrix}.$$

解

$$D_n=\begin{vmatrix} 1 & \frac{1}{2}\cdot 2 & \frac{1}{3}\cdot 3 & \cdots & \frac{1}{n}\cdot n\\ 1 & 2 & 0 & \cdots & 0\\ 1 & 0 & 3 & \cdots & 0\\ \vdots & \vdots & \vdots & & \vdots\\ 1 & 0 & 0 & \cdots & n \end{vmatrix}\overset{(1)}{=\!=}1\times 2\times 3\times\cdots\times n\times\begin{vmatrix} 1 & \frac{1}{2} & \frac{1}{3} & \cdots & \frac{1}{n}\\ 1 & 1 & 0 & \cdots & 0\\ 1 & 0 & 1 & \cdots & 0\\ \vdots & \vdots & \vdots & & \vdots\\ 1 & 0 & 0 & \cdots & 1 \end{vmatrix}$$

$$\overset{(2)}{=\!=}1\times 2\times 3\times\cdots\times n\times\begin{vmatrix} 1-\frac{1}{2}-\frac{1}{3}-\cdots-\frac{1}{n} & \frac{1}{2} & \frac{1}{3} & \cdots & \frac{1}{n}\\ 0 & 1 & 0 & \cdots & 0\\ 0 & 0 & 1 & \cdots & 0\\ \vdots & \vdots & \vdots & & \vdots\\ 0 & 0 & 0 & \cdots & 1 \end{vmatrix}$$

$$=1\times 2\times 3\times\cdots\times n\times\left(1-\frac{1}{2}-\frac{1}{3}-\cdots-\frac{1}{n}\right)=n!\left(1-\frac{1}{2}-\frac{1}{3}-\cdots-\frac{1}{n}\right),$$

其中(1)表示从行列式的第 $2,3,\cdots,n$ 列分别提出公因子 $2,3,\cdots,n$；(2)表示把行列式第 $j(j=2,3,\cdots,n)$ 列乘以(-1)后加到第一列.

例 9 计算行列式

$$\begin{vmatrix} a_1-b_1 & a_1-b_2 & a_1-b_3 \\ a_2-b_1 & a_2-b_2 & a_2-b_3 \\ a_3-b_1 & a_3-b_2 & a_3-b_3 \end{vmatrix}.$$

解

$$\begin{vmatrix} a_1-b_1 & a_1-b_2 & a_1-b_3 \\ a_2-b_1 & a_2-b_2 & a_2-b_3 \\ a_3-b_1 & a_3-b_2 & a_3-b_3 \end{vmatrix} \xlongequal[\text{③}+(-1)\times\text{①}]{\text{②}+(-1)\times\text{①}} \begin{vmatrix} a_1-b_1 & a_1-b_2 & a_1-b_3 \\ a_2-a_1 & a_2-a_1 & a_2-a_1 \\ a_3-a_1 & a_3-a_1 & a_3-a_1 \end{vmatrix}$$

$$=(a_2-a_1)(a_3-a_1)\begin{vmatrix} a_1-b_1 & a_1-b_2 & a_1-b_3 \\ 1 & 1 & 1 \\ 1 & 1 & 1 \end{vmatrix}=0.$$

此题中，为了叙述方便，我们引入了新的记号，将每一步表示行变换的记号写在等号上面(若有列变换，则将表示列变换的记号写在等号下面，即第一步中的②＋(－1)×①和③＋(－1)×①分别表示将第一行的－1倍加到第二行和第三行上，第二步是分别提出第二行和第三行的公因子 a_2-a_1 和 a_3-a_1.

根据行列式的展开定理与行列式的性质，我们有下面的定理：

定理 1.3.1 n 阶行列式 $D=|a_{ij}|_n$ 的任意一行(列)各元素与另一行(列)对应元素的代数余子式的乘积之和等于零，即

$$a_{i1}A_{k1}+a_{i2}A_{k2}+\cdots+a_{in}A_{kn}=0,\quad i\neq k, \tag{1.10}$$

或

$$a_{1j}A_{1s}+a_{2j}A_{2s}+\cdots+a_{nj}A_{ns}=0,\quad j\neq s. \tag{1.11}$$

证 考虑行列式 D 以及第 i 行与第 k 行相同的行列式 D_1：

$$D=\begin{vmatrix} a_{11} & a_{12} & \cdots & a_{1n} \\ \vdots & \vdots & & \vdots \\ a_{i1} & a_{i2} & \cdots & a_{in} \\ \vdots & \vdots & & \vdots \\ a_{k1} & a_{k2} & \cdots & a_{kn} \\ \vdots & \vdots & & \vdots \\ a_{n1} & a_{n2} & \cdots & a_{nn} \end{vmatrix} \begin{matrix} \\ \\ i\text{行} \\ \\ k\text{行} \\ \\ \\ \end{matrix},\quad D_1=\begin{vmatrix} a_{11} & a_{12} & \cdots & a_{1n} \\ \vdots & \vdots & & \vdots \\ a_{i1} & a_{i2} & \cdots & a_{in} \\ \vdots & \vdots & & \vdots \\ a_{i1} & a_{i2} & \cdots & a_{in} \\ \vdots & \vdots & & \vdots \\ a_{n1} & a_{n2} & \cdots & a_{nn} \end{vmatrix} \begin{matrix} \\ \\ i\text{行} \\ \\ k\text{行} \\ \\ \\ \end{matrix}.$$

因为行列式 D_1 的第 k 行元素与第 i 行元素相同，所以 $D_1=0$. 又由于 D_1 与 D 除第 k 行以外，其余各行元素完全相同，所以 D_1 中第 k 行元素的代数余子式与 D 中第 k 行对应元素的代数余子式相同. 把 D_1 按第 k 行展开，即得(1.10)式. 类似可证(1.11)式成立.

1.3.2 行列式的计算

行列式的计算主要采用以下两种基本方法：

(1) 利用行列式的性质，把原行列式化为容易求值的行列式. 常用的方法是把原行列式化为上三角(或下三角)行列式再求值. 此时要注意的是，在互换两行或两列时，必须在新的行列式的前面乘上－1. 在按行或按列提取公因子 k 时，必须在新的行列式前面乘上 k.

(2) 把原行列式按选定的某一行或某一列展开，把行列式的阶数降低，再求出它的值. 通常是先利用性质 6 在某一行或某一列中产生很多个“0”元素，再按包含 0 最多的行或列展开.

例 10 计算行列式

$$\begin{vmatrix} 2 & 3 & 1 & 0 \\ 4 & -2 & -1 & -1 \\ -2 & 1 & 2 & 1 \\ 0 & 1 & 1 & 0 \end{vmatrix}.$$

解 由于上三角行列式的值等于其主对角线上元素的乘积，所以我们只要设法利用行列式的性质将行列式化为上三角行列式，即可求出行列式的值.

$$\begin{vmatrix} 2 & 3 & 1 & 0 \\ 4 & -2 & -1 & -1 \\ -2 & 1 & 2 & 1 \\ 0 & 1 & 1 & 0 \end{vmatrix} \xlongequal[③+1\times①]{②+(-2)\times①} \begin{vmatrix} 2 & 3 & 1 & 0 \\ 0 & -8 & -3 & -1 \\ 0 & 4 & 3 & 1 \\ 0 & 1 & 1 & 0 \end{vmatrix} \xlongequal{②\leftrightarrow④} -\begin{vmatrix} 2 & 3 & 1 & 0 \\ 0 & 1 & 1 & 0 \\ 0 & 4 & 3 & 1 \\ 0 & -8 & -3 & -1 \end{vmatrix}$$

$$\xlongequal[④+8\times②]{③+(-4)\times②} -\begin{vmatrix} 2 & 3 & 1 & 0 \\ 0 & 1 & 1 & 0 \\ 0 & 0 & -1 & 1 \\ 0 & 0 & 5 & -1 \end{vmatrix} \xlongequal{④+5\times③} -\begin{vmatrix} 2 & 3 & 1 & 0 \\ 0 & 1 & 1 & 0 \\ 0 & 0 & -1 & 1 \\ 0 & 0 & 0 & 4 \end{vmatrix} = 8.$$

第一步中的②＋(－2)×①表示将行列式的第一行乘以－2 以后加到第二行，③＋1×①表示将第一行加到第三行. 第二步中的②↔④表示交换行列式的第二、第四两行. 第三、四两步的含义可类似理解.

在将行列式化为上三角行列式时，我们用适当变换先确定(1,1)位置的元素，接着设法将第一列中其他元素化为零；然后类似地确定(2,2)位置的元素，再将第二列中(2,2)位置下面的元素全化为零，这样继续做下去，即可把行列式化为上三角行列式.

我们在计算例 10 中的行列式时，是利用行列式的性质将它化成上三角行列式后，再求出它的值. 事实上在计算行列式的值时，未必都要化成上三角或下三角行列式，若将行列式的性质与展开定理结合起来使用，往往可以更快地求出结果.

例 11 计算行列式

$$D=\begin{vmatrix} 1 & 0 & 2 & 1 \\ 2 & -1 & 1 & 0 \\ 1 & 2 & 0 & 3 \\ 0 & 3 & 2 & 1 \end{vmatrix}.$$

解 观察到行列式的第一行第一列位置的元素是 $a_{11}=1$，利用这个(1,1)位置的元素 1 把行列式中第一列的其他元素全都化为 0，然后按第一列展开，可将这个四阶行列式降为三阶行列式来计算. 具体步骤如下：

$$D=\begin{vmatrix} 1 & 0 & 2 & 1 \\ 2 & -1 & 1 & 0 \\ 1 & 2 & 0 & 3 \\ 0 & 3 & 2 & 1 \end{vmatrix} \xlongequal[③+(-1)\times①]{②+(-2)\times①} \begin{vmatrix} 1 & 0 & 2 & 1 \\ 0 & -1 & -3 & -2 \\ 0 & 2 & -2 & 2 \\ 0 & 3 & 2 & 1 \end{vmatrix}.$$

按第一列展开，得

$$D=\begin{vmatrix} -1 & -3 & -2 \\ 2 & -2 & 2 \\ 3 & 2 & 1 \end{vmatrix} = (-1)\times 2\times \begin{vmatrix} 1 & 3 & 2 \\ 1 & -1 & 1 \\ 3 & 2 & 1 \end{vmatrix}$$

$$\xlongequal[\text{③}+(-3)\times\text{①}]{\text{②}+(-1)\times\text{①}}-2\times\begin{vmatrix}1&3&2\\0&-4&-1\\0&-7&-5\end{vmatrix}=-2\times\begin{vmatrix}-4&-1\\-7&-5\end{vmatrix}=-26.$$

例 12 计算行列式

$$D=\begin{vmatrix}2&1&4&1\\3&-1&2&1\\5&2&3&2\\7&0&2&5\end{vmatrix}.$$

解 如果用例 11 的方法直接消元，则会碰到分数运算. 比如为了消去第二行第一列的元素 3，必须将第一行的元素都乘以$-\frac{3}{2}$后加到第二行上去. 现在我们先交换 D 的第一列与第二列，再接着往下计算，得

$$D=\begin{vmatrix}2&1&4&1\\3&-1&2&1\\5&2&3&2\\7&0&2&5\end{vmatrix}\xlongequal[\text{①}\leftrightarrow\text{②}]{}-\begin{vmatrix}1&2&4&1\\-1&3&2&1\\2&5&3&2\\0&7&2&5\end{vmatrix}\xlongequal[\text{③}+(-2)\times\text{①}]{\text{②}+1\times\text{①}}-\begin{vmatrix}1&2&4&1\\0&5&6&2\\0&1&-5&0\\0&7&2&5\end{vmatrix}$$

$$\xlongequal[\text{按第一列展开}]{}-\begin{vmatrix}5&6&2\\1&-5&0\\7&2&5\end{vmatrix}\xlongequal[\text{②}+5\times\text{①}]{}-\begin{vmatrix}5&31&2\\1&0&0\\7&37&5\end{vmatrix}\xlongequal{\text{按第二行展开}}\begin{vmatrix}31&2\\37&5\end{vmatrix}=81.$$

在本例中，记号①↔②写在等号下面，表示交换行列式的第一列和第二列，②+5×①写在等号下面，表示将行列式的第一列乘以 5 后加到第二列.

例 13 计算行列式

$$\begin{vmatrix}3&1&1&1\\1&3&1&1\\1&1&3&1\\1&1&1&3\end{vmatrix}.$$

解 这个行列式有特殊的形状，其特点是它的每一行元素之和为 6. 我们可以采用简易方法求其值. 先把后三列都加到第一列上去，提出第一列的公因数 6，再将后三行都减去第一行：

$$\begin{vmatrix}3&1&1&1\\1&3&1&1\\1&1&3&1\\1&1&1&3\end{vmatrix}=\begin{vmatrix}6&1&1&1\\6&3&1&1\\6&1&3&1\\6&1&1&3\end{vmatrix}=6\begin{vmatrix}1&1&1&1\\1&3&1&1\\1&1&3&1\\1&1&1&3\end{vmatrix}=6\begin{vmatrix}1&1&1&1\\0&2&0&0\\0&0&2&0\\0&0&0&2\end{vmatrix}=48.$$

例 14 计算行列式

$$\begin{vmatrix}a&1&0&0\\-1&b&1&0\\0&-1&c&1\\0&0&-1&d\end{vmatrix}.$$

解 在计算含文字的行列式的值时，切忌用文字作分母，因为文字可能取 0 值.

$$\begin{vmatrix} a & 1 & 0 & 0 \\ -1 & b & 1 & 0 \\ 0 & -1 & c & 1 \\ 0 & 0 & -1 & d \end{vmatrix} \xlongequal{①+a\times②} \begin{vmatrix} 0 & 1+ab & a & 0 \\ -1 & b & 1 & 0 \\ 0 & -1 & c & 1 \\ 0 & 0 & -1 & d \end{vmatrix} \xlongequal{③+c\times④} \begin{vmatrix} 0 & 1+ab & a & 0 \\ -1 & b & 1 & 0 \\ 0 & -1 & 0 & 1+cd \\ 0 & 0 & -1 & d \end{vmatrix}$$

$$\xlongequal[\text{按第一列展开}]{} -(-1)\begin{vmatrix} 1+ab & a & 0 \\ -1 & 0 & 1+cd \\ 0 & -1 & d \end{vmatrix}$$

$$=(1+ab)(1+cd)+ad.$$

例 15 计算行列式

$$\begin{vmatrix} a^2 & (a+1)^2 & (a+2)^2 & (a+3)^2 \\ b^2 & (b+1)^2 & (b+2)^2 & (b+3)^2 \\ c^2 & (c+1)^2 & (c+2)^2 & (c+3)^2 \\ d^2 & (d+1)^2 & (d+2)^2 & (d+3)^2 \end{vmatrix}.$$

解 将行列式的第三列减去第二列,第四列减去第一列,就可以直接求出其值.

$$\begin{vmatrix} a^2 & (a+1)^2 & (a+2)^2 & (a+3)^2 \\ b^2 & (b+1)^2 & (b+2)^2 & (b+3)^2 \\ c^2 & (c+1)^2 & (c+2)^2 & (c+3)^2 \\ d^2 & (d+1)^2 & (d+2)^2 & (d+3)^2 \end{vmatrix} \xlongequal[\substack{③+(-1)\times② \\ ④+(-1)\times①}]{} \begin{vmatrix} a^2 & (a+1)^2 & 2a+3 & 6a+9 \\ b^2 & (b+1)^2 & 2b+3 & 6b+9 \\ c^2 & (c+1)^2 & 2c+3 & 6c+9 \\ d^2 & (d+1)^2 & 2d+3 & 6d+9 \end{vmatrix}$$

$$=\begin{vmatrix} a^2 & (a+1)^2 & 2a+3 & 3(2a+3) \\ b^2 & (b+1)^2 & 2b+3 & 3(2b+3) \\ c^2 & (c+1)^2 & 2c+3 & 3(2c+3) \\ d^2 & (d+1)^2 & 2d+3 & 3(2d+3) \end{vmatrix}=0.$$

本例中,由于是对列进行变换,所以将③+(−1)×②,④+(−1)×①写在了等号的下面,所得行列式的第三、四两列成比例.

例 16 计算四阶行列式

$$D=\begin{vmatrix} a_1 & 0 & 0 & b_1 \\ 0 & a_2 & b_2 & 0 \\ 0 & c_2 & d_2 & 0 \\ c_1 & 0 & 0 & d_1 \end{vmatrix}.$$

解 按第一行展开,得

$$D=a_1\begin{vmatrix} a_2 & b_2 & 0 \\ c_2 & d_2 & 0 \\ 0 & 0 & d_1 \end{vmatrix}-b_1\begin{vmatrix} 0 & a_2 & b_2 \\ 0 & c_2 & d_2 \\ c_1 & 0 & 0 \end{vmatrix}$$

$$\xlongequal{(1)} a_1d_1\begin{vmatrix} a_2 & b_2 \\ c_2 & d_2 \end{vmatrix}-b_1c_1\begin{vmatrix} a_2 & b_2 \\ c_2 & d_2 \end{vmatrix}$$

$$=(a_1d_1-b_1c_1)(a_2d_2-b_2c_2),$$

这里(1)表示两个三阶行列式都按第三行展开.

例 17 计算 n 阶行列式$(n>1)$

$$D_n=\begin{vmatrix} a & b & 0 & \cdots & 0 & 0 \\ 0 & a & b & \cdots & 0 & 0 \\ \vdots & \vdots & \vdots & & \vdots & \vdots \\ 0 & 0 & 0 & \cdots & a & b \\ b & 0 & 0 & \cdots & 0 & a \end{vmatrix}.$$

解 将行列式按第一列展开，得

$$D_n=aA_{11}+bA_{n1}=a\begin{vmatrix} a & b & \cdots & 0 & 0 \\ 0 & a & \cdots & 0 & 0 \\ \vdots & \vdots & & \vdots & \vdots \\ 0 & 0 & \cdots & a & b \\ 0 & 0 & \cdots & 0 & a \end{vmatrix}+b(-1)^{n+1}\begin{vmatrix} b & 0 & \cdots & 0 & 0 \\ a & b & \cdots & 0 & 0 \\ \vdots & \vdots & & \vdots & \vdots \\ 0 & 0 & \cdots & b & 0 \\ 0 & 0 & \cdots & a & b \end{vmatrix}$$

$$=a^n+(-1)^{n+1}b^n.$$

例 18 计算范德蒙德(Vandermonde)行列式

$$V_2=\begin{vmatrix} 1 & 1 \\ x_1 & x_2 \end{vmatrix}=x_2-x_1,$$

$$V_3=\begin{vmatrix} 1 & 1 & 1 \\ x_1 & x_2 & x_3 \\ x_1^2 & x_2^2 & x_3^2 \end{vmatrix}=\begin{vmatrix} 1 & 1 & 1 \\ 0 & x_2-x_1 & x_3-x_1 \\ 0 & x_2(x_2-x_1) & x_3(x_3-x_1) \end{vmatrix}$$

$$=(x_2-x_1)(x_3-x_1)\begin{vmatrix} 1 & 1 \\ x_2 & x_3 \end{vmatrix}$$

$$=(x_2-x_1)(x_3-x_1)(x_3-x_2)$$

$$=\prod_{1\leqslant i<j\leqslant 3}(x_j-x_i).$$

先把 V_3 中第一个等号右边行列式第二行的 $-x_1$ 倍加到第三行上，再把第一行的 $-x_1$ 倍加到第二行上，得到第二个等号右边的行列式. 再将其按第一列展开并提出两个公因式，得到的是一个二阶范德蒙德行列式.

一般地，n 阶范德蒙德行列式为

$$\begin{vmatrix} 1 & 1 & \cdots & 1 \\ x_1 & x_2 & \cdots & x_n \\ x_1^2 & x_2^2 & \cdots & x_n^2 \\ x_1^{n-1} & x_2^{n-1} & \cdots & x_n^{n-1} \end{vmatrix}=\prod_{1\leqslant i<j\leqslant n}(x_j-x_i).$$

以后可直接应用该结果.

例 19 计算行列式 $\begin{vmatrix} a & a^2 & a^3 \\ b & b^2 & b^3 \\ c & c^2 & c^3 \end{vmatrix}$.

解 由例 18 可知，

$$\begin{vmatrix} a & a^2 & a^3 \\ b & b^2 & b^3 \\ c & c^2 & c^3 \end{vmatrix}=abc\begin{vmatrix} 1 & a & a^2 \\ 1 & b & b^2 \\ 1 & c & c^2 \end{vmatrix}=abc(b-a)(c-a)(c-b).$$

例 20 证明：

$$D=\begin{vmatrix} a^2 & ab & b^2 \\ 2a & a+b & 2b \\ 1 & 1 & 1 \end{vmatrix}=(a-b)^3.$$

证 可直接求出

$$\begin{aligned} D &= a^2(a+b)+2ab^2+2ab^2-b^2(a+b)-2a^2b-2a^2b \\ &= (a-b)^3. \end{aligned}$$

也可将 D 中后两列都减去第一列，得

$$\begin{aligned} D &= \begin{vmatrix} a^2 & a(b-a) & (b+a)(b-a) \\ 2a & b-a & 2(b-a) \\ 1 & 0 & 0 \end{vmatrix} \\ &= (b-a)^2\begin{vmatrix} a & b+a \\ 1 & 2 \end{vmatrix}=(a-b)^3. \end{aligned}$$

或者，在第一列中减去第二列的两倍，再加上第三列，得

$$D=\begin{vmatrix} (a-b)^2 & ab & b^2 \\ 0 & a+b & 2b \\ 0 & 1 & 1 \end{vmatrix}=(a-b)^3.$$

习 题 1.3

1. 计算下列行列式的值：

(1) $\begin{vmatrix} 10 & 8 & 2 \\ 15 & 12 & 3 \\ 20 & 32 & 12 \end{vmatrix}$； (2) $\begin{vmatrix} 6 & 42 & 27 \\ 8 & -28 & 36 \\ 20 & 35 & 135 \end{vmatrix}$； (3) $\begin{vmatrix} -2 & 3 & 1 \\ 503 & 201 & 298 \\ 5 & 2 & 3 \end{vmatrix}$.

2. 求出下列方程的所有根：

(1) $f(x)=\begin{vmatrix} 1 & 1 & 1 & 1 \\ 1 & 1-x & 1 & 1 \\ 1 & 1 & 2-x & 1 \\ 1 & 1 & 1 & 3-x \end{vmatrix}=0$； (2) $f(x)=\begin{vmatrix} x & 1 & 1 & 1 \\ 1 & x & 1 & 1 \\ 1 & 1 & x & 1 \\ 1 & 1 & 1 & x \end{vmatrix}=0$.

3. 证明下列行列式等式成立：

(1) $\begin{vmatrix} a_1+kb_1 & b_1+lc_1 & c_1 \\ a_2+kb_2 & b_2+lc_2 & c_2 \\ a_3+kb_3 & b_3+lc_3 & c_3 \end{vmatrix}=\begin{vmatrix} a_1 & b_1 & c_1 \\ a_2 & b_2 & c_2 \\ a_3 & b_3 & c_3 \end{vmatrix}$；

(2) $\begin{vmatrix} b_1+c_1 & c_1+a_1 & a_1+b_1 \\ b_2+c_2 & c_2+a_2 & a_2+b_2 \\ b_3+c_3 & c_3+a_3 & a_3+b_3 \end{vmatrix}=2\begin{vmatrix} a_1 & b_1 & c_1 \\ a_2 & b_2 & c_2 \\ a_3 & b_3 & c_3 \end{vmatrix}$.

4. 已知 $\begin{vmatrix} a_1 & b_1 & c_1 \\ a_2 & b_2 & c_2 \\ a_3 & b_3 & c_3 \end{vmatrix}=1$，求 $\begin{vmatrix} 4a_1 & 2a_1-3b_1 & c_1 \\ 4a_2 & 2a_2-3b_2 & c_2 \\ 4a_3 & 2a_3-3b_3 & c_3 \end{vmatrix}$ 的值.

5. 求下列行列式的值：

(1) $\begin{vmatrix} 1 & 2 & 3 \\ 3 & 1 & 2 \\ 2 & 3 & 1 \end{vmatrix}$；　(2) $\begin{vmatrix} 1 & a & a^2 \\ 1 & b & b^2 \\ 1 & c & c^2 \end{vmatrix}$；

(3) $\begin{vmatrix} x & y & x+y \\ y & x+y & x \\ x+y & x & y \end{vmatrix}$；　(4) $\begin{vmatrix} 1 & 1 & 1 & 1 \\ -1 & 1 & 1 & 1 \\ -1 & -1 & 1 & 1 \\ -1 & -1 & -1 & 1 \end{vmatrix}$；

(5) $\begin{vmatrix} 1 & 2 & 3 & -1 \\ 1 & -1 & 0 & 2 \\ 0 & 1 & 0 & 1 \\ 0 & 0 & -1 & 2 \end{vmatrix}$；　(6) $\begin{vmatrix} 1 & 2 & -1 & 2 \\ 3 & 0 & 1 & 5 \\ 1 & -2 & 0 & 3 \\ -2 & -4 & 1 & 6 \end{vmatrix}$；

(7) $\begin{vmatrix} 2 & 1 & 0 & 0 \\ 1 & 2 & 1 & 0 \\ 0 & 1 & 2 & 1 \\ 0 & 0 & 1 & 2 \end{vmatrix}$；　(8) $\begin{vmatrix} 3 & 1 & -1 & 2 \\ -5 & 1 & 3 & -4 \\ 2 & 0 & 1 & -1 \\ 1 & -5 & 3 & -3 \end{vmatrix}$；

(9) $\begin{vmatrix} 1 & 2 & 2 & 2 \\ 2 & 2 & 1 & 2 \\ 2 & 2 & 3 & 2 \\ 2 & 2 & 2 & 4 \end{vmatrix}$；　(10) $\begin{vmatrix} 1 & 0 & a & 1 \\ 0 & -1 & b & -1 \\ -1 & -1 & c & -1 \\ -1 & 1 & d & 0 \end{vmatrix}$；

(11) $\begin{vmatrix} 1+a & 1 & 1 & 1 \\ 1 & 1-a & 1 & 1 \\ 1 & 1 & 1+b & 1 \\ 1 & 1 & 1 & 1-b \end{vmatrix}$.

6. 计算下列行列式：

(1) $\begin{vmatrix} 1+a_1 & 1 & 1 & 1 \\ 1 & 1+a_2 & 1 & 1 \\ 1 & 1 & 1+a_3 & 1 \\ 1 & 1 & 1 & 1+a_4 \end{vmatrix}$，其中 $a_i \neq 0, i=1,2,3,4$；

(2) $\begin{vmatrix} b_1+a_1 & a_2 & a_3 & a_4 \\ a_1 & b_2+a_2 & a_3 & a_4 \\ a_1 & a_2 & b_3+a_3 & a_4 \\ a_1 & a_2 & a_3 & b_4+a_4 \end{vmatrix}$，其中 $b_i \neq 0, i=1,2,3,4$.

7. 计算下列 n 阶行列式：

(1) $\begin{vmatrix} 0 & 0 & 0 & \cdots & 0 & n \\ 1 & 0 & 0 & 0 & 0 & 0 \\ 0 & 2 & 0 & 0 & 0 & 0 \\ \vdots & \vdots & \vdots & & \vdots & \vdots \\ 0 & 0 & 0 & \cdots & 0 & 0 \\ 0 & 0 & 0 & \cdots & n-1 & 0 \end{vmatrix}$； (2) $\begin{vmatrix} 2 & -1 & 0 & \cdots & 0 & 0 & 0 \\ -1 & 2 & -1 & \cdots & 0 & 0 & 0 \\ 0 & -1 & 2 & \cdots & 0 & 0 & 0 \\ \vdots & \vdots & \vdots & & \vdots & \vdots & \vdots \\ 0 & 0 & 0 & \cdots & -1 & 2 & -1 \\ 0 & 0 & 0 & \cdots & 0 & -1 & 2 \end{vmatrix}$；

(3) $\begin{vmatrix} a & b & b & \cdots & b & b \\ b & a & b & \cdots & b & b \\ b & b & a & \cdots & b & b \\ \vdots & \vdots & \vdots & & \vdots & \vdots \\ b & b & b & \cdots & a & b \\ b & b & b & \cdots & b & a \end{vmatrix}$.

8. 求方程 $\begin{vmatrix} 1 & 1 & 1 & 1 \\ 1 & -1 & 2 & x \\ 1 & 1 & 4 & x^2 \\ 1 & -1 & 8 & x^3 \end{vmatrix}=0$ 的根.

9. 计算行列式 $D=\begin{vmatrix} b+c & a+c & a+b \\ a & b & c \\ a^2 & b^2 & c^2 \end{vmatrix}$.

1.4 克拉默法则

我们知道二元一次方程组

$$\begin{cases} a_{11}x_1+a_{12}x_2=b_1, \\ a_{21}x_1+a_{22}x_2=b_2, \end{cases}$$

当 $a_{11}a_{22}-a_{12}a_{21}\neq 0$ 时，其唯一的解为

$$x_1=\frac{\begin{vmatrix} b_1 & a_{12} \\ b_2 & a_{22} \end{vmatrix}}{\begin{vmatrix} a_{11} & a_{12} \\ a_{21} & a_{22} \end{vmatrix}}, \quad x_2=\frac{\begin{vmatrix} a_{11} & b_1 \\ a_{21} & b_2 \end{vmatrix}}{\begin{vmatrix} a_{11} & a_{12} \\ a_{21} & a_{22} \end{vmatrix}}.$$

记

$$D=\begin{vmatrix} a_{11} & a_{12} \\ a_{21} & a_{22} \end{vmatrix}=a_{11}a_{22}-a_{12}a_{21},$$

$$D_1=\begin{vmatrix} b_1 & a_{12} \\ b_2 & a_{22} \end{vmatrix}=b_1a_{22}-b_2a_{12},$$

$$D_2=\begin{vmatrix} a_{11} & b_1 \\ a_{21} & b_2 \end{vmatrix}=b_2a_{11}-b_1a_{21}.$$

则此线性方程组的唯一解可表示为

$$x_1=\frac{D_1}{D},\quad x_2=\frac{D_2}{D}.$$

这个结果可以推广到一般的 n 元线性方程组的情形，为此，我们先给出下面的定理.

定理 1.4.1 对于 n 阶行列式

$$D=\begin{vmatrix} a_{11} & \cdots & a_{1j} & \cdots & a_{1t} & \cdots & a_{1n} \\ \vdots & & \vdots & & \vdots & & \vdots \\ a_{i1} & \cdots & a_{ij} & \cdots & a_{it} & \cdots & a_{in} \\ \vdots & & \vdots & & \vdots & & \vdots \\ a_{l1} & \cdots & a_{lj} & \cdots & a_{lt} & \cdots & a_{ln} \\ \vdots & & \vdots & & \vdots & & \vdots \\ a_{n1} & \cdots & a_{nj} & \cdots & a_{nt} & \cdots & a_{nn} \end{vmatrix},$$

必有以下两组关系式：

$$\sum_{j=1}^{n} a_{ij}A_{lj} = a_{i1}A_{l1}+\cdots+a_{ij}A_{lj}+\cdots+a_{in}A_{ln}=\begin{cases} D, & \text{当 } i=l \text{ 时}, \\ 0, & \text{当 } i\neq l \text{ 时}; \end{cases}$$

$$\sum_{i=1}^{n} a_{ij}A_{it} = a_{1j}A_{1t}+\cdots+a_{ij}A_{it}+\cdots+a_{nj}A_{nt}=\begin{cases} D, & \text{当 } j=t \text{ 时}, \\ 0, & \text{当 } j\neq t \text{ 时}. \end{cases}$$

证 由定理 1.2.1 和定理 1.3.1 立得定理 1.4.1.

现在可以利用这个展开定理来求解下面的三元线性方程组：

$$\begin{cases} a_{11}x_1+a_{12}x_2+a_{13}x_3=b_1, & ① \\ a_{21}x_1+a_{22}x_2+a_{23}x_3=b_2, & ② \\ a_{31}x_1+a_{32}x_2+a_{33}x_3=b_3. & ③ \end{cases}$$

记

$$D=\begin{vmatrix} a_{11} & a_{12} & a_{13} \\ a_{21} & a_{22} & a_{23} \\ a_{31} & a_{32} & a_{33} \end{vmatrix},\quad D_1=\begin{vmatrix} b_1 & a_{12} & a_{13} \\ b_2 & a_{22} & a_{23} \\ b_3 & a_{32} & a_{33} \end{vmatrix},$$

$$D_2=\begin{vmatrix} a_{11} & b_1 & a_{13} \\ a_{21} & b_2 & a_{23} \\ a_{31} & b_3 & a_{33} \end{vmatrix},\quad D_3=\begin{vmatrix} a_{11} & a_{12} & b_1 \\ a_{21} & a_{22} & b_2 \\ a_{31} & a_{32} & b_3 \end{vmatrix}.$$

利用各个 a_{ij} 在 D 中的代数余子式 A_{ij}，并根据定理 1.4.1，计算 $A_{11}\times①+A_{21}\times②+A_{31}\times③$，得到

$$\begin{aligned} &(a_{11}A_{11}x_1+a_{12}A_{11}x_2+a_{13}A_{11}x_3)+(a_{21}A_{21}x_1+a_{22}A_{21}x_2+a_{23}A_{21}x_3) \\ &\quad +(a_{31}A_{31}x_1+a_{32}A_{31}x_2+a_{33}A_{31}x_3) \\ &\quad =b_1A_{11}+b_2A_{21}+b_3A_{31}, \end{aligned}$$

即

$$\begin{aligned} &(a_{11}A_{11}+a_{21}A_{21}+a_{31}A_{31})x_1+(a_{12}A_{11}+a_{22}A_{21}+a_{32}A_{31})x_2 \\ &\quad +(a_{13}A_{11}+a_{23}A_{21}+a_{33}A_{31})x_3 \\ &\quad =b_1A_{11}+b_2A_{21}+b_3A_{31}. \end{aligned} \tag{1.12}$$

由定理 1.4.1 知

$$a_{11}A_{11}+a_{21}A_{21}+a_{31}A_{31}=D,\quad a_{12}A_{11}+a_{22}A_{21}+a_{32}A_{31}=0,$$
$$a_{13}A_{11}+a_{23}A_{21}+a_{33}A_{31}=0,\quad b_1A_{11}+b_2A_{21}+b_3A_{31}=D_1.$$

于是由(1.12)式,我们消去了 x_2,x_3,得到

$$Dx_1=D_1.$$

类似地,计算 $A_{12}\times①+A_{22}\times②+A_{32}\times③$,将消去 x_1,x_3,得到

$$Dx_2=D_2;$$

计算 $A_{13}\times①+A_{23}\times②+A_{33}\times③$,将消去 x_1,x_2,得到

$$Dx_3=D_3.$$

因此,当系数行列式 $D\neq 0$ 时,可以得到上述三元非齐次线性方程组的唯一解:

$$x_j=\frac{D_j}{D},\quad j=1,2,3.$$

含有 n 个方程的 n 元线性方程组的一般形式为

$$\begin{cases}a_{11}x_1+a_{12}x_2+\cdots+a_{1n}x_n=b_1,\\ a_{21}x_1+a_{22}x_2+\cdots+a_{2n}x_n=b_2,\\ \cdots\cdots\cdots\cdots\cdots\cdots\cdots\cdots\\ a_{n1}x_1+a_{n2}x_2+\cdots+a_{nn}x_n=b_n,\end{cases}\tag{1.13}$$

它的系数构成的 n 阶行列式

$$D=\begin{vmatrix}a_{11} & a_{12} & \cdots & a_{1n}\\ a_{21} & a_{22} & \cdots & a_{2n}\\ \vdots & \vdots & & \vdots\\ a_{n1} & a_{n2} & \cdots & a_{nn}\end{vmatrix}$$

称为方程组(1.13)的系数行列式.

定理 1.4.2(克拉默(Cramer)法则) 如果 n 个方程的 n 元线性方程组(1.13)的系数行列式 $D=|a_{ij}|_n\neq 0$,则方程组(1.13)必有唯一解

$$x_j=\frac{D_j}{D},\quad j=1,2,\cdots,n,\tag{1.14}$$

其中,

$$D_j=\begin{vmatrix}a_{11} & \cdots & a_{1,j-1} & b_1 & a_{1,j+1} & \cdots & a_{1n}\\ \vdots & & \vdots & \vdots & \vdots & & \vdots\\ a_{i1} & \cdots & a_{i,j-1} & b_i & a_{i,j+1} & \cdots & a_{in}\\ \vdots & & \vdots & \vdots & \vdots & & \vdots\\ a_{n1} & \cdots & a_{n,j-1} & b_n & a_{n,j+1} & \cdots & a_{nn}\end{vmatrix},\quad j=1,2,\cdots,n$$

是将系数行列式 D 中第 j 列元素 $a_{1j},a_{2j},\cdots,a_{nj}$ 对应地换为方程组的常数项 $b_1,b_2,\cdots,b_n$ 得到的行列式.

***证** 任取第 i 个方程,用定理 1.4.1 可以直接验证(1.14)式确是方程组(1.13)的解:

$$\sum_{j=1}^{n}a_{ij}x_j=\sum_{j=1}^{n}a_{ij}\frac{D_j}{D}=\frac{1}{D}\sum_{j=1}^{n}a_{ij}(b_1A_{1j}+\cdots+b_iA_{ij}+\cdots+b_nA_{nj})$$
$$=\frac{1}{D}\left(b_1\sum_{j=1}^{n}a_{ij}A_{1j}+\cdots+b_i\sum_{j=1}^{n}a_{ij}A_{ij}+\cdots+b_n\sum_{j=1}^{n}a_{ij}A_{nj}\right)$$

$$=\frac{1}{D}\times b_i\times D=b_i.$$

反之,可以仿照上述三元线性方程组的求解过程,仍用定理 1.4.1 并仿照 $n=3$ 的情形可证 n 元线性方程组(1.13)的解就是(1.14)式.

例 1 求解：

$$\begin{cases}x_1+x_2-2x_3=-3,\\5x_1-2x_2+7x_3=22,\\2x_1-5x_2+4x_3=4.\end{cases}$$

解 计算以下行列式：

$$D=\begin{vmatrix}1&1&-2\\5&-2&7\\2&-5&4\end{vmatrix}=\begin{vmatrix}1&0&0\\5&-7&17\\2&-7&8\end{vmatrix}=(-7)(8-17)=63,$$

$$D_1=\begin{vmatrix}-3&1&-2\\22&-2&7\\4&-5&4\end{vmatrix}=\begin{vmatrix}0&1&0\\16&-2&3\\-11&-5&-6\end{vmatrix}=-\begin{vmatrix}16&3\\-11&-6\end{vmatrix}=63,$$

$$D_2=\begin{vmatrix}1&-3&-2\\5&22&7\\2&4&4\end{vmatrix}=\begin{vmatrix}1&0&0\\5&37&17\\2&10&8\end{vmatrix}=296-170=126,$$

$$D_3=\begin{vmatrix}1&1&-3\\5&-2&22\\2&-5&4\end{vmatrix}=\begin{vmatrix}1&0&0\\5&-7&37\\2&-7&10\end{vmatrix}=(-7)(10-37)=189.$$

由于方程组的系数行列式 $D\neq0$，根据克拉默法则，得方程组的唯一解：

$$x_1=1,\quad x_2=2,\quad x_3=3.$$

例 2 求一个二次多项式 $f(x)=a+bx+cx^2$,满足 $f(-1)=6,f(2)=3,f(3)=6$.

解 由条件 $f(-1)=6,f(2)=3,f(3)=6$,得线性方程组：

$$\begin{cases}a-b+c=6,\\a+2b+4c=3,\\a+3b+9c=6,\end{cases}$$

其系数行列式为

$$D=\begin{vmatrix}1&-1&1\\1&2&4\\1&3&9\end{vmatrix}=\begin{vmatrix}1&1&1\\-1&2&3\\1&4&9\end{vmatrix}.$$

这是一个范德蒙德行列式,其值为

$$D=[2-(-1)]\times[3-(-1)]\times(3-2)=3\times4\times1=12,$$

$$D_1=\begin{vmatrix}6&-1&1\\3&2&4\\6&3&9\end{vmatrix}=3\begin{vmatrix}2&-1&1\\1&2&4\\2&3&9\end{vmatrix}=-3\begin{vmatrix}1&2&4\\2&-1&1\\2&3&9\end{vmatrix}=-3\begin{vmatrix}1&2&4\\0&-5&-7\\0&-1&1\end{vmatrix}=36,$$

$$D_2=\begin{vmatrix}1&6&1\\1&3&4\\1&6&9\end{vmatrix}=\begin{vmatrix}1&6&1\\0&-3&3\\0&0&8\end{vmatrix}=-24,$$

$$D_3=\begin{vmatrix}1&-1&6\\1&2&3\\1&3&6\end{vmatrix}=\begin{vmatrix}1&-1&6\\0&3&-3\\0&4&0\end{vmatrix}=12.$$

由克拉默法则得

$$a=\frac{D_1}{D}=3,\quad b=\frac{D_2}{D}=-2,\quad c=\frac{D_3}{D}=1.$$

故所求多项式为

$$f(x)=3-2x+x^2.$$

如果 n 元线性方程组(1.13)的常数项 $b_1,b_2,\cdots,b_n$ 均为零，即

$$\begin{cases}a_{11}x_1+a_{12}x_2+\cdots+a_{1n}x_n=0,\\a_{21}x_1+a_{22}x_2+\cdots+a_{2n}x_n=0,\\\cdots\cdots\cdots\cdots\cdots\cdots\cdots\cdots\\a_{n1}x_1+a_{n2}x_2+\cdots+a_{nn}x_n=0,\end{cases}\tag{1.15}$$

则称之为**齐次线性方程组**.

定理 1.4.3 如果齐次线性方程组(1.15)的系数行列式 $D\neq0$，则它只有零解：

$$x_1=x_2=\cdots=x_n=0.$$

证 因为 $D\neq0$，根据克拉默法则，方程组(1.15)有唯一解

$$x_j=\frac{D_j}{D},\quad j=1,2,\cdots,n.$$

又由于行列式 D_j 的第 j 列的元素全为零，因而 $D_j=0$，所以齐次线性方程组(1.15)仅有零解

$$x_j=\frac{D_j}{D}=0,\quad j=1,2,\cdots,n.$$

在第二章中我们将证明：当齐次线性方程组的系数行列式等于零时，它必有无穷多个非零解(至少有一个未知量的取值不是 0 的解称为**非零解**). 因此，n 个方程 n 个未知量的齐次线性方程组只有零解当且仅当它的系数行列式不等于零；它有非零解当且仅当它的系数行列式等于零. 这是一个非常重要的结论.

例 3 判断线性方程组

$$\begin{cases}x_1+3x_2-x_3+2x_4=0,\\x_1-5x_2+3x_3-4x_4=0,\\2x_2+x_3-x_4=0,\\-5x_1+x_2+3x_3-3x_4=0\end{cases}$$

是否只有零解.

解 因为方程组的系数行列式

$$D=\begin{vmatrix}1&3&-1&2\\1&-5&3&-4\\0&2&1&-1\\-5&1&3&-3\end{vmatrix}=\begin{vmatrix}1&3&-1&2\\0&-8&4&-6\\0&2&1&-1\\0&16&-2&7\end{vmatrix}$$

$$
=-2\times\begin{vmatrix}4&-2&3\\2&1&-1\\16&-2&7\end{vmatrix}=-2\times2\times\begin{vmatrix}2&-2&3\\1&1&-1\\8&-2&7\end{vmatrix}
$$

$$
=-4\times\begin{vmatrix}5&1&3\\0&0&-1\\15&5&7\end{vmatrix}=-4\times\begin{vmatrix}5&1\\15&5\end{vmatrix}
$$

$$
=-40\neq0,
$$

所以方程组只有零解.

例 4 当 k 为何值时，齐次线性方程组

$$
\begin{cases}kx_1+x_4=0,\\x_1+2x_2-x_4=0,\\(k+2)x_1-x_2+4x_4=0,\\2x_1+x_2+3x_3+kx_4=0\end{cases}
$$

只有零解?

解 方程组的系数行列式

$$
D=\begin{vmatrix}k&0&0&1\\1&2&0&-1\\k+2&-1&0&4\\2&1&3&k\end{vmatrix}=-3\begin{vmatrix}k&0&1\\1&2&-1\\k+2&-1&4\end{vmatrix}
$$

$$
=-3\begin{vmatrix}k&0&1\\2k+5&0&7\\k+2&-1&4\end{vmatrix}
$$

$$
=-3(5k-5).
$$

由于 $D\neq0\Leftrightarrow k\neq1$，故当 $k\neq1$ 时，此齐次线性方程组只有零解.

习 题 1.4

1. 求出下列方程组的解：

(1) $\begin{cases}x+y+z=0,\\2x-5y-3z=10,\\4x+8y+2z=4;\end{cases}$ (2) $\begin{cases}x-y+z=2,\\x+2y=1,\\x-z=4;\end{cases}$

(3) $\begin{cases}x_1+2x_2-x_3=1,\\2x_1-x_2+x_3=3,\\-x_1+x_2-2x_3=2;\end{cases}$ (4) $\begin{cases}x+y-z=a,\\-x+y+z=b,\\x-y+z=c.\end{cases}$

2. 解线性方程组

$$\begin{cases}x_1+ax_2+a^2x_3=1,\\x_1+bx_2+b^2x_3=1,\\x_1+cx_2+c^2x_3=1,\end{cases}$$

其中 a,b,c 两两不相等.

3. 判断齐次线性方程组

$$\begin{cases}2x_1+2x_2-x_3=0,\\x_1-2x_2+4x_3=0,\\5x_1+8x_2-2x_3=0\end{cases}$$

是否只有零解.

4. 问 λ 取何值时，齐次线性方程组

$$\begin{cases}(1-\lambda)x_1-2x_2+4x_3=0,\\2x_1+(3-\lambda)x_2+x_3=0,\\x_1+x_2+(1-\lambda)x_3=0\end{cases}$$

有非零解.

小　　结

一、基本概念

1. 余子式和代数余子式的概念.
2. 行列式的递归定义.

二、基本结论与公式

1. 行列式按某一行或某一列的展开式：

$$D_n=|a_{ij}|_n=a_{i1}A_{i1}+a_{i2}A_{i2}+\cdots+a_{in}A_{in},\quad i=1,2,\cdots,n,\quad（按行展开）$$

或

$$D_n=|a_{ij}|_n=a_{1j}A_{1j}+a_{2j}A_{2j}+\cdots+a_{nj}A_{nj},\quad j=1,2,\cdots,n.\quad（按列展开）$$

2. 行列式的性质：要求记住行列式的性质，并会运用这些性质.
3. 克拉默法则：要求熟记，并会运用克拉默法则求解比较简单的线性方程组.
4. 当含 n 个方程 n 个未知量的线性方程组的系数行列式不等于零时，必有唯一解.
5. 当含 n 个方程 n 个未知量的齐次线性方程组的系数行列式不等于零时，它只有零解.

三、重点练习内容

1. 计算行列式中元素的余子式和代数余子式.
2. 三阶行列式的计算.
3. 用行列式性质及展开定理计算行列式.
4. 计算各行元素之和相同的行列式以及各列元素之和相同的行列式.
5. 特殊的文字行列式的计算.

第二章 矩　　阵

矩阵是线性代数学的一个重要的基本概念和数学工具，是研究和求解线性方程组的一个十分有效的工具；矩阵在数学与其他自然科学、工程技术中，以及经济研究和经济工作中处理线性经济模型时，也都是一个十分重要的工具. 本章讨论矩阵的加、减法，数乘，乘法，矩阵的转置运算，矩阵的求逆，矩阵的初等变换，矩阵的秩和矩阵的分块运算等问题. 最后初步讨论矩阵与线性方程组的问题.

2.1　线性方程组与矩阵的定义

在 1.4 节我们介绍了克拉默法则. 在用克拉默法则求解线性方程组时，要求方程的个数与未知量的个数相等. 对于大量的方程个数与未知量个数不相等的方程组，无法用克拉默法则来求解. 为了有效地讨论和求解一般的线性方程组，需要矩阵这个工具.

2.1.1　线性方程组

含 n 个未知量的线性方程组称为 n **元线性方程组**，它的一般形式为

$$\begin{cases} a_{11}x_1 + a_{12}x_2 + \cdots + a_{1n}x_n = b_1, \\ a_{21}x_1 + a_{22}x_2 + \cdots + a_{2n}x_n = b_2, \\ \cdots\cdots\cdots\cdots\cdots\cdots \\ a_{m1}x_1 + a_{m2}x_2 + \cdots + a_{mn}x_n = b_m, \end{cases} \tag{2.1}$$

其中 $a_{11}, a_{12}, \cdots, a_{mn}$ 是系数，$b_1, b_2, \cdots, b_m$ 是常数项，常数项一般写在等号的右边；$x_1, x_2, \cdots, x_n$ 为未知量. 方程的个数 m 与未知量的个数 n 可以相等，也可以 $m>n$ 或 $m<n$. 当方程组(2.1)中的 $b_1=0, b_2=0, \cdots, b_m=0$ 时，称之为**齐次线性方程组**.

对于线性方程组(2.1)，如果存在 n 个数 $c_1, c_2, \cdots, c_n$，当用 $x_1=c_1, x_2=c_2, \cdots, x_n=c_n$ 代入(2.1)后，每个方程都成为恒等式，则称 $x_1=c_1, x_2=c_2, \cdots, x_n=c_n$ 为该方程组的一个**解**. 一个线性方程组的所有解的集合称为该方程组的**解集**；如果两个方程组的解集相同，则称这两个方程组为**同解方程组**.

对于一般的 n 元线性方程组，需要解决以下三个问题：

(1) 如何判定方程组是否有解？

(2) 如果方程组有解，它有多少个解？

(3) 如何求出线性方程组的全部解？

利用矩阵这个工具，可以方便地解决上述问题. 下面我们先来考查几个线性方程组的例子.

例 1 求解线性方程组：

$$\begin{cases} x_1+x_2+3x_3=1, \\ x_1-x_2-x_3=3, \\ x_1+3x_2+7x_3=-1, \\ 2x_1-3x_2-9x_3=-3. \end{cases}$$

分析 这是一个三个未知量 x_1,x_2,x_3 和四个方程的线性方程组，它不能用克拉默法则求解. 在中学代数中，我们学过求解二元和三元线性方程组的**消元法**，这一方法也适用于求解一般的线性方程组. 利用消元法，如果我们能设法消去上述方程组中的未知量 x_1,x_2，得到一个含 x_3 的一元一次方程，那么就能求出 x_3 的值，进而得到含 x_1,x_2 的方程组. 类似地，可求出 x_2 的值和 x_1 的值. 所谓消去未知量 x_1，就是使 x_1 的系数变为零. 以下我们用记号②+(−1)×①表示将第一个方程的(−1)倍加到第二个方程上；用记号③↔④表示交换第三个方程和第四个方程的位置；用记号$\frac{1}{2}$×②表示用$\frac{1}{2}$乘第二个方程.

解 可用消元法得到原方程组的一系列同解的方程组，并可将方程组逐步化简，得到

$$\begin{array}{r} \\ ②+(-1)\times① \\ ③+(-1)\times① \\ ④+(-2)\times① \end{array}\begin{cases} x_1+x_2+3x_3=1, \\ -2x_2-4x_3=2, \\ 2x_2+4x_3=-2, \\ -5x_2-15x_3=-5, \end{cases}$$

$$\begin{array}{r} \\ -\frac{1}{2}\times② \\ \frac{1}{2}\times③ \\ -\frac{1}{5}\times④ \end{array}\begin{cases} x_1+x_2+3x_3=1, \\ x_2+2x_3=-1, \\ x_2+2x_3=-1, \\ x_2+3x_3=1, \end{cases}$$

$$\begin{array}{r} ①+(-1)\times② \\ \\ ③+(-1)\times② \\ ④+(-1)\times② \end{array}\begin{cases} x_1+x_3=2, \\ x_2+2x_3=-1, \\ 0=0, \\ x_3=2, \end{cases}$$

$$\begin{array}{r} ①+(-1)\times④ \\ ②+(-2)\times④ \\ \\ \\ \end{array}\begin{cases} x_1=0, \\ x_2=-5, \\ 0=0, \\ x_3=2, \end{cases}$$

$$③\leftrightarrow④\begin{cases} x_1=0, \\ x_2=-5, \\ x_3=2, \\ 0=0. \end{cases}$$

因此 $x_1=0,x_2=-5,x_3=2$ 是给定方程组的唯一的一组解.

例 2 求解线性方程组：

$$\begin{cases} x_1-x_2+x_3+x_4=1, \\ x_1+x_2+x_3-x_4=3, \\ x_1+3x_2+x_3-3x_4=8. \end{cases}$$

解 用消元法逐步将方程组化简：

$$\begin{array}{r}\\ ②+(-1)\times① \\ ③+(-1)\times①\end{array}\begin{cases}x_1-x_2+x_3+x_4=1,\\ 2x_2-2x_4=2,\\ 4x_2-4x_4=7,\end{cases}$$

$$\begin{array}{r}\\ \\ ③+(-2)\times②\end{array}\begin{cases}x_1-x_2+x_3+x_4=1,\\ 2x_2-2x_4=2,\\ 0=3,\end{cases}$$

$$\begin{array}{r}\\ \frac{1}{2}\times② \\ \\ \end{array}\begin{cases}x_1-x_2+x_3+x_4=1,\\ x_2-x_4=1,\\ 0=3.\end{cases}$$

由上面方程组可知，无论 x_1,x_2,x_3,x_4 取何值，都不能满足第三个方程“$0=3$”，因此所给方程组无解.

从上述例子的求解过程可以看到，我们对线性方程组作了三种变换：

(1) 把一个方程的倍数加到另一个方程上去；

(2) 互换两个方程的位置；

(3) 用一个非零数乘某一个方程.

这三种变换称为**线性方程组的初等变换**.

不难看出，对线性方程组施行初等变换后，得到的新的方程组与原来的方程组有相同的解，即两个方程组为同解方程组.

从上述例子对线性方程组的求解过程我们还看到，在求解过程中只对线性方程组的系数和常数项进行了运算. 因此，为了书写方便，对于一个线性方程组可以只写出它的系数和常数项，并把它们按原来的次序排成一张表，这张表称为线性方程组的**增广矩阵**. 只列出方程组中未知量系数的表称为方程组的**系数矩阵**. 例 1 中方程组的增广矩阵和系数矩阵分别为

$$\begin{pmatrix}1&1&3&1\\1&-1&-1&3\\1&3&7&-1\\2&-3&-9&-3\end{pmatrix},\quad\begin{pmatrix}1&1&3\\1&-1&-1\\1&3&7\\2&-3&-9\end{pmatrix}.$$

容易看出，给了一个线性方程组，它的增广矩阵就被唯一地确定；反之，给定增广矩阵，线性方程组也被唯一确定下来. 不仅如此，从上述例子中我们还容易看出：用一个非零常数乘某个方程，对应于用同一个数乘这个方程在增广矩阵中对应的行；互换两个方程的位置对应于互换增广矩阵中这两个方程对应的两行的位置；用一个常数乘一个方程后加到另一个方程上去，对应于用同一个常数乘这个方程在增广矩阵对应的行以后加到另一个方程对应的行上去. 因此求解线性方程组的过程，等价于对其增广矩阵进行一系列相应的“运算”(对于齐次线性方程组，等价于对其系数矩阵进行一系列相应的运算)过程，为此，有必要对矩阵理论进行系统的讨论和研究.

下面我们先正式给出矩阵的定义，在后面各节中将对矩阵的性质和运算等进行更深入的研究.

2.1.2 矩阵的概念

定义 2.1.1 由 $m\times n$ 个数 a_{ij}，$i=1,2,\cdots,m$；$j=1,2,\cdots,n$ 排成的一个 m 行 n 列的**数表**

$$\begin{pmatrix} a_{11} & a_{12} & \cdots & a_{1n} \\ a_{21} & a_{22} & \cdots & a_{2n} \\ \vdots & \vdots & & \vdots \\ a_{m1} & a_{m2} & \cdots & a_{mn} \end{pmatrix}$$

称为一个 m **行** n **列矩阵**. 矩阵的含义是，这 $m\times n$ 个数排成一个矩形阵列. 其中 a_{ij} 称为矩阵的**第** i **行第** j **列元素**（$i=1,2,\cdots,m$；$j=1,2,\cdots,n$），而 i 称为**行标**，j 称为**列标**. 第 i 行与第 j 列的交叉位置记为 (i,j).

元素是实数的矩阵称为**实矩阵**，而元素是复数的矩阵称为**复矩阵**，除非有特殊说明，本书中的矩阵都指实矩阵.

通常用黑体大写字母 $\boldsymbol{A},\boldsymbol{B},\boldsymbol{C}$ 等表示矩阵. 有时为了标明矩阵的行数 m 和列数 n，也可记为

$$\boldsymbol{A}=(a_{ij})_{m\times n} \quad 或 \quad (a_{ij})_{m\times n} \quad 或 \quad \boldsymbol{A}_{m\times n}.$$

当 $m=n$ 时，称 $\boldsymbol{A}=(a_{ij})_{n\times n}$ 为 n **阶矩阵**，或者称为 n **阶方阵**. n 阶方阵是由 n^2 个数排成的一个正方形表，它不是一个数，它与 n 阶行列式是两个完全不同的概念. 只有一阶矩阵才是一个数，例如一阶矩阵 (-2) 看成数 -2. 一个 n 阶矩阵 $\boldsymbol{A}$ 中从左上角到右下角的这条对角线称为 $\boldsymbol{A}$ 的**主对角线**. n 阶矩阵的主对角线上的元素 $a_{11},a_{22},\cdots,a_{nn}$，称为此矩阵的**对角元**. 在本课程中，对于不是方阵的矩阵，我们不定义对角元.

元素全为零的矩阵称为**零矩阵**. 用 $\boldsymbol{O}_{m\times n}$ 或者 $\boldsymbol{O}$ 表示.

特别，当 $m=1$ 时，称 $\boldsymbol{\alpha}=(a_1,a_2,\cdots,a_n)$ 为 n **维行向量**. 它是 $1\times n$ 矩阵.

当 $n=1$ 时，称 $\boldsymbol{\beta}=\begin{pmatrix} b_1 \\ b_2 \\ \vdots \\ b_m \end{pmatrix}$ 为 m **维列向量**. 它是 $m\times 1$ 矩阵.

向量是特殊的矩阵，而且它们是非常重要的特殊矩阵.

例如，(a,b,c) 是三维行向量，$\begin{pmatrix} a \\ b \\ c \end{pmatrix}$ 是三维列向量.

几种常用的特殊方阵：

1. n 阶对角矩阵

形如

$$\boldsymbol{\Lambda}=\begin{pmatrix} a_{11} & 0 & \cdots & 0 \\ 0 & a_{22} & \cdots & 0 \\ \vdots & \vdots & & \vdots \\ 0 & 0 & \cdots & a_{nn} \end{pmatrix} \text{或简写为 } \boldsymbol{\Lambda}=\begin{pmatrix} a_{11} & & & \\ & a_{22} & & \\ & & \ddots & \\ & & & a_{nn} \end{pmatrix}$$

的矩阵，称为**对角矩阵**，对角矩阵必须是方阵.

例如，$\begin{pmatrix}2&0&0\\0&3&0\\0&0&-1\end{pmatrix}$是一个三阶对角矩阵，也可简写为$\begin{pmatrix}2&&\\&3&\\&&-1\end{pmatrix}$.

2. 数量矩阵

当对角矩阵的主对角线上的元素都相同时，称它为**数量矩阵**. n 阶数量矩阵有如下形式：

$$\begin{pmatrix}a&0&\cdots&0\\0&a&\cdots&0\\\vdots&\vdots&&\vdots\\0&0&\cdots&a\end{pmatrix}_{n\times n} \quad 或 \quad \begin{pmatrix}a&&&\\&a&&\\&&\ddots&\\&&&a\end{pmatrix}_{n\times n}.$$

特别地，当 $a=1$ 时，称它为 n 阶**单位矩阵**. n 阶单位矩阵记为 $\boldsymbol{E}_n$ 或 $\boldsymbol{I}_n$，即

$$\boldsymbol{E}_n=\begin{pmatrix}1&0&\cdots&0\\0&1&\cdots&0\\\vdots&\vdots&&\vdots\\0&0&\cdots&1\end{pmatrix} \quad 或 \quad \boldsymbol{E}_n=\begin{pmatrix}1&&&\\&1&&\\&&\ddots&\\&&&1\end{pmatrix}.$$

在不会引起混淆时，也可以用 $\boldsymbol{E}$ 或 $\boldsymbol{I}$ 表示单位矩阵.

n 阶数量矩阵常用 $a\boldsymbol{E}_n$ 或 $a\boldsymbol{I}_n$ 表示，也可用 $a\boldsymbol{E}$ 或 $a\boldsymbol{I}$ 表示，其含义见 2.2 节中的数乘矩阵运算.

3. n 阶上三角矩阵与 n 阶下三角矩阵

形如

$$\begin{pmatrix}a_{11}&a_{12}&\cdots&a_{1n}\\0&a_{22}&\cdots&a_{2n}\\\vdots&\vdots&\ddots&\vdots\\0&0&\cdots&a_{nn}\end{pmatrix},\quad \begin{pmatrix}a_{11}&0&\cdots&0\\a_{21}&a_{22}&\cdots&0\\\vdots&\vdots&\ddots&\vdots\\a_{n1}&a_{n2}&\cdots&a_{nn}\end{pmatrix}$$

的矩阵分别称为**上三角矩阵**和**下三角矩阵**.

上三角矩阵和下三角矩阵统称为三角矩阵，三角矩阵必须是方阵. 一个方阵是对角矩阵当且仅当它既是上三角矩阵，又是下三角矩阵.

2.2 矩阵运算

本节介绍矩阵的加法、减法、数乘、乘法和转置等基本运算. 只有在对矩阵定义了一些有理论意义和实际意义的运算后，才能使它成为进行理论研究和解决实际问题的有力工具.

2.2.1 矩阵的相等

定义 2.2.1 设 $\boldsymbol{A}=(a_{ij})_{m\times n}$，$\boldsymbol{B}=(b_{ij})_{k\times l}$，若 $m=k$，$n=l$，且

$$a_{ij}=b_{ij},\quad i=1,2,\cdots,m;j=1,2,\cdots,n,$$

则称矩阵 $\boldsymbol{A}$ 与矩阵 $\boldsymbol{B}$ **相等**，记为 $\boldsymbol{A}=\boldsymbol{B}$.

由矩阵相等的定义可知，两个矩阵相等指的是，它们的行数相同，列数也相同，而且两个矩

阵中处于相同位置(i,j)上的一对数都必须对应相等. 特别地，

$$\boldsymbol{A}=(a_{ij})_{m\times n}=\boldsymbol{O}\Leftrightarrow\forall a_{ij}=0,\quad i=1,2,\cdots,m;j=1,2,\cdots,n.$$

注意 行列式相等与矩阵相等有本质区别. 例如，

$$\begin{pmatrix}1&0\\0&1\end{pmatrix}\neq\begin{pmatrix}1&2\\0&1\end{pmatrix},$$

因为两个矩阵中(1,2)位置上的元素分别为0和2. 但是却有行列式等式，即

$$\begin{vmatrix}1&0\\0&1\end{vmatrix}=\begin{vmatrix}1&2\\0&1\end{vmatrix}=1.$$

2.2.2 矩阵的加、减法

定义 2.2.2 设$\boldsymbol{A}=(a_{ij})_{m\times n}$和$\boldsymbol{B}=(b_{ij})_{m\times n}$是两个$m\times n$矩阵，由$\boldsymbol{A}$与$\boldsymbol{B}$的对应元素相加所得到的一个$m\times n$矩阵，称为$\boldsymbol{A}$与$\boldsymbol{B}$的和，记为$\boldsymbol{A}+\boldsymbol{B}$，即

$$\boldsymbol{A}+\boldsymbol{B}=(a_{ij}+b_{ij})_{m\times n}.$$

当两个矩阵$\boldsymbol{A}$与$\boldsymbol{B}$的行数与列数分别相等时，称它们是**同型矩阵**. 只有当两个矩阵是同型矩阵时，它们才可以相加.

例如，

$$\begin{pmatrix}1&2&3&4\\5&6&7&8\end{pmatrix}+\begin{pmatrix}0&1&4&5\\2&3&0&8\end{pmatrix}=\begin{pmatrix}1&3&7&9\\7&9&7&16\end{pmatrix}.$$

注意 (1) 行列式相加与矩阵相加有本质区别，例如，

$$\begin{pmatrix}a_1+a_2&b_1+b_2\\c_1+c_2&d_1+d_2\end{pmatrix}=\begin{pmatrix}a_1&b_1\\c_1&d_1\end{pmatrix}+\begin{pmatrix}a_2&b_2\\c_2&d_2\end{pmatrix},$$

$$\begin{vmatrix}a_1+a_2&b_1+b_2\\c_1+c_2&d_1+d_2\end{vmatrix}=\begin{vmatrix}a_1&b_1\\c_1&d_1\end{vmatrix}+\begin{vmatrix}a_1&b_2\\c_1&d_2\end{vmatrix}+\begin{vmatrix}a_2&b_1\\c_2&d_1\end{vmatrix}+\begin{vmatrix}a_2&b_2\\c_2&d_2\end{vmatrix}.$$

(2) 阶数大于1的方阵与数不能相加.

若$\boldsymbol{A}=(a_{ij})$为n阶方阵，$n>1$，a为一个数，则$\boldsymbol{A}+a$无意义. 但是，n阶矩阵$\boldsymbol{A}=(a_{ij})_{n\times n}$与同阶的数量矩阵$a\boldsymbol{E}$可以相加，即

$$\boldsymbol{A}+a\boldsymbol{E}=\begin{pmatrix}a_{11}+a&a_{12}&\cdots&a_{1n}\\a_{21}&a_{22}+a&\cdots&a_{2n}\\\vdots&\vdots&\ddots&\vdots\\a_{n1}&a_{n2}&\cdots&a_{nn}+a\end{pmatrix}.$$

由定义2.2.2知，矩阵的加法满足下列运算律：

设$\boldsymbol{A},\boldsymbol{B},\boldsymbol{C}$都是$m\times n$矩阵，$\boldsymbol{O}$是$m\times n$零矩阵，则

(1) **交换律** $\boldsymbol{A}+\boldsymbol{B}=\boldsymbol{B}+\boldsymbol{A}$.

(2) **结合律** $(\boldsymbol{A}+\boldsymbol{B})+\boldsymbol{C}=\boldsymbol{A}+(\boldsymbol{B}+\boldsymbol{C})$.

(3) $\boldsymbol{A}+\boldsymbol{O}=\boldsymbol{O}+\boldsymbol{A}=\boldsymbol{A}$.

(4) **消去律** $\boldsymbol{A}+\boldsymbol{C}=\boldsymbol{B}+\boldsymbol{C}\Leftrightarrow\boldsymbol{A}=\boldsymbol{B}$.

这些运算律的正确性是显然的.

设$\boldsymbol{A}=(a_{ij})_{m\times n}$，称矩阵

$$\begin{pmatrix} -a_{11} & -a_{12} & \cdots & -a_{1n} \\ -a_{21} & -a_{22} & \cdots & -a_{2n} \\ \vdots & \vdots & & \vdots \\ -a_{m1} & -a_{m2} & \cdots & -a_{mn} \end{pmatrix}$$

为 $\boldsymbol{A}$ 的**负矩阵**，记为 $-\boldsymbol{A}$. 显然有

$$\boldsymbol{A}+(-\boldsymbol{A})=(-\boldsymbol{A})+\boldsymbol{A}=\boldsymbol{O}.$$

由此可以定义矩阵的**减法**为

$$\boldsymbol{A}-\boldsymbol{B}=\boldsymbol{A}+(-\boldsymbol{B}).$$

例如，

$$\begin{pmatrix} 1 & 2 & 3 & 4 \\ 5 & 6 & 7 & 8 \end{pmatrix}-\begin{pmatrix} 0 & 1 & 4 & 5 \\ 2 & 3 & 0 & 8 \end{pmatrix}=\begin{pmatrix} 1 & 1 & -1 & -1 \\ 3 & 3 & 7 & 0 \end{pmatrix}.$$

2.2.3 数乘运算

定义 2.2.3 对于任意一个矩阵 $\boldsymbol{A}=(a_{ij})_{m\times n}$ 和任意一个数 k，规定 k 与 $\boldsymbol{A}$ 的**乘积**为

$$k\boldsymbol{A}=(ka_{ij})_{m\times n}.$$

由定义 2.2.3 可知，数 k 与矩阵 $\boldsymbol{A}$ 的乘积是 $\boldsymbol{A}$ 中的所有元素都要乘以 k. 而数 k 与行列式 D 的乘积只是用 k 乘 D 中某一行的所有元素，或者用 k 乘 D 中某一列的所有元素. 这两种数乘运算是截然不同的.

根据数乘矩阵运算的定义可以知道，数量矩阵 $a\boldsymbol{E}$ 就是数 a 与单位矩阵 $\boldsymbol{E}$ 的乘积.

数乘运算律

(1) **结合律** $(kl)\boldsymbol{A}=k(l\boldsymbol{A})=kl\boldsymbol{A}$，$k$ 和 l 为任意实数.

(2) **分配律** $k(\boldsymbol{A}+\boldsymbol{B})=k\boldsymbol{A}+k\boldsymbol{B}$，$(k+l)\boldsymbol{A}=k\boldsymbol{A}+l\boldsymbol{A}$，$k$ 和 l 为任意实数.

例 1 已知

$$\boldsymbol{A}=\begin{pmatrix} -1 & 2 & 3 & 1 \\ 0 & 2 & -1 & 3 \\ 4 & 2 & 0 & 5 \end{pmatrix},\quad \boldsymbol{B}=\begin{pmatrix} 1 & 2 & -1 & 0 \\ 4 & -3 & 1 & 1 \\ 1 & 0 & 2 & 5 \end{pmatrix},$$

求 $2\boldsymbol{A}-3\boldsymbol{B}$.

解

$$\begin{aligned} 2\boldsymbol{A}-3\boldsymbol{B} &= 2\begin{pmatrix} -1 & 2 & 3 & 1 \\ 0 & 2 & -1 & 3 \\ 4 & 2 & 0 & 5 \end{pmatrix}-3\begin{pmatrix} 1 & 2 & -1 & 0 \\ 4 & -3 & 1 & 1 \\ 1 & 0 & 2 & 5 \end{pmatrix} \\ &= \begin{pmatrix} -2-3 & 4-6 & 6+3 & 2-0 \\ 0-12 & 4+9 & -2-3 & 6-3 \\ 8-3 & 4-0 & 0-6 & 10-15 \end{pmatrix} \\ &= \begin{pmatrix} -5 & -2 & 9 & 2 \\ -12 & 13 & -5 & 3 \\ 5 & 4 & -6 & -5 \end{pmatrix}. \end{aligned}$$

例 2 已知

$$\boldsymbol{A}=\begin{pmatrix} 3 & 0 & -1 & 2 \\ 2 & 8 & 3 & 1 \end{pmatrix},\quad \boldsymbol{B}=\begin{pmatrix} 5 & 6 & 3 & 2 \\ 2 & 4 & 7 & -1 \end{pmatrix},$$

且 $\boldsymbol{A}+2\boldsymbol{X}=\boldsymbol{B}$，求 $\boldsymbol{X}$.

解 $\boldsymbol{X}=\frac{1}{2}(\boldsymbol{B}-\boldsymbol{A})=\frac{1}{2}\begin{pmatrix}2 & 6 & 4 & 0\\0 & -4 & 4 & -2\end{pmatrix}=\begin{pmatrix}1 & 3 & 2 & 0\\0 & -2 & 2 & -1\end{pmatrix}$.

2.2.4 乘法运算

在给出矩阵乘法的定义之前，我们先看下面的例子.

例 3 某公司生产 A,B,C 三种产品. 对应不同的产品，它们的生产成本分为三类：原料成本、人工成本、管理及其他成本. 每一类成本中，对应不同的产品给出生产单个产品所需要的成本估计值. 同时还给出每种产品在每一个季度生产的数量的一个估计值. 这些估计值在表 2-1 和表 2-2 中给出. 该公司希望在股东会议上用一张表格展示出在每一季度中每一类成本的成本值.

表 2-1 生产单位产品的成本（单位：元）

成本	产品		
	A	B	C
原料	0.10	0.30	0.15
人工	0.30	0.40	0.25
管理及其他	0.10	0.20	0.15

表 2-2 每季度的产量（单位：个）

产品	季度			
	春季	夏季	秋季	冬季
A	4 000	4 000	4 500	4 500
B	2 200	2 000	2 600	2 400
C	6 000	5 800	6 200	6 000

解 我们用矩阵方法来考虑这个问题. 这两个表格均可表示为一个矩阵：单位产品的成本矩阵

$$\boldsymbol{M}=\begin{pmatrix}0.10 & 0.30 & 0.15\\0.30 & 0.40 & 0.25\\0.10 & 0.20 & 0.15\end{pmatrix}$$

和每个季度的产量矩阵

$$\boldsymbol{P}=\begin{pmatrix}4\,000 & 4\,000 & 4\,500 & 4\,500\\2\,200 & 2\,000 & 2\,600 & 2\,400\\6\,000 & 5\,800 & 6\,200 & 6\,000\end{pmatrix}.$$

我们如下构造这两个矩阵的乘积 $\boldsymbol{MP}$.

$\boldsymbol{MP}$ 中的第一列将表示春季的各类总成本：

原料：$0.10\times4\,000+0.30\times2\,200+0.15\times6\,000=1\,960$，

人工：$0.30\times4\,000+0.40\times2\,200+0.25\times6\,000=3\,580$，

管理及其他：$0.10\times4\,000+0.20\times2\,200+0.15\times6\,000=1740$.

在 $\boldsymbol{MP}$ 的第二列中给出了夏季的各类总成本：

原料：$0.10\times 4\ 000+0.30\times 2\ 000+0.15\times 5\ 800=1\ 870$，

人工：$0.30\times 4\ 000+0.40\times 2\ 000+0.25\times 5\ 800=3\ 450$，

管理及其他：$0.10\times 4\ 000+0.20\times 2\ 000+0.15\times 5\ 800=1\ 670$.

在 $\boldsymbol{MP}$ 的第三列中给出了秋季的各类总成本：

原料：$0.10\times 4\ 500+0.30\times 2\ 600+0.15\times 6\ 200=2\ 160$，

人工：$0.30\times 4\ 500+0.40\times 2\ 600+0.25\times 6\ 200=3\ 940$，

管理及其他：$0.10\times 4\ 500+0.20\times 2\ 600+0.15\times 6\ 200=1\ 900$.

在 $\boldsymbol{MP}$ 的第四列中给出了冬季的各类总成本：

原料：$0.10\times 4\ 500+0.30\times 2\ 400+0.15\times 6\ 000=2\ 070$，

人工：$0.30\times 4\ 500+0.40\times 2\ 400+0.25\times 6\ 000=3\ 810$，

管理及其他：$0.10\times 4\ 500+0.20\times 2\ 400+0.15\times 6\ 000=1\ 830$.

于是得到一个总成本矩阵

$$\boldsymbol{MP}=\begin{pmatrix}1\ 960 & 1\ 870 & 2\ 160 & 2\ 070\\ 3\ 580 & 3\ 450 & 3\ 940 & 3\ 810\\ 1\ 740 & 1\ 670 & 1\ 900 & 1\ 830\end{pmatrix}.$$

$\boldsymbol{MP}$ 中第一行的元素表示四个季度中每一季度原料的总成本. 第二行和第三行的元素分别表示四个季度中每一季度人工总成本和管理及其他的总成本. 每一类成本的年度总成本可由矩阵的每一行元素相加得到. 每一列元素相加即可得到每一季度的总成本.

表 2-3 汇总了上述的总成本. 这就是股东会议上所需的总表.

表 2-3　总成本（单位：元）

成本	季度				全年
	春季	夏季	秋季	冬季	
原料	1 960	1 870	2 160	2 070	8 060
人工	3 580	3 450	3 940	3 810	14 780
管理及其他	1 740	1 670	1 900	1 830	7 140
总计	7 280	6 990	8 000	7 710	29 980

例 4　设变量 y_1, y_2 能由变量 x_1, x_2, x_3 表示如下：

$$\begin{cases}y_1=a_{11}x_1+a_{12}x_2+a_{13}x_3,\\ y_2=a_{21}x_1+a_{22}x_2+a_{23}x_3,\end{cases}\tag{2.2}$$

其中 $a_{ij}(i=1,2;j=1,2,3)$ 都是常数. 又设变量 z_1, z_2, z_3 能由变量 y_1, y_2 表示如下：

$$\begin{cases}z_1=b_{11}y_1+b_{12}y_2,\\ z_2=b_{21}y_1+b_{22}y_2,\\ z_3=b_{31}y_1+b_{32}y_2,\end{cases}\tag{2.3}$$

其中 $b_{ij}(i=1,2,3;j=1,2)$ 是常数. 将(2.2)中的变量 y_1, y_2 代入(2.3)中第一式，可得

$$\begin{aligned}z_1&=b_{11}(a_{11}x_1+a_{12}x_2+a_{13}x_3)+b_{12}(a_{21}x_1+a_{22}x_2+a_{23}x_3)\\&=(b_{11}a_{11}+b_{12}a_{21})x_1+(b_{11}a_{12}+b_{12}a_{22})x_2+(b_{11}a_{13}+b_{12}a_{23})x_3.\end{aligned}$$

类似地，将(2.2)中的变量 y_1, y_2 分别代入(2.3)中第二式和第三式，可得

$$z_2=(b_{21}a_{11}+b_{22}a_{21})x_1+(b_{21}a_{12}+b_{22}a_{22})x_2+(b_{21}a_{13}+b_{22}a_{23})x_3.$$
$$z_3=(b_{31}a_{11}+b_{32}a_{21})x_1+(b_{31}a_{12}+b_{32}a_{22})x_2+(b_{31}a_{13}+b_{32}a_{23})x_3.$$

于是,变量 z_1,z_2,z_3 能由 x_1,x_2,x_3 表示如下:

$$\begin{cases}z_1=(b_{11}a_{11}+b_{12}a_{21})x_1+(b_{11}a_{12}+b_{12}a_{22})x_2+(b_{11}a_{13}+b_{12}a_{23})x_3,\\ z_2=(b_{21}a_{11}+b_{22}a_{21})x_1+(b_{21}a_{12}+b_{22}a_{22})x_2+(b_{21}a_{13}+b_{22}a_{23})x_3,\\ z_3=(b_{31}a_{11}+b_{32}a_{21})x_1+(b_{31}a_{12}+b_{32}a_{22})x_2+(b_{31}a_{13}+b_{32}a_{23})x_3.\end{cases}\tag{2.4}$$

如果将(2.2),(2.3),(2.4)式的系数矩阵分别记为 $\boldsymbol{A}=(a_{ij})$,$\boldsymbol{B}=(b_{ij})$ 和 $\boldsymbol{C}=(c_{ij})$,则各矩阵元素之间的关系为

$$c_{ij}=b_{i1}a_{1j}+b_{i2}a_{2j},\quad i,j=1,2,3.$$

即矩阵 $\boldsymbol{C}$ 的第 i 行第 j 列位置的元素等于矩阵 $\boldsymbol{B}$ 的第 i 行元素与矩阵 $\boldsymbol{A}$ 的第 j 列对应元素乘积之和.

我们将例 3 中矩阵 $\boldsymbol{MP}$ 定义为矩阵 $\boldsymbol{M}$ 与 $\boldsymbol{P}$ 的乘积，例 4 中的 $\boldsymbol{C}$ 定义为矩阵 $\boldsymbol{B}$ 与 $\boldsymbol{A}$ 的乘积.

下面给出矩阵乘积的定义.

定义 2.2.4　设矩阵 $\boldsymbol{A}=(a_{ij})_{m\times k}$,$\boldsymbol{B}=(b_{ij})_{k\times n}$. 令 $\boldsymbol{C}=(c_{ij})_{m\times n}$是由下面的 $m\times n$ 个元素

$$c_{ij}=a_{i1}b_{1j}+a_{i2}b_{2j}+\cdots+a_{ik}b_{kj},\quad i=1,2,\cdots,m;j=1,2,\cdots,n$$

构成的 m 行 n 列矩阵. 称矩阵 $\boldsymbol{C}$ 为矩阵 $\boldsymbol{A}$ 与矩阵 $\boldsymbol{B}$ 的**乘积**,记为 $\boldsymbol{C}=\boldsymbol{AB}$.

由此定义可以知道,两个矩阵 $\boldsymbol{A}=(a_{ij})$和 $\boldsymbol{B}=(b_{ij})$可以相乘当且仅当 $\boldsymbol{A}$ 的列数与 $\boldsymbol{B}$ 的行数相等. 当 $\boldsymbol{C}=\boldsymbol{AB}$ 时,$\boldsymbol{C}$ 的行数$=\boldsymbol{A}$ 的行数,$\boldsymbol{C}$ 的列数$=\boldsymbol{B}$ 的列数. $\boldsymbol{C}$ 的第 i 行第 j 列元素等于矩阵 $\boldsymbol{A}$ 的第 i 行元素与矩阵 $\boldsymbol{B}$ 的第 j 列对应元素的乘积之和.

例 5　设矩阵

$$\boldsymbol{A}=\begin{pmatrix}1&0&-1\\2&1&0\\3&2&-1\end{pmatrix},\quad \boldsymbol{B}=\begin{pmatrix}1&0\\3&1\\0&2\end{pmatrix},$$

求 $\boldsymbol{AB}$.

解

$$\boldsymbol{AB}=\begin{pmatrix}1&0&-1\\2&1&0\\3&2&-1\end{pmatrix}\begin{pmatrix}1&0\\3&1\\0&2\end{pmatrix}=\begin{pmatrix}1\times1+0\times3+(-1)\times0&1\times0+0\times1+(-1)\times2\\2\times1+1\times3+0\times0&2\times0+1\times1+0\times2\\3\times1+2\times3+(-1)\times0&3\times0+2\times1+(-1)\times2\end{pmatrix}$$
$$=\begin{pmatrix}1&-2\\5&1\\9&0\end{pmatrix}.$$

这里,矩阵 $\boldsymbol{A}$ 是 3×3 矩阵,而 $\boldsymbol{B}$ 是 3×2 矩阵,由于 $\boldsymbol{B}$ 的列数与 $\boldsymbol{A}$ 的行数不相等,所以 $\boldsymbol{BA}$ 没有意义.

例 6　设矩阵

$$\boldsymbol{A}=\begin{pmatrix}1&0\\1&0\end{pmatrix},\quad \boldsymbol{B}=\begin{pmatrix}0&0\\1&1\end{pmatrix},$$

求 $\boldsymbol{AB}$ 和 $\boldsymbol{BA}$.

解

$$\boldsymbol{AB}=\begin{pmatrix}1&0\\1&0\end{pmatrix}\begin{pmatrix}0&0\\1&1\end{pmatrix}=\begin{pmatrix}0&0\\0&0\end{pmatrix},\quad \boldsymbol{BA}=\begin{pmatrix}0&0\\1&1\end{pmatrix}\begin{pmatrix}1&0\\1&0\end{pmatrix}=\begin{pmatrix}0&0\\2&0\end{pmatrix}.$$

例 7 设矩阵

$$A=\begin{pmatrix}1&1&1\\1&2&-1\\3&4&1\end{pmatrix},\quad B=\begin{pmatrix}-3&3&0\\2&-2&0\\1&-1&0\end{pmatrix}.$$

求 $\boldsymbol{AB}$ 和 $\boldsymbol{BA}$.

解 $$\boldsymbol{AB}=\begin{pmatrix}1&1&1\\1&2&-1\\3&4&1\end{pmatrix}\begin{pmatrix}-3&3&0\\2&-2&0\\1&-1&0\end{pmatrix}=\begin{pmatrix}0&0&0\\0&0&0\\0&0&0\end{pmatrix},$$

$$\boldsymbol{BA}=\begin{pmatrix}-3&3&0\\2&-2&0\\1&-1&0\end{pmatrix}\begin{pmatrix}1&1&1\\1&2&-1\\3&4&1\end{pmatrix}=\begin{pmatrix}0&3&-6\\0&-2&4\\0&-1&2\end{pmatrix}.$$

由矩阵乘法及上述的例 6 和例 7 可知：

(1) 任意一个 n 阶矩阵 $\boldsymbol{A}$ 与同阶单位矩阵的乘积必可交换：$\boldsymbol{EA}=\boldsymbol{AE}$.

(2) 任意一个 n 阶矩阵与同阶数量矩阵的乘积必可交换：$(a\boldsymbol{E})\boldsymbol{A}=\boldsymbol{A}(a\boldsymbol{E})$.

(3) 在一般情形下，矩阵的乘法不满足交换律，即 $\boldsymbol{AB}\neq\boldsymbol{BA}$；

(4) 当 $\boldsymbol{AB}=\boldsymbol{O}$ 时，一般不能推出 $\boldsymbol{A}=\boldsymbol{O}$ 或 $\boldsymbol{B}=\boldsymbol{O}$. 这说明矩阵乘法不满足消去律.

矩阵乘法不满足交换律是说，在一般情况下，任意两个矩阵 $\boldsymbol{A}$ 和 $\boldsymbol{B}$ 相乘，不一定有 $\boldsymbol{AB}=\boldsymbol{BA}$. 但确实也有同阶方阵相乘可以交换的情形.

若矩阵 $\boldsymbol{A}$ 与 $\boldsymbol{B}$ 满足 $\boldsymbol{AB}=\boldsymbol{BA}$，则称 $\boldsymbol{A}$ 与 $\boldsymbol{B}$ **可交换**. 此时，$\boldsymbol{A}$ 与 $\boldsymbol{B}$ 必为同阶方阵.

矩阵乘法不满足消去律，并不是说任意两个方阵相乘时，每一个方阵都不能从矩阵等式的同侧消去. 在下一节中我们将会看到，被称为可逆矩阵的方阵一定可以从矩阵等式的同侧消去.

例 8 求与矩阵 $\boldsymbol{A}=\begin{pmatrix}1&0&0\\1&1&0\\0&1&1\end{pmatrix}$ 相乘可交换的矩阵的一般形式.

解 设 $\boldsymbol{X}=\begin{pmatrix}a_1&b_1&c_1\\a_2&b_2&c_2\\a_3&b_3&c_3\end{pmatrix}$ 与 $\boldsymbol{A}$ 相乘可交换，即有 $\boldsymbol{AX}=\boldsymbol{XA}$.

$$\boldsymbol{AX}=\begin{pmatrix}1&0&0\\1&1&0\\0&1&1\end{pmatrix}\begin{pmatrix}a_1&b_1&c_1\\a_2&b_2&c_2\\a_3&b_3&c_3\end{pmatrix}=\begin{pmatrix}a_1&b_1&c_1\\a_1+a_2&b_1+b_2&c_1+c_2\\a_2+a_3&b_2+b_3&c_2+c_3\end{pmatrix},$$

$$\boldsymbol{XA}=\begin{pmatrix}a_1&b_1&c_1\\a_2&b_2&c_2\\a_3&b_3&c_3\end{pmatrix}\begin{pmatrix}1&0&0\\1&1&0\\0&1&1\end{pmatrix}=\begin{pmatrix}a_1+b_1&b_1+c_1&c_1\\a_2+b_2&b_2+c_2&c_2\\a_3+b_3&b_3+c_3&c_3\end{pmatrix}.$$

由 $\boldsymbol{AX}=\boldsymbol{XA}$，得

$$b_1=0,\quad c_1=0,\quad c_2=0;\quad a_1=b_2=c_3;\quad a_2=b_3,\quad a_3\text{ 任意取值}.$$

令 $a_1=b_2=c_3=a$，$a_2=b_3=b$，$a_3=c$，则 $\boldsymbol{X}$ 的一般形式为

$$\boldsymbol{X}=\begin{pmatrix}a&0&0\\b&a&0\\c&b&a\end{pmatrix}.$$

例 9 解矩阵方程：

$$\begin{pmatrix}2&1\\1&2\end{pmatrix}\boldsymbol{X}=\begin{pmatrix}1&2\\-1&1\end{pmatrix},\quad \boldsymbol{X}\text{ 为二阶方阵.}$$

解 设 $\boldsymbol{X}=\begin{pmatrix}x_{11}&x_{12}\\x_{21}&x_{22}\end{pmatrix}$. 由题设条件可得矩阵等式：

$$\begin{pmatrix}2&1\\1&2\end{pmatrix}\begin{pmatrix}x_{11}&x_{12}\\x_{21}&x_{22}\end{pmatrix}=\begin{pmatrix}1&2\\-1&1\end{pmatrix},$$

$$\begin{pmatrix}2x_{11}+x_{21}&2x_{12}+x_{22}\\x_{11}+2x_{21}&x_{12}+2x_{22}\end{pmatrix}=\begin{pmatrix}1&2\\-1&1\end{pmatrix}.$$

由矩阵相等的定义得

$$\begin{cases}2x_{11}+x_{21}=1,\\x_{11}+2x_{21}=-1;\end{cases}\qquad\begin{cases}2x_{12}+x_{22}=2,\\x_{12}+2x_{22}=1.\end{cases}$$

解这两个方程组可得

$$x_{11}=1,\quad x_{21}=-1,\quad x_{12}=1,\quad x_{22}=0.$$

所以 $\boldsymbol{X}=\begin{pmatrix}1&1\\-1&0\end{pmatrix}$.

乘法运算律

(1) **矩阵乘法结合律** $(\boldsymbol{AB})\boldsymbol{C}=\boldsymbol{A}(\boldsymbol{BC})$.

(2) **矩阵乘法分配律** $(\boldsymbol{A}+\boldsymbol{B})\boldsymbol{C}=\boldsymbol{AC}+\boldsymbol{BC}$, $\boldsymbol{D}(\boldsymbol{A}+\boldsymbol{B})=\boldsymbol{DA}+\boldsymbol{DB}$.

(3) 两种乘法的结合律 $k(\boldsymbol{AB})=(k\boldsymbol{A})\boldsymbol{B}=\boldsymbol{A}(k\boldsymbol{B})$，$k$ 为任意实数.

(4) $\boldsymbol{E}_m\boldsymbol{A}_{m\times n}=\boldsymbol{A}_{m\times n}$, $\boldsymbol{A}_{m\times n}\boldsymbol{E}_n=\boldsymbol{A}_{m\times n}$.（其中 $\boldsymbol{E}_m$, $\boldsymbol{E}_n$ 分别为 m 阶和 n 阶单位矩阵）

矩阵乘法的结合律要用定义直接验证（证略），其他三条运算律的正确性是显然的.

方阵的方幂

设 $\boldsymbol{A}$ 为 n 阶矩阵，由于矩阵乘法满足结合律，所以 $\underbrace{\boldsymbol{A}\cdot\boldsymbol{A}\cdot\cdots\cdot\boldsymbol{A}}_{m\text{个}}$ 可以不加括号而有完全确定的意义. 我们定义 $\boldsymbol{A}$ 的**幂**（或称**方幂**）为

$$\boldsymbol{A}^0=\boldsymbol{E},\quad \boldsymbol{A}^1=\boldsymbol{A},\quad \boldsymbol{A}^2=\boldsymbol{AA},\quad \cdots,\quad \boldsymbol{A}^m=\underbrace{\boldsymbol{AA}\cdots\boldsymbol{A}}_{m\text{个}}.$$

由定义可知，n 阶矩阵的方幂适合下述规则：

$$\boldsymbol{A}^k\boldsymbol{A}^l=\boldsymbol{A}^{k+l},\quad (\boldsymbol{A}^k)^l=\boldsymbol{A}^{kl},\quad k,l\text{ 为任意非负整数.}$$

例 10 设 $\boldsymbol{A}=\begin{pmatrix}1&2\\3&4\end{pmatrix}$, $\boldsymbol{B}=\begin{pmatrix}0&1\\2&1\end{pmatrix}$. 求 $(\boldsymbol{A}+\boldsymbol{B})^2$ 和 $\boldsymbol{A}^2+2\boldsymbol{AB}+\boldsymbol{B}^2$.

解 由已知可得

$$\boldsymbol{AB}=\begin{pmatrix}1&2\\3&4\end{pmatrix}\begin{pmatrix}0&1\\2&1\end{pmatrix}=\begin{pmatrix}4&3\\8&7\end{pmatrix},\quad \boldsymbol{BA}=\begin{pmatrix}0&1\\2&1\end{pmatrix}\begin{pmatrix}1&2\\3&4\end{pmatrix}=\begin{pmatrix}3&4\\5&8\end{pmatrix},$$

$$\boldsymbol{A}^2=\begin{pmatrix}1&2\\3&4\end{pmatrix}\begin{pmatrix}1&2\\3&4\end{pmatrix}=\begin{pmatrix}7&10\\15&22\end{pmatrix},\quad \boldsymbol{B}^2=\begin{pmatrix}0&1\\2&1\end{pmatrix}\begin{pmatrix}0&1\\2&1\end{pmatrix}=\begin{pmatrix}2&1\\2&3\end{pmatrix},$$

$$\boldsymbol{A}+\boldsymbol{B}=\begin{pmatrix}1&2\\3&4\end{pmatrix}+\begin{pmatrix}0&1\\2&1\end{pmatrix}=\begin{pmatrix}1&3\\5&5\end{pmatrix}.$$

则

$$(\boldsymbol{A}+\boldsymbol{B})^2=\begin{pmatrix}1&3\\5&5\end{pmatrix}\begin{pmatrix}1&3\\5&5\end{pmatrix}=\begin{pmatrix}16&18\\30&40\end{pmatrix},$$

$$\boldsymbol{A}^2+2\boldsymbol{AB}+\boldsymbol{B}^2=\begin{pmatrix}7&10\\15&22\end{pmatrix}+2\begin{pmatrix}4&3\\8&7\end{pmatrix}+\begin{pmatrix}2&1\\2&3\end{pmatrix}=\begin{pmatrix}17&17\\33&39\end{pmatrix}.$$

例 11 设 n 是正整数，用数学归纳法证明以下矩阵等式：

(1) $\begin{pmatrix}1&1\\0&1\end{pmatrix}^n=\begin{pmatrix}1&n\\0&1\end{pmatrix}$； (2) $\begin{pmatrix}1&1\\1&1\end{pmatrix}^n=2^{n-1}\begin{pmatrix}1&1\\1&1\end{pmatrix}$.

证 (1) 当 $n=1$ 时，矩阵等式显然成立. 假设当 $n=k$ 时，矩阵等式成立，则由

$$\begin{pmatrix}1&1\\0&1\end{pmatrix}^{k+1}=\begin{pmatrix}1&1\\0&1\end{pmatrix}^k\begin{pmatrix}1&1\\0&1\end{pmatrix}=\begin{pmatrix}1&k\\0&1\end{pmatrix}\begin{pmatrix}1&1\\0&1\end{pmatrix}=\begin{pmatrix}1&k+1\\0&1\end{pmatrix}$$

知道，当 $n=k+1$ 时，矩阵等式也成立. 所以对任意正整数 n，此矩阵等式都成立.

(2) 当 $n=1$ 时，矩阵等式显然成立. 假设当 $n=k$ 时，矩阵等式成立，则由

$$\begin{aligned}\begin{pmatrix}1&1\\1&1\end{pmatrix}^{k+1}&=\begin{pmatrix}1&1\\1&1\end{pmatrix}^k\begin{pmatrix}1&1\\1&1\end{pmatrix}=2^{k-1}\begin{pmatrix}1&1\\1&1\end{pmatrix}\begin{pmatrix}1&1\\1&1\end{pmatrix}\\&=2^{k-1}\begin{pmatrix}2&2\\2&2\end{pmatrix}=2^k\begin{pmatrix}1&1\\1&1\end{pmatrix}\end{aligned}$$

知道，当 $n=k+1$ 时，矩阵等式也成立. 所以对任意正整数 n，此矩阵等式都成立.

例 12 设 n 阶矩阵 $\boldsymbol{A}$ 和 $\boldsymbol{B}$ 满足 $\boldsymbol{A}=\frac{1}{2}(\boldsymbol{B}+\boldsymbol{E})$，证明：

$$\boldsymbol{A}^2=\boldsymbol{A}\Leftrightarrow\boldsymbol{B}^2=\boldsymbol{E}.$$

证 由 $\boldsymbol{A}=\frac{1}{2}(\boldsymbol{B}+\boldsymbol{E})$ 可推出 $\boldsymbol{B}=2\boldsymbol{A}-\boldsymbol{E}$. 再由

$$\boldsymbol{B}^2=(2\boldsymbol{A}-\boldsymbol{E})(2\boldsymbol{A}-\boldsymbol{E})=4\boldsymbol{A}^2-4\boldsymbol{A}+\boldsymbol{E}$$

证得

$$\boldsymbol{B}^2=\boldsymbol{E}\Leftrightarrow4\boldsymbol{A}^2=4\boldsymbol{A}\Leftrightarrow\boldsymbol{A}^2=\boldsymbol{A}.$$

例 13 设 $\boldsymbol{\alpha}=\begin{pmatrix}1\\\frac{1}{2}\\\frac{1}{3}\end{pmatrix}$，$\boldsymbol{\beta}=\begin{pmatrix}1\\2\\3\end{pmatrix}$，$\boldsymbol{A}=\boldsymbol{\alpha\beta}^{\mathrm{T}}$. 求 $\boldsymbol{A}$，$\boldsymbol{A}^2$，$\boldsymbol{A}^k$，其中 k 是正整数.

解

$$\boldsymbol{A}=\boldsymbol{\alpha\beta}^{\mathrm{T}}=\begin{pmatrix}1\\\frac{1}{2}\\\frac{1}{3}\end{pmatrix}(1,2,3)=\begin{pmatrix}1&2&3\\\frac{1}{2}&1&\frac{3}{2}\\\frac{1}{3}&\frac{2}{3}&1\end{pmatrix},$$

$$\boldsymbol{A}^2=(\boldsymbol{\alpha\beta}^{\mathrm{T}})(\boldsymbol{\alpha\beta}^{\mathrm{T}})=\boldsymbol{\alpha}(\boldsymbol{\beta}^{\mathrm{T}}\boldsymbol{\alpha})\boldsymbol{\beta}^{\mathrm{T}},$$

其中 $\boldsymbol{\beta}^{\mathrm{T}}\boldsymbol{\alpha}=(1,2,3)\begin{pmatrix}1\\\frac{1}{2}\\\frac{1}{3}\end{pmatrix}=(3)$ 是一个一阶矩阵，即是数 3. 于是由上式得

$$A^2=3A=3\begin{pmatrix}1&2&3\\ \frac{1}{2}&1&\frac{3}{2}\\ \frac{1}{3}&\frac{2}{3}&1\end{pmatrix}=\begin{pmatrix}3&6&9\\ \frac{3}{2}&3&\frac{9}{2}\\ 1&2&3\end{pmatrix}.$$

当 k 为大于 2 的正整数时，类似有

$$A^k=(\alpha\beta^T)(\alpha\beta^T)\cdots(\alpha\beta^T)=\alpha\underbrace{(\beta^T\alpha)\cdots(\beta^T\alpha)}_{k-1个}\beta^T$$

$$=3^{k-1}A=3^{k-1}\begin{pmatrix}1&2&3\\ \frac{1}{2}&1&\frac{3}{2}\\ \frac{1}{3}&\frac{2}{3}&1\end{pmatrix}.$$

因为矩阵乘法不满足交换律，所以对于 n 阶矩阵 A 和 B，有以下重要结论：

（1）$(A+B)^2=A^2+AB+BA+B^2=A^2+2AB+B^2\Leftrightarrow AB=BA$.

（2）$(A+B)(A-B)=A^2+BA-AB-B^2=A^2-B^2\Leftrightarrow AB=BA$.

（3）当 $AB=BA$ 时，必有 $(AB)^k=A^kB^k$.

（4）当 $A=B$ 时，在满足可乘条件下必可推出 $AC=BC$，$CA=CB$，但未必有

$$AC=CB,\quad CA=BC.$$

例 14 设 $A=\begin{pmatrix}1&0\\0&0\end{pmatrix}$，$B=\begin{pmatrix}1&1\\1&1\end{pmatrix}$，则有

$$AB=\begin{pmatrix}1&1\\0&0\end{pmatrix},\quad BA=\begin{pmatrix}1&0\\1&0\end{pmatrix},$$

$$(AB)^2=\begin{pmatrix}1&1\\0&0\end{pmatrix}\begin{pmatrix}1&1\\0&0\end{pmatrix}=\begin{pmatrix}1&1\\0&0\end{pmatrix}=AB,$$

$$(AB)^k=\begin{pmatrix}1&1\\0&0\end{pmatrix},\quad A^kB^k=\begin{pmatrix}1&0\\0&0\end{pmatrix}\times 2^{k-1}\begin{pmatrix}1&1\\1&1\end{pmatrix}=2^{k-1}\begin{pmatrix}1&1\\0&0\end{pmatrix}.$$

这里用到了例 11 中用归纳法证明的矩阵等式 $\begin{pmatrix}1&1\\1&1\end{pmatrix}^k=2^{k-1}\begin{pmatrix}1&1\\1&1\end{pmatrix}$.

因为矩阵乘法不满足消去律，所以对于 n 阶矩阵 A 和 B，有以下重要结论：

（1）由 $AB=O$，$A\neq O$ 不能推出 $B=O$. 例如，

$$\begin{pmatrix}0&1\\0&0\end{pmatrix}\begin{pmatrix}1&0\\0&0\end{pmatrix}=\begin{pmatrix}0&0\\0&0\end{pmatrix}.$$

（2）由 $A^2=O$ 不能推出 $A=O$. 例如，

$$\begin{pmatrix}0&0\\1&0\end{pmatrix}\begin{pmatrix}0&0\\1&0\end{pmatrix}=\begin{pmatrix}0&0\\0&0\end{pmatrix}.$$

（3）由 $AB=AC$，$A\neq O$ 不能推出 $B=C$. 例如，

$$\begin{pmatrix}1&0\\0&0\end{pmatrix}\begin{pmatrix}0&0\\0&0\end{pmatrix}=\begin{pmatrix}1&0\\0&0\end{pmatrix}\begin{pmatrix}0&0\\0&1\end{pmatrix}=\begin{pmatrix}0&0\\0&0\end{pmatrix}.$$

（4）由 $A^2=B^2$ 不能推出 $(A+B)(A-B)=O$ 和 $A=\pm B$. 例如，取

$$\boldsymbol{A}=\begin{pmatrix}1&0\\1&-1\end{pmatrix},\quad \boldsymbol{B}=\begin{pmatrix}-1&1\\0&1\end{pmatrix},$$

不难验证,$\boldsymbol{A}^2=\boldsymbol{E}$,$\boldsymbol{B}^2=\boldsymbol{E}$ 以及$(\boldsymbol{A}+\boldsymbol{B})(\boldsymbol{A}-\boldsymbol{B})=\begin{pmatrix}0&1\\1&0\end{pmatrix}\begin{pmatrix}2&-1\\1&-2\end{pmatrix}=\begin{pmatrix}1&-2\\2&-1\end{pmatrix}$.

2.2.5 矩阵的转置

定义 2.2.5 设矩阵

$$\boldsymbol{A}=\begin{pmatrix}a_{11}&a_{12}&\cdots&a_{1n}\\a_{21}&a_{22}&\cdots&a_{2n}\\\vdots&\vdots&&\vdots\\a_{m1}&a_{m2}&\cdots&a_{mn}\end{pmatrix},$$

把矩阵的行与列互换得到的 $n\times m$ 矩阵,称为矩阵 $\boldsymbol{A}$ 的**转置矩阵**,记为 $\boldsymbol{A}^{\mathrm{T}}$ 或 $\boldsymbol{A}'$,即

$$\boldsymbol{A}^{\mathrm{T}}=\begin{pmatrix}a_{11}&a_{21}&\cdots&a_{m1}\\a_{12}&a_{22}&\cdots&a_{m2}\\\vdots&\vdots&&\vdots\\a_{1n}&a_{2n}&\cdots&a_{mn}\end{pmatrix}.$$

易见 $\boldsymbol{A}$ 与 $\boldsymbol{A}^{\mathrm{T}}$ 互为转置矩阵. 特别地,n 维行(列)向量的转置为 n 维列(行)向量.

例如,$\boldsymbol{A}=\begin{pmatrix}1&2&5\\6&4&3\end{pmatrix}$,则 $\boldsymbol{A}^{\mathrm{T}}=\begin{pmatrix}1&6\\2&4\\5&3\end{pmatrix}$.

转置运算律

(1) $(\boldsymbol{A}^{\mathrm{T}})^{\mathrm{T}}=\boldsymbol{A}$.

(2) $(\boldsymbol{A}+\boldsymbol{B})^{\mathrm{T}}=\boldsymbol{A}^{\mathrm{T}}+\boldsymbol{B}^{\mathrm{T}}$.

(3) $(k\boldsymbol{A})^{\mathrm{T}}=k\boldsymbol{A}^{\mathrm{T}}$,$k$ 为实数.

(4) $(\boldsymbol{AB})^{\mathrm{T}}=\boldsymbol{B}^{\mathrm{T}}\boldsymbol{A}^{\mathrm{T}}$, $(\boldsymbol{A}_1\boldsymbol{A}_2\cdots\boldsymbol{A}_k)^{\mathrm{T}}=\boldsymbol{A}_k^{\mathrm{T}}\boldsymbol{A}_{k-1}^{\mathrm{T}}\cdots\boldsymbol{A}_1^{\mathrm{T}}$.

***证** 前三个运算律,显然都是成立的. 下面仅证明反序律(4)中的第一式.

设 $\boldsymbol{A}=(a_{ij})_{m\times n}$,$\boldsymbol{B}=(b_{ij})_{n\times p}$,则 $\boldsymbol{AB}$ 的(j,i)元素为

$$\sum_{k=1}^{n}a_{jk}b_{ki}=a_{j1}b_{1i}+a_{j2}b_{2i}+\cdots+a_{jn}b_{ni},\quad j=1,2,\cdots,m;i=1,2,\cdots,p.$$

所以$(\boldsymbol{AB})^{\mathrm{T}}$ 的(i,j)元素为

$$\sum_{k=1}^{n}b_{ki}a_{jk}=b_{1i}a_{j1}+b_{2i}a_{j2}+\cdots+b_{ni}a_{jn},\quad i=1,2,\cdots,p;j=1,2,\cdots,m.$$

而 $\boldsymbol{B}^{\mathrm{T}}\boldsymbol{A}^{\mathrm{T}}$ 的(i,j)元素也为

$$(b_{1i},b_{2i},\cdots,b_{ni})\begin{pmatrix}a_{j1}\\a_{j2}\\\vdots\\a_{jn}\end{pmatrix}=\sum_{k=1}^{n}b_{ki}a_{jk}.$$

所以,$(\boldsymbol{AB})^{\mathrm{T}}=\boldsymbol{B}^{\mathrm{T}}\boldsymbol{A}^{\mathrm{T}}$.

注意 设 $\boldsymbol{A}$ 是 $m\times k$ 矩阵, $\boldsymbol{B}$ 是 $k\times n$ 矩阵, 则 $\boldsymbol{A}^{\mathrm{T}}$ 是 $k\times m$ 矩阵, $\boldsymbol{B}^{\mathrm{T}}$ 是 $n\times k$ 矩阵. 当 m

$\neq n$ 时，矩阵 $\boldsymbol{A}^{\mathrm{T}}$ 与 $\boldsymbol{B}^{\mathrm{T}}$ 不能相乘；由于 $\boldsymbol{AB}$ 是 $m\times n$ 矩阵，则 $(\boldsymbol{AB})^{\mathrm{T}}$ 是 $n\times m$ 矩阵，而 $\boldsymbol{B}^{\mathrm{T}}\boldsymbol{A}^{\mathrm{T}}$ 也是 $n\times m$ 矩阵，此时两者是同型矩阵，这是等式 $(\boldsymbol{AB})^{\mathrm{T}}=\boldsymbol{B}^{\mathrm{T}}\boldsymbol{A}^{\mathrm{T}}$ 成立的必要条件.

例 15 设 $\boldsymbol{A}=\begin{pmatrix}2&0&-1\\1&3&2\end{pmatrix}$，$\boldsymbol{B}=\begin{pmatrix}1&7&-1\\4&2&3\\2&0&1\end{pmatrix}$，求 $(\boldsymbol{AB})^{\mathrm{T}}$ 和 $\boldsymbol{B}^{\mathrm{T}}\boldsymbol{A}^{\mathrm{T}}$.

解 $\boldsymbol{AB}=\begin{pmatrix}2&0&-1\\1&3&2\end{pmatrix}\begin{pmatrix}1&7&-1\\4&2&3\\2&0&1\end{pmatrix}=\begin{pmatrix}0&14&-3\\17&13&10\end{pmatrix}$，所以

$$(\boldsymbol{AB})^{\mathrm{T}}=\begin{pmatrix}0&17\\14&13\\-3&10\end{pmatrix}.$$

又

$$\boldsymbol{B}^{\mathrm{T}}\boldsymbol{A}^{\mathrm{T}}=\begin{pmatrix}1&4&2\\7&2&0\\-1&3&1\end{pmatrix}\begin{pmatrix}2&1\\0&3\\-1&2\end{pmatrix}=\begin{pmatrix}0&17\\14&13\\-3&10\end{pmatrix}.$$

由此可见，$(\boldsymbol{AB})^{\mathrm{T}}=\boldsymbol{B}^{\mathrm{T}}\boldsymbol{A}^{\mathrm{T}}$.

定义 2.2.6 设 $\boldsymbol{A}=(a_{ij})$ 为 n 阶矩阵，若 $\boldsymbol{A}$ 满足 $\boldsymbol{A}^{\mathrm{T}}=\boldsymbol{A}$，也就是说 $\boldsymbol{A}$ 中元素满足：

$$a_{ij}=a_{ji},\quad i,j=1,2,\cdots,n,$$

则称 $\boldsymbol{A}$ 为**对称矩阵**.

若 $\boldsymbol{A}$ 满足 $\boldsymbol{A}^{\mathrm{T}}=-\boldsymbol{A}$，也就是说 $\boldsymbol{A}$ 中元素满足：

$$a_{ij}=-a_{ji},\quad i,j=1,2,\cdots,n,$$

此时必有

$$a_{ii}=0,\quad i=1,2,\cdots,n,$$

则称 $\boldsymbol{A}$ 为**反对称矩阵**.

例如，

$$\begin{pmatrix}1&2&4\\2&1&9\\4&9&1\end{pmatrix},\quad\begin{pmatrix}a&b\\b&d\end{pmatrix},\quad\begin{pmatrix}a&b&c\\b&d&e\\c&e&f\end{pmatrix}$$

都是对称矩阵；

$$\begin{pmatrix}0&b\\-b&0\end{pmatrix},\quad\begin{pmatrix}0&b&-c\\-b&0&e\\c&-e&0\end{pmatrix}$$

都是反对称矩阵.

例 16 证明：任意一个方阵 $\boldsymbol{A}$ 都可以唯一地表示为一个对称矩阵与一个反对称矩阵之和.

证 设 $\boldsymbol{A}=\boldsymbol{X}+\boldsymbol{Y}$，其中，$\boldsymbol{X}^{\mathrm{T}}=\boldsymbol{X}$，$\boldsymbol{Y}^{\mathrm{T}}=-\boldsymbol{Y}$. 则有

$$\boldsymbol{A}^{\mathrm{T}}=\boldsymbol{X}^{\mathrm{T}}+\boldsymbol{Y}^{\mathrm{T}}=\boldsymbol{X}-\boldsymbol{Y}.$$

把这两个矩阵等式分别相加和相减，就可求出唯一解：

$$\boldsymbol{X}=\frac{1}{2}(\boldsymbol{A}+\boldsymbol{A}^{\mathrm{T}}),\quad \boldsymbol{Y}=\frac{1}{2}(\boldsymbol{A}-\boldsymbol{A}^{\mathrm{T}}).$$

例 17 设 $\boldsymbol{A}$ 是 n 阶对称矩阵. 证明：$\boldsymbol{A}=\boldsymbol{O}$ 当且仅当对任意的 n 维列向量 $\boldsymbol{\alpha}$，均有 $\boldsymbol{\alpha}^{\mathrm{T}}\boldsymbol{A}\boldsymbol{\alpha}=0$.

证 必要性显然，只要证明充分性.

设 $\boldsymbol{A}=(a_{ij})$，令 $\boldsymbol{\alpha}=\boldsymbol{\varepsilon}_i$ 是第 i 个单位坐标向量. 因为 $\boldsymbol{\varepsilon}_i^{\mathrm{T}}\boldsymbol{A}\boldsymbol{\varepsilon}_i=a_{ii}$，故 $a_{ii}=0$. 又令 $\boldsymbol{\alpha}=\boldsymbol{\varepsilon}_i+\boldsymbol{\varepsilon}_j$ $(j\neq i)$，则

$$(\boldsymbol{\varepsilon}_i+\boldsymbol{\varepsilon}_j)^{\mathrm{T}}\boldsymbol{A}(\boldsymbol{\varepsilon}_i+\boldsymbol{\varepsilon}_j)=a_{ii}+a_{jj}+a_{ij}+a_{ji}=0.$$

由于 $a_{ii}=a_{jj}=0$，且 $a_{ij}=a_{ji}$，所以 $a_{ij}=0$. 这就证明了 $\boldsymbol{A}=\boldsymbol{O}$.

例 18 设 $\boldsymbol{A}$ 为 n 阶对称矩阵，证明：对于任意 n 阶矩阵 $\boldsymbol{P}$，$\boldsymbol{P}^{\mathrm{T}}\boldsymbol{A}\boldsymbol{P}$ 必为对称矩阵. 如果已知 $\boldsymbol{P}^{\mathrm{T}}\boldsymbol{A}\boldsymbol{P}$ 为 n 阶对称矩阵，问 $\boldsymbol{A}$ 是否必为对称矩阵.

证 因为 $\boldsymbol{A}$ 是对称矩阵，必有 $\boldsymbol{A}^{\mathrm{T}}=\boldsymbol{A}$. 于是必有

$$(\boldsymbol{P}^{\mathrm{T}}\boldsymbol{A}\boldsymbol{P})^{\mathrm{T}}=\boldsymbol{P}^{\mathrm{T}}\boldsymbol{A}^{\mathrm{T}}\boldsymbol{P}=\boldsymbol{P}^{\mathrm{T}}\boldsymbol{A}\boldsymbol{P}.$$

这说明 $\boldsymbol{P}^{\mathrm{T}}\boldsymbol{A}\boldsymbol{P}$ 必为对称矩阵.

反之，如果 $\boldsymbol{P}^{\mathrm{T}}\boldsymbol{A}\boldsymbol{P}$ 为 n 阶对称矩阵：$(\boldsymbol{P}^{\mathrm{T}}\boldsymbol{A}\boldsymbol{P})^{\mathrm{T}}=\boldsymbol{P}^{\mathrm{T}}\boldsymbol{A}\boldsymbol{P}$，则有 $\boldsymbol{P}^{\mathrm{T}}\boldsymbol{A}^{\mathrm{T}}\boldsymbol{P}=\boldsymbol{P}^{\mathrm{T}}\boldsymbol{A}\boldsymbol{P}$，但是矩阵乘法不满足消去律，在矩阵等式两边，未必能把 $\boldsymbol{P}^{\mathrm{T}}$ 和 $\boldsymbol{P}$ 消去，所以不能推出 $\boldsymbol{A}^{\mathrm{T}}=\boldsymbol{A}$，$\boldsymbol{A}$ 未必是对称矩阵.

例如，任取

$$\boldsymbol{A}=\begin{pmatrix} a & b & 1 \\ b & a & d \\ 2 & e & f \end{pmatrix},\quad \boldsymbol{P}=\begin{pmatrix} 1 & 0 & 0 \\ 0 & 1 & 0 \\ 0 & 0 & 0 \end{pmatrix},$$

则有

$$\boldsymbol{P}^{\mathrm{T}}\boldsymbol{A}\boldsymbol{P}=\begin{pmatrix} 1 & 0 & 0 \\ 0 & 1 & 0 \\ 0 & 0 & 0 \end{pmatrix}^{\mathrm{T}}\begin{pmatrix} a & b & 1 \\ b & a & d \\ 2 & e & f \end{pmatrix}\begin{pmatrix} 1 & 0 & 0 \\ 0 & 1 & 0 \\ 0 & 0 & 0 \end{pmatrix}=\begin{pmatrix} a & b & 0 \\ b & a & 0 \\ 0 & 0 & 0 \end{pmatrix}.$$

可见 $(\boldsymbol{P}^{\mathrm{T}}\boldsymbol{A}\boldsymbol{P})^{\mathrm{T}}=\boldsymbol{P}^{\mathrm{T}}\boldsymbol{A}\boldsymbol{P}$，但 $\boldsymbol{A}^{\mathrm{T}}\neq\boldsymbol{A}$.

2.2.6 方阵的行列式

定义 2.2.7 由 n 阶方阵 $\boldsymbol{A}$ 的元素按原来的顺序构成的行列式称为**方阵 $\boldsymbol{A}$ 的行列式**，记为 $|\boldsymbol{A}|$ 或 $\det(\boldsymbol{A})$. 即，如果

$$\boldsymbol{A}=\begin{pmatrix} a_{11} & a_{12} & \cdots & a_{1n} \\ a_{21} & a_{22} & \cdots & a_{2n} \\ \vdots & \vdots & & \vdots \\ a_{n1} & a_{n2} & \cdots & a_{nn} \end{pmatrix},$$

则

$$|\boldsymbol{A}|=\det(\boldsymbol{A})=\begin{vmatrix} a_{11} & a_{12} & \cdots & a_{1n} \\ a_{21} & a_{22} & \cdots & a_{2n} \\ \vdots & \vdots & & \vdots \\ a_{n1} & a_{n2} & \cdots & a_{nn} \end{vmatrix}.$$

例如，$\boldsymbol{A}=\begin{pmatrix} 1 & 2 \\ 3 & 4 \end{pmatrix}$ 的行列式为 $|\boldsymbol{A}|=\begin{vmatrix} 1 & 2 \\ 3 & 4 \end{vmatrix}=-2$.

注意 矩阵是一个数表，行列式是一个数. 当且仅当 $\boldsymbol{A}=(a_{ij})$ 为 n 阶方阵时，才可取行列式 $D=|\boldsymbol{A}|=|a_{ij}|_n$. 对于不是方阵的矩阵是不可以取行列式的.

易见，n 阶上、下三角矩阵的行列式等于它的所有对角线元素的乘积

$$\prod_{i=1}^{n} a_{ii}=a_{11}a_{22}\cdots a_{nn}.$$

特别地，$|a\boldsymbol{E}_n|=a^n$，$|\boldsymbol{E}_n|=1$.

方阵的行列式有如下性质：设 $\boldsymbol{A},\boldsymbol{B}$ 为 n 阶方阵，k 为实数，则

(1) $|\boldsymbol{A}^{\mathrm{T}}|=|\boldsymbol{A}|$；

(2) $|k\boldsymbol{A}|=k^n|\boldsymbol{A}|$；

(3) $|\boldsymbol{AB}|=|\boldsymbol{A}|\cdot|\boldsymbol{B}|$. **(行列式乘法规则)**

(1)，(2)的证明可由方阵行列式的定义及行列式性质直接得到. (3)的证明从略.

例 19 设 $\boldsymbol{A}=\begin{pmatrix}1&3\\2&-2\end{pmatrix}$，$\boldsymbol{B}=\begin{pmatrix}2&5\\3&4\end{pmatrix}$，则

$$\boldsymbol{AB}=\begin{pmatrix}1&3\\2&-2\end{pmatrix}\begin{pmatrix}2&5\\3&4\end{pmatrix}=\begin{pmatrix}11&17\\-2&2\end{pmatrix},$$

$$\boldsymbol{BA}=\begin{pmatrix}2&5\\3&4\end{pmatrix}\begin{pmatrix}1&3\\2&-2\end{pmatrix}=\begin{pmatrix}12&-4\\11&1\end{pmatrix}.$$

于是得

$$|\boldsymbol{AB}|=|\boldsymbol{BA}|=56,\quad |\boldsymbol{A}|\cdot|\boldsymbol{B}|=(-8)(-7)=56.$$

例 20 设 $\boldsymbol{A},\boldsymbol{B}$ 同为 n 阶矩阵. 如果 $\boldsymbol{AB}=\boldsymbol{O}$，则由

$$|\boldsymbol{AB}|=|\boldsymbol{A}|\cdot|\boldsymbol{B}|=0$$

知道，必有 $|\boldsymbol{A}|=0$ 或 $|\boldsymbol{B}|=0$. 但未必有 $\boldsymbol{A}=\boldsymbol{O}$ 或 $\boldsymbol{B}=\boldsymbol{O}$.

例如，$\begin{pmatrix}0&1\\0&0\end{pmatrix}\begin{pmatrix}1&0\\0&0\end{pmatrix}=\begin{pmatrix}0&0\\0&0\end{pmatrix}$.

例 21 证明：任意奇数阶反对称矩阵的行列式必为零.

证 设 $\boldsymbol{A}$ 为 $2n-1$ 阶反对称矩阵，则有 $\boldsymbol{A}^{\mathrm{T}}=-\boldsymbol{A}$. 于是根据行列式性质(1)和性质(2)，得到

$$|\boldsymbol{A}|=|\boldsymbol{A}^{\mathrm{T}}|=|-\boldsymbol{A}|=(-1)^{2n-1}|\boldsymbol{A}|=-|\boldsymbol{A}|,$$

因为 $|\boldsymbol{A}|$ 是数，所以必有 $|\boldsymbol{A}|=0$.

2.2.7 方阵多项式

任意给定一个多项式 $f(x)=a_mx^m+a_{m-1}x^{m-1}+\cdots+a_1x+a_0$ 和一个 n 阶方阵 $\boldsymbol{A}$，都可以定义一个 n 阶方阵

$$f(\boldsymbol{A})=a_m\boldsymbol{A}^m+a_{m-1}\boldsymbol{A}^{m-1}+\cdots+a_1\boldsymbol{A}+a_0\boldsymbol{E}_n,$$

称 $f(\boldsymbol{A})$ 为 $\boldsymbol{A}$ 的**方阵多项式**.

注意 在方阵多项式中，末项必须是数量矩阵 $a_0\boldsymbol{E}_n$ 而不是常数 a_0. 方阵多项式是以多项式形式表示的方阵.

例 22 设 $f(x)=x^2-4x+3$，$\boldsymbol{A}=\begin{pmatrix}2&-1\\-3&4\end{pmatrix}$，则

$$f(\boldsymbol{A})=\boldsymbol{A}^2-4\boldsymbol{A}+3\boldsymbol{E}$$
$$=\begin{pmatrix}2&-1\\-3&4\end{pmatrix}\begin{pmatrix}2&-1\\-3&4\end{pmatrix}-4\begin{pmatrix}2&-1\\-3&4\end{pmatrix}+3\begin{pmatrix}1&0\\0&1\end{pmatrix}$$
$$=\begin{pmatrix}7&-6\\-18&19\end{pmatrix}-\begin{pmatrix}8&-4\\-12&16\end{pmatrix}+\begin{pmatrix}3&0\\0&3\end{pmatrix}$$
$$=\begin{pmatrix}2&-2\\-6&6\end{pmatrix}.$$

或者，由 $f(x)=(x-3)(x-1)$ 求出

$$f(\boldsymbol{A})=\left[\begin{pmatrix}2&-1\\-3&4\end{pmatrix}-3\begin{pmatrix}1&0\\0&1\end{pmatrix}\right]\left[\begin{pmatrix}2&-1\\-3&4\end{pmatrix}-\begin{pmatrix}1&0\\0&1\end{pmatrix}\right]$$
$$=\begin{pmatrix}-1&-1\\-3&1\end{pmatrix}\begin{pmatrix}1&-1\\-3&3\end{pmatrix}=\begin{pmatrix}2&-2\\-6&6\end{pmatrix}.$$

习 题 2.2

1. 计算：

$$\begin{pmatrix}1&2&3&4\\0&2&-1&1\\1&-1&2&5\end{pmatrix}+\frac{1}{2}\begin{pmatrix}2&1&4&10\\0&-1&2&0\\0&2&3&-2\end{pmatrix}.$$

2. 设

$$\boldsymbol{A}=\begin{pmatrix}-1&-1&-2\\-1&2&0\\0&1&1\end{pmatrix},$$

求 $|3\boldsymbol{A}|$ 和 $3|\boldsymbol{A}|$，并给出 $|3\boldsymbol{A}|$ 与 $|\boldsymbol{A}|$ 满足的关系式.

3. 设

$$\boldsymbol{A}=\begin{pmatrix}3&1&0\\-1&2&1\\3&4&2\end{pmatrix},\quad \boldsymbol{B}=\begin{pmatrix}1&0&2\\-1&1&1\\2&1&1\end{pmatrix}.$$

$\boldsymbol{X}$ 满足 $3\boldsymbol{A}-2\boldsymbol{X}=\boldsymbol{B}$ 关系式，求 $\boldsymbol{X}$.

4. 当 x 和 y 满足什么条件时，$\boldsymbol{A}=\begin{pmatrix}1&2\\4&3\end{pmatrix}$ 与 $\boldsymbol{B}=\begin{pmatrix}x&1\\2&y\end{pmatrix}$ 相乘可以交换.

5. 计算矩阵的乘积：

(1) $\begin{pmatrix}1&2&3\\2&4&6\\3&6&9\end{pmatrix}\begin{pmatrix}-1&-2&-4\\-1&-2&-4\\1&2&4\end{pmatrix}$；　(2) $\begin{pmatrix}2&1&-2\\1&0&4\\-3&1&0\\0&1&1\end{pmatrix}\begin{pmatrix}3&1&0\\0&0&1\\-1&2&0\end{pmatrix}$.

6. 设

$$\boldsymbol{A}=\begin{pmatrix}1&1&1\\1&1&-1\\1&-1&1\end{pmatrix},\quad \boldsymbol{B}=\begin{pmatrix}1&2&1\\-1&-2&2\\0&1&1\end{pmatrix}.$$

求 $\boldsymbol{AB},\boldsymbol{BA}$ 和 $\boldsymbol{AB}^{\mathrm{T}}$.

7. 设

$$\boldsymbol{A}=\begin{pmatrix}1&1&1\\-1&1&1\\1&-1&1\end{pmatrix},\quad \boldsymbol{B}=\begin{pmatrix}1&2&1\\1&3&-1\\2&1&4\end{pmatrix}.$$

计算 $\boldsymbol{A}^2-\boldsymbol{B}^2,(\boldsymbol{A}-\boldsymbol{B})(\boldsymbol{A}+\boldsymbol{B})$ 和 $(\boldsymbol{A}+\boldsymbol{B})(\boldsymbol{A}-\boldsymbol{B})$.

8. 设 $\boldsymbol{A}=\begin{pmatrix}2&-1\\-3&3\end{pmatrix},f(x)=x^2-5x+3$,求出 $f(\boldsymbol{A})$.

9. 设 $\boldsymbol{A}=\boldsymbol{B}-\boldsymbol{C}$, 其中 $\boldsymbol{B}=\boldsymbol{B}^{\mathrm{T}},\boldsymbol{C}=\boldsymbol{C}^{\mathrm{T}}$. 证明:

$$\boldsymbol{AA}^{\mathrm{T}}=\boldsymbol{A}^{\mathrm{T}}\boldsymbol{A}\Leftrightarrow\boldsymbol{BC}=\boldsymbol{CB}.$$

10. 设 $\boldsymbol{\alpha}$ 是三维列向量, 如果

$$\boldsymbol{\alpha\alpha}^{\mathrm{T}}=\begin{pmatrix}1&-1&1\\-1&1&-1\\1&-1&1\end{pmatrix}.$$

求 $\boldsymbol{\alpha}^{\mathrm{T}}\boldsymbol{\alpha}$ 和 $\boldsymbol{\alpha}$.

11. 设 $\boldsymbol{A}$ 是 n 阶方阵,且满足 $\boldsymbol{AA}^{\mathrm{T}}=\boldsymbol{E}_n$ 和 $|\boldsymbol{A}|=-1$, 证明: $|\boldsymbol{A}+\boldsymbol{E}_n|=0$.

12. 设 $\boldsymbol{A}$ 和 $\boldsymbol{B}$ 是两个同阶矩阵. 证明以下命题:

(1) 设 $\boldsymbol{A}$ 和 $\boldsymbol{B}$ 是两个对称矩阵, 则 $\boldsymbol{A}+\boldsymbol{B}$ 和 $\boldsymbol{A}-\boldsymbol{B}$ 均为对称矩阵;

(2) 设 $\boldsymbol{A}$ 和 $\boldsymbol{B}$ 是两个反对称矩阵, 则 $\boldsymbol{A}+\boldsymbol{B}$ 和 $\boldsymbol{A}-\boldsymbol{B}$ 均为反对称矩阵;

(3) 设 $\boldsymbol{A}$ 和 $\boldsymbol{B}$ 是两个对称矩阵, 则 $\boldsymbol{AB}$ 为对称矩阵当且仅当 $\boldsymbol{AB}=\boldsymbol{BA}$.

(4) 设 $\boldsymbol{A}$ 和 $\boldsymbol{B}$ 是两个反对称矩阵, 则 $\boldsymbol{AB}$ 为对称矩阵当且仅当 $\boldsymbol{AB}=\boldsymbol{BA}$. 设 $\boldsymbol{A}$ 和 $\boldsymbol{B}$ 是两个反对称矩阵, 则 $\boldsymbol{AB}$ 为反对称矩阵当且仅当 $\boldsymbol{AB}=-\boldsymbol{BA}$.

13. 设 $\boldsymbol{A}$ 是 n 阶矩阵,k 为实数且 $k\boldsymbol{A}=\boldsymbol{O}$. 证明:$k=0$ 或者 $\boldsymbol{A}=\boldsymbol{O}$.

2.3 可逆矩阵

我们知道,对于任意一个数 $a\neq0$,一定存在唯一的数 b,使

$$ab=ba=1.$$

这个 b 就是 a 的倒数,常记为 $b=a^{-1}$. 而且 a 与 b 互为倒数.

对于方阵 $\boldsymbol{A}$, 我们可类似地定义它的逆矩阵.

定义 2.3.1 设 $\boldsymbol{A}$ 是一个 n 阶矩阵,若存在一个 n 阶矩阵 $\boldsymbol{B}$,使得

$$\boldsymbol{AB}=\boldsymbol{BA}=\boldsymbol{E},\tag{2.5}$$

则称 $\boldsymbol{A}$ 是**可逆矩阵**(或**非奇异矩阵**),并称矩阵 $\boldsymbol{B}$ 为 $\boldsymbol{A}$ 的**逆矩阵**. 若满足(2.5)式的矩阵 $\boldsymbol{B}$ 不存在,则称 $\boldsymbol{A}$ 为**不可逆矩阵**(或**奇异矩阵**).

定理 2.3.1 可逆矩阵 $\boldsymbol{A}$ 的逆矩阵是唯一的.

证 设矩阵 $\boldsymbol{B}$ 和 $\boldsymbol{C}$ 都是 $\boldsymbol{A}$ 的逆矩阵,则

$$\boldsymbol{AB}=\boldsymbol{BA}=\boldsymbol{E},\quad \boldsymbol{AC}=\boldsymbol{CA}=\boldsymbol{E}.$$

于是得

$$\boldsymbol{B}=\boldsymbol{BE}=\boldsymbol{B}(\boldsymbol{AC})=(\boldsymbol{BA})\boldsymbol{C}=\boldsymbol{EC}=\boldsymbol{C}.$$

即 $\boldsymbol{A}$ 的逆矩阵是唯一的.

由于 $\boldsymbol{A}$ 的逆矩阵是唯一的，我们记 $\boldsymbol{A}$ 的逆矩阵为 $\boldsymbol{A}^{-1}$.

现在我们把(2.5)式改写成：

$$\boldsymbol{AA}^{-1}=\boldsymbol{A}^{-1}\boldsymbol{A}=\boldsymbol{E}. \tag{2.6}$$

对(2.6)式两边取行列式得

$$|\boldsymbol{AA}^{-1}|=|\boldsymbol{E}|=1,$$

即 $|\boldsymbol{A}|\cdot|\boldsymbol{A}^{-1}|=1$，从而 $|\boldsymbol{A}^{-1}|=|\boldsymbol{A}|^{-1}$. 由(2.5)式还可以看出：

(1) 当等式 $\boldsymbol{AB}=\boldsymbol{BA}=\boldsymbol{E}$ 成立时，必有

$$\boldsymbol{A}\text{ 的行数}=\boldsymbol{AB}\text{ 的行数}=\boldsymbol{E}\text{ 的行数}=n,$$
$$\boldsymbol{A}\text{ 的列数}=\boldsymbol{BA}\text{ 的列数}=\boldsymbol{E}\text{ 的列数}=n.$$

所以，只有方阵才可能是可逆矩阵，且可逆矩阵的逆矩阵一定是方阵.

(2) 当 $\boldsymbol{B}$ 为 $\boldsymbol{A}$ 的逆矩阵时，$\boldsymbol{B}$ 也为可逆矩阵，且 $\boldsymbol{A}$ 也为 $\boldsymbol{B}$ 的逆矩阵，于是 $\boldsymbol{A}$ 与 $\boldsymbol{B}$ 互为逆矩阵.

例如，设矩阵 $\boldsymbol{A}=\begin{pmatrix}2&0\\0&1\end{pmatrix}$，则存在 $\boldsymbol{B}=\begin{pmatrix}\frac{1}{2}&0\\0&1\end{pmatrix}$，使得

$$\begin{pmatrix}2&0\\0&1\end{pmatrix}\begin{pmatrix}\frac{1}{2}&0\\0&1\end{pmatrix}=\begin{pmatrix}\frac{1}{2}&0\\0&1\end{pmatrix}\begin{pmatrix}2&0\\0&1\end{pmatrix}=\begin{pmatrix}1&0\\0&1\end{pmatrix}.$$

因此

$$\boldsymbol{A}^{-1}=\boldsymbol{B}=\begin{pmatrix}\frac{1}{2}&0\\0&1\end{pmatrix},\quad \boldsymbol{B}^{-1}=\boldsymbol{A}=\begin{pmatrix}2&0\\0&1\end{pmatrix}.$$

如何判定一个给定方阵是否可逆呢？为了回答这个问题，我们先给出下面的概念.

定义 2.3.2 设 $\boldsymbol{A}=(a_{ij})_{n\times n}$，$A_{ij}$ 为 $|\boldsymbol{A}|$ 的元素 a_{ij} 的代数余子式，$i,j=1,2,\cdots,n$，则矩阵

$$\begin{pmatrix}A_{11}&A_{21}&\cdots&A_{n1}\\A_{12}&A_{22}&\cdots&A_{n2}\\\vdots&\vdots&&\vdots\\A_{1n}&A_{2n}&\cdots&A_{nn}\end{pmatrix}$$

称为 $\boldsymbol{A}$ 的**伴随矩阵**，记为 $\boldsymbol{A}^*$.

由伴随矩阵的定义可以看出，在构造 $\boldsymbol{A}$ 的伴随矩阵时，A_{ij} 必须放在 $\boldsymbol{A}^*$ 中的第 j 行第 i 列的交叉位置上，也就是说，$|\boldsymbol{A}|$ 的第 i 行元素的代数余子式，构成 $\boldsymbol{A}^*$ 的第 i 列元素.

例 1 设

$$\boldsymbol{A}=\begin{pmatrix}1&1&2\\0&2&0\\0&0&3\end{pmatrix}.$$

求 $\boldsymbol{A}$ 的伴随矩阵 $\boldsymbol{A}^*$，及 $\boldsymbol{AA}^*$ 与 $\boldsymbol{A}^*\boldsymbol{A}$.

解 $A_{11}=M_{11}=\begin{vmatrix}2&0\\0&3\end{vmatrix}=6$，$A_{12}=-M_{12}=-\begin{vmatrix}0&0\\0&3\end{vmatrix}=0$，$A_{13}=M_{13}=\begin{vmatrix}0&2\\0&0\end{vmatrix}=0$，

$$A_{21}=-M_{21}=-\begin{vmatrix}1&2\\0&3\end{vmatrix}=-3,\ A_{22}=M_{22}=\begin{vmatrix}1&2\\0&3\end{vmatrix}=3,\ A_{23}=-M_{23}=-\begin{vmatrix}1&1\\0&0\end{vmatrix}=0,$$

$$A_{31}=M_{31}=\begin{vmatrix}1&2\\2&0\end{vmatrix}=-4, A_{32}=-M_{32}=-\begin{vmatrix}1&2\\0&0\end{vmatrix}=0, A_{33}=M_{33}=\begin{vmatrix}1&1\\0&2\end{vmatrix}=2.$$

从而

$$\boldsymbol{A}^*=\begin{pmatrix}A_{11}&A_{21}&A_{31}\\A_{12}&A_{22}&A_{32}\\A_{13}&A_{23}&A_{33}\end{pmatrix}=\begin{pmatrix}6&-3&-4\\0&3&0\\0&0&2\end{pmatrix},$$

$$\boldsymbol{A}\boldsymbol{A}^*=\begin{pmatrix}1&1&2\\0&2&0\\0&0&3\end{pmatrix}\begin{pmatrix}6&-3&-4\\0&3&0\\0&0&2\end{pmatrix}=\begin{pmatrix}6&0&0\\0&6&0\\0&0&6\end{pmatrix},$$

$$\boldsymbol{A}^*\boldsymbol{A}=\begin{pmatrix}6&-3&-4\\0&3&0\\0&0&2\end{pmatrix}\begin{pmatrix}1&1&2\\0&2&0\\0&0&3\end{pmatrix}=\begin{pmatrix}6&0&0\\0&6&0\\0&0&6\end{pmatrix}.$$

由 1.4 节中的定理 1.4.1 可得

$$\boldsymbol{A}\boldsymbol{A}^*=\begin{pmatrix}a_{11}&a_{12}&\cdots&a_{1n}\\a_{21}&a_{22}&\cdots&a_{2n}\\\vdots&\vdots&&\vdots\\a_{n1}&a_{n2}&\cdots&a_{nn}\end{pmatrix}\begin{pmatrix}A_{11}&A_{21}&\cdots&A_{n1}\\A_{12}&A_{22}&\cdots&A_{n2}\\\vdots&\vdots&&\vdots\\A_{1n}&A_{2n}&\cdots&A_{nn}\end{pmatrix}$$

$$=\begin{pmatrix}|\boldsymbol{A}|&0&\cdots&0\\0&|\boldsymbol{A}|&\cdots&0\\\vdots&\vdots&&\vdots\\0&0&\cdots&|\boldsymbol{A}|\end{pmatrix},$$

即

$$\boldsymbol{A}\boldsymbol{A}^*=|\boldsymbol{A}|\boldsymbol{E}. \tag{2.7}$$

类似可得

$$\boldsymbol{A}^*\boldsymbol{A}=|\boldsymbol{A}|\boldsymbol{E}. \tag{2.8}$$

若(2.7),(2.8)两式中的行列式 $|\boldsymbol{A}|\neq0$,则可以在它们的两边都乘以 $\frac{1}{|\boldsymbol{A}|}$,得

$$\boldsymbol{A}\left(\frac{1}{|\boldsymbol{A}|}\boldsymbol{A}^*\right)=\boldsymbol{E},\quad \left(\frac{1}{|\boldsymbol{A}|}\boldsymbol{A}^*\right)\boldsymbol{A}=\boldsymbol{E}. \tag{2.9}$$

现在我们来证明下面的重要定理. 这个定理给出了判定一个 n 阶矩阵是否可逆的一个充要条件,以及矩阵可逆时,求出其逆矩阵的一个方法.

定理 2.3.2 n 阶矩阵 $\boldsymbol{A}$ 为可逆矩阵 $\Leftrightarrow |\boldsymbol{A}|\neq0$.

证 必要性 设 $\boldsymbol{A}$ 是 n 阶可逆矩阵, 则存在 n 阶矩阵 $\boldsymbol{B}$,使 $\boldsymbol{AB}=\boldsymbol{E}$. 由方阵乘积的行列式法则,可得

$$|\boldsymbol{A}|\cdot|\boldsymbol{B}|=|\boldsymbol{E}|=1,$$

于是必有 $|\boldsymbol{A}|\neq0$.

充分性 设 $\boldsymbol{A}=(a_{ij})$ 为 n 阶矩阵且 $|\boldsymbol{A}|\neq0$, 构造如下 n 阶方阵:

$$\frac{1}{|\boldsymbol{A}|}\boldsymbol{A}^*=\frac{1}{|\boldsymbol{A}|}\begin{pmatrix}A_{11}&A_{21}&\cdots&A_{n1}\\A_{12}&A_{22}&\cdots&A_{n2}\\\vdots&\vdots&&\vdots\\A_{1n}&A_{2n}&\cdots&A_{nn}\end{pmatrix}.$$

则由(2.9)式可得矩阵等式

$$\boldsymbol{A}\left(\frac{1}{|\boldsymbol{A}|}\boldsymbol{A}^*\right)=\left(\frac{1}{|\boldsymbol{A}|}\boldsymbol{A}^*\right)\boldsymbol{A}=\boldsymbol{E}.$$

由矩阵可逆的定义可知 $\boldsymbol{A}$ 是可逆矩阵，而且还得到了求逆矩阵公式：

$$\boldsymbol{A}^{-1}=\frac{1}{|\boldsymbol{A}|}\boldsymbol{A}^*.$$

推论 设 $\boldsymbol{A},\boldsymbol{B}$ 均为 n 阶矩阵，并且满足 $\boldsymbol{AB}=\boldsymbol{E}$，则 $\boldsymbol{A},\boldsymbol{B}$ 都可逆，且 $\boldsymbol{A}^{-1}=\boldsymbol{B},\boldsymbol{B}^{-1}=\boldsymbol{A}$.

证 由 $\boldsymbol{AB}=\boldsymbol{E}$，可得 $|\boldsymbol{AB}|=|\boldsymbol{A}||\boldsymbol{B}|=1$，因此 $|\boldsymbol{A}|\neq 0$ 且 $|\boldsymbol{B}|\neq 0$. 故由定理 2.3.2 知 $\boldsymbol{A}$ 可逆，$\boldsymbol{B}$ 也可逆.

在 $\boldsymbol{AB}=\boldsymbol{E}$ 两边左乘 $\boldsymbol{A}^{-1}$，得

$$\boldsymbol{B}=\boldsymbol{A}^{-1}.$$

在 $\boldsymbol{AB}=\boldsymbol{E}$ 两边右乘 $\boldsymbol{B}^{-1}$，得

$$\boldsymbol{A}=\boldsymbol{B}^{-1}.$$

这个推论表明，以后我们验证一个矩阵是另一个矩阵的逆矩阵时，只需要证明一个等式 $\boldsymbol{AB}=\boldsymbol{E}$ 或 $\boldsymbol{BA}=\boldsymbol{E}$ 成立即可，而用不着按定义同时验证两个等式.

可逆矩阵的基本性质 设 $\boldsymbol{A},\boldsymbol{B}$ 为 n 阶可逆矩阵，常数 $k\neq 0$，则

(1) $\boldsymbol{A}^{-1}$ 为可逆矩阵，且 $(\boldsymbol{A}^{-1})^{-1}=\boldsymbol{A}$.

(2) $\boldsymbol{AB}$ 为可逆矩阵，且 $(\boldsymbol{AB})^{-1}=\boldsymbol{B}^{-1}\boldsymbol{A}^{-1}$.

设 $\boldsymbol{A}_1,\boldsymbol{A}_2,\cdots,\boldsymbol{A}_m$ 是 m 个 n 阶可逆矩阵，则 $\boldsymbol{A}_1\boldsymbol{A}_2\cdots\boldsymbol{A}_m$ 也可逆，且

$$(\boldsymbol{A}_1\boldsymbol{A}_2\cdots\boldsymbol{A}_m)^{-1}=\boldsymbol{A}_m^{-1}\cdots\boldsymbol{A}_2^{-1}\boldsymbol{A}_1^{-1}.$$

(3) $k\boldsymbol{A}$ 为可逆矩阵，且 $(k\boldsymbol{A})^{-1}=\frac{1}{k}\boldsymbol{A}^{-1}$.

(4) $\boldsymbol{A}^{\mathrm{T}}$ 为可逆矩阵，且 $(\boldsymbol{A}^{\mathrm{T}})^{-1}=(\boldsymbol{A}^{-1})^{\mathrm{T}}$.

(5) 可逆矩阵可以从矩阵等式的同侧消去. 即当 $\boldsymbol{P}$ 为可逆矩阵时，有

$$\boldsymbol{PA}=\boldsymbol{PB}\Leftrightarrow\boldsymbol{A}=\boldsymbol{B};\quad \boldsymbol{AP}=\boldsymbol{BP}\Leftrightarrow\boldsymbol{A}=\boldsymbol{B}.$$

(6) 若 $\boldsymbol{A}$ 是 n 阶可逆矩阵. 我们记 $\boldsymbol{A}^0=\boldsymbol{E}$，并定义 $\boldsymbol{A}^{-k}=(\boldsymbol{A}^{-1})^k$，其中 k 是任意正整数. 则有

$$\boldsymbol{A}^k\boldsymbol{A}^l=\boldsymbol{A}^{k+l},\quad (\boldsymbol{A}^k)^l=\boldsymbol{A}^{kl},$$

这里，k 和 l 为任意整数（包括负整数、零和正整数）.

证 (1) 因为

$$\boldsymbol{A}\boldsymbol{A}^{-1}=\boldsymbol{A}^{-1}\boldsymbol{A}=\boldsymbol{E},$$

上式也可看成对 $\boldsymbol{A}^{-1}$，存在矩阵 $\boldsymbol{A}$，它左乘 $\boldsymbol{A}^{-1}$ 和右乘 $\boldsymbol{A}^{-1}$ 后都是单位矩阵，根据逆矩阵的定义知，$(\boldsymbol{A}^{-1})^{-1}=\boldsymbol{A}$.

(2) 因为

$$(\boldsymbol{AB})(\boldsymbol{B}^{-1}\boldsymbol{A}^{-1})=\boldsymbol{A}(\boldsymbol{BB}^{-1})\boldsymbol{A}^{-1}=\boldsymbol{A}(\boldsymbol{E})\boldsymbol{A}^{-1}=(\boldsymbol{AE})\boldsymbol{A}^{-1}=\boldsymbol{A}^{-1}=\boldsymbol{E},$$

由定理 2.3.2 的推论知，$(\boldsymbol{AB})^{-1}=\boldsymbol{B}^{-1}\boldsymbol{A}^{-1}$.

（3）因为 $(k\boldsymbol{A})\left(\frac{1}{k}\boldsymbol{A}^{-1}\right)=\boldsymbol{A}(k\times\frac{1}{k})\boldsymbol{A}^{-1}=\boldsymbol{A}\boldsymbol{A}^{-1}=\boldsymbol{E}$，所以，$(k\boldsymbol{A})^{-1}=\frac{1}{k}\boldsymbol{A}^{-1}$.

（4）因为 $\boldsymbol{A}^{\mathrm{T}}(\boldsymbol{A}^{-1})^{\mathrm{T}}=(\boldsymbol{A}^{-1}\boldsymbol{A})^{\mathrm{T}}=\boldsymbol{E}$，所以，$(\boldsymbol{A}^{\mathrm{T}})^{-1}=(\boldsymbol{A}^{-1})^{\mathrm{T}}$.

（5）因为 $\boldsymbol{PA}=\boldsymbol{PB}\Leftrightarrow\boldsymbol{P}^{-1}\boldsymbol{PA}=\boldsymbol{P}^{-1}\boldsymbol{PB}\Leftrightarrow\boldsymbol{A}=\boldsymbol{B}$.

（6）由方阵的方幂定义可证.

注意 （1）由 $\boldsymbol{PA}=\boldsymbol{BP}$ 不能推出 $\boldsymbol{A}=\boldsymbol{B}$. 由 $\boldsymbol{AP}=\boldsymbol{PB}$ 不能推出 $\boldsymbol{A}=\boldsymbol{B}$.

（2）不允许用 $\frac{\boldsymbol{A}}{\boldsymbol{B}}$ 表示 $\boldsymbol{AB}^{-1}$ 或 $\boldsymbol{B}^{-1}\boldsymbol{A}$. 矩阵不能做分母.

例 2 设 $\boldsymbol{A}=\begin{pmatrix}a & b\\ c & d\end{pmatrix}$. 当 a,b,c,d 满足什么条件时，矩阵 $\boldsymbol{A}$ 是可逆矩阵？当 $\boldsymbol{A}$ 是可逆矩阵时，求出 $\boldsymbol{A}^{-1}$.

解 $\boldsymbol{A}$ 可逆 $\Leftrightarrow|\boldsymbol{A}|\neq0\Leftrightarrow ad-bc\neq0$. 当 $\boldsymbol{A}$ 可逆时，

$$\boldsymbol{A}^{-1}=\frac{1}{|\boldsymbol{A}|}\boldsymbol{A}^{*}=\frac{1}{ad-bc}\begin{pmatrix}d & -b\\ -c & a\end{pmatrix}=\begin{pmatrix}\frac{d}{ad-bc} & -\frac{b}{ad-bc}\\ -\frac{c}{ad-bc} & \frac{a}{ad-bc}\end{pmatrix}.$$

特别地，有

$$\begin{pmatrix}1 & k\\ 0 & 1\end{pmatrix}^{-1}=\begin{pmatrix}1 & -k\\ 0 & 1\end{pmatrix},\quad \begin{pmatrix}1 & 0\\ k & 1\end{pmatrix}^{-1}=\begin{pmatrix}1 & 0\\ -k & 1\end{pmatrix},$$

$$\begin{pmatrix}0 & 1\\ 1 & k\end{pmatrix}^{-1}=\begin{pmatrix}-k & 1\\ 1 & 0\end{pmatrix},\quad \begin{pmatrix}k & 1\\ 1 & 0\end{pmatrix}^{-1}=\begin{pmatrix}0 & 1\\ 1 & -k\end{pmatrix},$$

$$\begin{pmatrix}a & 0\\ 0 & d\end{pmatrix}^{-1}=\begin{pmatrix}a^{-1} & 0\\ 0 & d^{-1}\end{pmatrix},\quad \begin{pmatrix}0 & b\\ c & 0\end{pmatrix}^{-1}=\begin{pmatrix}0 & c^{-1}\\ b^{-1} & 0\end{pmatrix}.$$

例 3 设矩阵 $\boldsymbol{A}=\begin{pmatrix}2 & 1\\ 5 & 3\end{pmatrix}$，$\boldsymbol{B}=\begin{pmatrix}3 & -1\\ -2 & 1\end{pmatrix}$，$\boldsymbol{C}=\begin{pmatrix}1 & 2\\ 0 & 1\end{pmatrix}$. 求解矩阵方程 $\boldsymbol{AX}=\boldsymbol{C}$，$\boldsymbol{XA}=\boldsymbol{C}$ 和 $\boldsymbol{AXB}=\boldsymbol{C}$.

解 因为 $|\boldsymbol{A}|=\begin{vmatrix}2 & 1\\ 5 & 3\end{vmatrix}=1\neq0$，所以 $\boldsymbol{A}$ 可逆. 由于 $\boldsymbol{A}^{*}=\begin{pmatrix}3 & -1\\ -5 & 2\end{pmatrix}$，得

$$\boldsymbol{A}^{-1}=\frac{1}{|\boldsymbol{A}|}\boldsymbol{A}^{*}=\begin{pmatrix}3 & -1\\ -5 & 2\end{pmatrix}.$$

同理可得

$$\boldsymbol{B}^{-1}=\frac{1}{|\boldsymbol{B}|}\boldsymbol{B}^{*}=\begin{pmatrix}1 & 1\\ 2 & 3\end{pmatrix}.$$

用 $\boldsymbol{A}^{-1}$ 左乘 $\boldsymbol{AX}=\boldsymbol{C}$ 的两边，得

$$\boldsymbol{X}=\boldsymbol{A}^{-1}\boldsymbol{C}=\begin{pmatrix}3 & -1\\ -5 & 2\end{pmatrix}\begin{pmatrix}1 & 2\\ 0 & 1\end{pmatrix}=\begin{pmatrix}3 & 5\\ -5 & -8\end{pmatrix}.$$

用 $\boldsymbol{A}^{-1}$ 右乘 $\boldsymbol{XA}=\boldsymbol{C}$ 的两边，得

$$\boldsymbol{X}=\boldsymbol{C}\boldsymbol{A}^{-1}=\begin{pmatrix}1 & 2\\ 0 & 1\end{pmatrix}\begin{pmatrix}3 & -1\\ -5 & 2\end{pmatrix}=\begin{pmatrix}-7 & 3\\ -5 & 2\end{pmatrix}.$$

用 $\boldsymbol{A}^{-1}$ 左乘 $\boldsymbol{AXB}=\boldsymbol{C}$ 的两边，同时用 $\boldsymbol{B}^{-1}$ 右乘 $\boldsymbol{AXB}=\boldsymbol{C}$ 的两边，得

$$X=A^{-1}CB^{-1}=\begin{pmatrix}3&-1\\-5&2\end{pmatrix}\begin{pmatrix}1&2\\0&1\end{pmatrix}\begin{pmatrix}1&1\\2&3\end{pmatrix}$$
$$=\begin{pmatrix}3&5\\-5&-8\end{pmatrix}\begin{pmatrix}1&1\\2&3\end{pmatrix}=\begin{pmatrix}13&18\\-21&-29\end{pmatrix}.$$

例 4 判断矩阵 $A=\begin{pmatrix}1&-1&3\\2&-1&4\\-1&2&-4\end{pmatrix}$ 是否可逆，若可逆，求出它的逆矩阵.

解 由于

$$|A|=\begin{vmatrix}1&-1&3\\2&-1&4\\-1&2&-4\end{vmatrix}\xlongequal[③+1\times①]{②+(-2)\times①}\begin{vmatrix}1&-1&3\\0&1&-2\\0&1&-1\end{vmatrix}$$
$$=\begin{vmatrix}1&-2\\1&-1\end{vmatrix}=1\neq0,$$

故矩阵 A 可逆.

逐个求出代数余子式和伴随矩阵：

$$A_{11}=\begin{vmatrix}-1&4\\2&-4\end{vmatrix}=-4,\quad A_{12}=-\begin{vmatrix}2&4\\-1&-4\end{vmatrix}=4,\quad A_{13}=\begin{vmatrix}2&-1\\-1&2\end{vmatrix}=3,$$
$$A_{21}=-\begin{vmatrix}-1&3\\2&-4\end{vmatrix}=2,\quad A_{22}=\begin{vmatrix}1&3\\-1&-4\end{vmatrix}=-1,\quad A_{23}=-\begin{vmatrix}1&-1\\-1&2\end{vmatrix}=-1,$$
$$A_{31}=\begin{vmatrix}-1&3\\-1&4\end{vmatrix}=-1,\quad A_{32}=-\begin{vmatrix}1&3\\2&4\end{vmatrix}=2,\quad A_{31}=\begin{vmatrix}1&-1\\2&-1\end{vmatrix}=1;$$
$$A^*=\begin{pmatrix}A_{11}&A_{21}&A_{31}\\A_{12}&A_{22}&A_{32}\\A_{13}&A_{23}&A_{33}\end{pmatrix}=\begin{pmatrix}-4&2&-1\\4&-1&2\\3&-1&1\end{pmatrix}.$$

于是

$$A^{-1}=\frac{1}{|A|}A^*=\begin{pmatrix}-4&2&-1\\4&-1&2\\3&-1&1\end{pmatrix}.$$

由上例可以看出，当 $n\geqslant3$ 时，用伴随矩阵求逆矩阵计算量是很大的，特别是当 $n\geqslant4$ 时不宜用伴随矩阵来求逆矩阵. 还要记住一点：只有当把求出的“逆矩阵”与矩阵 A 相乘，它们的乘积是单位矩阵时，才能确保它是 A 的逆矩阵.

例 5 设 A 为 n 阶矩阵，A^* 是 A 的伴随矩阵，则 $|A^*|=|A|^{n-1}$.

证 由 $AA^*=|A|E$ 知道，$|A|\cdot|A^*|=|A|^n$. 当 $|A|\neq0$ 时，显然有 $|A^*|=|A|^{n-1}$.

如果 $|A|=0$，则要证明 $|A^*|=0$. 我们用反证法. 如果 $|A^*|\neq0$，则 A^* 是可逆矩阵. 于是在矩阵等式

$$AA^*=|A|E=O$$

的两边同时右乘 A^* 的逆矩阵即得 $A=O$. 零矩阵的伴随矩阵当然为零矩阵，即 $A^*=O$. 这与 $|A^*|\neq0$ 矛盾. 所以必有 $|A^*|=0$. $|A^*|=|A|^{n-1}$ 也成立.

例 6 设 A 为 n 阶矩阵，则当 P 为可逆矩阵时，A 为对称矩阵 $\Leftrightarrow P^{\mathrm{T}}AP$ 为对称矩阵.

证 当 $\boldsymbol{A}^{\mathrm{T}}=\boldsymbol{A}$ 时，显然有 $(\boldsymbol{P}^{\mathrm{T}}\boldsymbol{AP})^{\mathrm{T}}=\boldsymbol{P}^{\mathrm{T}}\boldsymbol{A}^{\mathrm{T}}\boldsymbol{P}=\boldsymbol{P}^{\mathrm{T}}\boldsymbol{AP}$.

反之，若 $(\boldsymbol{P}^{\mathrm{T}}\boldsymbol{AP})^{\mathrm{T}}=\boldsymbol{P}^{\mathrm{T}}\boldsymbol{AP}$，则有

$$\boldsymbol{P}^{\mathrm{T}}\boldsymbol{A}^{\mathrm{T}}\boldsymbol{P}=\boldsymbol{P}^{\mathrm{T}}\boldsymbol{AP}.$$

因为 $\boldsymbol{P}$ 和 $\boldsymbol{P}^{\mathrm{T}}$ 都是可逆矩阵，上式两边左乘 $(\boldsymbol{P}^{\mathrm{T}})^{-1}$，两边右乘 $\boldsymbol{P}^{-1}$，得

$$(\boldsymbol{P}^{\mathrm{T}})^{-1}\boldsymbol{P}^{\mathrm{T}}\boldsymbol{A}^{\mathrm{T}}\boldsymbol{PP}^{-1}=(\boldsymbol{P}^{\mathrm{T}})^{-1}\boldsymbol{P}^{\mathrm{T}}\boldsymbol{APP}^{-1}.$$

所以 $[(\boldsymbol{P}^{\mathrm{T}})^{-1}\boldsymbol{P}^{\mathrm{T}}]\boldsymbol{A}^{\mathrm{T}}[\boldsymbol{PP}^{-1}]=[(\boldsymbol{P}^{\mathrm{T}})^{-1}\boldsymbol{P}^{\mathrm{T}}]\boldsymbol{A}[\boldsymbol{PP}^{-1}]$，即

$$\boldsymbol{EA}^{\mathrm{T}}\boldsymbol{E}=\boldsymbol{EAE}.$$

于是得 $\boldsymbol{A}^{\mathrm{T}}=\boldsymbol{A}$.

例 7 设 n 阶矩阵 $\boldsymbol{A}$ 满足 $\boldsymbol{A}^2-\boldsymbol{A}-2\boldsymbol{E}=\boldsymbol{O}$，求 $\boldsymbol{A}$，$\boldsymbol{A}-\boldsymbol{E}$ 和 $\boldsymbol{A}+2\boldsymbol{E}$ 的逆矩阵.

解 由 $\boldsymbol{A}(\boldsymbol{A}-\boldsymbol{E})=2\boldsymbol{E}$ 立刻得到

$$\boldsymbol{A}\left[\frac{1}{2}(\boldsymbol{A}-\boldsymbol{E})\right]=\boldsymbol{E},\quad \left(\frac{1}{2}\boldsymbol{A}\right)(\boldsymbol{A}-\boldsymbol{E})=\boldsymbol{E}.$$

所以

$$\boldsymbol{A}^{-1}=\frac{1}{2}(\boldsymbol{A}-\boldsymbol{E}),\qquad (\boldsymbol{A}-\boldsymbol{E})^{-1}=\frac{1}{2}\boldsymbol{A}.$$

又由 $\boldsymbol{A}+2\boldsymbol{E}=\boldsymbol{A}^2$ 知道，

$$(\boldsymbol{A}+2\boldsymbol{E})^{-1}=(\boldsymbol{A}^2)^{-1}=(\boldsymbol{A}^{-1})^2=\frac{1}{4}(\boldsymbol{A}^2-2\boldsymbol{A}+\boldsymbol{E})=\frac{1}{4}(3\boldsymbol{E}-\boldsymbol{A}).$$

凡是需要通过矩阵等式求出逆矩阵的这种问题，我们经常用的是逆矩阵的定义：对于需要求逆矩阵的 $\boldsymbol{A}$，借助于 $\boldsymbol{A}$ 所满足的矩阵等式，凑出一个矩阵 $\boldsymbol{X}$，使得

$$\boldsymbol{AX}=\boldsymbol{E}\quad 或\quad \boldsymbol{XA}=\boldsymbol{E}.$$

例 8 设 $\boldsymbol{A}$ 是三阶方阵，其行列式为 $|\boldsymbol{A}|=2$. 求 $\left|\left(\frac{1}{4}\boldsymbol{A}^*\right)^{-1}\right|$ 和 $|3\boldsymbol{A}^{-1}-2\boldsymbol{A}^*|$ 的值.

解

$$\begin{aligned}\left|\left(\frac{1}{4}\boldsymbol{A}^*\right)^{-1}\right|&=|4(\boldsymbol{A}^*)^{-1}|=4^3|(\boldsymbol{A}^*)^{-1}|\\&=64\frac{1}{|\boldsymbol{A}^*|}=64\frac{1}{|\boldsymbol{A}|^2}=64\times\frac{1}{4}=16.\end{aligned}$$

$$\begin{aligned}|3\boldsymbol{A}^{-1}-2\boldsymbol{A}^*|&=|3\boldsymbol{A}^{-1}-2|\boldsymbol{A}|\boldsymbol{A}^{-1}|\\&=|3\boldsymbol{A}^{-1}-4\boldsymbol{A}^{-1}|=(-1)^3|\boldsymbol{A}^{-1}|=-\frac{1}{2}.\end{aligned}$$

习 题 2.3

1. 判定下列矩阵是否可逆？若可逆，利用伴随矩阵法求其逆矩阵.

(1) $\begin{pmatrix}4&9\\3&7\end{pmatrix}$；　　(2) $\begin{pmatrix}\cos\theta&\sin\theta\\-\sin\theta&\cos\theta\end{pmatrix}$；

(3) $\begin{pmatrix}0&2&1\\1&-1&1\\3&-1&2\end{pmatrix}$；　　(4) $\begin{pmatrix}1&2&-1\\3&-1&0\\2&-3&1\end{pmatrix}$.

2. 设 $\boldsymbol{A}=\begin{pmatrix}0&a&b\\a&0&c\\b&c&0\end{pmatrix}$，$\boldsymbol{B}=\begin{pmatrix}0&0&0\\0&d&0\\0&0&e\end{pmatrix}$. 求 $\boldsymbol{AB}+\boldsymbol{E}$ 可逆的充要条件.

3. 设$\boldsymbol{A}=\begin{pmatrix}1 & -1\\ 2 & 3\end{pmatrix}$,若$\boldsymbol{B}=\boldsymbol{A}^2-3\boldsymbol{A}+2\boldsymbol{E}$. 求$\boldsymbol{B}^{-1}$.

4. 求解下列矩阵方程,其中$\boldsymbol{X}$为未知矩阵:

(1) $\begin{pmatrix}3 & 5\\ 1 & 2\end{pmatrix}\boldsymbol{X}=\begin{pmatrix}4 & -1 & 2\\ 3 & 0 & -1\end{pmatrix}$; (2) $\begin{pmatrix}1 & 2\\ 3 & 5\end{pmatrix}\boldsymbol{X}+\begin{pmatrix}3 & 1\\ 1 & -2\end{pmatrix}=\begin{pmatrix}2 & 4\\ -1 & 1\end{pmatrix}$;

(3) $\begin{pmatrix}3 & -1\\ -2 & 1\end{pmatrix}\boldsymbol{X}\begin{pmatrix}1 & 2\\ 0 & 1\end{pmatrix}=\begin{pmatrix}1 & -1\\ 2 & 1\end{pmatrix}$.

5. 设$\boldsymbol{P}$是n阶可逆矩阵,如果$\boldsymbol{B}=\boldsymbol{P}^{-1}\boldsymbol{A}\boldsymbol{P}$,证明:$\boldsymbol{B}^m=\boldsymbol{P}^{-1}\boldsymbol{A}^m\boldsymbol{P}$,其中$m$是任意正整数.

6. 证明:可逆对称矩阵的逆矩阵和伴随矩阵必是对称矩阵.

7. 设n阶矩阵$\boldsymbol{A}$满足$\boldsymbol{A}^2=\boldsymbol{A}$. 证明:$\boldsymbol{A}$或者是单位矩阵或者是不可逆矩阵.

8. 证明:如果n阶矩阵$\boldsymbol{A}$可逆,则对任意正整数k,有$(\boldsymbol{A}^k)^{-1}=(\boldsymbol{A}^{-1})^k$.

9. 设$\boldsymbol{A}$是n阶矩阵,其行列式$|\boldsymbol{A}|=6$. 求$|(6\boldsymbol{A}^{\mathrm{T}})^{-1}|$的值.

10. 已知三阶方阵$\boldsymbol{A}$的行列式$|\boldsymbol{A}|=\frac{1}{2}$,求$\left|(2\boldsymbol{A})^{-1}-\frac{1}{5}\boldsymbol{A}^*\right|$的值.

11. 设n阶方阵$\boldsymbol{A}$满足$\boldsymbol{A}^2=\boldsymbol{E}$,$|\boldsymbol{A}+\boldsymbol{E}|\neq 0$. 证明:$\boldsymbol{A}=\boldsymbol{E}$.

12. 设有正整数m,使n阶矩阵$\boldsymbol{A}^m=\boldsymbol{O}$. 求$(\boldsymbol{E}+\boldsymbol{A})^{-1}$和$(\boldsymbol{E}-\boldsymbol{A})^{-1}$.

13. 设n阶非零实矩阵$\boldsymbol{A}$满足$\boldsymbol{A}^*=\boldsymbol{A}^{\mathrm{T}}$,其中$\boldsymbol{A}^*$是$\boldsymbol{A}$的伴随矩阵. 证明:$\boldsymbol{A}$可逆.

2.4 分块矩阵

在理论研究和实际应用中,有时会遇到行数和列数较大的矩阵,为了表示方便和运算简洁,常对矩阵采用分块的方法,即用一些贯穿于矩阵的横线和纵线把矩阵分割成若干小块,每个小块称为矩阵的**子块(子矩阵)**,以子块为元素的形式上的矩阵称为**分块矩阵**.

例如,设

$$\boldsymbol{A}=\left(\begin{array}{ccc:cc}1 & 0 & 0 & 2 & -1\\ 0 & 1 & 0 & -1 & 3\\ 0 & 0 & 1 & -6 & 4\\ \hdashline 0 & 0 & 0 & 2 & 0\\ 0 & 0 & 0 & 0 & 2\end{array}\right),$$

令

$$\boldsymbol{A}_{11}=\begin{pmatrix}1 & 0 & 0\\ 0 & 1 & 0\\ 0 & 0 & 1\end{pmatrix}=\boldsymbol{E},\quad \boldsymbol{A}_{12}=\begin{pmatrix}2 & -1\\ -1 & 3\\ -6 & 4\end{pmatrix},$$

$$\boldsymbol{A}_{21}=\begin{pmatrix}0 & 0 & 0\\ 0 & 0 & 0\end{pmatrix}=\boldsymbol{O}_{2\times 3},\quad \boldsymbol{A}_{22}=\begin{pmatrix}2 & 0\\ 0 & 2\end{pmatrix}=2\boldsymbol{E}.$$

则$\boldsymbol{A}$的一个分块矩阵为

$$\boldsymbol{A}=\begin{pmatrix}\boldsymbol{A}_{11} & \boldsymbol{A}_{12}\\ \boldsymbol{A}_{21} & \boldsymbol{A}_{22}\end{pmatrix}.$$

这样，$\boldsymbol{A}$ 可以看成由 4 个子矩阵（子块）为元素组成的矩阵，它是一个分块矩阵．分块矩阵的每一行称为一个**块行**，每一列称为一个**块列**．上述分块矩阵 $\boldsymbol{A}=(\boldsymbol{A}_{ij})_{2\times2}$ 中有两个**块行**、两个**块列**．

$m\times n$ 矩阵 $\boldsymbol{A}=(a_{ij})_{m\times n}$ 的分块矩阵的一般形状为

$$\boldsymbol{A}=\begin{pmatrix}\boldsymbol{A}_{11} & \boldsymbol{A}_{12} & \cdots & \boldsymbol{A}_{1s}\\ \boldsymbol{A}_{21} & \boldsymbol{A}_{22} & \cdots & \boldsymbol{A}_{2s}\\ \vdots & \vdots & & \vdots\\ \boldsymbol{A}_{r1} & \boldsymbol{A}_{r2} & \cdots & \boldsymbol{A}_{rs}\end{pmatrix}=(\boldsymbol{A}_{ij})_{r\times s}.$$

对于同一个矩阵可有不同的分块法．采用不同的分块方法得到的是不同的分块矩阵．

对于任意一个 $m\times n$ 矩阵 $\boldsymbol{A}=(a_{ij})_{m\times n}$，常采用以下两种特殊的分块方法：

行向量表示法 $\boldsymbol{A}=\begin{pmatrix}\boldsymbol{\alpha}_1\\ \boldsymbol{\alpha}_2\\ \vdots\\ \boldsymbol{\alpha}_m\end{pmatrix}$，其中 $\boldsymbol{\alpha}_i=(a_{i1},a_{i2},\cdots,a_{in}),i=1,2,\cdots,m.$

列向量表示法 $\boldsymbol{A}=(\boldsymbol{\beta}_1,\boldsymbol{\beta}_2,\cdots,\boldsymbol{\beta}_n)$，其中 $\boldsymbol{\beta}_j=\begin{pmatrix}a_{1j}\\ a_{2j}\\ \vdots\\ a_{mj}\end{pmatrix},j=1,2,\cdots,n.$

前者也称为**将 $\boldsymbol{A}$ 按行分块**，后者也称为**将 $\boldsymbol{A}$ 按列分块**．例如，

$$\boldsymbol{A}=\begin{pmatrix}1 & 3 & 2 & 5\\ 1 & 2 & -3 & 1\\ 0 & 0 & 3 & 2\end{pmatrix},$$

令

$$\boldsymbol{\alpha}_1=(1,3,2,5),\quad \boldsymbol{\alpha}_2=(1,2,-3,1),\quad \boldsymbol{\alpha}_3=(0,0,3,2),$$

以及

$$\boldsymbol{\beta}_1=\begin{pmatrix}1\\1\\0\end{pmatrix},\quad \boldsymbol{\beta}_2=\begin{pmatrix}3\\2\\0\end{pmatrix},\quad \boldsymbol{\beta}_3=\begin{pmatrix}2\\-3\\3\end{pmatrix},\quad \boldsymbol{\beta}_4=\begin{pmatrix}5\\1\\2\end{pmatrix},$$

可分别得到 $\boldsymbol{A}$ 的**行分块矩阵**和**列分块矩阵**，即

$$\boldsymbol{A}=\begin{pmatrix}\boldsymbol{\alpha}_1\\ \boldsymbol{\alpha}_2\\ \boldsymbol{\alpha}_3\end{pmatrix},\quad \boldsymbol{A}=(\boldsymbol{\beta}_1,\boldsymbol{\beta}_2,\boldsymbol{\beta}_3,\boldsymbol{\beta}_4).$$

下面我们介绍 4 种最常用的分块矩阵的运算．需要特别指出的是，分块矩阵的所有运算仅仅是前面所讲的矩阵运算的换了一种形式的表述方法，而并不是另外定义一种新的矩阵运算．

2.4.1 分块矩阵的加法

把 $m\times n$ 矩阵 $\boldsymbol{A}$ 和 $\boldsymbol{B}$ 做同样的分块：

$$A=\begin{pmatrix}A_{11}&A_{12}&\cdots&A_{1s}\\A_{21}&A_{22}&\cdots&A_{2s}\\\vdots&\vdots&&\vdots\\A_{r1}&A_{r2}&\cdots&A_{rs}\end{pmatrix},\quad B=\begin{pmatrix}B_{11}&B_{12}&\cdots&B_{1s}\\B_{21}&B_{22}&\cdots&B_{2s}\\\vdots&\vdots&&\vdots\\B_{r1}&B_{r2}&\cdots&B_{rs}\end{pmatrix},$$

其中，A_{ij} 的行数 $=B_{ij}$ 的行数，A_{ij} 的列数 $=B_{ij}$ 的列数，$1\leqslant i\leqslant r$，$1\leqslant j\leqslant s$，则

$$A+B=\begin{pmatrix}A_{11}+B_{11}&A_{12}+B_{12}&\cdots&A_{1s}+B_{1s}\\A_{21}+B_{21}&A_{22}+B_{22}&\cdots&A_{2s}+B_{2s}\\\vdots&\vdots&&\vdots\\A_{r1}+B_{r1}&A_{r2}+B_{r2}&\cdots&A_{rs}+B_{rs}\end{pmatrix}.$$

例 1　设矩阵 $A=\begin{pmatrix}1&2&0&0\\3&4&0&0\\1&1&2&5\\0&1&1&-5\end{pmatrix}$，$B=\begin{pmatrix}2&-1&1&4\\1&3&2&5\\0&0&1&-1\\0&0&2&6\end{pmatrix}$，用分块矩阵计算 $A+B$.

解　设 A,B 分块如下：

$$A=\left(\begin{array}{cc:cc}1&2&0&0\\3&4&0&0\\\hdashline 1&1&2&5\\0&1&1&-5\end{array}\right)=\left(\begin{array}{c:c}A_1&A_2\\\hdashline A_3&A_4\end{array}\right),\quad B=\left(\begin{array}{cc:cc}2&-1&1&4\\1&3&2&5\\\hdashline 0&0&1&-1\\0&0&2&6\end{array}\right)=\left(\begin{array}{c:c}B_1&B_2\\\hdashline B_3&B_4\end{array}\right),$$

则

$$A+B=\left(\begin{array}{c:c}A_1+B_1&A_2+B_2\\\hdashline A_3+B_3&A_4+B_4\end{array}\right),$$

其中，

$$A_1+B_1=\begin{pmatrix}1&2\\3&4\end{pmatrix}+\begin{pmatrix}2&-1\\1&3\end{pmatrix}=\begin{pmatrix}3&1\\4&7\end{pmatrix},$$

$$A_2+B_2=\begin{pmatrix}0&0\\0&0\end{pmatrix}+\begin{pmatrix}1&4\\2&5\end{pmatrix}=\begin{pmatrix}1&4\\2&5\end{pmatrix},$$

$$A_3+B_3=\begin{pmatrix}1&1\\0&1\end{pmatrix}+\begin{pmatrix}0&0\\0&0\end{pmatrix}=\begin{pmatrix}1&1\\0&1\end{pmatrix},$$

$$A_4+B_4=\begin{pmatrix}2&5\\1&-5\end{pmatrix}+\begin{pmatrix}1&-1\\2&6\end{pmatrix}=\begin{pmatrix}3&4\\3&1\end{pmatrix},$$

所以

$$A+B=\left(\begin{array}{cc:cc}3&1&1&4\\4&7&2&5\\\hdashline 1&1&3&4\\0&1&3&1\end{array}\right)=\begin{pmatrix}3&1&1&4\\4&7&2&5\\1&1&3&4\\0&1&3&1\end{pmatrix}.$$

例 2　设 $A=(\alpha_1,\alpha_2,\alpha_3,\beta)$，$B=(\alpha_1,\alpha_2,\alpha_3,\gamma)$ 都是四阶方阵的列向量分块矩阵，已知 $|A|=1$ 和 $|B|=-2$，求出行列式 $|A+B|$ 的值.

解　根据分块矩阵加法的定义知道，

$$A+B=(2\alpha_1,2\alpha_2,2\alpha_3,\beta+\gamma).$$

$\boldsymbol{A}+\boldsymbol{B}$ 的前三列都有公因数 2，利用行列式性质 2，提出公因数后可以求出

$$|\boldsymbol{A}+\boldsymbol{B}|=2^3\times|\boldsymbol{\alpha}_1,\boldsymbol{\alpha}_2,\boldsymbol{\alpha}_3,\boldsymbol{\beta}+\boldsymbol{\gamma}|.$$

再利用行列式的性质 5，把它拆开以后，即可求出

$$\begin{aligned}|\boldsymbol{A}+\boldsymbol{B}|&=2^3\times|\boldsymbol{\alpha}_1,\boldsymbol{\alpha}_2,\boldsymbol{\alpha}_3,\boldsymbol{\beta}+\boldsymbol{\gamma}|=8(|\boldsymbol{\alpha}_1,\boldsymbol{\alpha}_2,\boldsymbol{\alpha}_3,\boldsymbol{\beta}|+|\boldsymbol{\alpha}_1,\boldsymbol{\alpha}_2,\boldsymbol{\alpha}_3,\boldsymbol{\gamma}|)\\&=8(|\boldsymbol{A}|+|\boldsymbol{B}|)=-8.\end{aligned}$$

2.4.2 数乘分块矩阵

数 k 与分块矩阵 $\boldsymbol{A}=(\boldsymbol{A}_{ij})_{r\times s}$ 的乘积为

$$k\boldsymbol{A}=\begin{pmatrix}k\boldsymbol{A}_{11} & k\boldsymbol{A}_{12} & \cdots & k\boldsymbol{A}_{1s}\\ k\boldsymbol{A}_{21} & k\boldsymbol{A}_{22} & \cdots & k\boldsymbol{A}_{2s}\\ \vdots & \vdots & & \vdots\\ k\boldsymbol{A}_{r1} & k\boldsymbol{A}_{r2} & \cdots & k\boldsymbol{A}_{rs}\end{pmatrix}.$$

2.4.3 分块矩阵转置

设

$$\boldsymbol{A}=\begin{pmatrix}\boldsymbol{A}_{11} & \boldsymbol{A}_{12} & \cdots & \boldsymbol{A}_{1s}\\ \boldsymbol{A}_{21} & \boldsymbol{A}_{22} & \cdots & \boldsymbol{A}_{2s}\\ \vdots & \vdots & & \vdots\\ \boldsymbol{A}_{r1} & \boldsymbol{A}_{r2} & \cdots & \boldsymbol{A}_{rs}\end{pmatrix}=(\boldsymbol{A}_{ij})_{r\times s},$$

则其转置矩阵为

$$\boldsymbol{A}^{\mathrm{T}}=\begin{pmatrix}\boldsymbol{A}_{11}^{\mathrm{T}} & \boldsymbol{A}_{21}^{\mathrm{T}} & \cdots & \boldsymbol{A}_{r1}^{\mathrm{T}}\\ \boldsymbol{A}_{12}^{\mathrm{T}} & \boldsymbol{A}_{22}^{\mathrm{T}} & \cdots & \boldsymbol{A}_{r2}^{\mathrm{T}}\\ \vdots & \vdots & & \vdots\\ \boldsymbol{A}_{1s}^{\mathrm{T}} & \boldsymbol{A}_{2s}^{\mathrm{T}} & \cdots & \boldsymbol{A}_{rs}^{\mathrm{T}}\end{pmatrix}=(\boldsymbol{B}_{ij})_{s\times r},$$

其中 $\boldsymbol{B}_{ij}=\boldsymbol{A}_{ji}^{\mathrm{T}},i=1,2,\cdots,s;j=1,2,\cdots,r$. 分块矩阵转置时，不但看作元素的子块要转置，而且每个子块是一个子矩阵，它内部也要转置，不妨将这一现象称为“内外一起转”.

例 3

$$\boldsymbol{A}=\left(\begin{array}{cc:ccc}1 & 2 & 3 & 4 & 5\\ 6 & 7 & 8 & 9 & 10\\ \hdashline 10 & 9 & 8 & 7 & 6\\ 5 & 4 & 3 & 2 & 1\end{array}\right)=\begin{pmatrix}\boldsymbol{A}_{11} & \boldsymbol{A}_{12}\\ \boldsymbol{A}_{21} & \boldsymbol{A}_{22}\end{pmatrix}.$$

$$\boldsymbol{A}^{\mathrm{T}}=\left(\begin{array}{cc:cc}1 & 6 & 10 & 5\\ 2 & 7 & 9 & 4\\ \hdashline 3 & 8 & 8 & 3\\ 4 & 9 & 7 & 2\\ 5 & 10 & 6 & 1\end{array}\right)=\begin{pmatrix}\boldsymbol{A}_{11}^{\mathrm{T}} & \boldsymbol{A}_{21}^{\mathrm{T}}\\ \boldsymbol{A}_{12}^{\mathrm{T}} & \boldsymbol{A}_{22}^{\mathrm{T}}\end{pmatrix}.$$

我们发现：不但每个子矩阵的位置作了转置，而且每个子矩阵的内部也作了转置.

例 4 设 $\boldsymbol{A}=(\boldsymbol{\beta}_1,\boldsymbol{\beta}_2,\cdots,\boldsymbol{\beta}_n)$ 是一个用列向量表示的 $m\times n$ 矩阵，其中每个 $\boldsymbol{\beta}_j$ 都是 m 维列向量，则 $\boldsymbol{A}$ 的转置矩阵是

$$\boldsymbol{A}^{\mathrm{T}}=\begin{pmatrix}\boldsymbol{\beta}_1^{\mathrm{T}}\\\boldsymbol{\beta}_2^{\mathrm{T}}\\\vdots\\\boldsymbol{\beta}_n^{\mathrm{T}}\end{pmatrix}.$$

例如,设 $\boldsymbol{A}=\left(\begin{array}{r:r:r}1&2&3\\3&4&5\\-1&-2&-3\end{array}\right)=(\boldsymbol{\beta}_1,\boldsymbol{\beta}_2,\boldsymbol{\beta}_3)$,则

$$\boldsymbol{A}^{\mathrm{T}}=\begin{pmatrix}\boldsymbol{\beta}_1^{\mathrm{T}}\\\boldsymbol{\beta}_2^{\mathrm{T}}\\\boldsymbol{\beta}_3^{\mathrm{T}}\end{pmatrix}=\left(\begin{array}{rrr}1&3&-1\\\hdashline 2&4&-2\\\hdashline 3&5&-3\end{array}\right).$$

2.4.4 分块矩阵的乘法和分块方阵求逆

设矩阵 $\boldsymbol{A}=(a_{ij})_{m\times p}$,$\boldsymbol{B}=(b_{ij})_{p\times n}$.利用分块矩阵计算乘积 $\boldsymbol{AB}$ 时,应使左边矩阵 $\boldsymbol{A}$ 的列分块方式与右边矩阵 $\boldsymbol{B}$ 的行分块方式一致,然后把矩阵的子块当作元素来看待,并且相乘时,$\boldsymbol{A}$ 的各子块分别左乘 $\boldsymbol{B}$ 的对应的子块.

设 $\boldsymbol{A},\boldsymbol{B}$ 的分块方式分别为

$$\boldsymbol{A}=\begin{pmatrix}\boldsymbol{A}_{11}&\boldsymbol{A}_{12}&\cdots&\boldsymbol{A}_{1s}\\\boldsymbol{A}_{21}&\boldsymbol{A}_{22}&\cdots&\boldsymbol{A}_{2s}\\\vdots&\vdots&&\vdots\\\boldsymbol{A}_{r1}&\boldsymbol{A}_{r2}&\cdots&\boldsymbol{A}_{rs}\end{pmatrix}\begin{matrix}m_1\text{ 行}\\m_2\text{ 行}\\\vdots\\m_r\text{ 行}\end{matrix},\quad \boldsymbol{B}=\begin{pmatrix}\boldsymbol{B}_{11}&\boldsymbol{B}_{12}&\cdots&\boldsymbol{B}_{1t}\\\boldsymbol{B}_{21}&\boldsymbol{B}_{22}&\cdots&\boldsymbol{B}_{2t}\\\vdots&\vdots&&\vdots\\\boldsymbol{B}_{s1}&\boldsymbol{B}_{s2}&\cdots&\boldsymbol{B}_{st}\end{pmatrix}\begin{matrix}l_1\text{ 行}\\l_2\text{ 行}\\\vdots\\l_s\text{ 行}\end{matrix},$$

$$\begin{matrix}l_1\text{ 列}&l_2\text{ 列}&\cdots&l_s\text{ 列}\end{matrix}\qquad\qquad\begin{matrix}n_1\text{ 列}&n_2\text{ 列}&\cdots&n_t\text{ 列}\end{matrix}$$

其中 $\boldsymbol{A}_{ik}$ 为 $m_i\times l_k$ 矩阵($i=1,2,\cdots,r;k=1,2,\cdots,s$);$\boldsymbol{B}_{kj}$ 为 $l_k\times n_j$ 矩阵($k=1,2,\cdots,s;j=1,2,\cdots,t$),且 $\boldsymbol{A}_{i1},\boldsymbol{A}_{i2},\cdots,\boldsymbol{A}_{is}$ 的列数分别等于 $\boldsymbol{B}_{1j},\boldsymbol{B}_{2j},\cdots,\boldsymbol{B}_{sj}$ 的行数,则

$$\boldsymbol{AB}=\boldsymbol{C}=\begin{pmatrix}\boldsymbol{C}_{11}&\boldsymbol{C}_{12}&\cdots&\boldsymbol{C}_{1t}\\\boldsymbol{C}_{21}&\boldsymbol{C}_{22}&\cdots&\boldsymbol{C}_{2t}\\\vdots&\vdots&&\vdots\\\boldsymbol{C}_{r1}&\boldsymbol{C}_{r2}&\cdots&\boldsymbol{C}_{rt}\end{pmatrix},$$

其中

$$\boldsymbol{C}_{ij}=\boldsymbol{A}_{i1}\boldsymbol{B}_{1j}+\boldsymbol{A}_{i2}\boldsymbol{B}_{2j}+\cdots+\boldsymbol{A}_{is}\boldsymbol{B}_{sj},\quad i=1,2,\cdots,r;j=1,2,\cdots,t.$$

例 5 对于矩阵

$$\boldsymbol{A}=\begin{pmatrix}1&0&2&1\\0&1&3&4\\0&0&-1&0\\0&0&0&-1\end{pmatrix},\quad \boldsymbol{B}=\begin{pmatrix}1&2&0&0\\3&0&0&0\\4&5&1&0\\0&2&0&1\end{pmatrix},$$

用分块矩阵计算 $\boldsymbol{AB}$ 和 $\boldsymbol{BA}^{\mathrm{T}}$.

解 将矩阵 $\boldsymbol{A},\boldsymbol{B}$ 分块如下:

$$A=\left(\begin{array}{cc:cc}1&0&2&1\\0&1&3&4\\ \hdashline 0&0&-1&0\\0&0&0&-1\end{array}\right)=\begin{pmatrix}\boldsymbol{E}&\boldsymbol{C}\\\boldsymbol{O}&-\boldsymbol{E}\end{pmatrix},$$

$$B=\left(\begin{array}{cc:cc}1&2&0&0\\3&0&0&0\\ \hdashline 4&5&1&0\\0&2&0&1\end{array}\right)=\begin{pmatrix}\boldsymbol{D}&\boldsymbol{O}\\\boldsymbol{F}&\boldsymbol{E}\end{pmatrix},$$

其中

$$\boldsymbol{C}=\begin{pmatrix}2&1\\3&4\end{pmatrix},\quad \boldsymbol{D}=\begin{pmatrix}1&2\\3&0\end{pmatrix},\quad \boldsymbol{E}=\begin{pmatrix}1&0\\0&1\end{pmatrix},\quad \boldsymbol{F}=\begin{pmatrix}4&5\\0&2\end{pmatrix}.$$

于是得到

$$\boldsymbol{AB}=\begin{pmatrix}\boldsymbol{E}&\boldsymbol{C}\\\boldsymbol{O}&-\boldsymbol{E}\end{pmatrix}\begin{pmatrix}\boldsymbol{D}&\boldsymbol{O}\\\boldsymbol{F}&\boldsymbol{E}\end{pmatrix}=\begin{pmatrix}\boldsymbol{ED}+\boldsymbol{CF}&\boldsymbol{CE}\\-\boldsymbol{EF}&-\boldsymbol{E}\end{pmatrix}=\begin{pmatrix}\boldsymbol{D}+\boldsymbol{CF}&\boldsymbol{C}\\-\boldsymbol{F}&-\boldsymbol{E}\end{pmatrix}.$$

因为

$$\boldsymbol{D}+\boldsymbol{CF}=\begin{pmatrix}1&2\\3&0\end{pmatrix}+\begin{pmatrix}2&1\\3&4\end{pmatrix}\begin{pmatrix}4&5\\0&2\end{pmatrix}=\begin{pmatrix}1&2\\3&0\end{pmatrix}+\begin{pmatrix}8&12\\12&23\end{pmatrix}=\begin{pmatrix}9&14\\15&23\end{pmatrix}.$$

所以

$$\boldsymbol{AB}=\begin{pmatrix}9&14&2&1\\15&23&3&4\\-4&-5&-1&0\\0&-2&0&-1\end{pmatrix}.$$

因为

$$\boldsymbol{BA}^{\mathrm{T}}=\begin{pmatrix}\boldsymbol{D}&\boldsymbol{O}\\\boldsymbol{F}&\boldsymbol{E}\end{pmatrix}\begin{pmatrix}\boldsymbol{E}&\boldsymbol{C}\\\boldsymbol{O}&-\boldsymbol{E}\end{pmatrix}^{\mathrm{T}}=\begin{pmatrix}\boldsymbol{D}&\boldsymbol{O}\\\boldsymbol{F}&\boldsymbol{E}\end{pmatrix}\begin{pmatrix}\boldsymbol{E}&\boldsymbol{O}\\\boldsymbol{C}^{\mathrm{T}}&-\boldsymbol{E}\end{pmatrix}=\begin{pmatrix}\boldsymbol{D}&\boldsymbol{O}\\\boldsymbol{F}+\boldsymbol{C}^{\mathrm{T}}&-\boldsymbol{E}\end{pmatrix},$$

其中

$$\boldsymbol{F}+\boldsymbol{C}^{\mathrm{T}}=\begin{pmatrix}4&5\\0&2\end{pmatrix}+\begin{pmatrix}2&3\\1&4\end{pmatrix}=\begin{pmatrix}6&8\\1&6\end{pmatrix},$$

所以

$$\boldsymbol{BA}^{\mathrm{T}}=\begin{pmatrix}1&2&0&0\\3&0&0&0\\6&8&-1&0\\1&6&0&-1\end{pmatrix}.$$

例 6 设 $\boldsymbol{A}$ 为 $m\times k$ 矩阵，$\boldsymbol{B}$ 为 $k\times n$ 矩阵，则 $\boldsymbol{AB}$ 为 $m\times n$ 矩阵. 若把 $\boldsymbol{B}$ 采用列向量表示为 $\boldsymbol{B}=(\boldsymbol{\beta}_1,\boldsymbol{\beta}_2,\cdots,\boldsymbol{\beta}_n)$，则

$$\boldsymbol{AB}=\boldsymbol{A}(\boldsymbol{\beta}_1,\boldsymbol{\beta}_2,\cdots,\boldsymbol{\beta}_n)=(\boldsymbol{A\beta}_1,\boldsymbol{A\beta}_2,\cdots,\boldsymbol{A\beta}_n).$$

若把 $\boldsymbol{A}$ 采用行向量表示为

$$A=\begin{pmatrix}\boldsymbol{\alpha}_1\\ \boldsymbol{\alpha}_2\\ \vdots\\ \boldsymbol{\alpha}_m\end{pmatrix},$$

则

$$AB=\begin{pmatrix}\boldsymbol{\alpha}_1\\ \boldsymbol{\alpha}_2\\ \vdots\\ \boldsymbol{\alpha}_m\end{pmatrix}B=\begin{pmatrix}\boldsymbol{\alpha}_1 B\\ \boldsymbol{\alpha}_2 B\\ \vdots\\ \boldsymbol{\alpha}_m B\end{pmatrix}.$$

特别地，当 $AB=O$ 时，由 $AB=(A\boldsymbol{\beta}_1,A\boldsymbol{\beta}_2,\cdots,A\boldsymbol{\beta}_n)=O$，可得

$$A\boldsymbol{\beta}_j=\mathbf{0},\quad j=1,2,\cdots,n.$$

特殊分块矩阵：(凡空白处都是零块)

(1) 形如

$$\begin{pmatrix}A_1 & & & \\ & A_2 & & \\ & & \ddots & \\ & & & A_r\end{pmatrix}$$

的分块矩阵称为**分块对角矩阵**或**准对角矩阵**. 其中 $A_1,A_2,\cdots,A_r$ 均为方阵.

(2) 两个准对角矩阵的乘积：设 A_i 与 $B_i(i=1,\cdots,r)$ 是同阶方阵，则

$$\begin{pmatrix}A_1 & & & \\ & A_2 & & \\ & & \ddots & \\ & & & A_r\end{pmatrix}\begin{pmatrix}B_1 & & & \\ & B_2 & & \\ & & \ddots & \\ & & & B_r\end{pmatrix}=\begin{pmatrix}A_1B_1 & & & \\ & A_2B_2 & & \\ & & \ddots & \\ & & & A_rB_r\end{pmatrix}.$$

若对某个 $i,1\leqslant i\leqslant r,A_i$ 与 B_i 不是同阶方阵，则上面的两个分块对角矩阵不能相乘.

(3) 准对角矩阵的逆矩阵：若 $A_1,A_2,\cdots,A_r$ 都是可逆矩阵，则分块对角矩阵

$$\begin{pmatrix}A_1 & & & \\ & A_2 & & \\ & & \ddots & \\ & & & A_r\end{pmatrix}$$

可逆，并且

$$\begin{pmatrix}A_1 & & & \\ & A_2 & & \\ & & \ddots & \\ & & & A_r\end{pmatrix}^{-1}=\begin{pmatrix}A_1^{-1} & & & \\ & A_2^{-1} & & \\ & & \ddots & \\ & & & A_r^{-1}\end{pmatrix}.$$

用分块矩阵的乘法，容易验证上式成立.

例7 求矩阵

$$A=\begin{pmatrix}1 & -1 & & & \\ 1 & -3 & & & \\ & & 2 & 1 & \\ & & 3 & 2 & \\ & & & & 4\end{pmatrix}$$

的逆矩阵.

解 将矩阵 $\boldsymbol{A}$ 分块,得

$$\boldsymbol{A}=\begin{pmatrix}\boldsymbol{A}_1 & & \\ & \boldsymbol{A}_2 & \\ & & \boldsymbol{A}_3\end{pmatrix},$$

其中

$$\boldsymbol{A}_1=\begin{pmatrix}1 & -1\\ 1 & -3\end{pmatrix},\quad \boldsymbol{A}_2=\begin{pmatrix}2 & 1\\ 3 & 2\end{pmatrix},\quad \boldsymbol{A}_3=(4).$$

利用伴随矩阵方法求逆,得

$$\boldsymbol{A}_1^{-1}=\begin{pmatrix}\frac{3}{2} & -\frac{1}{2}\\ \frac{1}{2} & -\frac{1}{2}\end{pmatrix},\quad \boldsymbol{A}_2^{-1}=\begin{pmatrix}2 & -1\\ -3 & 2\end{pmatrix},\quad \boldsymbol{A}_3^{-1}=\left(\frac{1}{4}\right).$$

所以

$$\boldsymbol{A}^{-1}=\begin{pmatrix}\frac{3}{2} & -\frac{1}{2} & & & \\ \frac{1}{2} & -\frac{1}{2} & & & \\ & & 2 & -1 & \\ & & -3 & 2 & \\ & & & & \frac{1}{4}\end{pmatrix}.$$

形如

$$\boldsymbol{A}=\begin{pmatrix}\boldsymbol{A}_{11} & \boldsymbol{A}_{12} & \cdots & \boldsymbol{A}_{1r}\\ & \boldsymbol{A}_{22} & \cdots & \boldsymbol{A}_{2r}\\ & & \ddots & \vdots\\ & & & \boldsymbol{A}_{rr}\end{pmatrix},\quad \boldsymbol{A}=\begin{pmatrix}\boldsymbol{A}_{11} & & & \\ \boldsymbol{A}_{21} & \boldsymbol{A}_{22} & & \\ \vdots & \vdots & \ddots & \\ \boldsymbol{A}_{r1} & \boldsymbol{A}_{r2} & \cdots & \boldsymbol{A}_{rr}\end{pmatrix}$$

的分块矩阵分别称为**准上三角矩阵**和**准下三角矩阵**. 它们都是分块三角矩阵. 这里，每个主对角块 $\boldsymbol{A}_{ii}(i=1,\cdots,r)$ 都必须是方阵，但阶数可以不相同.

我们不加证明地给出以下重要结论:上述两类特殊分块矩阵的行列式都是它们的主对角线上各子块的行列式的乘积，即

$$|\boldsymbol{A}|=\prod_{i=1}^{r}|\boldsymbol{A}_{ii}|.$$

例如,例 6 中矩阵 $\boldsymbol{A}$ 的行列式为

$$|\boldsymbol{A}|=|\boldsymbol{A}_1|\cdot|\boldsymbol{A}_2|\cdot|\boldsymbol{A}_3|=\begin{vmatrix}1 & -1\\ 1 & -3\end{vmatrix}\cdot\begin{vmatrix}2 & 1\\ 3 & 2\end{vmatrix}\cdot|4|=-2\times1\times4=-8.$$

例 8 已知四阶矩阵 $\boldsymbol{A}$ 的伴随矩阵为

$$\boldsymbol{A}^*=\begin{pmatrix}0&0&2&1\\0&0&0&4\\1&2&0&0\\2&3&0&0\end{pmatrix}.$$

求出矩阵 $\boldsymbol{A}$.

解 由 $\boldsymbol{A}\boldsymbol{A}^*=|\boldsymbol{A}|\boldsymbol{E}\Rightarrow\boldsymbol{A}=|\boldsymbol{A}|(\boldsymbol{A}^*)^{-1}$，知道应先求出 $|\boldsymbol{A}|$ 和 $(\boldsymbol{A}^*)^{-1}$. 由于

$$|\boldsymbol{A}^*|=\begin{vmatrix}0&0&2&1\\0&0&0&4\\1&2&0&0\\2&3&0&0\end{vmatrix}=2\times\begin{vmatrix}0&0&4\\1&2&0\\2&3&0\end{vmatrix}=2\times4\times\begin{vmatrix}1&2\\2&3\end{vmatrix}=-8,$$

得

$$|\boldsymbol{A}^*|=|\boldsymbol{A}|^{4-1}=|\boldsymbol{A}|^3=-8\Rightarrow|\boldsymbol{A}|=-2.$$

令

$$\boldsymbol{A}_1=\begin{pmatrix}2&1\\0&4\end{pmatrix},\quad \boldsymbol{A}_2=\begin{pmatrix}1&2\\2&3\end{pmatrix}\Rightarrow\boldsymbol{A}_1^{-1}=\begin{pmatrix}\frac{1}{2}&-\frac{1}{8}\\0&\frac{1}{4}\end{pmatrix},\quad \boldsymbol{A}_2^{-1}=\begin{pmatrix}-3&2\\2&-1\end{pmatrix}.$$

由于 $\boldsymbol{A}^*=\begin{pmatrix}\boldsymbol{O}&\boldsymbol{A}_1\\\boldsymbol{A}_2&\boldsymbol{O}\end{pmatrix}$，所以 $(\boldsymbol{A}^*)^{-1}=\begin{pmatrix}\boldsymbol{O}&\boldsymbol{A}_2^{-1}\\\boldsymbol{A}_1^{-1}&\boldsymbol{O}\end{pmatrix}$. 于是得

$$\boldsymbol{A}=-2(\boldsymbol{A}^*)^{-1}=-2\begin{pmatrix}\boldsymbol{O}&\boldsymbol{A}_2^{-1}\\\boldsymbol{A}_1^{-1}&\boldsymbol{O}\end{pmatrix}=-2\begin{pmatrix}0&0&-3&2\\0&0&2&-1\\\frac{1}{2}&-\frac{1}{8}&0&0\\0&\frac{1}{4}&0&0\end{pmatrix}$$

$$=\begin{pmatrix}0&0&6&-4\\0&0&-4&2\\-1&\frac{1}{4}&0&0\\0&-\frac{1}{2}&0&0\end{pmatrix}.$$

习 题 2.4

1. 设 $\boldsymbol{\alpha},\boldsymbol{\beta},\boldsymbol{\gamma}_1,\boldsymbol{\gamma}_2,\boldsymbol{\gamma}_3$ 都是四维列向量，$\boldsymbol{A}=(\boldsymbol{\alpha},\boldsymbol{\gamma}_1,\boldsymbol{\gamma}_2,\boldsymbol{\gamma}_3)$，$\boldsymbol{B}=(\boldsymbol{\beta},\boldsymbol{\gamma}_1,2\boldsymbol{\gamma}_2,3\boldsymbol{\gamma}_3)$. 如果已知 $|\boldsymbol{A}|=2$，$|\boldsymbol{B}|=1$. 求 $|\boldsymbol{A}+\boldsymbol{B}|$ 的值.

2. 设三阶方阵 $\boldsymbol{A}=\begin{pmatrix}\boldsymbol{\alpha}\\2\boldsymbol{\gamma}_1\\3\boldsymbol{\gamma}_2\end{pmatrix}$，$\boldsymbol{B}=\begin{pmatrix}\boldsymbol{\beta}\\\boldsymbol{\gamma}_1\\\boldsymbol{\gamma}_2\end{pmatrix}$，其中 $\boldsymbol{\alpha},\boldsymbol{\beta},\boldsymbol{\gamma}_1,\boldsymbol{\gamma}_2$ 都是三维行向量. 已知 $|\boldsymbol{A}|=18$，

$|\boldsymbol{B}|=2$. 求$|\boldsymbol{A}-\boldsymbol{B}|$的值.

3. 设$\boldsymbol{A}=\begin{pmatrix}3&4&0&0\\4&-3&0&0\\0&0&2&0\\0&0&2&2\end{pmatrix}$，求$\boldsymbol{A}^2$及$|\boldsymbol{A}^4|$.

4. 用分块矩阵求逆公式求下列矩阵的逆矩阵：

(1) $\boldsymbol{A}=\begin{pmatrix}1&2&0&0\\3&4&0&0\\0&0&5&6\\0&0&7&8\end{pmatrix}$；　(2) $\boldsymbol{A}=\begin{pmatrix}0&0&1&2\\0&0&3&4\\5&6&0&0\\7&8&0&0\end{pmatrix}$；　(3) $\boldsymbol{A}=\begin{pmatrix}1&0&1&2\\0&1&3&4\\0&0&1&0\\0&0&0&1\end{pmatrix}$；

(4) $\boldsymbol{A}=\begin{pmatrix}0&0&a&0\\0&0&0&b\\c&0&0&0\\0&d&0&0\end{pmatrix}$，其中$abcd\neq0$；　(5) $\boldsymbol{A}=\begin{pmatrix}0&a_1&0&\cdots&0\\0&0&a_2&\cdots&0\\\vdots&\vdots&\vdots&&\vdots\\0&0&0&\cdots&a_{n-1}\\a_n&0&0&\cdots&0\end{pmatrix}$.

2.5　矩阵的初等变换与初等方阵

本节介绍矩阵的初等变换与初等方阵的概念，并介绍用矩阵的初等变换求逆矩阵的方法.

2.5.1　初等变换

在本章2.1节中，我们用消元法求解了例1和例2中的线性方程组，并发现求解线性方程组的过程实际上就是对方程组施行初等变换的过程，通过对方程组施行初等变换，把它化成易于求解的同解方程组. 而对方程组施行的每一种初等变换都相当于对它的增广矩阵(或系数矩阵)施行了同一类型的变换，据此，我们就可以把解线性方程组的过程归结为对矩阵作变换的过程. 这样不仅可以简化解方程的手续，而且为彻底弄清楚线性方程组解的理论提供了重要的工具. 与线性方程组的初等变换相对应，对其增广矩阵(或系数矩阵)的变换归结起来有以下三种类型：

(1) 互换矩阵中两行的位置；

(2) 用一个非零常数乘某一行；

(3) 用一个数乘某一行以后加到另一行上.

这三种变换称为矩阵的初等行变换，它们不改变线性方程组的解. 也就是说，对线性方程组的增广矩阵或系数矩阵(对应于齐次线性方程组的情形)施行初等行变换后，新矩阵对应的方程组与原方程组同解. 对于解线性方程组来说，对矩阵施行初等行变换就够了，但在矩阵理论中有时也要用到矩阵的初等列变换. 下面我们正式给出它们的定义：

定义 2.5.1　对一个矩阵$\boldsymbol{A}=(a_{ij})_{m\times n}$施行以下三种类型的变换，称为矩阵的**初等行(列)变换**，统称为**矩阵的初等变换**：

(ⅰ) 交换$\boldsymbol{A}$的某两行(列)；

(ⅱ) 用一个非零的数 k 乘 $\boldsymbol{A}$ 的某一行(列);

(ⅲ) 把 $\boldsymbol{A}$ 中某一行(列)的 k 倍加到另一行(列)上.

必须注意:矩阵的初等变换与行列式的计算有本质区别. 计算行列式是**求值过程**,前后用等号连接. 对矩阵施行初等变换则是**变换过程**,除恒等变换以外,一般来说变换前后的两个矩阵是不相等的,因此,我们用箭头"→"连接变换前后的矩阵,而且不需要将矩阵改号或提取公因数.

定义 2.5.2 若矩阵 $\boldsymbol{A}$ 经过若干次初等变换变为 $\boldsymbol{B}$,则称 $\boldsymbol{A}$ 与 $\boldsymbol{B}$ **等价**. 记为 $\boldsymbol{A}\cong\boldsymbol{B}$.

矩阵之间的等价关系有以下三条性质:

(1) **反身性**:$\boldsymbol{A}\cong\boldsymbol{A}$.

(2) **对称性**:若 $\boldsymbol{A}\cong\boldsymbol{B}$,则 $\boldsymbol{B}\cong\boldsymbol{A}$.

(3) **传递性**:若 $\boldsymbol{A}\cong\boldsymbol{B}$,$\boldsymbol{B}\cong\boldsymbol{C}$,则 $\boldsymbol{A}\cong\boldsymbol{C}$.

在第(ⅱ)类初等变换中取 $k=1$ 即可证得性质(1)成立.

对于性质(2),我们以行变换为例示意证明如下:

交换某两行:

$$\boldsymbol{A}=\begin{pmatrix}\vdots\\ \boldsymbol{\alpha}_i\\ \vdots\\ \boldsymbol{\alpha}_j\\ \vdots\end{pmatrix}\begin{matrix}\\ \leftarrow\\ \\ \leftarrow\\ \\ \end{matrix}\rightarrow\boldsymbol{B}=\begin{pmatrix}\vdots\\ \boldsymbol{\alpha}_j\\ \vdots\\ \boldsymbol{\alpha}_i\\ \vdots\end{pmatrix}\begin{matrix}\\ \leftarrow\\ \\ \leftarrow\\ \\ \end{matrix}\rightarrow\boldsymbol{A}.$$

即若交换 $\boldsymbol{A}$ 的 i,j 两行得到矩阵 $\boldsymbol{B}$,则交换 $\boldsymbol{B}$ 的 i,j 两行又得到 $\boldsymbol{A}$.

数乘某一行:

$$\boldsymbol{A}=\begin{pmatrix}\vdots\\ \boldsymbol{\alpha}_i\\ \vdots\\ \vdots\end{pmatrix}\begin{matrix}\\ \leftarrow(k)\\ \\ \\ \end{matrix}\rightarrow\boldsymbol{B}=\begin{pmatrix}\vdots\\ k\boldsymbol{\alpha}_i\\ \vdots\\ \vdots\end{pmatrix}\begin{matrix}\\ \leftarrow\left(\frac{1}{k}\right)\\ \\ \\ \end{matrix}\rightarrow\boldsymbol{A}.$$

即若用非零的数 k 乘 $\boldsymbol{A}$ 的第 i 行得到 $\boldsymbol{B}$,则用 $\frac{1}{k}$ 乘 $\boldsymbol{B}$ 的第 i 行就得到 $\boldsymbol{A}$.

把某行的倍数加到另一行上:

$$\boldsymbol{A}=\begin{pmatrix}\vdots\\ \boldsymbol{\alpha}_i\\ \vdots\\ \boldsymbol{\alpha}_j\\ \vdots\end{pmatrix}\begin{matrix}\\ (k)\\ \\ \leftarrow\\ \\ \end{matrix}\rightarrow\boldsymbol{B}=\begin{pmatrix}\vdots\\ \boldsymbol{\alpha}_i\\ \vdots\\ \boldsymbol{\alpha}_j+k\boldsymbol{\alpha}_i\\ \vdots\end{pmatrix}\begin{matrix}\\ (-k)\\ \\ \leftarrow\\ \\ \end{matrix}\rightarrow\boldsymbol{A}.$$

即若把 $\boldsymbol{A}$ 的第 i 行的 k 倍加到第 j 行上得到 $\boldsymbol{B}$,则把 $\boldsymbol{B}$ 的第 i 行的 $-k$ 倍加到第 j 行上便得到 $\boldsymbol{A}$.

对于性质(3),只要连续施行初等变换即可得证.

2.5.2 初等矩阵

引进初等矩阵的目的是想用矩阵乘法来描述矩阵的初等变换.

定义 2.5.3 由单位矩阵 $\boldsymbol{E}$ 经过一次初等变换得到的矩阵称为**初等矩阵**.

我们对 n 阶单位矩阵 $\boldsymbol{E}$ 分别施行三种初等变换得到以下三类 n 阶初等矩阵:

(Ⅰ) 交换 $\boldsymbol{E}$ 的第 i,j 两行(列)$(i\neq j)$,得到的初等矩阵记为

$$
\boldsymbol{P}_{ij}=\begin{pmatrix}
1 &&&&&&& \\
& \ddots &&&&&& \\
&& 0 & \cdots & \cdots & \cdots & 1 && \\
&& \vdots & 1 &&& \vdots && \\
&& \vdots && \ddots && \vdots && \\
&& \vdots &&& 1 & \vdots && \\
&& 1 & \cdots & \cdots & \cdots & 0 && \\
&&&&&&& \ddots & \\
&&&&&&&& 1
\end{pmatrix}\begin{matrix} \\ \\ i\text{ 行} \\ \\ \\ \\ j\text{ 行} \\ \\ \\ \end{matrix},
$$

$\qquad\qquad\qquad\qquad i$ 列 $\qquad\qquad\qquad j$ 列

（Ⅱ）用非零常数 k 乘 $\boldsymbol{E}$ 的第 i 行(列)，得到的初等矩阵记为

$$
\boldsymbol{D}_i(k)=\begin{pmatrix}
1 &&&&&& \\
& \ddots &&&&& \\
&& 1 &&&& \\
&&& k &&& \\
&&&& 1 && \\
&&&&& \ddots & \\
&&&&&& 1
\end{pmatrix}\begin{matrix} \\ \\ \\ i\text{ 行}, \\ \\ \\ \\ \end{matrix}\quad k\neq 0.
$$

$\qquad\qquad\qquad i$ 列

（Ⅲ）将 $\boldsymbol{E}$ 的第 j 行的 k 倍加到第 i 行上(或第 i 列的 k 倍加到第 j 列上)$(i<j)$，得到的初等矩阵记为

$$
\boldsymbol{T}_{ij}(k)=\begin{pmatrix}
1 &&&&&& \\
& \ddots &&&&& \\
&& 1 & \cdots & k && \\
&&& \ddots & \vdots && \\
&&&& 1 && \\
&&&&& \ddots & \\
&&&&&& 1
\end{pmatrix}\begin{matrix} \\ \\ i\text{ 行} \\ \\ j\text{ 行} \\ \\ \\ \end{matrix}.
$$

$\qquad\qquad i$ 列 $\qquad j$ 列

将 $\boldsymbol{E}$ 的第 i 行的 k 倍加到第 j 行上(或第 j 列的 k 倍加到第 i 列上)$(i<j)$，得到的初等矩阵记为

$$
\boldsymbol{T}_{ji}(k)=\begin{pmatrix}
1 &&&&&& \\
& \ddots &&&&& \\
&& 1 &&&& \\
&& \vdots & \ddots &&& \\
&& k & \cdots & 1 && \\
&&&&& \ddots & \\
&&&&&& 1
\end{pmatrix}\begin{matrix} \\ \\ i\text{ 行} \\ \\ j\text{ 行} \\ \\ \\ \end{matrix}.
$$

$\qquad\qquad i$ 列 $\qquad j$ 列

以上这些初等矩阵中，空白处的元素均为0.

例如，当 $n=4$ 时，

$$\boldsymbol{P}_{13}=\begin{pmatrix}0&&1&\\&1&&\\1&&0&\\&&&1\end{pmatrix},\quad \boldsymbol{P}_{24}=\begin{pmatrix}1&&&\\&0&&1\\&&1&\\&1&&0\end{pmatrix},\quad \boldsymbol{P}_{23}=\begin{pmatrix}1&&&\\&0&1&\\&1&0&\\&&&1\end{pmatrix}.$$

$$\boldsymbol{D}_2(k)=\begin{pmatrix}1&&&\\&k&&\\&&1&\\&&&1\end{pmatrix},\quad \boldsymbol{T}_{13}(k)=\begin{pmatrix}1&&k&\\&1&&\\&&1&\\&&&1\end{pmatrix},\quad \boldsymbol{T}_{31}(k)=\begin{pmatrix}1&&&\\&1&&\\k&&1&\\&&&1\end{pmatrix}.$$

用行列式性质容易证明：

$$|\boldsymbol{P}_{ij}|=-1,\quad |\boldsymbol{D}_i(k)|=k,\quad |\boldsymbol{T}_{ij}(k)|=1.$$

因为 $|\boldsymbol{E}|=1$，而 $\boldsymbol{P}_{ij}$ 是交换单位矩阵 $\boldsymbol{E}$ 的 i,j 两行而得到的，由行列式性质知道，$|\boldsymbol{P}_{ij}|=-|\boldsymbol{E}|=-1$. 用行列式性质也可以证明其余两式.

由初等矩阵的定义易得

$$\boldsymbol{P}_{ij}^{-1}=\boldsymbol{P}_{ij},\quad \boldsymbol{D}_i(k)^{-1}=\boldsymbol{D}_i\left(\frac{1}{k}\right),\quad \boldsymbol{T}_{ij}(k)^{-1}=\boldsymbol{T}_{ij}(-k).$$

这说明，任意一类初等矩阵一定是可逆矩阵，而且任意一类初等矩阵的逆矩阵仍然是同一类的初等矩阵. 例如，

$$\begin{pmatrix}0&1\\1&0\end{pmatrix}^{-1}=\begin{pmatrix}0&1\\1&0\end{pmatrix},\quad \begin{pmatrix}k&0\\0&1\end{pmatrix}^{-1}=\begin{pmatrix}\frac{1}{k}&0\\0&1\end{pmatrix}(k\neq0),$$

$$\begin{pmatrix}1&0\\0&k\end{pmatrix}^{-1}=\begin{pmatrix}1&0\\0&1/k\end{pmatrix}(k\neq0),\quad \begin{pmatrix}1&k\\0&1\end{pmatrix}^{-1}=\begin{pmatrix}1&-k\\0&1\end{pmatrix},$$

$$\begin{pmatrix}1&0\\k&1\end{pmatrix}^{-1}=\begin{pmatrix}1&0\\-k&1\end{pmatrix}.$$

例 1 $\begin{pmatrix}0&1\\1&0\end{pmatrix}\begin{pmatrix}a&b\\c&d\end{pmatrix}=\begin{pmatrix}c&d\\a&b\end{pmatrix},\quad \begin{pmatrix}a&b\\c&d\end{pmatrix}\begin{pmatrix}0&1\\1&0\end{pmatrix}=\begin{pmatrix}b&a\\d&c\end{pmatrix}.$

$$\begin{pmatrix}k&0\\0&1\end{pmatrix}\begin{pmatrix}a&b\\c&d\end{pmatrix}=\begin{pmatrix}ka&kb\\c&d\end{pmatrix},\quad \begin{pmatrix}a&b\\c&d\end{pmatrix}\begin{pmatrix}k&0\\0&1\end{pmatrix}=\begin{pmatrix}ka&b\\kc&d\end{pmatrix}.$$

$$\begin{pmatrix}1&0\\0&k\end{pmatrix}\begin{pmatrix}a&b\\c&d\end{pmatrix}=\begin{pmatrix}a&b\\kc&kd\end{pmatrix},\quad \begin{pmatrix}a&b\\c&d\end{pmatrix}\begin{pmatrix}1&0\\0&k\end{pmatrix}=\begin{pmatrix}a&kb\\c&kd\end{pmatrix}.$$

$$\begin{pmatrix}1&k\\0&1\end{pmatrix}\begin{pmatrix}a&b\\c&d\end{pmatrix}=\begin{pmatrix}a+kc&b+kd\\c&d\end{pmatrix},\quad \begin{pmatrix}a&b\\c&d\end{pmatrix}\begin{pmatrix}1&k\\0&1\end{pmatrix}=\begin{pmatrix}a&ka+b\\c&kc+d\end{pmatrix}.$$

$$\begin{pmatrix}1&0\\k&1\end{pmatrix}\begin{pmatrix}a&b\\c&d\end{pmatrix}=\begin{pmatrix}a&b\\ka+c&kb+d\end{pmatrix},\quad \begin{pmatrix}a&b\\c&d\end{pmatrix}\begin{pmatrix}1&0\\k&1\end{pmatrix}=\begin{pmatrix}a+kb&b\\c+kd&d\end{pmatrix}.$$

与例1的结果类似，一般地，初等矩阵有如下功能：

定理 2.5.1 $\boldsymbol{P}_{ij}$ 左（右）乘 $\boldsymbol{A}$ 就是互换 $\boldsymbol{A}$ 的第 i 行（列）和第 j 行（列）.

$\boldsymbol{D}_i(k)$ 左（右）乘 $\boldsymbol{A}$ 就是用非零数 k 乘 $\boldsymbol{A}$ 的第 i 行（列）.

$T_{ij}(k)$左乘A就是把A中第j行的k倍加到第i行上.

$T_{ij}(k)$右乘A就是把A中第i列的k倍加到第j列上.

2.5.3　矩阵的等价标准形

定理 2.5.2　任意一个$m\times n$矩阵A，一定可以经过有限次初等行变换和初等列变换化成如下形式的$m\times n$矩阵：

$$\begin{pmatrix} E_r & O \\ O & O \end{pmatrix},$$

这里是一个分块矩阵，其中E_r为r阶单位矩阵，而其余子块都是零矩阵. 称$\begin{pmatrix} E_r & O \\ O & O \end{pmatrix}$为$A$的**等价标准形**.

我们略去定理的证明. 仅指出这样一个事实：将矩阵A化成等价标准形的初等变换可以是多种多样的，但矩阵的等价标准形是唯一的，也就是说等价标准形中的r总是不变的，它由A完全确定，其重要意义在矩阵的秩一节中将给出.

我们将用实例说明这个定理的含义，并具体给出变换过程.

例 2　求$A=\begin{pmatrix} 1 & 4 & 5 & -10 \\ -2 & -1 & 4 & -1 \\ 5 & -2 & -19 & 16 \\ -3 & 3 & 15 & -15 \end{pmatrix}$的等价标准形.

解

$$A \xrightarrow[④+3\times①]{\substack{②+2\times① \\ ③+(-5)\times①}} \begin{pmatrix} 1 & 4 & 5 & -10 \\ 0 & 7 & 14 & -21 \\ 0 & -22 & -44 & 66 \\ 0 & 15 & 30 & -45 \end{pmatrix} \xrightarrow[④\div 15]{\substack{②\div 7 \\ ③\div(-22)}} \begin{pmatrix} 1 & 4 & 5 & -10 \\ 0 & 1 & 2 & -3 \\ 0 & 1 & 2 & -3 \\ 0 & 1 & 2 & -3 \end{pmatrix}$$

$$\xrightarrow{\substack{①+(-4)\times② \\ ③+(-1)\times② \\ ④+(-1)\times②}} \begin{pmatrix} 1 & 0 & -3 & 2 \\ 0 & 1 & 2 & -3 \\ 0 & 0 & 0 & 0 \\ 0 & 0 & 0 & 0 \end{pmatrix} \xrightarrow[\substack{③+3\times① \\ ③+(-2)\times② \\ ④+(-2)\times① \\ ④+3\times②}]{} \begin{pmatrix} 1 & 0 & 0 & 0 \\ 0 & 1 & 0 & 0 \\ 0 & 0 & 0 & 0 \\ 0 & 0 & 0 & 0 \end{pmatrix} = \begin{pmatrix} E_2 & O \\ O & O \end{pmatrix}.$$

故A的等价标准形为$\begin{pmatrix} E_2 & O \\ O & O \end{pmatrix}$.

因为对矩阵A施行初等行（列）变换相当于用对应的初等矩阵左（右）乘A，而初等矩阵都是可逆矩阵，若干个可逆矩阵的乘积仍然是可逆矩阵，所以定理 2.5.2 可以等价地叙述为

定理 2.5.3　对于任意一个$m\times n$矩阵A，一定存在m阶可逆矩阵P和n阶可逆矩阵Q，使得

$$PAQ=\begin{pmatrix} E_r & O \\ O & O \end{pmatrix}.$$

证　根据定理 2.5.2，假设对A施行了s次初等行变换和t次初等列变换，得到了A的等价标准形，且对应初等行变换的m阶初等矩阵为$P_1,P_2,\cdots,P_s$，对应初等列变换的n阶初等矩阵为$Q_1,Q_2,\cdots,Q_t$，则

$$\boldsymbol{P}_s\cdots\boldsymbol{P}_2\boldsymbol{P}_1\boldsymbol{A}\boldsymbol{Q}_1\boldsymbol{Q}_2\cdots\boldsymbol{Q}_t=\begin{pmatrix}\boldsymbol{E}_r & \boldsymbol{O}\\ \boldsymbol{O} & \boldsymbol{O}\end{pmatrix},$$

令 $\boldsymbol{P}=\boldsymbol{P}_s\cdots\boldsymbol{P}_2\boldsymbol{P}_1$，$\boldsymbol{Q}=\boldsymbol{Q}_1\boldsymbol{Q}_2\cdots\boldsymbol{Q}_t$，则 $\boldsymbol{P}$ 和 $\boldsymbol{Q}$ 就是满足定理要求的可逆矩阵.

2.5.4 用初等行变换求可逆矩阵的逆矩阵

任取 n 阶可逆矩阵 $\boldsymbol{A}$. 由定理 2.5.3 知一定存在 n 阶可逆矩阵 $\boldsymbol{P}$ 和 $\boldsymbol{Q}$，使得

$$\boldsymbol{PAQ}=\begin{pmatrix}\boldsymbol{E}_r & \boldsymbol{O}\\ \boldsymbol{O} & \boldsymbol{O}\end{pmatrix}.$$

因为 $\boldsymbol{A}$，$\boldsymbol{P}$ 和 $\boldsymbol{Q}$ 都是可逆矩阵，上式左边取行列式，得

$$|\boldsymbol{PAQ}|=|\boldsymbol{P}|\cdot|\boldsymbol{A}|\cdot|\boldsymbol{Q}|\neq 0.$$

若 $r<n$，则必有 $\begin{vmatrix}\boldsymbol{E}_r & \boldsymbol{O}\\ \boldsymbol{O} & \boldsymbol{O}\end{vmatrix}=0$，从而有 $|\boldsymbol{PAQ}|=0$，矛盾，因此必有 $r=n$. 从而有

$$\boldsymbol{PAQ}=\boldsymbol{E},$$

由此得

$$\boldsymbol{A}=\boldsymbol{P}^{-1}\boldsymbol{Q}^{-1}=\boldsymbol{P}_1^{-1}\boldsymbol{P}_2^{-1}\cdots\boldsymbol{P}_s^{-1}\boldsymbol{Q}_t^{-1}\cdots\boldsymbol{Q}_2^{-1}\boldsymbol{Q}_1^{-1},$$

其中 $\boldsymbol{P}_i^{-1}(i=1,2,\cdots,s)$ 和 $\boldsymbol{Q}_j^{-1}(j=1,2,\cdots,t)$ 仍是初等矩阵. 于是得到重要定理：

定理 2.5.4 n 阶矩阵 $\boldsymbol{A}$ 是可逆矩阵 $\Leftrightarrow$ 存在可逆矩阵 $\boldsymbol{P}$，$\boldsymbol{Q}$ 使得 $\boldsymbol{PAQ}=\boldsymbol{E}$（即 $\boldsymbol{A}$ 等价于单位矩阵）$\Leftrightarrow$ $\boldsymbol{A}$ 可以写成若干个初等矩阵的乘积.

对 n 阶可逆矩阵 $\boldsymbol{A}$，一定存在 n 阶可逆矩阵 $\boldsymbol{P}$ 和 $\boldsymbol{Q}$，使

$$\boldsymbol{PAQ}=(\boldsymbol{PA})\boldsymbol{Q}=\boldsymbol{E}.$$

由此可知 $\boldsymbol{Q}$ 是 $\boldsymbol{PA}$ 的逆矩阵，从而

$$\boldsymbol{QPA}=\boldsymbol{Q}(\boldsymbol{PA})=\boldsymbol{E}.$$

由定理 2.5.3，得

$$\boldsymbol{Q}_1\boldsymbol{Q}_2\cdots\boldsymbol{Q}_t\boldsymbol{P}_s\cdots\boldsymbol{P}_2\boldsymbol{P}_1\boldsymbol{A}=\boldsymbol{E}.$$

上式两边右乘 $\boldsymbol{A}^{-1}$，得

$$\boldsymbol{Q}_1\boldsymbol{Q}_2\cdots\boldsymbol{Q}_t\boldsymbol{P}_s\cdots\boldsymbol{P}_2\boldsymbol{P}_1\boldsymbol{E}=\boldsymbol{A}^{-1}.$$

这说明，当 $\boldsymbol{A}$ 是 n 阶可逆矩阵时，一定可以仅用有限次初等行变换就能把它化成单位矩阵，而用同样的初等行变换又可把单位矩阵 $\boldsymbol{E}$ 化为 $\boldsymbol{A}^{-1}$. 由此我们得到以下用初等行变换求逆矩阵的方法：

设 $\boldsymbol{A}$ 是 n 阶可逆矩阵. 构造分块矩阵 $(\boldsymbol{A},\boldsymbol{E})$，它是 $n\times 2n$ 矩阵. 则存在 n 阶可逆矩阵 $\boldsymbol{P}$ 使 $\boldsymbol{PA}=\boldsymbol{E}$，即 $\boldsymbol{P}=\boldsymbol{A}^{-1}$，而且有

$$\boldsymbol{P}(\boldsymbol{A},\boldsymbol{E})=(\boldsymbol{PA},\boldsymbol{P})=(\boldsymbol{E},\boldsymbol{A}^{-1}).$$

这就是用初等行变换求逆矩阵的公式.

具体方法 用初等行变换把 $n\times 2n$ 矩阵 $(\boldsymbol{A},\boldsymbol{E}_n)$ 化成 $(\boldsymbol{E},\boldsymbol{A}^{-1})$，当 $(\boldsymbol{A},\boldsymbol{E})$ 的左半部分化为单位矩阵 $\boldsymbol{E}$ 时，右半部分就是 $\boldsymbol{A}^{-1}$ 了. 如果前 n 列不可能化为单位矩阵，则说明 $\boldsymbol{A}$ 不是可逆矩阵.

注意 用初等行变换方法求逆矩阵时，不能同时用初等列变换. 而且在求出 $\boldsymbol{A}^{-1}$ 以后，最好验证式子 $\boldsymbol{AA}^{-1}=\boldsymbol{E}$，以避免在计算中发生错误.

例 3 求 $\boldsymbol{A}=\begin{pmatrix}1&-1&3\\2&-1&4\\-1&2&-4\end{pmatrix}$ 的逆矩阵.

解
$$(\boldsymbol{A},\boldsymbol{E})=\left(\begin{array}{ccc:ccc}1&-1&3&1&0&0\\2&-1&4&0&1&0\\-1&2&-4&0&0&1\end{array}\right)\xrightarrow[③+1\times①]{②+(-2)\times①}\left(\begin{array}{ccc:ccc}1&-1&3&1&0&0\\0&1&-2&-2&1&0\\0&1&-1&1&0&1\end{array}\right)$$
$$\xrightarrow[③+(-1)\times②]{①+1\times②}\left(\begin{array}{ccc:ccc}1&0&1&-1&1&0\\0&1&-2&-2&1&0\\0&0&1&3&-1&1\end{array}\right)$$
$$\xrightarrow[②+2\times③]{①+(-1)\times③}\left(\begin{array}{ccc:ccc}1&0&0&-4&2&-1\\0&1&0&4&-1&2\\0&0&1&3&-1&1\end{array}\right),$$
所以
$$\boldsymbol{A}^{-1}=\begin{pmatrix}-4&2&-1\\4&-1&2\\3&-1&1\end{pmatrix}.$$

2.5.5 用矩阵的初等变换求解矩阵方程

最常见的矩阵方程有以下两类：

（1）设 $\boldsymbol{A}$ 是 n 阶可逆矩阵，$\boldsymbol{B}$ 是 $n\times m$ 矩阵，求出矩阵 $\boldsymbol{X}$ 满足 $\boldsymbol{AX}=\boldsymbol{B}$.

原理 如果找到 n 阶可逆矩阵 $\boldsymbol{P}$ 使 $\boldsymbol{PA}=\boldsymbol{E}$，则 $\boldsymbol{P}=\boldsymbol{A}^{-1}$，而且有
$$\boldsymbol{P}(\boldsymbol{A},\boldsymbol{B})=(\boldsymbol{PA},\boldsymbol{PB})=(\boldsymbol{E},\boldsymbol{A}^{-1}\boldsymbol{B}).$$
上式第二个等号右边矩阵的最后 m 列组成的矩阵就是 $\boldsymbol{X}$，即 $\boldsymbol{X}=\boldsymbol{A}^{-1}\boldsymbol{B}$.

方法 用初等行变换把分块矩阵 $(\boldsymbol{A},\boldsymbol{B})$ 化成 $(\boldsymbol{E},\boldsymbol{A}^{-1}\boldsymbol{B})$，即
$$(\boldsymbol{A},\boldsymbol{B})\rightarrow(\boldsymbol{E},\boldsymbol{A}^{-1}\boldsymbol{B}).$$

例 4 求解矩阵方程：
$$\begin{pmatrix}1&1&-1\\2&1&0\\1&-1&1\end{pmatrix}\boldsymbol{X}=\begin{pmatrix}1&1&3\\4&3&2\\1&2&5\end{pmatrix}.$$

解
$$\left(\begin{array}{ccc:ccc}1&1&-1&1&1&3\\2&1&0&4&3&2\\1&-1&1&1&2&5\end{array}\right)\rightarrow\left(\begin{array}{ccc:ccc}1&1&-1&1&1&3\\0&-1&2&2&1&-4\\0&-2&2&0&1&2\end{array}\right)$$
$$\rightarrow\left(\begin{array}{ccc:ccc}1&0&1&3&2&-1\\0&1&-2&-2&-1&4\\0&0&-2&-4&-1&10\end{array}\right)$$
$$\rightarrow\left(\begin{array}{ccc:ccc}1&0&1&3&2&-1\\0&1&-2&-2&-1&4\\0&0&1&2&1/2&-5\end{array}\right)$$

$$\rightarrow\left(\begin{array}{ccc:ccc}1&0&0&1&3/2&4\\0&1&0&2&0&-6\\0&0&1&2&1/2&-5\end{array}\right).$$

据此即可得到

$$\boldsymbol{X}=\begin{pmatrix}1&3/2&4\\2&0&-6\\2&1/2&-5\end{pmatrix}.$$

（2）设 $\boldsymbol{A}$ 是 n 阶可逆矩阵，$\boldsymbol{B}$ 是 $m\times n$ 矩阵，求出矩阵 $\boldsymbol{X}$ 满足 $\boldsymbol{XA}=\boldsymbol{B}$.

要注意的是，矩阵方程 $\boldsymbol{XA}=\boldsymbol{B}$ 的解为 $\boldsymbol{X}=\boldsymbol{BA}^{-1}$，而不可以写成 $\boldsymbol{X}=\boldsymbol{A}^{-1}\boldsymbol{B}$.

因为

$$\boldsymbol{X}\text{ 满足 }\boldsymbol{XA}=\boldsymbol{B}\Leftrightarrow\boldsymbol{X}^{\mathrm{T}}\text{ 满足 }\boldsymbol{A}^{\mathrm{T}}\boldsymbol{X}^{\mathrm{T}}=\boldsymbol{B}^{\mathrm{T}},$$

从而有

$$\boldsymbol{X}^{\mathrm{T}}=(\boldsymbol{A}^{\mathrm{T}})^{-1}\boldsymbol{B}^{\mathrm{T}}=(\boldsymbol{BA}^{-1})^{\mathrm{T}},$$

所以，可以先用上述方法求解 $\boldsymbol{A}^{\mathrm{T}}\boldsymbol{X}^{\mathrm{T}}=\boldsymbol{B}^{\mathrm{T}}$，再把所得结果 $\boldsymbol{X}^{\mathrm{T}}$ 转置即得所需的解 $\boldsymbol{X}=\boldsymbol{BA}^{-1}$.

方法 用初等行变换把 $(\boldsymbol{A}^{\mathrm{T}},\boldsymbol{B}^{\mathrm{T}})$ 化成 $(\boldsymbol{E},(\boldsymbol{BA}^{-1})^{\mathrm{T}})$，可求出 $\boldsymbol{X}^{\mathrm{T}}=(\boldsymbol{BA}^{-1})^{\mathrm{T}}$.

具体过程为 $(\boldsymbol{A}^{\mathrm{T}},\boldsymbol{B}^{\mathrm{T}})\rightarrow(\boldsymbol{E},\boldsymbol{X}^{\mathrm{T}})$.

例 5 求解矩阵方程：

$$\boldsymbol{X}\begin{pmatrix}1&0&-1\\-2&1&4\\-3&-1&2\end{pmatrix}=\begin{pmatrix}-1&4&1\\3&0&-2\end{pmatrix}.$$

解

$$(\boldsymbol{A}^{\mathrm{T}},\boldsymbol{B}^{\mathrm{T}})=\left(\begin{array}{ccc:cc}1&-2&-3&-1&3\\0&1&-1&4&0\\-1&4&2&1&-2\end{array}\right)\xrightarrow{③+①}\left(\begin{array}{ccc:cc}1&-2&-3&-1&3\\0&1&-1&4&0\\0&2&-1&0&1\end{array}\right)$$

$$\xrightarrow[③+(-2)\times②]{①+2\times②}\left(\begin{array}{ccc:cc}1&0&-5&7&3\\0&1&-1&4&0\\0&0&1&-8&1\end{array}\right)\xrightarrow[①+5\times③]{②+③}\left(\begin{array}{ccc:cc}1&0&0&-33&8\\0&1&0&-4&1\\0&0&1&-8&1\end{array}\right).$$

从而 $\boldsymbol{X}^{\mathrm{T}}=\begin{pmatrix}-33&8\\-4&1\\-8&1\end{pmatrix}$，所以 $\boldsymbol{X}=\begin{pmatrix}-33&-4&-8\\8&1&1\end{pmatrix}$.

关于矩阵方程 $\boldsymbol{AX}=\boldsymbol{B}$ 或 $\boldsymbol{XA}=\boldsymbol{B}$ 的另一种常用解法是：先求出逆矩阵 $\boldsymbol{A}^{-1}$，然后用 $\boldsymbol{A}^{-1}$ 左乘 $\boldsymbol{AX}=\boldsymbol{B}$ 两边，得到 $\boldsymbol{X}=\boldsymbol{A}^{-1}\boldsymbol{B}$；或用 $\boldsymbol{A}^{-1}$ 右乘 $\boldsymbol{XA}=\boldsymbol{B}$ 两边，得到 $\boldsymbol{X}=\boldsymbol{BA}^{-1}$.

例 6 解矩阵方程 $\boldsymbol{AX}=\boldsymbol{B}+2\boldsymbol{X}$，其中

$$\boldsymbol{A}=\begin{pmatrix}4&-4&1\\0&3&0\\1&-2&3\end{pmatrix},\quad\boldsymbol{B}=\begin{pmatrix}1&-1&2\\0&1&1\\2&0&1\end{pmatrix}.$$

解 由 $\boldsymbol{AX}=\boldsymbol{B}+2\boldsymbol{X}$，得 $(\boldsymbol{A}-2\boldsymbol{E})\boldsymbol{X}=\boldsymbol{B}$，其中 $\boldsymbol{A}-2\boldsymbol{E}=\begin{pmatrix}2&-4&1\\0&1&0\\1&-2&1\end{pmatrix}$.

$$(\boldsymbol{A}-2\boldsymbol{E},\boldsymbol{B})=\left(\begin{array}{ccc:ccc}2&-4&1&1&-1&2\\0&1&0&0&1&1\\1&-2&1&2&0&1\end{array}\right)\xrightarrow{①\leftrightarrow③}\left(\begin{array}{ccc:ccc}1&-2&1&2&0&1\\0&1&0&0&1&1\\2&-4&1&1&-1&2\end{array}\right)$$

$$\xrightarrow{③+(-2)\times①}\left(\begin{array}{ccc:ccc}1&-2&1&2&0&1\\0&1&0&0&1&1\\0&0&-1&-3&-1&0\end{array}\right)$$

$$\xrightarrow[①+③]{①+2\times②}\left(\begin{array}{ccc:ccc}1&0&0&-1&1&3\\0&1&0&0&1&1\\0&0&-1&-3&-1&0\end{array}\right)\xrightarrow{(-1)\times③}\left(\begin{array}{ccc:ccc}1&0&0&-1&1&3\\0&1&0&0&1&1\\0&0&1&3&1&0\end{array}\right).$$

于是得

$$\boldsymbol{X}=\begin{pmatrix}-1&1&3\\0&1&1\\3&1&0\end{pmatrix}.$$

习　题　2.5

1. 求出下列矩阵的等价标准形：

(1) $\boldsymbol{A}=\begin{pmatrix}1&2&3\\-1&0&1\\0&2&3\\2&1&4\end{pmatrix}$；　　(2) $\boldsymbol{A}=\begin{pmatrix}1&2&3&4\\0&-1&0&-2\\1&1&3&2\\2&2&6&4\end{pmatrix}$.

2. 判断下列矩阵是否可逆，若可逆，则求出它们的逆矩阵：

(1) $\boldsymbol{A}=\begin{pmatrix}1&2&-1\\2&-3&1\\4&1&-1\end{pmatrix}$；　　(2) $\boldsymbol{A}=\begin{pmatrix}1&2&0\\2&1&-1\\3&1&1\end{pmatrix}$；

(3) $\boldsymbol{A}=\begin{pmatrix}1&2&3\\2&-1&4\\0&-1&1\end{pmatrix}$；　　(4) $\boldsymbol{A}=\begin{pmatrix}1&-3&2\\-3&0&1\\1&1&-1\end{pmatrix}$.

3. 用初等变换法解如下矩阵方程：

(1) $\begin{pmatrix}3&-1\\-4&2\end{pmatrix}\boldsymbol{X}=\begin{pmatrix}-1&5\\2&-6\end{pmatrix}$；　　(2) $\boldsymbol{X}\begin{pmatrix}3&-1\\-4&2\end{pmatrix}=\begin{pmatrix}-1&5\\2&-6\end{pmatrix}$；

(3) $\begin{pmatrix}2&2&3\\1&-1&0\\-1&2&1\end{pmatrix}\boldsymbol{X}=\begin{pmatrix}4&2&3\\1&1&0\\-1&2&3\end{pmatrix}$；

(4) $\boldsymbol{X}\begin{pmatrix}1&2&1\\2&3&1\\3&5&3\end{pmatrix}=\begin{pmatrix}1&-1&2\\2&1&7\end{pmatrix}$.

4. 设$A=\begin{pmatrix}1 & -3 & 0\\ 2 & 1 & 0\\ 0 & 0 & 2\end{pmatrix}$，求矩阵$X$，使其满足$A+X=XA$.

5. 设三阶矩阵A,B满足$A^{-1}BA=5A+BA$，其中$A=\begin{pmatrix}\frac{1}{2} & 0 & 0\\ 0 & \frac{1}{6} & 0\\ 0 & 0 & \frac{1}{11}\end{pmatrix}$. 求矩阵$B$.

6. 设A,B为n阶矩阵，且满足$2B^{-1}A=A-4E$，其中E为n阶单位矩阵.
   (1) 证明$B-2E$为可逆矩阵，并求出$(B-2E)^{-1}$；
   (2) 已知$A=\begin{pmatrix}1 & -2 & 0\\ 1 & 2 & 0\\ 0 & 0 & 2\end{pmatrix}$，求出矩阵$B$.

2.6 矩阵的秩

矩阵的秩是矩阵理论中的一个重要概念. 要讨论清楚线性方程组理论及其求解问题，就有必要先弄清楚方程组的系数矩阵或增广矩阵的秩. 当然矩阵秩的重要性远不止于此. 下面我们用矩阵子式的概念来给出矩阵的秩的定义.

在$m\times n$矩阵A中，任意取定k行和k列($k\leqslant\min\{m,n\}$)，位于这些行与列交叉处的k^2个元素按原来的相对顺序排成的k阶行列式称为A的一个k**阶子式**. 显然，对于确定的k来说，在$m\times n$矩阵A中，k阶子式的总个数为$C_m^k\times C_n^k$. 把A中对应不同的k的所有k阶子式放在一起，可以分成两大类：值为零的与值不为零的. 值不为零的子式称为**非零子式**.

定义 2.6.1 在$m\times n$矩阵A中，非零子式的最高阶数称为A的**秩**. 记为$r(A)$. 有时也可用秩(A)表示A的秩.

所谓非零子式的最高阶数指的是，在所有的不等于零的那些子式中，阶数最高的子式的阶数. 例如，当$r(A)=3$时，说明在A中至少有一个三阶子式不是零，而所有的阶数大于3的子式都等于零. 但这并不是说，A中的所有三阶子式都不为零. 如果在A中找到某个r阶子式不等于零，那么只能断定$r(A)\geqslant r$. 因为有可能存在某些阶数大于r的非零子式. 如果发现A中所有的r阶子式都等于零，根据行列式展开定理，此时可以断定A中的所有阶数大于r的子式也都等于零，那么就能断定$r(A)\leqslant r-1$. 因为A中非零子式的最高阶数必小于r. 矩阵A没有非零子式当且仅当$A=O$，此时$r(A)=0$.

例1 求矩阵$A=\begin{pmatrix}2 & -3 & 8 & 2\\ 2 & 12 & -2 & 12\\ 1 & 3 & 1 & 4\end{pmatrix}$的秩.

解 容易计算出二阶行列式

$$\begin{vmatrix}2 & -3\\ 2 & 12\end{vmatrix}=30\neq 0.$$

$\boldsymbol{A}$ 是一个三行四列的矩阵，把 $\boldsymbol{A}$ 的三行全部取出，再从其四列中任取三列就可得到一个三阶子式，共有四个三阶子式. 我们算出 $\boldsymbol{A}$ 的所有三阶子式如下：

$$\begin{vmatrix} 2 & -3 & 8 \\ 2 & 12 & -2 \\ 1 & 3 & 1 \end{vmatrix}=0, \quad \begin{vmatrix} 2 & -3 & 2 \\ 2 & 12 & 12 \\ 1 & 3 & 4 \end{vmatrix}=0,$$

$$\begin{vmatrix} -3 & 8 & 2 \\ 12 & -2 & 12 \\ 3 & 1 & 4 \end{vmatrix}=0, \quad \begin{vmatrix} 2 & 8 & 2 \\ 2 & -2 & 12 \\ 1 & 1 & 4 \end{vmatrix}=0.$$

显然 $\boldsymbol{A}$ 不存在四阶子式，所以 $\boldsymbol{A}$ 的不等于零的最高阶子式的阶数为 2，因此 $\mathrm{r}(\boldsymbol{A})=2$.

例 2 显然，$\begin{pmatrix} \boldsymbol{E}_r & \boldsymbol{O} \\ \boldsymbol{O} & \boldsymbol{O} \end{pmatrix}$的秩为 r.

我们不加证明地给出以下结论.

定理 2.6.1 对矩阵施行初等变换，不改变矩阵的秩.

推论 设 $\boldsymbol{A}$ 为 $m\times n$ 矩阵，$\boldsymbol{P}$ 和 $\boldsymbol{Q}$ 分别为 m 阶和 n 阶可逆矩阵，则

$$\mathrm{r}(\boldsymbol{PA})=\mathrm{r}(\boldsymbol{A}). \quad \mathrm{r}(\boldsymbol{AQ})=\mathrm{r}(\boldsymbol{A}).$$

证 因为可逆矩阵 $\boldsymbol{P}$ 和 $\boldsymbol{Q}$ 都是若干个初等矩阵的乘积，用初等矩阵乘以矩阵就是对矩阵施行初等变换，而初等变换不会改变矩阵的秩，所以乘以可逆矩阵以后，矩阵的秩一定保持不变.

例 3 设 $\prod_{i=1}^{r} a_i \neq 0$，求下列 r 阶上三角矩阵的秩：

$$\boldsymbol{T}=\begin{pmatrix} a_1 & * & \cdots & * \\ & a_2 & \cdots & * \\ & & \ddots & \vdots \\ & & & a_r \end{pmatrix}.$$

解 由假设 $\prod_{i=1}^{r} a_i \neq 0$ 可知 r 阶方阵 $\boldsymbol{T}$ 的行列式

$$|\boldsymbol{T}|=\prod_{i=1}^{r} a_i \neq 0,$$

即 $\boldsymbol{T}$ 的行列式本身就是它的最高阶非零子式，所以 $\mathrm{r}(\boldsymbol{T})=r$.

例 4 设矩阵

$$\boldsymbol{A}=\begin{pmatrix} 6 & -1 & 8 \\ 4 & 2 & 0 \\ 0 & 0 & 1 \end{pmatrix}, \quad \boldsymbol{B}=\begin{pmatrix} 1 & 0 & 3 & -3 \\ 0 & 5 & 9 & 1 \\ 0 & 0 & 3 & 0 \end{pmatrix},$$

求矩阵 $\boldsymbol{AB}$ 的秩.

解 由于

$$|\boldsymbol{A}|=\begin{vmatrix} 6 & -1 & 8 \\ 4 & 2 & 0 \\ 0 & 0 & 1 \end{vmatrix}=16\neq 0,$$

所以 $\boldsymbol{A}$ 是可逆矩阵. 取矩阵 $\boldsymbol{B}$ 的全部三行和第 1,2,3 列，得到的三阶子式

$$\begin{vmatrix} 1 & 0 & 3 \\ 0 & 5 & 9 \\ 0 & 0 & 3 \end{vmatrix} = 15 \neq 0,$$

这显然是 $\boldsymbol{B}$ 的一个最高阶非零子式，所以 $\mathrm{r}(\boldsymbol{B})=3$. 由定理 2.6.1 的推论知 $\mathrm{r}(\boldsymbol{AB})=3$.

对于一般的矩阵而言，要确定它的非零子式的最高阶数，并非一件容易的事情. 但是，对于被称为阶梯形矩阵的矩阵来说，它的非零子式的最高阶数却是一目了然的.

定义 2.6.2 满足下列两个条件的矩阵称为**阶梯形矩阵**：

(1) 如果存在全零行（元素全为零的行），则全零行都位于矩阵中非零行（元素不全为零的行）的下方；

(2) 各非零行中从左边数起的第一个非零元素（称为**主元**）的列指标 j 随着行指标的递增而严格增大.

$m\times n$ **阶梯形矩阵**的一般形状是

$$\boldsymbol{T}=\begin{pmatrix} 0 & \cdots & 0 & a_{1j_1} & \cdots & * & * & \cdots & * & * & \cdots & * \\ 0 & \cdots & 0 & 0 & \cdots & 0 & a_{2j_2} & \cdots & * & * & \cdots & * \\ \vdots & & \vdots & \vdots & & \vdots & \vdots & & & \vdots & \vdots & \vdots \\ 0 & \cdots & 0 & 0 & \cdots & 0 & 0 & \cdots & a_{rj_r} & * & \cdots & * \\ 0 & \cdots & 0 & 0 & \cdots & 0 & 0 & \cdots & 0 & 0 & \cdots & 0 \\ \vdots & & \vdots & \vdots & & \vdots & \vdots & & \vdots & \vdots & & \vdots \\ 0 & \cdots & 0 & 0 & \cdots & 0 & 0 & \cdots & 0 & 0 & \cdots & 0 \end{pmatrix},$$

其中 $\prod_{i=1}^{r} a_{ij_i} \neq 0, 1\leqslant j_1 < j_2 < \cdots < j_r \leqslant n$.

从直观上看，第 i 个非零行从左边数起的第一个非零元素（即主元）为 a_{ij_i}，位于 a_{ij_i} 下面的元素必须全为零. 显然，$\boldsymbol{T}$ 有最高阶非零子式：

$$\begin{pmatrix} a_{1j_1} & * & \cdots & * \\ & a_{2j_2} & \cdots & * \\ & & \ddots & \vdots \\ & & & a_{rj_r} \end{pmatrix}, \quad \prod_{i=1}^{r} a_{ij_i} \neq 0.$$

于是 $\mathrm{r}(\boldsymbol{T})=r=$“$\boldsymbol{T}$ 中非零行的个数”.

因为我们要找出的是 $\boldsymbol{T}$ 中的非零行，所以这种阶梯形矩阵应该称为**行阶梯形矩阵**. 不过为了叙述简洁起见，在本课程中，我们就约定用“阶梯形矩阵”. 也可简称为**阶梯矩阵**或者**阶梯阵**.

如果对矩阵 $\boldsymbol{A}$ 施行初等行变换，得到其阶梯形矩阵后，进一步进行初等行变换，将阶梯形矩阵的主元全化为 1，且这些主元 1 所在列的其他元素全化为零，得到的阶梯形矩阵称为 $\boldsymbol{A}$ 的**简化行阶梯形矩阵**或称为 $\boldsymbol{A}$ 的**行最简形矩阵**. 简化行阶梯形矩阵的一般形式为

$$T=\begin{pmatrix} 0 & \cdots & 0 & 1 & \cdots & * & 0 & \cdots & 0 & * & \cdots & * \\ 0 & \cdots & 0 & 0 & \cdots & 0 & 1 & \cdots & 0 & * & \cdots & * \\ \vdots & & \vdots & \vdots & & \vdots & \vdots & & \vdots & \vdots & & \vdots \\ 0 & \cdots & 0 & 0 & \cdots & 0 & 0 & \cdots & 1 & * & \cdots & * \\ 0 & \cdots & 0 & 0 & \cdots & 0 & 0 & \cdots & 0 & 0 & \cdots & 0 \\ \vdots & & \vdots & \vdots & & \vdots & \vdots & & \vdots & \vdots & & \vdots \\ 0 & \cdots & 0 & 0 & \cdots & 0 & 0 & \cdots & 0 & 0 & \cdots & 0 \end{pmatrix} r\text{ 行}.$$

既然矩阵的初等变换不改变其秩,那么只要用初等行变换把任意矩阵 $\boldsymbol{A}$ 化成阶梯形矩阵 $\boldsymbol{T}$,就可求出它的秩:

$$\mathrm{r}(\boldsymbol{A})=\mathrm{r}(\boldsymbol{T})=\text{“}\boldsymbol{T}\text{ 中非零行的行数”}.$$

定理 2.6.2 对于任意一个非零矩阵,都可以通过初等行变换把它化成阶梯形矩阵.

定理的证明略去.

下面用例子具体说明将矩阵化成阶梯形和简化行阶梯形矩阵的方法.

例 5 把矩阵

$$\boldsymbol{A}=\begin{pmatrix} 3 & -1 & -4 & 2 & -2 \\ 1 & 0 & -1 & 1 & 0 \\ 1 & 2 & 1 & 3 & 4 \\ -1 & 4 & 3 & -3 & 0 \end{pmatrix}$$

化成阶梯形矩阵与简化行阶梯形矩阵,并求出 $\boldsymbol{A}$ 的秩.

解
$$\boldsymbol{A}=\begin{pmatrix} 3 & -1 & -4 & 2 & -2 \\ 1 & 0 & -1 & 1 & 0 \\ 1 & 2 & 1 & 3 & 4 \\ -1 & 4 & 3 & -3 & 0 \end{pmatrix}\xrightarrow{①\leftrightarrow②}\begin{pmatrix} 1 & 0 & -1 & 1 & 0 \\ 3 & -1 & -4 & 2 & -2 \\ 1 & 2 & 1 & 3 & 4 \\ -1 & 4 & 3 & -3 & 0 \end{pmatrix}$$

$$\xrightarrow[\substack{③+(-1)\times①\\④+1\times①}]{②+(-3)\times①}\begin{pmatrix} 1 & 0 & -1 & 1 & 0 \\ 0 & -1 & -1 & -1 & -2 \\ 0 & 2 & 2 & 2 & 4 \\ 0 & 4 & 2 & -2 & 0 \end{pmatrix}$$

$$\xrightarrow[④+4\times②]{③+2\times②}\begin{pmatrix} 1 & 0 & -1 & 1 & 0 \\ 0 & -1 & -1 & -1 & -2 \\ 0 & 0 & 0 & 0 & 0 \\ 0 & 0 & -2 & -6 & -8 \end{pmatrix}$$

$$\xrightarrow{③\leftrightarrow④}\begin{pmatrix} 1 & 0 & -1 & 1 & 0 \\ 0 & -1 & -1 & -1 & -2 \\ 0 & 0 & -2 & -6 & -8 \\ 0 & 0 & 0 & 0 & 0 \end{pmatrix}\xlongequal{\text{记为}}\boldsymbol{B}$$

$$\xrightarrow[(-\frac{1}{2})\times③]{(-1)\times②}\begin{pmatrix} 1 & 0 & -1 & 1 & 0 \\ 0 & 1 & 1 & 1 & 2 \\ 0 & 0 & 1 & 3 & 4 \\ 0 & 0 & 0 & 0 & 0 \end{pmatrix}$$

$$\xrightarrow[\text{②}+(-1)\times\text{③}]{\text{①}+1\times\text{③}}\begin{pmatrix}1&0&0&4&4\\0&1&0&-2&-2\\0&0&1&3&4\\0&0&0&0&0\end{pmatrix}\overset{\text{记为}}{=\!=}\boldsymbol{C}.$$

上述矩阵 $\boldsymbol{B}$ 就是 $\boldsymbol{A}$ 的阶梯形矩阵，它有三个非零行，即三个“台阶”，而矩阵 $\boldsymbol{C}$ 是 $\boldsymbol{A}$ 的简化行阶梯形矩阵. 矩阵 $\boldsymbol{A}$ 的秩就是它的阶梯形矩阵的非零行的个数，所以 $r(\boldsymbol{A})=3$.

从上例可以清楚地看出，简化行阶梯形矩阵与阶梯形矩阵的区别：简化行阶梯形矩阵的主元都是 1，而且除主元 1 以外，它所在列的其他元素全部被化成了 0.

例 6 分别求出矩阵

$$\boldsymbol{A}=\begin{pmatrix}1&2&3&4\\-1&-1&-4&-2\\3&4&11&8\end{pmatrix},\quad \boldsymbol{B}=\begin{pmatrix}-1&3&0&1\\4&-1&1&-2\\2&-2&0&1\end{pmatrix}$$

的秩.

解 用矩阵的初等行变换将矩阵化成阶梯形矩阵：

$$\boldsymbol{A}\to\begin{pmatrix}1&2&3&4\\0&1&-1&2\\0&-2&2&-4\end{pmatrix}\to\begin{pmatrix}1&2&3&4\\0&1&-1&2\\0&0&0&0\end{pmatrix},$$

阶梯形矩阵

$$\begin{pmatrix}1&2&3&4\\0&1&-1&2\\0&0&0&0\end{pmatrix}$$

有两个非零行，可见矩阵 $\boldsymbol{A}$ 的秩 $r(\boldsymbol{A})=2$. 同理，

$$\boldsymbol{B}\to\begin{pmatrix}-1&3&0&1\\0&11&1&2\\0&4&0&3\end{pmatrix}\to\begin{pmatrix}-1&0&3&1\\0&1&11&2\\0&0&4&3\end{pmatrix},$$

它有三个非零行，所以 $r(\boldsymbol{B})=3$.

注意 在求矩阵的秩时，可以只用初等行变换，但也允许用初等列变换. 而且不必化成简化行阶梯形矩阵.

例 7 试确定 k 为何值时，$\boldsymbol{A}=\begin{pmatrix}2&1&-1&-1\\1&3&-2&2\\3&4&k&1\end{pmatrix}$的秩为 2.

解 用初等行变换把 $\boldsymbol{A}$ 化成阶梯形矩阵.

$$\boldsymbol{A}=\begin{pmatrix}2&1&-1&-1\\1&3&-2&2\\3&4&k&1\end{pmatrix}\to\begin{pmatrix}1&3&-2&2\\2&1&-1&-1\\3&4&k&1\end{pmatrix}$$

$$\to\begin{pmatrix}1&3&-2&2\\0&-5&3&-5\\0&-5&k+6&-5\end{pmatrix}\to\begin{pmatrix}1&3&-2&2\\0&-5&3&-5\\0&0&k+3&0\end{pmatrix}.$$

由 $\boldsymbol{A}$ 的阶梯形矩阵知道，当 $k=-3$ 时，$\boldsymbol{A}$ 的秩为 2.

关于矩阵的秩，有以下结论：

(1) 设 $\boldsymbol{A}=(a_{ij})_{m\times n}$，则 $\mathrm{r}(\boldsymbol{A})\leqslant\min\{m,n\}$；

(2) $\mathrm{r}(\boldsymbol{A}^{\mathrm{T}})=\mathrm{r}(\boldsymbol{A})$. 实际上，$\boldsymbol{A}$ 与 $\boldsymbol{A}^{\mathrm{T}}$ 中的最高阶非零子式的阶数必相同.

(3) n 阶方阵 $\boldsymbol{A}$ 为可逆矩阵 $\Leftrightarrow|\boldsymbol{A}|\neq0\Leftrightarrow\mathrm{r}(\boldsymbol{A})=n$. 所以，可逆矩阵常称为**满秩矩阵**. 秩为 m 的 $m\times n$ 矩阵称为**行满秩矩阵**，秩为 n 的 $m\times n$ 矩阵称为**列满秩矩阵**.

(4) $\mathrm{r}(\boldsymbol{A})=0\Leftrightarrow\boldsymbol{A}=\boldsymbol{O}$.

例如，$\boldsymbol{A}=\begin{pmatrix}1&1&0\\1&2&3\end{pmatrix}$ 的秩为 2，所以 $\boldsymbol{A}$ 是行满秩矩阵；$\boldsymbol{B}=\begin{pmatrix}1&3\\1&5\\2&8\end{pmatrix}$ 的秩为 2，所以 $\boldsymbol{B}$ 是列满秩矩阵.

习　题　2.6

1. 求以下矩阵的秩：

(1) $\boldsymbol{A}=\begin{pmatrix}3&1&0&2\\1&-1&2&-1\\1&3&-4&4\end{pmatrix}$；　　(2) $\boldsymbol{A}=\begin{pmatrix}1&1&1&0&1\\2&1&-1&1&1\\1&2&-1&1&2\\0&1&2&3&3\end{pmatrix}$；

(3) $\boldsymbol{A}=\begin{pmatrix}3&2&-1&-3&-2\\2&-1&3&1&-3\\7&0&5&-1&-8\end{pmatrix}$；　(4) $\boldsymbol{A}=\begin{pmatrix}1&4&-1&2&2\\2&-2&1&1&0\\-2&-1&3&2&0\end{pmatrix}$.

2. 证明：$m\times n$ 矩阵 $\boldsymbol{A}$ 与 $\boldsymbol{B}$ 等价 $\Leftrightarrow\mathrm{r}(\boldsymbol{A})=\mathrm{r}(\boldsymbol{B})$.

3. 设矩阵 $\boldsymbol{A}=\begin{pmatrix}1&-1&1&2\\3&\lambda&-1&2\\5&3&\mu&6\end{pmatrix}$. 若 $\mathrm{r}(\boldsymbol{A})=2$，求 λ 和 μ 的值.

4. 设 $\boldsymbol{A}=\begin{pmatrix}0&0&1\\0&1&0\\1&0&0\end{pmatrix}$. 求 $\mathrm{r}(\boldsymbol{A}-2\boldsymbol{E})+\mathrm{r}(\boldsymbol{A}-\boldsymbol{E})$ 的值.

5. 求 n 阶矩阵 $\boldsymbol{A}=\begin{pmatrix}a&b&\cdots&b\\b&a&\cdots&b\\\vdots&\vdots&\ddots&\vdots\\b&b&\cdots&a\end{pmatrix}$ 的秩.

2.7　矩阵与线性方程组

本节简单介绍用矩阵的初等行变换解线性方程组的方法，并利用矩阵的秩给出齐次线性方程组有非零解的一个判别条件.

设 n 元线性方程组为

$$\begin{cases} a_{11}x_1+a_{12}x_2+\cdots+a_{1n}x_n=b_1, \\ a_{21}x_1+a_{22}x_2+\cdots+a_{2n}x_n=b_2, \\ \cdots\cdots\cdots\cdots\cdots\cdots\cdots\cdots \\ a_{m1}x_1+a_{m2}x_2+\cdots+a_{mn}x_n=b_m. \end{cases} \tag{2.10}$$

记
$$\boldsymbol{A}=\begin{pmatrix} a_{11} & a_{12} & \cdots & a_{1n} \\ a_{21} & a_{22} & \cdots & a_{2n} \\ \vdots & \vdots & & \vdots \\ a_{m1} & a_{m2} & \cdots & a_{mn} \end{pmatrix}, \quad \boldsymbol{x}=\begin{pmatrix} x_1 \\ x_2 \\ \vdots \\ x_n \end{pmatrix}, \quad \boldsymbol{b}=\begin{pmatrix} b_1 \\ b_2 \\ \vdots \\ b_m \end{pmatrix}.$$

利用矩阵的乘法，可将方程组(2.10)写成如下的矩阵方程形式：

$$\boldsymbol{Ax}=\boldsymbol{b}, \tag{2.11}$$

其中 $\boldsymbol{A}$ 为线性方程组的**系数矩阵**，称 $\boldsymbol{x}$ 为**未知列向量**，$\boldsymbol{b}$ 为**右端常向量**. 当 $\boldsymbol{b}=\boldsymbol{0}$ 时，(2.10)为齐次线性方程组.

线性方程组的增广矩阵是一个 $m\times(n+1)$ 矩阵，记为

$$\overline{\boldsymbol{A}}=(\boldsymbol{A},\boldsymbol{b})=\left(\begin{array}{cccc:c} a_{11} & a_{12} & \cdots & a_{1n} & b_1 \\ a_{21} & a_{22} & \cdots & a_{2n} & b_2 \\ \vdots & \vdots & & \vdots & \vdots \\ a_{m1} & a_{m2} & \cdots & a_{mn} & b_m \end{array}\right).$$

若 $x_1=c_1, x_2=c_2, \cdots, x_n=c_n$ 是线性方程组的一个解，则它必满足矩阵等式：

$$\begin{pmatrix} a_{11} & a_{12} & \cdots & a_{1n} \\ a_{21} & a_{22} & \cdots & a_{2n} \\ \vdots & \vdots & & \vdots \\ a_{m1} & a_{m2} & \cdots & a_{mn} \end{pmatrix}\begin{pmatrix} c_1 \\ c_2 \\ \vdots \\ c_n \end{pmatrix}=\begin{pmatrix} b_1 \\ b_2 \\ \vdots \\ b_m \end{pmatrix}.$$

若记 $\boldsymbol{c}=(c_1,c_2,\cdots,c_n)^{\mathrm{T}}$，则上述矩阵等式可简写为

$$\boldsymbol{Ac}=\boldsymbol{b}.$$

用矩阵的初等行变换求解线性方程组的原理：

设需要求解的线性方程组为 $\boldsymbol{Ax}=\boldsymbol{b}$. 如果存在某个可逆矩阵 $\boldsymbol{P}$，使得

$$\boldsymbol{P}(\boldsymbol{A},\boldsymbol{b})=(\boldsymbol{PA},\boldsymbol{Pb})=(\boldsymbol{T},\boldsymbol{d}),$$

即

$$\boldsymbol{PA}=\boldsymbol{T}, \quad \boldsymbol{Pb}=\boldsymbol{d},$$

则可证 $\boldsymbol{Ax}=\boldsymbol{b}$ 与 $\boldsymbol{Tx}=\boldsymbol{d}$ 必是同解方程组.

事实上，如果 $\boldsymbol{v}$ 是 $\boldsymbol{Ax}=\boldsymbol{b}$ 的解，则 $\boldsymbol{Av}=\boldsymbol{b}$，显然必有 $\boldsymbol{PAv}=\boldsymbol{Pb}$，即 $\boldsymbol{Tv}=\boldsymbol{d}$. 反之，如果 $\boldsymbol{v}$ 是 $\boldsymbol{Tx}=\boldsymbol{d}$ 的解，则 $\boldsymbol{Tv}=\boldsymbol{d}$，即 $\boldsymbol{PAv}=\boldsymbol{Pb}$，由 $\boldsymbol{P}$ 是可逆矩阵知道必有 $\boldsymbol{Av}=\boldsymbol{b}$.

因为可逆矩阵 $\boldsymbol{P}$ 必是若干个初等方阵的乘积，$\boldsymbol{P}$ 左乘矩阵$(\boldsymbol{A},\boldsymbol{b})$，相当于对$(\boldsymbol{A},\boldsymbol{b})$施行若干次初等行变换，所以只要用若干个初等行变换，把$(\boldsymbol{A},\boldsymbol{b})\to(\boldsymbol{T},\boldsymbol{d})$，那么，由于 $\boldsymbol{Ax}=\boldsymbol{b}$ 与 $\boldsymbol{Tx}=\boldsymbol{d}$ 同解，所以 $\boldsymbol{Tx}=\boldsymbol{d}$ 的解就是 $\boldsymbol{Ax}=\boldsymbol{b}$ 的解.

例 1 解线性方程组：

$$\begin{cases} x_1-x_2+2x_3-x_4=0, \\ 3x_1-5x_2+10x_3-7x_4=0, \\ x_1+x_2-2x_3+3x_4=0. \end{cases} \tag{2.12}$$

解 先用对线性方程组施行线性方程组的初等变换方法来求解.

$$\xrightarrow{②\leftrightarrow③}\begin{cases}x_1-x_2+2x_3-x_4=0,\\x_1+x_2-2x_3+3x_4=0,\\3x_1-5x_2+10x_3-7x_4=0,\end{cases}$$

$$\xrightarrow[③+(-3)\times①]{②+(-1)\times①}\begin{cases}x_1-x_2+2x_3-x_4=0,\\2x_2-4x_3+4x_4=0,\\-2x_2+4x_3-4x_4=0,\end{cases}$$

$$\xrightarrow{③+1\times②}\begin{cases}x_1-x_2+2x_3-x_4=0,\\x_2-4x_3+4x_4=0,\\0=0,\end{cases}$$

$$\xrightarrow{\frac{1}{2}\times②}\begin{cases}x_1-x_2+2x_3-x_4=0,\\x_2-2x_3+2x_4=0,\\0=0,\end{cases}\tag{2.13}$$

$$\xrightarrow{①+1\times②}\begin{cases}x_1+x_4=0,\\x_2-2x_3+2x_4=0,\\0=0,\end{cases}\tag{2.14}$$

形如(2.13)的方程组称为**阶梯形方程组**,形如(2.14)的方程组称为**简化的阶梯形方程组**.方程组(2.13)和(2.14)都与方程组(2.12)同解. 方程组(2.14)实际上由两个方程构成,它含4个未知量,其中必有两个未知量可以自由取值. 可以自由取值的未知量称为**自由未知量**. 不妨取 x_3,x_4 为自由未知量,(2.14)式即为

$$\begin{cases}x_1=-x_4,\\x_2=2x_3-2x_4.\end{cases}\tag{2.15}$$

每当 x_3,x_4 任意取定一组值,代入上式就得到方程组的一个解,故方程组有无穷多个解.

下面用矩阵的初等行变换求解方程组(2.12),对系数矩阵施行初等行变换,其过程可与上面的消元过程一一对照.

$$\boldsymbol{A}=\begin{pmatrix}1&-1&2&-1\\3&-5&10&-7\\1&1&-2&3\end{pmatrix}\xrightarrow{②\leftrightarrow③}\begin{pmatrix}1&-1&2&-1\\1&1&-2&3\\3&-5&10&-7\end{pmatrix}$$

$$\xrightarrow[③+(-3)\times①]{②+(-1)\times①}\begin{pmatrix}1&-1&2&-1\\0&2&-4&4\\0&-2&4&-4\end{pmatrix}$$

$$\xrightarrow{③+1\times②}\begin{pmatrix}1&-1&2&-1\\0&2&-4&4\\0&0&0&0\end{pmatrix}$$

$$\xrightarrow{\frac{1}{2}\times②}\begin{pmatrix}1&-1&2&-1\\0&1&-2&2\\0&0&0&0\end{pmatrix}\tag{2.13*}$$

$$\xrightarrow{①+1\times②}\begin{pmatrix}1&0&0&1\\0&1&-2&2\\0&0&0&0\end{pmatrix}=\boldsymbol{B}.\tag{2.14*}$$

矩阵 $\boldsymbol{B}$ 对应的方程组为

$$\begin{cases} x_1 = \quad\quad - x_4, \\ x_2 = 2x_3 - 2x_4. \end{cases}$$

它与方程组(2.13)同解. 称这个表达式为方程组(2.13)的**一般解**，其中 x_3, x_4 为自由未知量.

用消元法求解线性方程组的过程，实际上就是用线性方程组的初等变换简化方程组的系数的过程，由此达到消去若干未知量的目的. 对照上面两种求解方法，我们看出，线性方程组的每一种初等变换恰与其系数矩阵的同一种初等行变换对应. 例如，"交换两个方程"的变换对应其系数矩阵"交换两个对应行"的初等行变换. 另两种变换也类似.

另一方面也可看出，"阶梯形方程组(2.13)"的系数矩阵就是方程组(2.12)的系数矩阵的"行阶梯形矩阵(2.13)*"；"简化的阶梯形方程组(2.14)"的系数矩阵就是方程组(2.12)的系数矩阵的"简化行阶梯形矩阵(2.14)*".

这说明在求解齐次线性方程组时，可利用矩阵的初等行变换，将其系数矩阵化为简化行阶梯形矩阵，得出易于求解的同解线性方程组，然后求出方程组的解.

对于非齐次线性方程组，我们可以利用矩阵的初等行变换把它的增广矩阵化成简化行阶梯形矩阵，从而得到易于求解的同解线性方程组，然后求出方程组的解.

例 2 解线性方程组：

$$\begin{cases} x_1 + 2x_2 - 2x_3 = 4, \\ 2x_1 \quad\quad - x_3 = -3, \\ \quad\quad x_2 + 3x_3 = -1. \end{cases}$$

解 化线性方程组的增广矩阵为行最简形矩阵：

$$(\boldsymbol{A}, \boldsymbol{b}) = \left(\begin{array}{ccc|c} 1 & 2 & -2 & 4 \\ 2 & 0 & -1 & -3 \\ 0 & 1 & 3 & -1 \end{array}\right) \xrightarrow{②+(-2)\times①} \left(\begin{array}{ccc|c} 1 & 2 & -2 & 4 \\ 0 & -4 & 3 & -11 \\ 0 & 1 & 3 & -1 \end{array}\right)$$

$$\xrightarrow{②\leftrightarrow③} \left(\begin{array}{ccc|c} 1 & 2 & -2 & 4 \\ 0 & 1 & 3 & -1 \\ 0 & -4 & 3 & -11 \end{array}\right) \xrightarrow{③+4\times②} \left(\begin{array}{ccc|c} 1 & 2 & -2 & 4 \\ 0 & 1 & 3 & -1 \\ 0 & 0 & 15 & -15 \end{array}\right)$$

$$\xrightarrow{\frac{1}{15}\times③} \left(\begin{array}{ccc|c} 1 & 2 & -2 & 4 \\ 0 & 1 & 3 & -1 \\ 0 & 0 & 1 & -1 \end{array}\right) \xrightarrow[②+(-3)\times③]{①+2\times③} \left(\begin{array}{ccc|c} 1 & 2 & 0 & 2 \\ 0 & 1 & 0 & 2 \\ 0 & 0 & 1 & -1 \end{array}\right)$$

$$\xrightarrow{①+(-2)\times②} \left(\begin{array}{ccc|c} 1 & 0 & 0 & -2 \\ 0 & 1 & 0 & 2 \\ 0 & 0 & 1 & -1 \end{array}\right) = \boldsymbol{B}.$$

由增广矩阵的简化行阶梯形矩阵 $\boldsymbol{B}$，立即得方程组的唯一解：

$$x_1 = -2, \quad x_2 = 2, \quad x_3 = -1.$$

例 3 解线性方程组：

$$\begin{cases} -x_1 - 4x_2 + x_3 = 1, \\ \quad\quad - x_2 - x_3 = 1, \\ x_1 + 3x_2 - 2x_3 = 0. \end{cases}$$

解 把线性方程组的增广矩阵化成简化行阶梯形矩阵：

$$(\boldsymbol{A},\boldsymbol{b})=\left(\begin{array}{ccc|c}-1&-4&1&1\\0&-1&-1&1\\1&3&-2&0\end{array}\right)\rightarrow\left(\begin{array}{ccc|c}-1&-4&1&1\\0&-1&-1&1\\0&-1&-1&1\end{array}\right)$$

$$\rightarrow\left(\begin{array}{ccc|c}1&4&-1&-1\\0&-1&-1&1\\0&0&0&0\end{array}\right)\rightarrow\left(\begin{array}{ccc|c}1&0&-5&3\\0&1&1&-1\\0&0&0&0\end{array}\right)$$

由简化行阶梯形矩阵可得等价的方程组：

$$\begin{cases}x_1-\quad 5x_3=3,\\ \quad x_2+x_3=-1,\end{cases}$$

即

$$\begin{cases}x_1=5x_3+3,\\ x_2=-x_3-1.\end{cases}$$

取 x_3 为自由未知量，可知方程组有无穷多个解. 上式就是所给方程组的一般解.

注意，自由未知量的选取是相对的，在本例中得到等价方程组

$$\begin{cases}x_1-\quad 5x_3=3,\\ \quad x_2+x_3=-1\end{cases}$$

后，也可以选取 x_2 作为自由未知量，得

$$\begin{cases}x_1=-5x_2-2,\\ x_3=-x_2-1.\end{cases}$$

从而得到方程组的一般解.

下面利用矩阵的秩给出齐次线性方程组有非零解的充要条件.

定理 2.7.1 n 元齐次线性方程组 $\boldsymbol{Ax}=\boldsymbol{0}$ 有非零解的充要条件是系数矩阵 $\boldsymbol{A}=(a_{ij})_{m\times n}$ 的秩 $\mathrm{r}(\boldsymbol{A})<n$.

证 必要性 设方程组 $\boldsymbol{Ax}=\boldsymbol{0}$ 有非零解，要证 $\mathrm{r}(\boldsymbol{A})<n$.

用反证法. 设 $\mathrm{r}(\boldsymbol{A})=n$，此时必有 $n\leqslant m$，则 $m\times n$ 矩阵 $\boldsymbol{A}$ 中必有一个 n 阶行列式 $D_n\neq 0$. 根据克拉默法则，D_n 所对应的含 n 个方程、n 个未知量的齐次线性方程组只有零解，从而 $\boldsymbol{Ax}=\boldsymbol{0}$ 也只有零解. 这与方程组 $\boldsymbol{Ax}=\boldsymbol{0}$ 有非零解的假设矛盾，从而 $\mathrm{r}(\boldsymbol{A})=n$ 不成立，故有 $\mathrm{r}(\boldsymbol{A})<n$.

充分性 设 $\mathrm{r}(\boldsymbol{A})=r<n$，则 $\boldsymbol{A}$ 的行阶梯形矩阵只有 r 个非零行，从而方程组 $\boldsymbol{Ax}=\boldsymbol{0}$ 有 $n-r$ 个自由未知量，让自由未知量都取值为 1，即可得到线性方程组的一个非零解.

定理 2.7.1 中所述的条件 $\mathrm{r}(\boldsymbol{A})<n$ 的必要性是克拉默法则的推广. 克拉默法则只适用于 $m=n$ 的情形；其充分性包含了克拉默法则的逆命题. 因而由定理 2.7.1 及其证明过程可得：

推论 1 含有 n 个方程的 n 元齐次线性方程组 $\boldsymbol{Ax}=\boldsymbol{0}$ 有非零解的充要条件是 $|\boldsymbol{A}|=0$，且当它有非零解时，必有无穷多个非零解.

推论 2 若方程组 $\boldsymbol{Ax}=\boldsymbol{0}$ 中方程的个数小于未知量的个数，则方程组必有非零解.

事实上，方程组的系数矩阵的秩不超过其行数，即方程的个数. 所以 $\mathrm{r}(\boldsymbol{A})\leqslant m<n$.

关于线性方程组的详细讨论将在第四章中进行.

习 题 2.7

1. 解下列线性方程组：

(1) $\begin{cases} x_1-2x_2+2x_3+3x_4=0, \\ 3x_2+x_3+2x_4=0, \\ -x_1+x_2-x_3-4x_4=0; \end{cases}$ (2) $\begin{cases} x_1+2x_2+4x_3-3x_4=0, \\ 3x_1+5x_2+6x_3-5x_4=0, \\ 4x_1+5x_2-2x_3+3x_4=0; \end{cases}$

(3) $\begin{cases} x_1-x_2-x_3+x_4=0, \\ x_1-x_2+x_3-3x_4=0, \\ x_1-x_2-2x_3+3x_4=0; \end{cases}$ (4) $\begin{cases} 3x_1-5x_2+5x_3-3x_4=0, \\ x_1-2x_2+3x_3-x_4=0, \\ 2x_1-3x_2+2x_3-2x_4=0. \end{cases}$

2. 解下列线性方程组：

(1) $\begin{cases} x_1+2x_2+4x_3=31, \\ 5x_1+x_2+2x_3=29, \\ 3x_1-x_2-2x_3=2; \end{cases}$ (2) $\begin{cases} x+y-2z=-3, \\ 5x-2y+7z=22, \\ 2x-5y+4z=4. \end{cases}$

3. 求解线性方程组：

$$\begin{cases} 2x_1+x_2+2x_3-2x_4=3, \\ x_1-2x_2+3x_3-x_4=1, \\ 3x_1-x_2+5x_3-3x_4=4. \end{cases}$$

小 结

一、基本概念

1. $m\times n$ 矩阵，方阵，对角矩阵，三角矩阵，数量矩阵，单位矩阵，阶梯矩阵，对称矩阵，反对称矩阵.

2. 矩阵的各种运算(加法、减法、数乘、乘法、转置和求逆)及运算律.

3. 方阵的伴随矩阵.

4. 分块矩阵及其运算.

5. 矩阵的初等变换和初等方阵. 初等方阵的性质与功能.

6. 等价矩阵与矩阵的等价标准形.

7. 矩阵的秩，满秩矩阵，行满秩矩阵和列满秩矩阵.

8. 线性方程组的初等变换，线性方程组的矩阵形式.

二、基本结论与公式

1. 两个同型矩阵才可以相加和相减，且保持行数和列数不变.

2. 矩阵 $\boldsymbol{A}=(a_{ij})_{m\times k}$ 与矩阵 $\boldsymbol{B}=(b_{ij})_{k\times n}$ 的乘积 $\boldsymbol{AB}=(c_{ij})_{m\times n}$ 中元素为

$$c_{ij}=a_{i1}b_{1j}+a_{i2}b_{2j}+\cdots+a_{ik}b_{kj},\quad i=1,2,\cdots,m;j=1,2,\cdots,n.$$

3. 矩阵的乘法不满足交换律和消去律.

4. 只有方阵才可以取行列式，并有 $|k\boldsymbol{A}|_n=k^n|\boldsymbol{A}|_n$，$|\boldsymbol{AB}|=|\boldsymbol{A}|\cdot|\boldsymbol{B}|$.

5. n 阶方阵 $\boldsymbol{A}=(a_{ij})_{n\times n}$ 可逆当且仅当它的行列式 $|\boldsymbol{A}|\neq 0$. 它的逆矩阵为

$$\boldsymbol{A}^{-1}=\frac{1}{|\boldsymbol{A}|}\boldsymbol{A}^{*}.$$

这里伴随矩阵 $\boldsymbol{A}^{*}=(A_{ij})_{n\times n}$，$A_{ij}$ 为元素 a_{ij} 在行列式 $|\boldsymbol{A}|$ 中的代数余子式，它在 $\boldsymbol{A}^{*}$ 的 (j,i) 位置上. $\boldsymbol{A}\boldsymbol{A}^{*}=|\boldsymbol{A}|\boldsymbol{E}$，$|\boldsymbol{A}^{*}|=|\boldsymbol{A}|^{n-1}$，$|\boldsymbol{A}^{-1}|=|\boldsymbol{A}|^{-1}$.

6. 反序律：$(\boldsymbol{AB})^{\mathrm{T}}=\boldsymbol{B}^{\mathrm{T}}\boldsymbol{A}^{\mathrm{T}}$，$(\boldsymbol{AB})^{-1}=\boldsymbol{B}^{-1}\boldsymbol{A}^{-1}$.

7. 对矩阵施行初等变换，不改变它的秩.

三、重点练习内容

1. 求矩阵的乘积.
2. 用矩阵的初等行变换求方阵的逆矩阵.
3. 用矩阵的初等行变换求矩阵方程的解.
4. 用矩阵的初等变换求矩阵的秩.
5. 用矩阵的初等行变换求线性方程组的一般解.

第三章　向 量 空 间

本章介绍 n 维向量的有关概念和向量空间的基本概念. 先讨论向量组的线性相关性和线性无关性,然后引进极大线性无关向量组这个概念, 定义向量组的秩,并进一步讨论向量组的秩和矩阵的秩之间的关系,最后给出向量空间的概念.

3.1　n 维向量概念及其线性运算

3.1.1　n 维向量及其线性运算

在平面解析几何中,我们知道一个平面向量可用一条有向线段来表示,线段的一端点称为它的起点,另一端点称为它的终点. 若一个向量的起点放在原点 $O(0,0)$ 上,终点为平面上的点 $A(a,b)$,则向量$\overrightarrow{OA}$可以用二元有序数组(a,b)来表示,仍记为$\overrightarrow{OA}=(a,b)$(称为点 A 的向径),如图 3-1 所示.

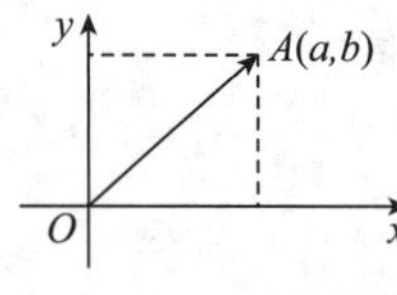

图 3-1

若抛开向量的几何背景,而把一个向量抽象为一个数组,且数组中数的个数不限于两个,那么向量可表示的对象就十分广泛. 这使得向量理论在数学和其他应用科学以及经济管理科学中都有着广泛的应用.

下面我们给出 n 维向量的概念.

定义 3.1.1　由 n 个数 $a_1,a_2,\cdots,a_n$ 组成的有序数组

$$(a_1,a_2,\cdots,a_n)$$

称为一个 n **维向量**,数 a_i 称为该向量的**第 i 个分量**$(i=1,2,\cdots,n)$.

分量全为实数的向量称为**实向量**, 分量为复数的向量称为**复向量**, 除非有特别声明, 本书一般只讨论实向量.

向量的维数指的是向量中分量的个数.

向量可以写成一行:$(a_1,a_2,\cdots,a_n)$;也可以写成一列:

$$\begin{pmatrix} a_1 \\ a_2 \\ \vdots \\ a_n \end{pmatrix},$$

前者称为**行向量**,后者称为**列向量**. 列向量也可以写成$(a_1,a_2,\cdots,a_n)^{\mathrm{T}}$ 的形式.

今后,我们将用小写黑体字母 $\boldsymbol{\alpha},\boldsymbol{\beta},\boldsymbol{x},\boldsymbol{y},\cdots$ 来表示向量,用带下标的白体字母 $a_i,b_i,x_i,y_i,\cdots$ 表示向量的分量.

n 维向量还可以用矩阵方法进行定义. 一个 n 维行向量就直接定义为一个 $1\times n$ 矩阵

$$\boldsymbol{\alpha}=(a_1,a_2,\cdots,a_n).$$

一个 n 维列向量就定义为一个 $n\times1$ 矩阵

$$\boldsymbol{\beta}=\begin{pmatrix}b_1\\b_2\\\vdots\\b_n\end{pmatrix}.$$

既然向量又是一种特殊的矩阵，则向量相等、零向量、负向量的定义及向量运算的定义，自然都应与矩阵的相应的定义一致.

定义 3.1.2 所有分量都是零的 n 维向量称为 **n 维零向量**. 零向量记为

$$\mathbf{0}=(0,0,\cdots,0).$$

注意 不同维数的零向量是不相等的.

把向量 $\boldsymbol{\alpha}=(a_1,a_2,\cdots,a_n)$ 的各个分量都取相反数组成的向量，称为 $\boldsymbol{\alpha}$ 的**负向量**，记为

$$-\boldsymbol{\alpha}=(-a_1,-a_2,\cdots,-a_n).$$

n 维向量的全体所组成的集合记为 $\mathbf{R}^n$.

定义 3.1.3 如果 n 维向量 $\boldsymbol{\alpha}=(a_1,a_2,\cdots,a_n)$ 与 n 维向量 $\boldsymbol{\beta}=(b_1,b_2,\cdots,b_n)$ 的对应分量都相等，即 $a_i=b_i(i=1,2,\cdots,n)$，则称**向量 $\boldsymbol{\alpha}$ 与 $\boldsymbol{\beta}$ 相等**，记为 $\boldsymbol{\alpha}=\boldsymbol{\beta}$.

定义 3.1.4（向量的加法） 设 n 维向量 $\boldsymbol{\alpha}=(a_1,a_2,\cdots,a_n)$，$\boldsymbol{\beta}=(b_1,b_2,\cdots,b_n)$，则 $\boldsymbol{\alpha}$ 与 $\boldsymbol{\beta}$ 的**和**是向量

$$\boldsymbol{\alpha}+\boldsymbol{\beta}=(a_1+b_1,a_2+b_2,\cdots,a_n+b_n).$$

利用负向量的概念，可以定义向量的**减法**：

$$\boldsymbol{\alpha}-\boldsymbol{\beta}=\boldsymbol{\alpha}+(-\boldsymbol{\beta})=(a_1-b_1,a_2-b_2,\cdots,a_n-b_n).$$

定义 3.1.5（数与向量的乘法） 设 $\boldsymbol{\alpha}=(a_1,a_2,\cdots,a_n)$ 是一个 n 维向量，k 为一个数，则数 k 与 $\boldsymbol{\alpha}$ 的乘积称为**数乘向量**，简称为**数乘**，记为 $k\boldsymbol{\alpha}$，并且

$$k\boldsymbol{\alpha}=k(a_1,a_2,\cdots,a_n)=(ka_1,ka_2,\cdots,ka_n).$$

我们约定：对于任意实数 k 以及任意的 n 维向量 $\boldsymbol{\alpha}$，都有

$$k\boldsymbol{\alpha}=\boldsymbol{\alpha}k.$$

以上就是行向量的情形，定义了向量的加法、减法和数乘运算. 对列向量的情形，可完全类似地定义向量的加法、减法和数乘运算. 需要注意的是，一个 n 维行向量与一个 n 维列向量不能相加或相减.

向量的加、减法运算及数乘运算统称为向量的**线性运算**，这是向量最基本的运算.

向量的运算满足下列八条运算律：设 $\boldsymbol{\alpha},\boldsymbol{\beta},\boldsymbol{\gamma}$ 都是 n 维向量，k,l 是数，则

(1) $\boldsymbol{\alpha}+\boldsymbol{\beta}=\boldsymbol{\beta}+\boldsymbol{\alpha}$；（加法交换律）

(2) $(\boldsymbol{\alpha}+\boldsymbol{\beta})+\boldsymbol{\gamma}=\boldsymbol{\alpha}+(\boldsymbol{\beta}+\boldsymbol{\gamma})$；（加法结合律）

(3) $\boldsymbol{\alpha}+\mathbf{0}=\boldsymbol{\alpha}$；

(4) $\boldsymbol{\alpha}+(-\boldsymbol{\alpha})=\mathbf{0}$；

(5) $1\times\boldsymbol{\alpha}=\boldsymbol{\alpha}$；

(6) $k(\boldsymbol{\alpha}+\boldsymbol{\beta})=k\boldsymbol{\alpha}+k\boldsymbol{\beta}$；（数乘分配律）

(7) $(k+l)\boldsymbol{\alpha}=k\boldsymbol{\alpha}+l\boldsymbol{\alpha}$；（数乘分配律）

(8) $(kl)\boldsymbol{\alpha}=k(l\boldsymbol{\alpha})$.（数乘结合律）

例 1 设 $\boldsymbol{\alpha}=(2,1,3)$，$\boldsymbol{\beta}=(-1,3,6)$，$\boldsymbol{\gamma}=(2,-1,4)$. 求向量 $2\boldsymbol{\alpha}+3\boldsymbol{\beta}-\boldsymbol{\gamma}$.

解
$$\begin{aligned}2\boldsymbol{\alpha}+3\boldsymbol{\beta}-\boldsymbol{\gamma}&=2(2,1,3)+3(-1,3,6)-(2,-1,4)\\&=(4,2,6)+(-3,9,18)-(2,-1,4)\\&=(-1,12,20).\end{aligned}$$

例 2 设 $\boldsymbol{\alpha}=(1,0,-2,3)$，$\boldsymbol{\beta}=(4,-1,-2,3)$，求满足 $2\boldsymbol{\alpha}+\boldsymbol{\beta}+3\boldsymbol{\gamma}=\mathbf{0}$ 的 $\boldsymbol{\gamma}$.

解
$$\begin{aligned}\boldsymbol{\gamma}=-\frac{1}{3}(2\boldsymbol{\alpha}+\boldsymbol{\beta})&=-\frac{1}{3}[2(1,0,-2,3)+(4,-1,-2,3)]\\&=-\frac{1}{3}[(2,0,-4,6)+(4,-1,-2,3)]\\&=\left(-2,\frac{1}{3},2,-3\right).\end{aligned}$$

3.1.2 向量的线性组合

1. 向量的线性组合

定义 3.1.6 设 $\boldsymbol{\alpha}_1,\boldsymbol{\alpha}_2,\cdots,\boldsymbol{\alpha}_m$ 是一组 n 维向量，$k_1,k_2,\cdots,k_m$ 是一组常数，则称
$$k_1\boldsymbol{\alpha}_1+k_2\boldsymbol{\alpha}_2+\cdots+k_m\boldsymbol{\alpha}_m$$
为 $\boldsymbol{\alpha}_1,\boldsymbol{\alpha}_2,\cdots,\boldsymbol{\alpha}_m$ 的一个**线性组合**. 常数 $k_1,k_2,\cdots,k_m$ 称为该线性组合的**组合系数**.

若一个 n 维向量 $\boldsymbol{\beta}$ 可以表示成
$$\boldsymbol{\beta}=k_1\boldsymbol{\alpha}_1+k_2\boldsymbol{\alpha}_2+\cdots+k_m\boldsymbol{\alpha}_m,$$
则称 $\boldsymbol{\beta}$ 是 $\boldsymbol{\alpha}_1,\boldsymbol{\alpha}_2,\cdots,\boldsymbol{\alpha}_m$ 的线性组合，或称 $\boldsymbol{\beta}$ 可用 $\boldsymbol{\alpha}_1,\boldsymbol{\alpha}_2,\cdots,\boldsymbol{\alpha}_m$ **线性表出**（或**线性表示**）. 仍称 $k_1,k_2,\cdots,k_m$ 为**组合系数**，或**表出系数**.

显然，零向量可以用任意一组同维数的向量线性表出：
$$\mathbf{0}=0\cdot\boldsymbol{\alpha}_1+0\cdot\boldsymbol{\alpha}_2+\cdots+0\cdot\boldsymbol{\alpha}_m,$$
称它为零向量的**平凡表出式**. 这说明：表出系数可以全为零. 表出系数全为零时被表出的向量必是零向量.

若干个同维数的向量所组成的集合称为**向量组**. m 个向量 $\boldsymbol{\alpha}_1,\boldsymbol{\alpha}_2,\cdots,\boldsymbol{\alpha}_m$ 组成的向量组可记为 $R:\boldsymbol{\alpha}_1,\boldsymbol{\alpha}_2,\cdots,\boldsymbol{\alpha}_m$ 或 $R=\{\boldsymbol{\alpha}_1,\boldsymbol{\alpha}_2,\cdots,\boldsymbol{\alpha}_m\}$.

对一个 $m\times n$ 矩阵 $\boldsymbol{A}=(a_{ij})_{m\times n}$，将 $\boldsymbol{A}$ 按行分块可得一个 n 维行向量组
$$(a_{i1},a_{i2},\cdots,a_{in}),\quad i=1,2,\cdots,m,$$
称之为 $\boldsymbol{A}$ 的**行向量组**；将 $\boldsymbol{A}$ 按列分块可得一个 m 维列向量组
$$\begin{pmatrix}a_{1j}\\a_{2j}\\\vdots\\a_{mj}\end{pmatrix},\quad j=1,2,\cdots,n,$$
称之为 $\boldsymbol{A}$ 的**列向量组**.

考虑下面的 n **维标准单位向量组**：
$$\boldsymbol{\varepsilon}_i=(0,\cdots,0,1,0,\cdots,0),\quad i=1,2,\cdots,n,$$
$\boldsymbol{\varepsilon}_i$ 中第 i 个分量为 1，其余分量都为 0. 显然，任意一个 n 维向量 $\boldsymbol{\alpha}=(a_1,a_2,\cdots,a_n)$ 都可以唯一地表示成这 n 个标准单位向量的线性组合：

$$\boldsymbol{\alpha}=a_1\boldsymbol{\varepsilon}_1+a_2\boldsymbol{\varepsilon}_2+\cdots+a_n\boldsymbol{\varepsilon}_n.$$

2. 向量的线性表出关系的几何解释

我们以二维向量的线性表出关系为例,给出它的一个几何解释.

任意取定二维非零向量 $\boldsymbol{\alpha},\boldsymbol{\beta}$,则 $\boldsymbol{\beta}$ 可用 $\boldsymbol{\alpha}$ 线性表出 $\Leftrightarrow\boldsymbol{\beta}=k\boldsymbol{\alpha}$,即 $\boldsymbol{\alpha}$ 与 $\boldsymbol{\beta}$ 共线(或称为平行).这就是要求 $\boldsymbol{\alpha}$ 与 $\boldsymbol{\beta}$ 的对应分量成比例.

例 3 (1) 因为 $(2,4,6)=2(1,2,3)$,所以 $\boldsymbol{\beta}=(2,4,6)$ 可用 $\boldsymbol{\alpha}=(1,2,3)$ 线性表出:$\boldsymbol{\beta}=2\boldsymbol{\alpha}$.但 $\boldsymbol{\gamma}=(2,4,5)$ 不能用 $\boldsymbol{\alpha}=(1,2,3)$ 线性表出.

(2) 因为 $(5,10,15)=(1,2,3)+2(2,4,6)$,所以 $\boldsymbol{\gamma}=(5,10,15)$ 可用 $\boldsymbol{\alpha}=(1,2,3),\boldsymbol{\beta}=(2,4,6)$ 线性表出:$\boldsymbol{\gamma}=\boldsymbol{\alpha}+2\boldsymbol{\beta}$.

3. 线性组合的矩阵表示法

为了充分利用矩阵来研究向量之间的关系,我们要引进线性组合的矩阵表示法.

向量 $\boldsymbol{\beta}=(b_1,b_2,\cdots,b_n)^{\mathrm{T}}$ 可用向量组

$$\boldsymbol{\alpha}_1=(a_{11},a_{21},\cdots,a_{n1})^{\mathrm{T}},\quad\cdots,\quad\boldsymbol{\alpha}_m=(a_{1m},a_{2m},\cdots,a_{nm})^{\mathrm{T}}$$

线性表出的充要条件是存在 m 个数 $k_1,k_2,\cdots,k_m$,使得

$$k_1\boldsymbol{\alpha}_1+k_2\boldsymbol{\alpha}_2+\cdots+k_m\boldsymbol{\alpha}_m=\boldsymbol{\beta}.\tag{3.1}$$

利用向量的线性运算,(3.1)式可以写成如下的 m 元线性方程组:

$$\begin{cases}a_{11}x_1+a_{12}x_2+\cdots+a_{1m}x_m=b_1\\a_{21}x_1+a_{22}x_2+\cdots+a_{2m}x_m=b_2\\\cdots\cdots\cdots\cdots\cdots\cdots\\a_{n1}x_1+a_{n2}x_2+\cdots+a_{nm}x_m=b_n.\end{cases}\tag{3.2}$$

那么,存在 m 个数 $k_1,k_2,\cdots,k_m$,使得(3.1)式成立当且仅当方程组(3.2)有解.

构造 $n\times m$ 矩阵 $\boldsymbol{A}=(\boldsymbol{\alpha}_1,\boldsymbol{\alpha}_2,\cdots,\boldsymbol{\alpha}_m)$,并令 $\boldsymbol{x}=(x_1,x_2,\cdots,x_m)^{\mathrm{T}}$.根据分块矩阵的乘法规则,方程组(3.2)可写成矩阵形式:

$$x_1\boldsymbol{\alpha}_1+x_2\boldsymbol{\alpha}_2+\cdots+x_m\boldsymbol{\alpha}_m=(\boldsymbol{\alpha}_1,\boldsymbol{\alpha}_2,\cdots,\boldsymbol{\alpha}_m)\begin{pmatrix}x_1\\x_2\\\vdots\\x_m\end{pmatrix}=\boldsymbol{\beta},$$

或简写成 $\boldsymbol{A}\boldsymbol{x}=\boldsymbol{\beta}$.

于是满足(3.1)式的表出系数 $k_1,k_2,\cdots,k_m$ 就是线性方程组 $\boldsymbol{A}\boldsymbol{x}=\boldsymbol{\beta}$ 的解.

若方程组(3.2)有唯一解,则表明 $\boldsymbol{\beta}$ 可用 $\boldsymbol{\alpha}_1,\boldsymbol{\alpha}_2,\cdots,\boldsymbol{\alpha}_m$ 线性表出,且表示法是唯一的.

若方程组(3.2)有无穷多个解,则表明 $\boldsymbol{\beta}$ 可用 $\boldsymbol{\alpha}_1,\boldsymbol{\alpha}_2,\cdots,\boldsymbol{\alpha}_m$ 线性表出,且表示法不唯一.

若方程组(3.2)无解,则表明 $\boldsymbol{\beta}$ 不能用 $\boldsymbol{\alpha}_1,\boldsymbol{\alpha}_2,\cdots,\boldsymbol{\alpha}_m$ 线性表出.

如果 $\boldsymbol{\alpha}_1,\boldsymbol{\alpha}_2,\cdots,\boldsymbol{\alpha}_m$ 和 $\boldsymbol{\beta}$ 都是 n 维行向量,此时,必须构造 $n\times m$ 矩阵 $\boldsymbol{A}=(\boldsymbol{\alpha}_1^{\mathrm{T}},\boldsymbol{\alpha}_2^{\mathrm{T}},\cdots,\boldsymbol{\alpha}_m^{\mathrm{T}})$,即把所给的行向量全部转置成列向量,再依次存放构造出矩阵 $\boldsymbol{A}$,则

$$k_1\boldsymbol{\alpha}_1+k_2\boldsymbol{\alpha}_2+\cdots+k_m\boldsymbol{\alpha}_m=\boldsymbol{\beta}\text{ 成立}\Leftrightarrow k_1\boldsymbol{\alpha}_1^{\mathrm{T}}+k_2\boldsymbol{\alpha}_2^{\mathrm{T}}+\cdots+k_m\boldsymbol{\alpha}_m^{\mathrm{T}}=\boldsymbol{\beta}^{\mathrm{T}}\text{ 成立}$$
$$\Leftrightarrow\boldsymbol{A}\boldsymbol{x}=\boldsymbol{\beta}^{\mathrm{T}}\text{ 有解}.$$

注意 所述线性方程组的方程个数就是所讨论的向量维数(分量个数)n.所述线性方程组的未知量个数就是所讨论的向量个数 m,即表出系数个数.

4. 表出系数的求法

下面用具体的例子来说明表出系数的求法.

例 4 问 $\boldsymbol{\beta}=(-1,1,5)^{\mathrm{T}}$ 能否表示成 $\boldsymbol{\alpha}_1=(1,2,3)^{\mathrm{T}},\boldsymbol{\alpha}_2=(0,1,4)^{\mathrm{T}},\boldsymbol{\alpha}_3=(2,3,6)^{\mathrm{T}}$ 的线性组合？

解 设线性方程组为

$$x_1\boldsymbol{\alpha}_1+x_2\boldsymbol{\alpha}_2+x_3\boldsymbol{\alpha}_3=\boldsymbol{\beta}.$$

$\boldsymbol{\beta}$ 能否表示成 $\boldsymbol{\alpha}_1,\boldsymbol{\alpha}_2,\boldsymbol{\alpha}_3$ 的线性组合，取决于该方程组是否有解. 对它的增广矩阵施行初等行变换，得

$$(\boldsymbol{A},\boldsymbol{\beta})=(\boldsymbol{\alpha}_1,\boldsymbol{\alpha}_2,\boldsymbol{\alpha}_3,\boldsymbol{\beta})=\left(\begin{array}{ccc:c}1&0&2&-1\\2&1&3&1\\3&4&6&5\end{array}\right)\to\left(\begin{array}{ccc:c}1&0&2&-1\\0&1&-1&3\\0&4&0&8\end{array}\right)$$

$$\to\left(\begin{array}{ccc:c}1&0&2&-1\\0&1&-1&3\\0&0&4&-4\end{array}\right)\to\left(\begin{array}{ccc:c}1&0&2&-1\\0&1&-1&3\\0&0&1&-1\end{array}\right)$$

$$\to\left(\begin{array}{ccc:c}1&0&0&1\\0&1&0&2\\0&0&1&-1\end{array}\right)=(\boldsymbol{T},\boldsymbol{d}).$$

显然，$x_1\boldsymbol{\alpha}_1+x_2\boldsymbol{\alpha}_2+x_3\boldsymbol{\alpha}_3=\boldsymbol{\beta}$ 的同解方程组 $\boldsymbol{Tx}=\boldsymbol{d}$ 就是

$$\begin{cases}x_1=1,\\x_2=2,\\x_3=-1.\end{cases}$$

它的唯一的解就是 $x_1=1,x_2=2,x_3=-1$，所以 $\boldsymbol{\beta}$ 可以唯一地表示成 $\boldsymbol{\alpha}_1,\boldsymbol{\alpha}_2,\boldsymbol{\alpha}_3$ 的线性组合，且 $\boldsymbol{\beta}=\boldsymbol{\alpha}_1+2\boldsymbol{\alpha}_2-\boldsymbol{\alpha}_3$.

例 5 问 $\boldsymbol{\beta}=(4,5,5)$ 能否表示成 $\boldsymbol{\alpha}_1=(1,2,3),\boldsymbol{\alpha}_2=(-1,1,4),\boldsymbol{\alpha}_3=(3,3,2)$ 的线性组合？

解 考查线性方程组

$$x_1\boldsymbol{\alpha}_1^{\mathrm{T}}+x_2\boldsymbol{\alpha}_2^{\mathrm{T}}+x_3\boldsymbol{\alpha}_3^{\mathrm{T}}=\boldsymbol{\beta}^{\mathrm{T}}.$$

用矩阵的初等行变换化简方程组的增广矩阵：

$$(\boldsymbol{\alpha}_1^{\mathrm{T}},\boldsymbol{\alpha}_2^{\mathrm{T}},\boldsymbol{\alpha}_3^{\mathrm{T}},\boldsymbol{\beta}^{\mathrm{T}})=\left(\begin{array}{ccc:c}1&-1&3&4\\2&1&3&5\\3&4&2&5\end{array}\right)\to\left(\begin{array}{ccc:c}1&-1&3&4\\0&3&-3&-3\\0&7&-7&-7\end{array}\right)$$

$$\to\left(\begin{array}{ccc:c}1&-1&3&4\\0&1&-1&-1\\0&0&0&0\end{array}\right)\to\left(\begin{array}{ccc:c}1&0&2&3\\0&1&-1&-1\\0&0&0&0\end{array}\right).$$

方程组的同解方程组为

$$\begin{cases}x_1=\quad 3-2x_3,\\x_2=-1+\ x_3.\end{cases}$$

取 $x_3=k$，则有

$$\boldsymbol{\beta}=(3-2k)\boldsymbol{\alpha}_1+(k-1)\boldsymbol{\alpha}_2+k\boldsymbol{\alpha}_3,\quad k\text{ 可任意取值}.$$

这说明 $\boldsymbol{\beta}$ 用 $\boldsymbol{\alpha}_1,\boldsymbol{\alpha}_2,\boldsymbol{\alpha}_3$ 线性表出的方法有无穷多种.

例 6 已知 $\boldsymbol{\alpha}_1=(1,4,0,2)^{\mathrm{T}},\boldsymbol{\alpha}_2=(2,7,1,3)^{\mathrm{T}},\boldsymbol{\alpha}_3=(0,1,-1,1)^{\mathrm{T}},\boldsymbol{\beta}=(3,10,t,4)^{\mathrm{T}}$. 问 t 取何值时，(1) $\boldsymbol{\beta}$ 不能由 $\boldsymbol{\alpha}_1,\boldsymbol{\alpha}_2,\boldsymbol{\alpha}_3$ 线性表出？(2) $\boldsymbol{\beta}$ 可由 $\boldsymbol{\alpha}_1,\boldsymbol{\alpha}_2,\boldsymbol{\alpha}_3$ 线性表出，并写出表示式.

解 设 $x_1\boldsymbol{\alpha}_1+x_2\boldsymbol{\alpha}_2+x_3\boldsymbol{\alpha}_3=\boldsymbol{\beta}$. 等价的线性方程组为

$$\begin{cases} x_1+2x_2 \qquad =3, \\ 4x_1+7x_2+x_3=10, \\ \qquad x_2-x_3=t, \\ 2x_1+3x_2+x_3=4. \end{cases}$$

对方程组的增广矩阵施行初等行变换：

$$(\boldsymbol{A},\boldsymbol{b})=\left(\begin{array}{ccc:c} 1 & 2 & 0 & 3 \\ 4 & 7 & 1 & 10 \\ 0 & 1 & -1 & t \\ 2 & 3 & 1 & 4 \end{array}\right)\to\left(\begin{array}{ccc:c} 1 & 2 & 0 & 3 \\ 0 & -1 & 1 & -2 \\ 0 & 1 & -1 & t \\ 0 & -1 & 1 & -2 \end{array}\right)$$

$$\to\left(\begin{array}{ccc:c} 1 & 2 & 0 & 3 \\ 0 & -1 & 1 & -2 \\ 0 & 1 & -1 & t \\ 0 & 0 & 0 & 0 \end{array}\right)\to\left(\begin{array}{ccc:c} 1 & 0 & 2 & -1 \\ 0 & 1 & -1 & 2 \\ 0 & 0 & 0 & t-2 \\ 0 & 0 & 0 & 0 \end{array}\right).$$

(1) 当 $t\neq 2$ 时，阶梯形矩阵的第三行对应一个矛盾方程，这时方程组无解，所以 $\boldsymbol{\beta}$ 不能由 $\boldsymbol{\alpha}_1,\boldsymbol{\alpha}_2,\boldsymbol{\alpha}_3$ 线性表出.

(2) 当 $t=2$ 时，同解方程组为

$$\begin{cases} x_1+2x_3=-1, \\ x_2-x_3=2. \end{cases}$$

它的一般解为

$$x_1=-2k-1,\quad x_2=k+2,\quad x_3=k,\quad k \text{ 为任意常数}.$$

此时方程组有无穷多个解，故 $\boldsymbol{\beta}$ 可由 $\boldsymbol{\alpha}_1,\boldsymbol{\alpha}_2,\boldsymbol{\alpha}_3$ 线性表出，且表示法不唯一，表示式为

$$\boldsymbol{\beta}=(-2k-1)\boldsymbol{\alpha}_1+(k+2)\boldsymbol{\alpha}_2+k\boldsymbol{\alpha}_3,\quad k \text{ 为任意常数}.$$

习 题 3.1

1. 设 $\boldsymbol{\alpha}=(1,1,0,-1),\boldsymbol{\beta}=(-2,1,0,0),\boldsymbol{\gamma}=(-1,-2,0,1)$. 求：

   (1) $3\boldsymbol{\alpha}-\boldsymbol{\beta}+5\boldsymbol{\gamma}$； (2) $\boldsymbol{\alpha}+2\boldsymbol{\beta}-3\boldsymbol{\gamma}$.

2. 已知 $\boldsymbol{\alpha}_1=(a,b,1),\boldsymbol{\alpha}_2=(1,a,c),\boldsymbol{\alpha}_3=(c,1,b)$，且 $\boldsymbol{\alpha}_1+2\boldsymbol{\alpha}_2-3\boldsymbol{\alpha}_3=\boldsymbol{0}$. 求 a,b,c 的值.

3. 已知 $2\boldsymbol{\alpha}+3\boldsymbol{\beta}=(1,3,2,-1)^{\mathrm{T}},3\boldsymbol{\alpha}+4\boldsymbol{\beta}=(2,1,1,2)^{\mathrm{T}}$，求 $\boldsymbol{\alpha},\boldsymbol{\beta}$.

4. 下列向量 $\boldsymbol{\beta}$ 能否由 $\boldsymbol{\alpha}_1,\boldsymbol{\alpha}_2,\boldsymbol{\alpha}_3$ 线性表出吗？若能，则写出其线性表出式.

   (1) $\boldsymbol{\beta}=(4,0)$； $\boldsymbol{\alpha}_1=(-1,2),\boldsymbol{\alpha}_2=(3,2),\boldsymbol{\alpha}_3=(6,4)$；

   (2) $\boldsymbol{\beta}=(1,1,1)$；$\boldsymbol{\alpha}_1=(1,2,0),\boldsymbol{\alpha}_2=(2,3,0),\boldsymbol{\alpha}_3=(0,0,1)$；

   (3) $\boldsymbol{\beta}=(-3,3,7)$；$\boldsymbol{\alpha}_1=(1,-1,2),\boldsymbol{\alpha}_2=(2,1,0),\boldsymbol{\alpha}_3=(-1,2,1)$；

   (4) $\boldsymbol{\beta}=(1,1,1)$； $\boldsymbol{\alpha}_1=(2,3,0),\boldsymbol{\alpha}_2=(1,-1,0),\boldsymbol{\alpha}_3=(7,5,0)$.

5. 当 t 为何值时，$\boldsymbol{\beta}=(7,-2,t)$ 可由下列向量组线性表出：

$$\boldsymbol{\alpha}_1=(1,3,0),\quad \boldsymbol{\alpha}_2=(3,7,8),\quad \boldsymbol{\alpha}_3=(1,-6,36).$$

6. 给定向量组

$$\boldsymbol{\alpha}_1=\begin{pmatrix}-2\\1\\0\\3\end{pmatrix},\quad \boldsymbol{\alpha}_2=\begin{pmatrix}1\\-3\\2\\4\end{pmatrix},\quad \boldsymbol{\alpha}_3=\begin{pmatrix}3\\0\\2\\-1\end{pmatrix},\quad \boldsymbol{\alpha}_4=\begin{pmatrix}0\\-1\\4\\9\end{pmatrix}.$$

试判断 $\boldsymbol{\alpha}_4$ 是否为 $\boldsymbol{\alpha}_1,\boldsymbol{\alpha}_2,\boldsymbol{\alpha}_3$ 的线性组合；若是，则求出组合系数.

7. 设三维向量 $\boldsymbol{\alpha}_1=(1,0,0),\boldsymbol{\alpha}_2=(1,1,0),\boldsymbol{\alpha}_3=(1,1,1)$. 证明：任意的向量 $\boldsymbol{\beta}=(a,b,c)$ 都可由 $\boldsymbol{\alpha}_1,\boldsymbol{\alpha}_2,\boldsymbol{\alpha}_3$ 线性表出.

3.2 线性相关与线性无关

上节我们引进了 n 维向量的概念，讨论了向量之间的线性运算关系. 一个向量能由某一个向量组线性表出的关系，就是单个向量与向量组之间的一种线性关系. 在一个向量组中是否存在某个向量可以由该组中的其他向量线性表出，这是向量组研究的一项重要内容. 要深入研究向量组的这一特性，需要研究向量组的线性相关性与线性无关性.

3.2.1 线性相关性概念

我们先考查两个平面向量：$\boldsymbol{\alpha}=(1,2)$ 和 $\boldsymbol{\beta}=(2,4)$，则由 $\boldsymbol{\beta}=2\boldsymbol{\alpha}$ 知道 $\boldsymbol{\alpha}$ 与 $\boldsymbol{\beta}$ 共线. 这个关系式可以改写成

$$-2\boldsymbol{\alpha}+\boldsymbol{\beta}=\mathbf{0},$$

即存在 $k_1=-2,k_2=1$，使得 $k_1\boldsymbol{\alpha}+k_2\boldsymbol{\beta}=\mathbf{0}$. 而 $\boldsymbol{\alpha}=(1,2)$ 与 $\boldsymbol{\gamma}=(-1,3)$ 不共线，这时 $k_1\boldsymbol{\alpha}+k_2\boldsymbol{\gamma}=\mathbf{0}$ 当且仅当 $k_1=k_2=0$ 才能成立.

下面我们再从向量角度考查一个线性方程组的各方程之间的关系.

一个 n 元方程

$$a_1x_1+a_2x_2+\cdots+a_nx_n=b$$

对应于一个 $n+1$ 维行向量 $(a_1,a_2,\cdots,a_n,b)$，反之，这个 $n+1$ 维行向量，按上述等式，也可完全确定一个 n 元方程，从而它完全确定了方程的解. 类似地，对于 n 元线性方程组

$$\begin{cases}a_{11}x_1+a_{12}x_2+\cdots+a_{1n}x_n=b_1,\\a_{21}x_1+a_{22}x_2+\cdots+a_{2n}x_n=b_2,\\\cdots\cdots\cdots\cdots\cdots\cdots\\a_{m1}x_1+a_{m2}x_2+\cdots+a_{mn}x_n=b_m,\end{cases}$$

则可由代表各个方程的向量所组成的向量组

$$(a_{i1},a_{i2},\cdots,a_{in},b_i),\quad i=1,2,\cdots,m$$

完全确定. 方程组中各个方程之间的关系就是上述向量组中的向量之间的关系.

例 1 对于方程组

$$\begin{cases}x_1+2x_2-x_3+x_4=1,\\2x_1-x_2+3x_3-x_4=2,\\-x_1-7x_2+6x_3-4x_4=-1,\end{cases}$$

它的三个方程对应于其增广矩阵的三个行向量：

$$\boldsymbol{\alpha}_1=(1,2,-1,1,1),\quad \boldsymbol{\alpha}_2=(2,-1,3,-1,2),\quad \boldsymbol{\alpha}_3=(-1,-7,6,-4,-1).$$

将第一个方程乘以-3，加第二个方程就得到第三个方程，这说明第三个方程是多余的方程. 而由上述行向量可得 $\boldsymbol{\alpha}_3=(-3)\boldsymbol{\alpha}_1+1\cdot\boldsymbol{\alpha}_2$，这个关系式即为

$$(-3)\boldsymbol{\alpha}_1+1\cdot\boldsymbol{\alpha}_2+(-1)\boldsymbol{\alpha}_3=\mathbf{0}.$$

例 2 考查线性方程组

$$\begin{cases} x_1+x_2+x_3=3, \\ x_1+x_2+2x_3=3, \\ -x_1+2x_2+5x_3=0. \end{cases}$$

首先，由第二个方程减去第一个方程，可得 $x_3=0$；将 $x_3=0$ 代入第二和第三个方程，解得 $x_1=2,x_2=1$. 可知方程组有唯一的解. 这说明方程组的三个方程是独立的，即没有多余的方程.

其次，方程组中三个方程对应的四维向量分别为

$$\boldsymbol{\alpha}_1=(1,1,1,3),\quad \boldsymbol{\alpha}_2=(1,1,2,3),\quad \boldsymbol{\alpha}_3=(-1,2,5,0).$$

令

$$k_1\boldsymbol{\alpha}_1^{\mathrm{T}}+k_2\boldsymbol{\alpha}_2^{\mathrm{T}}+k_3\boldsymbol{\alpha}_3^{\mathrm{T}}=\mathbf{0}. \tag{3.3}$$

由于

$$(\boldsymbol{\alpha}_1^{\mathrm{T}},\boldsymbol{\alpha}_2^{\mathrm{T}},\boldsymbol{\alpha}_3^{\mathrm{T}})=\begin{pmatrix}1&1&-1\\1&1&2\\1&2&5\\3&3&0\end{pmatrix}\to\begin{pmatrix}1&1&-1\\0&0&3\\0&1&6\\0&0&3\end{pmatrix}\to\begin{pmatrix}1&0&0\\0&0&0\\0&1&0\\0&0&1\end{pmatrix}\to\begin{pmatrix}1&0&0\\0&1&0\\0&0&1\\0&0&0\end{pmatrix}.$$

易知方程(3.3)仅当 $k_1=k_2=k_3=0$ 时成立，从而 $k_1\boldsymbol{\alpha}_1+k_2\boldsymbol{\alpha}_2+k_3\boldsymbol{\alpha}_3=\mathbf{0}$ 仅当 $k_1=k_2=k_3=0$ 时成立.

从上述例 1 和例 2 看出，线性方程组中是否有多余的方程，等价于其增广矩阵的行向量组是否存在系数不全为零(即其中至少有一个系数不为零)的线性组合，而这个线性组合的结果是零向量. 这就是说，零向量能否表示成增广矩阵的行向量的线性组合，而组合系数不全为零. 这个问题事实上就是下面要讨论的向量组的线性相关与线性无关的问题.

定义 3.2.1 设 $\boldsymbol{\alpha}_1,\boldsymbol{\alpha}_2,\cdots,\boldsymbol{\alpha}_m$ 是 m 个 n 维向量. 如果存在 m 个不全为零的数 $k_1,k_2,\cdots,k_m$，使得

$$k_1\boldsymbol{\alpha}_1+k_2\boldsymbol{\alpha}_2+\cdots+k_m\boldsymbol{\alpha}_m=\mathbf{0},$$

则称向量组 $\boldsymbol{\alpha}_1,\boldsymbol{\alpha}_2,\cdots,\boldsymbol{\alpha}_m$ **线性相关**，称 $k_1,k_2,\cdots,k_m$ 为**相关系数**. 否则，称向量组 $\boldsymbol{\alpha}_1,\boldsymbol{\alpha}_2,\cdots,\boldsymbol{\alpha}_m$ **线性无关**.

利用线性相关和线性无关的概念，线性方程组中是否有多余的方程，可以等价地描述为其增广矩阵的行向量组是否线性相关.

例 3 设向量组为 $\boldsymbol{\alpha}_1=(1,2,3),\boldsymbol{\alpha}_2=(-1,1,4),\boldsymbol{\alpha}_3=(3,3,2),\boldsymbol{\alpha}_4=(4,5,5)$. 由 3.1 节中例 5 的结果知道，这 4 个向量满足

$$\boldsymbol{\alpha}_4=(3-2k)\boldsymbol{\alpha}_1+(k-1)\boldsymbol{\alpha}_2+k\boldsymbol{\alpha}_3,$$

即

$$(3-2k)\boldsymbol{\alpha}_1+(k-1)\boldsymbol{\alpha}_2+k\boldsymbol{\alpha}_3-\boldsymbol{\alpha}_4=\mathbf{0}.$$

由于上式中 $\boldsymbol{\alpha}_4$ 的系数为 $-1\neq0$，因此无论 k 取何值，表出系数 $3-2k,k-1,k,-1$ 都不全为零，所以 $\boldsymbol{\alpha}_1,\boldsymbol{\alpha}_2,\boldsymbol{\alpha}_3,\boldsymbol{\alpha}_4$ 线性相关．由于 k 可取无穷多个值，表明零向量 $\mathbf{0}$ 用 $\boldsymbol{\alpha}_1,\boldsymbol{\alpha}_2,\boldsymbol{\alpha}_3,\boldsymbol{\alpha}_4$ 线性表出的方式有无穷多种．

例 4　考虑以下三个向量：

$$\boldsymbol{\varepsilon}_1=(1,0,0),\quad \boldsymbol{\varepsilon}_2=(0,1,0),\quad \boldsymbol{\varepsilon}_3=(0,0,1).$$

如果

$$k_1\boldsymbol{\varepsilon}_1+k_2\boldsymbol{\varepsilon}_2+k_3\boldsymbol{\varepsilon}_3=(k_1,k_2,k_3)=(0,0,0)=\mathbf{0},$$

则必有 $k_1=k_2=k_3=0$．也就是说，当要把零向量表示成这三个标准单位向量的线性组合时，只有平凡表出式这一种．因此 $\boldsymbol{\varepsilon}_1,\boldsymbol{\varepsilon}_2,\boldsymbol{\varepsilon}_3$ 是线性无关的．

由定义 3.2.1，我们可以把向量组分成“线性相关”和“线性无关”两大类．

因为当 $k_1=k_2=\cdots=k_m=0$ 时，对于任何 $\boldsymbol{\alpha}_1,\boldsymbol{\alpha}_2,\cdots,\boldsymbol{\alpha}_m$，都有

$$0\cdot\boldsymbol{\alpha}_1+0\cdot\boldsymbol{\alpha}_2+\cdots+0\cdot\boldsymbol{\alpha}_m=\mathbf{0},$$

所以，定义 3.2.1 中“否则”的含义是：不存在 m 个不全为零的数 $k_1,k_2,\cdots,k_m$，使得

$$k_1\boldsymbol{\alpha}_1+k_2\boldsymbol{\alpha}_2+\cdots+k_m\boldsymbol{\alpha}_m=\mathbf{0},$$

而不是“存在 m 个全为零的数 $k_1,k_2,\cdots,k_m$，使得上式成立”．因此，有如下等价定义：

定义 3.2.2　设 $\boldsymbol{\alpha}_1,\boldsymbol{\alpha}_2,\cdots,\boldsymbol{\alpha}_m$ 是一个 n 维向量组．若 $k_1\boldsymbol{\alpha}_1+k_2\boldsymbol{\alpha}_2+\cdots+k_m\boldsymbol{\alpha}_m=\mathbf{0}$ 仅当 $k_1=k_2=\cdots=k_m=0$ 时成立，则称向量组 $\boldsymbol{\alpha}_1,\boldsymbol{\alpha}_2,\cdots,\boldsymbol{\alpha}_m$ **线性无关**．

实际上可以这样理解向量之间的线性相关性与线性无关性：记 $S=\{\boldsymbol{\alpha}_1,\boldsymbol{\alpha}_2,\cdots,\boldsymbol{\alpha}_m\}$，如果零向量 $\mathbf{0}$ 表示成 S 中向量的线性组合时，只有平凡表出式这一种，则 S 为线性无关向量组，否则 S 为线性相关向量组．此时，必有无穷多种方法把零向量 $\mathbf{0}$ 表示成 S 中向量的线性组合．

根据定义 3.2.1 可以直接得到如下结论：

(1) 任意一个含零向量的向量组必为线性相关组．

事实上，不妨设向量组为 $\boldsymbol{\alpha}_1,\boldsymbol{\alpha}_2,\cdots,\boldsymbol{\alpha}_{m-1},\boldsymbol{\alpha}_m$，其中 $\boldsymbol{\alpha}_m=\mathbf{0}$，则必有

$$0\cdot\boldsymbol{\alpha}_1+0\cdot\boldsymbol{\alpha}_2+\cdots+0\cdot\boldsymbol{\alpha}_{m-1}+1\cdot\mathbf{0}=\mathbf{0}.$$

(2) 单个向量 $\boldsymbol{\alpha}$ 线性相关 $\Leftrightarrow\boldsymbol{\alpha}=\mathbf{0}$；单个向量 $\boldsymbol{\alpha}$ 线性无关 $\Leftrightarrow\boldsymbol{\alpha}\neq\mathbf{0}$．

事实上，若 $\boldsymbol{\alpha}=\mathbf{0}$，则由 $1\cdot\mathbf{0}=\mathbf{0}$ 知 $\boldsymbol{\alpha}$ 线性相关，充分性正确，即零向量一定线性相关．现在证明必要性．如果 $\boldsymbol{\alpha}$ 线件相关，即存在 $k\neq0$，使得 $k\boldsymbol{\alpha}=\mathbf{0}$，即

$$k(a_1,a_2,\cdots,a_n)=(0,0,\cdots,0),$$

则易见 $\boldsymbol{\alpha}$ 中的每个分量均为零，$\boldsymbol{\alpha}$ 必为零向量．

(3) 两个非零的 n 维向量 $\boldsymbol{\alpha},\boldsymbol{\beta}$ 线性相关当且仅当存在不全为零的数 k,l，使得 $k\boldsymbol{\alpha}+l\boldsymbol{\beta}=\mathbf{0}$，即 $\boldsymbol{\alpha}=-\dfrac{l}{k}\boldsymbol{\beta}$ 或 $\boldsymbol{\beta}=-\dfrac{k}{l}\boldsymbol{\alpha}$．

这说明 $\boldsymbol{\alpha}$ 与 $\boldsymbol{\beta}$ 共线，即它们的对应分量成比例．实际上，这时 k 和 l 一定“全不为零”．

例 5　n 维标准单位向量组：

$$\boldsymbol{\varepsilon}_i=(0,\cdots,0,1,0,\cdots,0),\quad i=1,2,\cdots,n$$

线性无关．

因为若 $k_1\boldsymbol{\varepsilon}_1+k_2\boldsymbol{\varepsilon}_2+\cdots+k_n\boldsymbol{\varepsilon}_n=\mathbf{0}$，则 $(k_1,k_2,\cdots,k_n)=(0,0,\cdots,0)$．从而 $k_1=k_2=\cdots=k_n=0$，所以 $\boldsymbol{\varepsilon}_1,\boldsymbol{\varepsilon}_2,\cdots,\boldsymbol{\varepsilon}_n$ 线性无关．

例 6 问向量组 $\boldsymbol{\alpha}_1=(2,3,1)$，$\boldsymbol{\alpha}_2=(1,2,1)$，$\boldsymbol{\alpha}_3=(3,2,1)$ 是否线性相关？

解 设 $x_1\boldsymbol{\alpha}_1+x_2\boldsymbol{\alpha}_2+x_3\boldsymbol{\alpha}_3=\mathbf{0}$，即

$$x_1(2,3,1)+x_2(1,2,1)+x_3(3,2,1)=(0,0,0).$$

令等式两边的三个分量分别相等，就可以列出组合系数满足的线性方程组

$$\begin{cases}2x_1+x_2+3x_3=0,\\3x_1+2x_2+2x_3=0,\\x_1+x_2+x_3=0.\end{cases}$$

因为它的系数行列式

$$\begin{vmatrix}2&1&3\\3&2&2\\1&1&1\end{vmatrix}=\begin{vmatrix}2&-1&1\\3&-1&-1\\1&0&0\end{vmatrix}=2\neq0,$$

所以此线性方程组只有零解，这说明 $\boldsymbol{\alpha}_1,\boldsymbol{\alpha}_2,\boldsymbol{\alpha}_3$ 线性无关.

例 7 若 $\boldsymbol{\alpha}_1,\boldsymbol{\alpha}_2,\boldsymbol{\alpha}_3$ 线性无关，证明以下向量组线性无关：

$$\boldsymbol{\beta}_1=\boldsymbol{\alpha}_2+\boldsymbol{\alpha}_3,\quad \boldsymbol{\beta}_2=\boldsymbol{\alpha}_1+\boldsymbol{\alpha}_3,\quad \boldsymbol{\beta}_3=\boldsymbol{\alpha}_1+\boldsymbol{\alpha}_2.$$

证 设 $k_1\boldsymbol{\beta}_1+k_2\boldsymbol{\beta}_2+k_3\boldsymbol{\beta}_3=\mathbf{0}$. 将已知条件代入得

$$k_1(\boldsymbol{\alpha}_2+\boldsymbol{\alpha}_3)+k_2(\boldsymbol{\alpha}_1+\boldsymbol{\alpha}_3)+k_3(\boldsymbol{\alpha}_1+\boldsymbol{\alpha}_2)=\mathbf{0}.$$

把它整理后可得

$$(k_2+k_3)\boldsymbol{\alpha}_1+(k_1+k_3)\boldsymbol{\alpha}_2+(k_1+k_2)\boldsymbol{\alpha}_3=\mathbf{0}.$$

因为 $\boldsymbol{\alpha}_1,\boldsymbol{\alpha}_2,\boldsymbol{\alpha}_3$ 线性无关，必有

$$k_2+k_3=0,\quad k_1+k_3=0,\quad k_1+k_2=0.$$

把它们相加得到 $2(k_1+k_2+k_3)=0$. 据此立得 $k_1=k_2=k_3=0$. 这就证明了 $\boldsymbol{\beta}_1,\boldsymbol{\beta}_2,\boldsymbol{\beta}_3$ 线性无关.

3.2.2 求相关系数的方法

考虑 m 个 n 维列向量：

$$\boldsymbol{\alpha}_1=\begin{pmatrix}a_{11}\\a_{21}\\\vdots\\a_{n1}\end{pmatrix},\quad \boldsymbol{\alpha}_2=\begin{pmatrix}a_{12}\\a_{22}\\\vdots\\a_{n2}\end{pmatrix},\quad \cdots,\quad \boldsymbol{\alpha}_m=\begin{pmatrix}a_{1m}\\a_{2m}\\\vdots\\a_{nm}\end{pmatrix}.$$

由定义 3.2.1 知道，

$\boldsymbol{\alpha}_1,\boldsymbol{\alpha}_2,\cdots,\boldsymbol{\alpha}_m$ 线性相关

$\Leftrightarrow$存在 m 个不全为零的数 $k_1,k_2,\cdots,k_m$，使得

$$k_1\boldsymbol{\alpha}_1+k_2\boldsymbol{\alpha}_2+\cdots+k_m\boldsymbol{\alpha}_m=\mathbf{0}$$

$\Leftrightarrow$以下 m 元齐次线性方程组：

$$\begin{cases}a_{11}x_1+a_{12}x_2+\cdots+a_{1m}x_m=0,\\a_{21}x_1+a_{22}x_2+\cdots+a_{2m}x_m=0,\\\cdots\cdots\cdots\cdots\cdots\cdots\cdots\cdots\\a_{n1}x_1+a_{n2}x_2+\cdots+a_{nm}x_m=0\end{cases}$$

有非零解，即 $\boldsymbol{A}\boldsymbol{x}=\mathbf{0}$ 有非零解.

这里 $\boldsymbol{A}=(\boldsymbol{\alpha}_1,\boldsymbol{\alpha}_2,\cdots,\boldsymbol{\alpha}_m)$ 为 $n\times m$ 矩阵. 求出的非零解的 m 个分量 $x_1=k_1,x_2=k_2,\cdots,x_m=k_m$，就是所需要求的相关系数. 类似地，

$$\begin{aligned}&m\text{ 个 }n\text{ 维行向量 }\boldsymbol{\alpha}_1,\boldsymbol{\alpha}_2,\cdots,\boldsymbol{\alpha}_m\text{ 线性相关}\\ \Leftrightarrow &m\text{ 个 }n\text{ 维列向量 }\boldsymbol{\alpha}_1^{\mathrm{T}},\boldsymbol{\alpha}_2^{\mathrm{T}},\cdots,\boldsymbol{\alpha}_m^{\mathrm{T}}\text{ 线性相关}\\ \Leftrightarrow &\text{齐次线性方程组 }\boldsymbol{Ax}=\boldsymbol{0}\text{ 有非零解.}\end{aligned}$$

这里 $\boldsymbol{A}=(\boldsymbol{\alpha}_1^{\mathrm{T}},\boldsymbol{\alpha}_2^{\mathrm{T}},\cdots,\boldsymbol{\alpha}_m^{\mathrm{T}})$ 为 $n\times m$ 矩阵.

例 8 已知向量组：

$$\boldsymbol{\alpha}_1=\begin{pmatrix}2\\-1\\7\end{pmatrix},\quad \boldsymbol{\alpha}_2=\begin{pmatrix}1\\4\\11\end{pmatrix},\quad \boldsymbol{\alpha}_3=\begin{pmatrix}3\\-6\\3\end{pmatrix}.$$

试讨论其线性相关性. 若线性相关，则求出一组不全为零的数 k_1,k_2,k_3，使得

$$k_1\boldsymbol{\alpha}_1+k_2\boldsymbol{\alpha}_2+k_3\boldsymbol{\alpha}_3=\boldsymbol{0}.$$

解 构造矩阵 $\boldsymbol{A}=(\boldsymbol{\alpha}_1,\boldsymbol{\alpha}_2,\boldsymbol{\alpha}_3)$，利用矩阵的初等行变换将 $\boldsymbol{Ax}=\boldsymbol{0}$ 的系数矩阵化成简化行阶梯形矩阵.

$$\boldsymbol{A}=\begin{pmatrix}2&1&3\\-1&4&-6\\7&11&3\end{pmatrix}\xrightarrow{①\leftrightarrow②}\begin{pmatrix}-1&4&-6\\2&1&3\\7&11&3\end{pmatrix}\xrightarrow[③+7\times①]{②+2\times①}\begin{pmatrix}-1&4&-6\\0&9&-9\\0&39&-39\end{pmatrix}$$

$$\xrightarrow[\frac{1}{9}\times②,\frac{1}{39}\times③]{(-1)\times①}\begin{pmatrix}1&-4&6\\0&1&-1\\0&1&-1\end{pmatrix}\xrightarrow[③+(-1)\times②]{①+4\times②}\begin{pmatrix}1&0&2\\0&1&-1\\0&0&0\end{pmatrix}.$$

因为 $\mathrm{r}(\boldsymbol{A})=2<3$，所以 $\boldsymbol{Ax}=\boldsymbol{0}$ 有非零解，从而向量组线性相关.

方程 $x_1\boldsymbol{\alpha}_1+x_2\boldsymbol{\alpha}_2+x_3\boldsymbol{\alpha}_3=\boldsymbol{0}$ 的同解线性方程组为

$$\begin{cases}x_1+\quad 2x_3=0,\\ \quad x_2-x_3=0.\end{cases}$$

令 $x_3=1$，可得一组解为 $x_1=-2,x_2=1,x_3=1$. 取 $k_1=-2,k_2=1,k_3=1$，得

$$-2\boldsymbol{\alpha}_1+\boldsymbol{\alpha}_2+\boldsymbol{\alpha}_3=\boldsymbol{0}.$$

两个重要结论：

(1) n 个 n 维列向量 $\boldsymbol{\alpha}_1,\boldsymbol{\alpha}_2,\cdots,\boldsymbol{\alpha}_n$ 线性无关 $\Leftrightarrow$ 矩阵 $\boldsymbol{A}=(\boldsymbol{\alpha}_1,\boldsymbol{\alpha}_2,\cdots\boldsymbol{\alpha}_n)$ 的行列式

$$|\boldsymbol{A}|=|\boldsymbol{\alpha}_1,\boldsymbol{\alpha}_2,\cdots,\boldsymbol{\alpha}_n|\neq 0.$$

因为齐次线性方程组 $\boldsymbol{Ax}=\boldsymbol{0}$ 只有零解当且仅当 $|\boldsymbol{A}|\neq 0$.

(2) 当 $m>n$ 时，m 个 n 维列向量 $\boldsymbol{\alpha}_1,\boldsymbol{\alpha}_2,\cdots,\boldsymbol{\alpha}_m$ 一定线性相关.

这是由于当 $m>n$ 时，齐次线性方程组 $\boldsymbol{Ax}=\boldsymbol{0}$ 中的变量个数 m 大于方程个数 n，它必有可以任意取值的自由变量，因此，它必有非零解.

例 9 判断向量组

$$\boldsymbol{\alpha}_1=(1,-2,4,-7),\quad \boldsymbol{\alpha}_2=(4,1,3,6),\quad \boldsymbol{\alpha}_3=(2,3,-1,5),\quad \boldsymbol{\alpha}_4=(3,-1,2,-7)$$

是否线性无关.

解 因为向量的个数与向量的维数相等，可以通过计算行列式 $|\boldsymbol{\alpha}_1^{\mathrm{T}},\boldsymbol{\alpha}_2^{\mathrm{T}},\boldsymbol{\alpha}_3^{\mathrm{T}},\boldsymbol{\alpha}_4^{\mathrm{T}}|$ 来判别向量组是否线性无关.

$$|\boldsymbol{\alpha}_1^{\mathrm{T}},\boldsymbol{\alpha}_2^{\mathrm{T}},\boldsymbol{\alpha}_3^{\mathrm{T}},\boldsymbol{\alpha}_4^{\mathrm{T}}|=\begin{vmatrix}1&4&2&3\\-2&1&3&-1\\4&3&-1&2\\-7&6&5&-7\end{vmatrix}=\begin{vmatrix}1&4&2&3\\0&9&7&5\\0&-13&-9&-10\\0&34&19&14\end{vmatrix}=\begin{vmatrix}1&4&2&3\\0&9&7&5\\0&5&5&0\\0&7&-2&-1\end{vmatrix}$$

$$=5\times\begin{vmatrix}1&4&2&3\\0&9&7&5\\0&1&1&0\\0&7&-2&-1\end{vmatrix}=-5\times\begin{vmatrix}1&4&2&3\\0&1&1&0\\0&9&7&5\\0&7&-2&-1\end{vmatrix}$$

$$=-5\times\begin{vmatrix}1&4&2&3\\0&1&1&0\\0&0&-2&5\\0&0&-9&-1\end{vmatrix}=-235\neq 0.$$

因为行列式$|\boldsymbol{\alpha}_1^{\mathrm{T}},\boldsymbol{\alpha}_2^{\mathrm{T}},\boldsymbol{\alpha}_3^{\mathrm{T}},\boldsymbol{\alpha}_4^{\mathrm{T}}|\neq 0$,所以向量组$\boldsymbol{\alpha}_1,\boldsymbol{\alpha}_2,\boldsymbol{\alpha}_3,\boldsymbol{\alpha}_4$线性无关.

注意 由 n 个 n 维向量可以构成 n 阶方阵,若方阵的行列式等于零，则它的行向量组和列向量组都线性相关；若方阵的行列式不为零，则它的行向量组和列向量组都线性无关.

例 10 当 t 为何值时,向量组

$$\boldsymbol{\alpha}_1=(1,2,-1)^{\mathrm{T}},\quad \boldsymbol{\alpha}_2=(2,2,0)^{\mathrm{T}},\quad \boldsymbol{\alpha}_3=(3,1,t)^{\mathrm{T}}$$

(1) 线性无关;(2) 线性相关,并在此时求一组不全为零的数k_1,k_2,k_3,使得

$$k_1\boldsymbol{\alpha}_1+k_2\boldsymbol{\alpha}_2+k_3\boldsymbol{\alpha}_3=\mathbf{0}.$$

解 设$x_1\boldsymbol{\alpha}_1+x_2\boldsymbol{\alpha}_2+x_3\boldsymbol{\alpha}_3=\mathbf{0}$. 此即线性方程组

$$\begin{cases}x_1+2x_2+3x_3=0,\\2x_1+2x_2+x_3=0,\\-x_1+tx_3=0,\end{cases}$$

其系数行列式为

$$D=\begin{vmatrix}1&2&3\\2&2&1\\-1&0&t\end{vmatrix}=\begin{vmatrix}1&2&3\\0&-2&-5\\0&2&t+3\end{vmatrix}=\begin{vmatrix}1&2&3\\0&-2&-5\\0&0&t-2\end{vmatrix}=-2t+4.$$

(1) 当 $t\neq 2$ 时,方程组只有零解,此时向量组$\boldsymbol{\alpha}_1,\boldsymbol{\alpha}_2,\boldsymbol{\alpha}_3$线性无关.

(2) 当 $t=2$ 时,向量组线性相关.

将矩阵$(\boldsymbol{\alpha}_1,\boldsymbol{\alpha}_2,\boldsymbol{\alpha}_3)$化为行最简形：

$$(\boldsymbol{\alpha}_1,\boldsymbol{\alpha}_2,\boldsymbol{\alpha}_3)=\begin{pmatrix}1&2&3\\2&2&1\\-1&0&2\end{pmatrix}\to\begin{pmatrix}1&2&3\\0&-2&-5\\0&2&5\end{pmatrix}\to\begin{pmatrix}1&0&-2\\0&1&\frac{5}{2}\\0&0&0\end{pmatrix}.$$

同解方程组为

$$\begin{cases}x_1-2x_3=0,\\x_2+\frac{5}{2}x_3=0.\end{cases}$$

令$x_3=2$,得方程组的一个非零解$x_1=4,x_2=-5,x_3=2$. 于是只要取$k_1=4,k_2=-5,k_3=2$,则

有$k_1\boldsymbol{\alpha}_1+k_2\boldsymbol{\alpha}_2+k_3\boldsymbol{\alpha}_3=\mathbf{0}$.

3.2.3 线性相关性的若干基本定理

定理 3.2.1 m个n维向量$\boldsymbol{\alpha}_1,\boldsymbol{\alpha}_2,\cdots,\boldsymbol{\alpha}_m(m\geqslant 2)$线性相关$\Leftrightarrow$至少存在某个$\boldsymbol{\alpha}_i$是其余向量的线性组合. 或等价地,$\boldsymbol{\alpha}_1,\boldsymbol{\alpha}_2,\cdots,\boldsymbol{\alpha}_m(m\geqslant 2)$线性无关$\Leftrightarrow$任意一个$\boldsymbol{\alpha}_i$都不能表示为其余向量的线性组合.

证 必要性 设$\boldsymbol{\alpha}_1,\boldsymbol{\alpha}_2,\cdots,\boldsymbol{\alpha}_m$线性相关,则存在不全为零的数$k_1,k_2,\cdots,k_m$,使

$$k_1\boldsymbol{\alpha}_1+k_2\boldsymbol{\alpha}_2+\cdots+k_m\boldsymbol{\alpha}_m=\mathbf{0}.$$

不妨设$k_m\neq 0$,则有$\boldsymbol{\alpha}_m=-\frac{1}{k_m}(k_1\boldsymbol{\alpha}_1+\cdots+k_{m-1}\boldsymbol{\alpha}_{m-1})$.

充分性 如果$\boldsymbol{\alpha}_m=l_1\boldsymbol{\alpha}_1+\cdots+l_{m-1}\boldsymbol{\alpha}_{m-1}$,则

$$l_1\boldsymbol{\alpha}_1+\cdots+l_{m-1}\boldsymbol{\alpha}_{m-1}-1\cdot\boldsymbol{\alpha}_m=\mathbf{0}.$$

由于m个数$l_1,\cdots,l_{m-1},l_m=-1$不全为零,故$\boldsymbol{\alpha}_1,\boldsymbol{\alpha}_2,\cdots,\boldsymbol{\alpha}_m$线性相关.

注意 当$\boldsymbol{\alpha}_1,\boldsymbol{\alpha}_2,\cdots,\boldsymbol{\alpha}_m$线性相关时,不能说其中任意一个$\boldsymbol{\alpha}_i$都可以用其余向量线性表出. 例如,$\boldsymbol{\alpha}=(1,0)$,$\boldsymbol{\beta}=(0,0)$线性相关,而$\boldsymbol{\alpha}$不能用$\boldsymbol{\beta}$线性表出. 仅有$\boldsymbol{\beta}$能用$\boldsymbol{\alpha}$线性表出,即

$$\boldsymbol{\beta}=0\cdot\boldsymbol{\alpha}.$$

例 11 设$\boldsymbol{\alpha}_1,\boldsymbol{\alpha}_2,\cdots,\boldsymbol{\alpha}_m$线性相关,$m>1$且$\boldsymbol{\alpha}_1\neq\mathbf{0}$. 证明:存在某个$\boldsymbol{\alpha}_t(2\leqslant t\leqslant m)$可用$\boldsymbol{\alpha}_1,\boldsymbol{\alpha}_2,\cdots,\boldsymbol{\alpha}_{t-1}$线性表出.

证 因为$\boldsymbol{\alpha}_1,\boldsymbol{\alpha}_2,\cdots,\boldsymbol{\alpha}_m$线性相关,所以,一定存在不全为零的数$k_1,k_2,\cdots,k_m$,使得

$$k_1\boldsymbol{\alpha}_1+k_2\boldsymbol{\alpha}_2+\cdots+k_m\boldsymbol{\alpha}_m=\mathbf{0}.$$

若$k_m\neq 0$,则$\boldsymbol{\alpha}_m$可用$\boldsymbol{\alpha}_1,\boldsymbol{\alpha}_2,\cdots,\boldsymbol{\alpha}_{m-1}$线性表出.

若$k_m=0$,而$k_{m-1}\neq 0$,则$\boldsymbol{\alpha}_{m-1}$可用$\boldsymbol{\alpha}_1,\boldsymbol{\alpha}_2,\cdots,\boldsymbol{\alpha}_{m-2}$线性表出.

如此继续下去. 由于$\boldsymbol{\alpha}_1\neq\mathbf{0}$,可知一定存在某个$t$,$2\leqslant t\leqslant m$,使得

$$k_t\neq 0,\quad k_{t+1}=k_{t+2}=\cdots=k_m=0,$$

于是必有

$$\boldsymbol{\alpha}_t=-\frac{1}{k_t}(k_1\boldsymbol{\alpha}_1+k_2\boldsymbol{\alpha}_2+\cdots+k_{t-1}\boldsymbol{\alpha}_{t-1}).$$

定理 3.2.2 如果向量组$\boldsymbol{\alpha}_1,\boldsymbol{\alpha}_2,\cdots,\boldsymbol{\alpha}_m$线性无关,而添加一个同维向量$\boldsymbol{\beta}$后所得到的向量组$\boldsymbol{\alpha}_1,\boldsymbol{\alpha}_2,\cdots,\boldsymbol{\alpha}_m,\boldsymbol{\beta}$线性相关,则$\boldsymbol{\beta}$可以用$\boldsymbol{\alpha}_1,\boldsymbol{\alpha}_2,\cdots,\boldsymbol{\alpha}_m$线性表出,且表示法是唯一的.

证 可表性 因为$\boldsymbol{\beta},\boldsymbol{\alpha}_1,\boldsymbol{\alpha}_2,\cdots,\boldsymbol{\alpha}_m$线性相关,所以存在不全为零的$m+1$个数$k,k_1,k_2,\cdots,k_m$,使得

$$k\boldsymbol{\beta}+k_1\boldsymbol{\alpha}_1+k_2\boldsymbol{\alpha}_2+\cdots+k_m\boldsymbol{\alpha}_m=\mathbf{0}.$$

如果$k=0$,则$k_1,k_2,\cdots,k_m$不全为零,且$k_1\boldsymbol{\alpha}_1+k_2\boldsymbol{\alpha}_2+\cdots+k_m\boldsymbol{\alpha}_m=\mathbf{0}$. 这与$\boldsymbol{\alpha}_1,\boldsymbol{\alpha}_2,\cdots,\boldsymbol{\alpha}_m$线性无关的条件矛盾. 所以必有$k\neq 0$,于是得到线性表出式

$$\boldsymbol{\beta}=-\frac{k_1}{k}\boldsymbol{\alpha}_1-\frac{k_2}{k}\boldsymbol{\alpha}_2-\cdots-\frac{k_m}{k}\boldsymbol{\alpha}_m.$$

即$\boldsymbol{\beta}$可由向量组$\boldsymbol{\alpha}_1,\boldsymbol{\alpha}_2,\cdots,\boldsymbol{\alpha}_m$线性表出.

唯一性 如果有两个线性表出式

$$\boldsymbol{\beta}=k_1\boldsymbol{\alpha}_1+k_2\boldsymbol{\alpha}_2+\cdots+k_m\boldsymbol{\alpha}_m=l_1\boldsymbol{\alpha}_1+l_2\boldsymbol{\alpha}_2+\cdots+l_m\boldsymbol{\alpha}_m,$$

则有

$$(k_1-l_1)\boldsymbol{\alpha}_1+(k_2-l_2)\boldsymbol{\alpha}_2+\cdots+(k_m-l_m)\boldsymbol{\alpha}_m=\mathbf{0}.$$

因为 $\boldsymbol{\alpha}_1,\boldsymbol{\alpha}_2,\cdots,\boldsymbol{\alpha}_m$ 线性无关，必有 $k_i-l_i=0$，即 $k_i=l_i, i=1,2,\cdots,m$. 所以线性表出式唯一.

定理 3.2.3 设向量组 $\boldsymbol{\alpha}_1,\boldsymbol{\alpha}_2,\cdots,\boldsymbol{\alpha}_m$ 线性相关，则任意扩充后的同维向量组 $\boldsymbol{\alpha}_1,\boldsymbol{\alpha}_2,\cdots,\boldsymbol{\alpha}_m,\boldsymbol{\alpha}_{m+1},\cdots,\boldsymbol{\alpha}_{m+r}$ 必线性相关.

证 因为 $\boldsymbol{\alpha}_1,\boldsymbol{\alpha}_2,\cdots,\boldsymbol{\alpha}_m$ 线性相关，所以存在不全为零的数 $k_1,k_2,\cdots,k_m$，使得

$$k_1\boldsymbol{\alpha}_1+k_2\boldsymbol{\alpha}_2+\cdots+k_m\boldsymbol{\alpha}_m=\mathbf{0}.$$

此时，当然有

$$k_1\boldsymbol{\alpha}_1+k_2\boldsymbol{\alpha}_2+\cdots+k_m\boldsymbol{\alpha}_m+0\cdot\boldsymbol{\alpha}_{m+1}+0\cdot\boldsymbol{\alpha}_{m+2}+\cdots+0\cdot\boldsymbol{\alpha}_{m+r}=\mathbf{0}.$$

这说明 $\boldsymbol{\alpha}_1,\boldsymbol{\alpha}_2,\cdots,\boldsymbol{\alpha}_m,\boldsymbol{\alpha}_{m+1},\cdots,\boldsymbol{\alpha}_{m+r}$ 必线性相关.

我们常把定理 3.2.3 简述为“**相关组的扩充向量组必为相关组**”，或者“**部分相关，整体必相关**”. 它的等价说法是“**无关组的子向量组必为无关组**”或者“**整体无关，部分必无关**”.

定理 3.2.4 设有两个向量组，它们的前 n 个分量对应相等：

$$\boldsymbol{\alpha}_i=(a_{i1},a_{i2},\cdots,a_{in}),\quad i=1,2,\cdots,m;$$

$$\boldsymbol{\beta}_i=(a_{i1},a_{i2},\cdots a_{in},a_{i,n+1}),\quad i=1,2,\cdots,m.$$

如果 $\boldsymbol{\beta}_1,\boldsymbol{\beta}_2,\cdots,\boldsymbol{\beta}_m$ 线性相关，则 $\boldsymbol{\alpha}_1,\boldsymbol{\alpha}_2,\cdots,\boldsymbol{\alpha}_m$ 必线性相关.

证 因为 $\boldsymbol{\beta}_1,\boldsymbol{\beta}_2,\cdots,\boldsymbol{\beta}_m$ 为线性相关组，所以一定存在不全为零的数 $k_1,k_2,\cdots,k_m$，使得

$$k_1\boldsymbol{\beta}_1+k_2\boldsymbol{\beta}_2+\cdots+k_m\boldsymbol{\beta}_m=\mathbf{0}.$$

写出所有的分量就是

$$\begin{array}{rl} & k_1(a_{11},a_{12},\cdots,a_{1n},a_{1,n+1}) \\ + & k_2(a_{21},a_{22},\cdots,a_{2n},a_{2,n+1}) \\ + & \cdots\cdots\cdots\cdots\cdots\cdots \\ + & k_m(a_{m1},a_{m2},\cdots,a_{mn},a_{m,n+1}) \\ \hline = & (0,\ 0,\ \cdots,\ 0,\ 0) \end{array}$$

上式中是用 $k_i(i=1,2,\cdots,m)$ 乘右边向量的每个分量后，按列相加. 那么上式等价于下述 $n+1$ 个等式成立：

$$\begin{gathered} k_1a_{11}+k_2a_{21}+\cdots+k_ma_{m1}=0, \\ \cdots\cdots\cdots\cdots\cdots\cdots \\ k_1a_{1n}+k_2a_{2n}+\cdots+k_ma_{mn}=0, \\ k_1a_{1,n+1}+k_2a_{2,n+1}+\cdots+k_ma_{m,n+1}=0, \end{gathered}$$

其中前 n 个等式成立也就是下述向量方程成立：

$$k_1\boldsymbol{\alpha}_1+k_2\boldsymbol{\alpha}_2+\cdots+k_m\boldsymbol{\alpha}_m=\mathbf{0}.$$

这就证明了 $\boldsymbol{\alpha}_1,\boldsymbol{\alpha}_2,\cdots,\boldsymbol{\alpha}_m$ 线性相关.

我们把向量组 $\boldsymbol{\beta}_1,\boldsymbol{\beta}_2,\cdots,\boldsymbol{\beta}_m$ 称为向量组 $\boldsymbol{\alpha}_1,\boldsymbol{\alpha}_2,\cdots,\boldsymbol{\alpha}_m$ 的“**接长**”**向量组**；而把向量组 $\boldsymbol{\alpha}_1,\boldsymbol{\alpha}_2,\cdots,\boldsymbol{\alpha}_m$ 称为向量组 $\boldsymbol{\beta}_1,\boldsymbol{\beta}_2,\cdots,\boldsymbol{\beta}_m$ 的“**截短**”**向量组**.

定理 3.2.4 可以简述为“**相关组的截短向量组必为相关组**”. 它的等价说法是“**无关组的接长向量组必为无关组**”.

注意 (1) 扩充向量组是指向量维数(即向量中分量个数)不变，仅是向量个数增减.

接长或截短是指向量个数不变,仅是向量维数增减.

(2) 接长或截短必须在相应分量上进行. 但未必限于首、尾分量,可以在任意相应分量上进行接长或截短,而且增减分量个数也可多于一个.

例如,(1,0,0),(0,1,0),(0,0,1)为线性无关的三维向量组. 在每两个相邻分量之间都插入一个分量成为五维向量,这个接长向量组

$$(1,2,0,3,0),\quad (0,4,1,5,0),\quad (0,6,0,7,1)$$

必为线性无关向量组.

例 12 考虑以下三个向量组:

$A=\{(1,0),(0,1),(0,0)\}$为线性相关组,

$B=\{(1,0),(0,1)\}$为线性无关组,

$C=\{(1,0,0),(0,1,0),(0,0,1)\}$为线性无关组.

其中,B 是 A 的子向量组,A 是 B 的扩充向量组,C 是 A 的接长向量组,A 是 C 的截短向量组.

习 题 3.2

1. 判定下列向量组是否线性相关(需说明理由):

(1) $\boldsymbol{\alpha}=(1,1,0),\boldsymbol{\beta}=(0,1,1),\boldsymbol{\gamma}=(1,0,1)$;

(2) $\boldsymbol{\alpha}=(1,3,0),\boldsymbol{\beta}=(1,1,2),\boldsymbol{\gamma}=(3,-1,10)$;

(3) $\boldsymbol{\alpha}=(5,2,8),\boldsymbol{\beta}=(2,1,2),\boldsymbol{\gamma}=(6,2,12)$;

(4) $\boldsymbol{\alpha}=(2,4,0),\boldsymbol{\beta}=(-1,-2,0),\boldsymbol{\gamma}=(3,7,8)$;

(5) $\boldsymbol{\alpha}=(1,1,3),\boldsymbol{\beta}=(2,4,1),\boldsymbol{\gamma}=(1,-1,0),\boldsymbol{\delta}=(2,4,6)$;

(6) $\boldsymbol{\alpha}=(2,3,0),\boldsymbol{\beta}=(-1,4,0),\boldsymbol{\gamma}=(0,0,2)$.

2. 当 a 取何值时,向量组 $\boldsymbol{\alpha}_1=(1,a,-1,2),\boldsymbol{\alpha}_2=(3,3,-3,6)$线性相关?

3. 当 t 为何值时,向量组 $\boldsymbol{\alpha}_1=(1,1,0),\boldsymbol{\alpha}_2=(1,3,-1),\boldsymbol{\alpha}_3=(5,3,t)$线性相关?

4. 求出向量组 $\boldsymbol{\alpha}_1=(2,2,4,a),\boldsymbol{\alpha}_2=(-1,0,2,b),\boldsymbol{\alpha}_3=(3,2,2,c),\boldsymbol{\alpha}_4=(1,6,7,d)$线性相关的充要条件.

5. 设向量组 $\boldsymbol{\alpha}_1,\boldsymbol{\alpha}_2,\boldsymbol{\alpha}_3$ 线性无关,问以下向量组是否线性无关?

(1) $\boldsymbol{\beta}_1=\boldsymbol{\alpha}_1+2\boldsymbol{\alpha}_2+3\boldsymbol{\alpha}_3,\boldsymbol{\beta}_2=3\boldsymbol{\alpha}_1-\boldsymbol{\alpha}_2+4\boldsymbol{\alpha}_3,\boldsymbol{\beta}_3=\boldsymbol{\alpha}_2+\boldsymbol{\alpha}_3$;

(2) $\boldsymbol{\beta}_1=\boldsymbol{\alpha}_1+\boldsymbol{\alpha}_2,\boldsymbol{\beta}_2=\boldsymbol{\alpha}_2+\boldsymbol{\alpha}_3,\boldsymbol{\beta}_3=\boldsymbol{\alpha}_3-\boldsymbol{\alpha}_1$;

(3) $\boldsymbol{\beta}_1=\boldsymbol{\alpha}_1+2\boldsymbol{\alpha}_2,\boldsymbol{\beta}_2=2\boldsymbol{\alpha}_2+3\boldsymbol{\alpha}_3,\boldsymbol{\beta}_3=\boldsymbol{\alpha}_1+3\boldsymbol{\alpha}_3$;

(4) $\boldsymbol{\beta}_1=\boldsymbol{\alpha}_1+\boldsymbol{\alpha}_2+\boldsymbol{\alpha}_3,\boldsymbol{\beta}_2=\boldsymbol{\alpha}_1-\boldsymbol{\alpha}_2+\boldsymbol{\alpha}_3,\boldsymbol{\beta}_3=2\boldsymbol{\alpha}_1+2\boldsymbol{\alpha}_2-\boldsymbol{\alpha}_3,\boldsymbol{\beta}_4=\boldsymbol{\alpha}_1+\boldsymbol{\alpha}_2+2\boldsymbol{\alpha}_3$.

6. 设三维列向量组 $\boldsymbol{\alpha}_1,\boldsymbol{\alpha}_2,\boldsymbol{\alpha}_3$ 线性无关,$\boldsymbol{A}$ 是三阶矩阵,且有

$$\boldsymbol{A}\boldsymbol{\alpha}_1=\boldsymbol{\alpha}_1-2\boldsymbol{\alpha}_2+3\boldsymbol{\alpha}_3,\quad \boldsymbol{A}\boldsymbol{\alpha}_2=4\boldsymbol{\alpha}_2+5\boldsymbol{\alpha}_3,\quad \boldsymbol{A}\boldsymbol{\alpha}_3=\boldsymbol{\alpha}_1+\boldsymbol{\alpha}_2+2\boldsymbol{\alpha}_3.$$

求 $\boldsymbol{A}$ 的行列式$|\boldsymbol{A}|$.

7. 设向量组 $\boldsymbol{\alpha}_1,\boldsymbol{\alpha}_2,\cdots,\boldsymbol{\alpha}_s,s\geqslant2$ 中 $\boldsymbol{\alpha}_1\neq\boldsymbol{0}$,并且 $\boldsymbol{\alpha}_i$ 都不能由 $\boldsymbol{\alpha}_1,\boldsymbol{\alpha}_2,\cdots,\boldsymbol{\alpha}_{i-1}$线性表出,$i=2,3,\cdots,s$. 证明:$\boldsymbol{\alpha}_1,\boldsymbol{\alpha}_2,\cdots,\boldsymbol{\alpha}_s$ 线性无关.

8. 设向量组 $\boldsymbol{\alpha}_1,\boldsymbol{\alpha}_2,\cdots,\boldsymbol{\alpha}_{n-1}$线性相关,$\boldsymbol{\alpha}_2,\boldsymbol{\alpha}_3,\cdots,\boldsymbol{\alpha}_n,n\geqslant3$ 线性无关. 证明:(1) $\boldsymbol{\alpha}_1$ 可表示为 $\boldsymbol{\alpha}_2,\cdots,\boldsymbol{\alpha}_{n-1}$的线性组合;(2) $\boldsymbol{\alpha}_n$ 不能表示为 $\boldsymbol{\alpha}_1,\boldsymbol{\alpha}_2,\cdots,\boldsymbol{\alpha}_{n-1}$的线性组合.

9. 设 $\boldsymbol{\alpha}_1,\boldsymbol{\alpha}_2,\cdots,\boldsymbol{\alpha}_m,m\geqslant2$ 线性无关,$\lambda_1,\lambda_2,\cdots,\lambda_{m-1}$为任意实数. 证明:向量组 $\boldsymbol{\beta}_i=\boldsymbol{\alpha}_i+$

$\lambda_i\boldsymbol{\alpha}_m, i=1,2,\cdots,m-1$ 线性无关.

3.3 向量组的秩

向量组的秩也是一个与线性方程组理论有密切关系的概念. 本节讨论向量组的极大无关组和向量组的秩及其求法.

3.3.1 向量组的极大线性无关组

定义 3.3.1 设有两个 n 维向量组

$$R=\{\boldsymbol{\alpha}_1,\boldsymbol{\alpha}_2,\cdots,\boldsymbol{\alpha}_r\},\quad S=\{\boldsymbol{\beta}_1,\boldsymbol{\beta}_2,\cdots,\boldsymbol{\beta}_s\}.$$

若向量组 R 中的每个向量 $\boldsymbol{\alpha}_i, i=1,2,\cdots,r$ 都可以由向量组 S 中的向量 $\boldsymbol{\beta}_1,\boldsymbol{\beta}_2,\cdots,\boldsymbol{\beta}_s$ 线性表出,则称向量组 R 可以由向量组 S 线性表出.

根据此定义,容易证明向量组之间的线性表出关系具有传递性,即若有三个向量组

$$R=\{\boldsymbol{\alpha}_1,\boldsymbol{\alpha}_2,\cdots,\boldsymbol{\alpha}_r\},\quad S=\{\boldsymbol{\beta}_1,\boldsymbol{\beta}_2,\cdots,\boldsymbol{\beta}_s\},\quad T=\{\boldsymbol{\gamma}_1,\boldsymbol{\gamma}_2,\cdots,\boldsymbol{\gamma}_t\},$$

如果 R 可由 S 线性表出,S 可由 T 线性表出,则 R 必可由 T 线性表出.

定义 3.3.2 若向量组 R 可以由向量组 S 线性表出,向量组 S 也可以由向量组 R 线性表出,则称这两个向量组**等价**.

例 1 设有向量组 R: $\boldsymbol{\alpha}_1=\begin{pmatrix}1\\1\end{pmatrix},\boldsymbol{\alpha}_2=\begin{pmatrix}1\\2\end{pmatrix}$; S: $\boldsymbol{\beta}_1=\begin{pmatrix}2\\3\end{pmatrix},\boldsymbol{\beta}_2=\begin{pmatrix}2\\1\end{pmatrix}$. 易知有

$$\boldsymbol{\beta}_1=\boldsymbol{\alpha}_1+\boldsymbol{\alpha}_2,\quad \boldsymbol{\beta}_2=3\boldsymbol{\alpha}_1-\boldsymbol{\alpha}_2,$$

$$\boldsymbol{\alpha}_1=\frac{1}{4}\boldsymbol{\beta}_1+\frac{1}{4}\boldsymbol{\beta}_2,\quad \boldsymbol{\alpha}_2=\frac{3}{4}\boldsymbol{\beta}_1-\frac{1}{4}\boldsymbol{\beta}_2.$$

这说明向量组 R 可由向量组 S 线性表出，向量组 S 也可由向量组 R 线性表出，于是 R 与 S 是等价的向量组.

向量组之间的等价关系有下列基本性质:设 R,S,T 为三个同维向量组，则有

(1) **反身性** R 与 R 自身等价.

(2) **对称性** 若 R 与 S 等价，则 S 与 R 等价.

(3) **传递性** 若 R 与 S 等价,S 与 T 等价，则 R 与 T 等价.

我们来考查下面的例子:

例 2 设向量组

$$\boldsymbol{\alpha}_1=\begin{pmatrix}1\\0\\0\end{pmatrix},\quad \boldsymbol{\alpha}_2=\begin{pmatrix}0\\1\\0\end{pmatrix},\quad \boldsymbol{\alpha}_3=\begin{pmatrix}1\\2\\0\end{pmatrix}.$$

显然有 $\boldsymbol{\alpha}_1+2\boldsymbol{\alpha}_2-\boldsymbol{\alpha}_3=\boldsymbol{0}$. 记

$$R=\{\boldsymbol{\alpha}_1,\boldsymbol{\alpha}_2\},\quad S=\{\boldsymbol{\alpha}_1,\boldsymbol{\alpha}_3\},\quad T=\{\boldsymbol{\alpha}_2,\boldsymbol{\alpha}_3\}.$$

易知 R,S,T 都是线性无关的向量组,且 $\boldsymbol{\alpha}_3$ 可由 R 线性表出,$\boldsymbol{\alpha}_2$ 可由 S 线性表出,$\boldsymbol{\alpha}_1$ 可由 T 线性表出. 具有这种特性的部分组都称为向量组 $\boldsymbol{\alpha}_1,\boldsymbol{\alpha}_2,\boldsymbol{\alpha}_3$ 的极大线性无关组.

定义 3.3.3 设 T 是由若干个(有限或无限多个)n 维向量组成的向量组. 若存在 T 的一

个部分组$\boldsymbol{\alpha}_1,\boldsymbol{\alpha}_2,\cdots,\boldsymbol{\alpha}_r$满足以下条件：

（1）$\boldsymbol{\alpha}_1,\boldsymbol{\alpha}_2,\cdots,\boldsymbol{\alpha}_r$线性无关；

（2）对于任意一个向量$\boldsymbol{\beta}\in T$，向量组$\boldsymbol{\beta},\boldsymbol{\alpha}_1,\boldsymbol{\alpha}_2,\cdots,\boldsymbol{\alpha}_r$都线性相关.

则称$\boldsymbol{\alpha}_1,\boldsymbol{\alpha}_2,\cdots,\boldsymbol{\alpha}_r$为$T$的一个**极大线性无关向量组**，简称为**极大无关组**.

可以这样理解$S=\{\boldsymbol{\alpha}_1,\boldsymbol{\alpha}_2,\cdots,\boldsymbol{\alpha}_r\}$在$T$中的“极大性”：对于“无关性”来说，$S$在$T$中已经“饱和”了，即$S$本身是线性无关组，在$S$中再任意添加$T$中的一个向量$\boldsymbol{\beta}$，就成为线性相关组了.

设向量组S和T满足$S\subseteq T$，根据定义3.3.3，易知“向量组S是T的极大线性无关向量组”与“T中的任一个向量均可用S中向量唯一地线性表出”是等价命题.

例3 证$\boldsymbol{\eta}_1=(1,1,1)^{\mathrm{T}},\boldsymbol{\eta}_2=(1,1,0)^{\mathrm{T}},\boldsymbol{\eta}_3=(1,0,0)^{\mathrm{T}}$是$\mathbf{R}^3$的一个极大线性无关组.

证 由

$$x_1\begin{pmatrix}1\\1\\1\end{pmatrix}+x_2\begin{pmatrix}1\\1\\0\end{pmatrix}+x_3\begin{pmatrix}1\\0\\0\end{pmatrix}=\begin{pmatrix}0\\0\\0\end{pmatrix}$$

可得$x_1=x_2=x_3=0$，所以$\boldsymbol{\eta}_1,\boldsymbol{\eta}_2,\boldsymbol{\eta}_3$线性无关.

任取$\boldsymbol{\alpha}=\begin{pmatrix}a\\b\\c\end{pmatrix}\in\mathbf{R}^3$，由于4个三维向量必线性相关，于是$\boldsymbol{\alpha}$必可由$\boldsymbol{\eta}_1,\boldsymbol{\eta}_2,\boldsymbol{\eta}_3$线性表出，所以$\boldsymbol{\eta}_1,\boldsymbol{\eta}_2,\boldsymbol{\eta}_3$是$\mathbf{R}^3$的一个极大线性无关组.

现在我们先讨论向量组与它的任意一个极大无关组之间的关系，然后讨论它的任意两个极大无关组之间的关系.

定理3.3.1 向量组T与它的任意一个极大无关组等价，因而T的任意两个极大无关组等价.

证 设S为T的一个极大无关组. 因为S为T的一个子集，所以对于任意一个$\boldsymbol{\alpha}\in S$，$\boldsymbol{\alpha}$也是T中的向量，且有$\boldsymbol{\alpha}=1\times\boldsymbol{\alpha}$，这说明$S$可用$T$线性表出.

反之，由极大无关组的定义知，T可用S线性表出. 因而S与T等价.

由向量组等价的对称性和传递性，即可证得向量组T的任意两个极大无关组都等价：设S_1和S_2均为T的极大无关组，则由S_1与T等价，T与S_2等价知道，S_1与S_2等价.

例4 求$\mathbf{R}^n$的一个极大线性无关组. 并证明$\mathbf{R}^n$中的任意$n+1$个向量一定线性相关.

解 由3.2节的例5知，n维标准单位向量组

$$\boldsymbol{\varepsilon}_1=(1,0,\cdots,0),\quad \boldsymbol{\varepsilon}_2=(0,1,\cdots,0),\quad \cdots,\quad \boldsymbol{\varepsilon}_n=(0,0,\cdots,1)$$

是线性无关的，且任一n维向量$\boldsymbol{\alpha}=(a_1,a_2,\cdots,a_n)$都可用$\boldsymbol{\varepsilon}_1,\boldsymbol{\varepsilon}_2,\cdots,\boldsymbol{\varepsilon}_n$线性表出，即

$$\boldsymbol{\alpha}=(a_1,a_2,\cdots,a_n)=a_1\boldsymbol{\varepsilon}_1+a_2\boldsymbol{\varepsilon}_2+\cdots+a_n\boldsymbol{\varepsilon}_n.$$

从而$\boldsymbol{\varepsilon}_1,\boldsymbol{\varepsilon}_2,\cdots,\boldsymbol{\varepsilon}_n$是$\mathbf{R}^n$的一个极大线性无关组.

设$\boldsymbol{\alpha}_1,\boldsymbol{\alpha}_2,\cdots,\boldsymbol{\alpha}_n,\boldsymbol{\alpha}_{n+1}$是$\mathbf{R}^n$中的任意$n+1$个向量，由于向量的个数大于向量的维数，可知$\boldsymbol{\alpha}_1,\boldsymbol{\alpha}_2,\cdots,\boldsymbol{\alpha}_n,\boldsymbol{\alpha}_{n+1}$一定线性相关.

例4表明，$\mathbf{R}^n$中的任意n个线性无关的向量都构成$\mathbf{R}^n$中的极大无关组. 从而任意一个$\boldsymbol{\beta}\in\mathbf{R}^n$都可以唯一地表示为它们的线性组合.

例5 设向量组$R=\{\boldsymbol{\alpha}_1,\boldsymbol{\alpha}_2,\boldsymbol{\alpha}_3\}$可由向量组$S=\{\boldsymbol{\beta}_1,\boldsymbol{\beta}_2\}$线性表出. 证明：$R$是线性相关向量组.

证 为了证明 $\boldsymbol{\alpha}_1,\boldsymbol{\alpha}_2,\boldsymbol{\alpha}_3$ 线性相关，就需要找到一组不全为零的数 k_1,k_2,k_3 使 $k_1\boldsymbol{\alpha}_1+k_2\boldsymbol{\alpha}_2+k_3\boldsymbol{\alpha}_3=\mathbf{0}$. 为此考虑 $\boldsymbol{\alpha}_1,\boldsymbol{\alpha}_2,\boldsymbol{\alpha}_3$ 的线性组合：

$$x_1\boldsymbol{\alpha}_1+x_2\boldsymbol{\alpha}_2+x_3\boldsymbol{\alpha}_3.$$

由已知条件，可设：

$$\boldsymbol{\alpha}_1=a_{11}\boldsymbol{\beta}_1+a_{21}\boldsymbol{\beta}_2,\quad \boldsymbol{\alpha}_2=a_{12}\boldsymbol{\beta}_1+a_{22}\boldsymbol{\beta}_2,\quad \boldsymbol{\alpha}_3=a_{13}\boldsymbol{\beta}_1+a_{23}\boldsymbol{\beta}_2.$$

于是

$$\begin{aligned}x_1\boldsymbol{\alpha}_1+x_2\boldsymbol{\alpha}_2+x_3\boldsymbol{\alpha}_3&=x_1(a_{11}\boldsymbol{\beta}_1+a_{21}\boldsymbol{\beta}_2)+x_2(a_{12}\boldsymbol{\beta}_1+a_{22}\boldsymbol{\beta}_2)+x_3(a_{13}\boldsymbol{\beta}_1+a_{23}\boldsymbol{\beta}_2)\\&=(a_{11}x_1+a_{12}x_2+a_{13}x_3)\boldsymbol{\beta}_1+(a_{21}x_1+a_{22}x_2+a_{23}x_3)\boldsymbol{\beta}_2.\end{aligned}\tag{3.4}$$

考虑下述齐次线性方程组：

$$\begin{cases}a_{11}x_1+a_{12}x_2+a_{13}x_3=0,\\a_{21}x_1+a_{22}x_2+a_{23}x_3=0.\end{cases}\tag{3.5}$$

这是一个含三个未知量两个方程的线性方程组,必有非零解. 任取它的一个非零解 $x_1=k_1,x_2=k_2,x_3=k_3$，则由(3.4)式和(3.5)式得

$$k_1\boldsymbol{\alpha}_1+k_2\boldsymbol{\alpha}_2+k_3\boldsymbol{\alpha}_3=0\boldsymbol{\beta}_1+0\boldsymbol{\beta}_2=\mathbf{0}.$$

因此 $\boldsymbol{\alpha}_1,\boldsymbol{\alpha}_2,\boldsymbol{\alpha}_3$ 线性相关.

根据例 5 的证明方法,可以类似地证明以下定理.

定理 3.3.2 设有两个 n 维向量组 $R=\{\boldsymbol{\alpha}_1,\boldsymbol{\alpha}_2,\cdots,\boldsymbol{\alpha}_r\}$ 和 $S=\{\boldsymbol{\beta}_1,\boldsymbol{\beta}_2,\cdots,\boldsymbol{\beta}_s\}$，且已知向量组 R 可由向量组 S 线性表出.

(1) 如果 $r>s$,则 R 必为线性相关组；

(2) 如果 R 为线性无关组,则必有 $r\leqslant s$.

我们可以用类似于例 5 的证明方法先证明(1),再用反证法证明(2).

推论 1 任意两个线性无关的等价向量组所含向量的个数相等.

证 设 R 和 S 是两个等价的线性无关向量组,其中向量个数分别为 r 和 s，则由定理 3.3.2知,必有 $r\leqslant s$ 和 $s\leqslant r$,因而必有 $r=s$.

推论 2 一个向量组的任意两个极大线性无关组所含向量的个数相同.

证 设向量组 $S=\{\boldsymbol{\alpha}_1,\boldsymbol{\alpha}_2,\cdots,\boldsymbol{\alpha}_s\}$的两个极大线性无关组分别为

$$\boldsymbol{\alpha}_{i_1},\boldsymbol{\alpha}_{i_2},\cdots,\boldsymbol{\alpha}_{i_r}\quad 与 \quad \boldsymbol{\alpha}_{j_1},\boldsymbol{\alpha}_{j_2},\cdots,\boldsymbol{\alpha}_{j_t}.$$

由定理 3.3.1 知,这两个向量组等价;由推论 1 知,它们所含向量的个数相等,即 $r=t$.

3.3.2 向量组的秩

向量组 T 中的极大无关组未必是唯一的(如例 1 中的向量组 $\boldsymbol{\alpha}_1,\boldsymbol{\alpha}_2,\boldsymbol{\alpha}_3$,有三个极大无关组),但是由定理 3.3.1 知,它们都是等价的线性无关组,所以,根据上述推论 2 可以知道,向量组 T 的所有的极大线性无关组中所包含的向量个数都是相等的. 据此可引进向量组的秩的概念.

定义 3.3.4 向量组 T 的任意一个极大无关组中所含向量的个数 r 称为 T 的秩，记为 $\mathrm{r}(T)=r$，或者秩(T).

仅由零向量组成的向量组$\{\mathbf{0}\}$不含极大无关组,我们规定向量组$\{\mathbf{0}\}$的秩为 0.

只要 T 中有非零向量，则必有 $\mathrm{r}(T)\geqslant 1$. 所以任意一个向量组必有秩，而且 $\mathrm{r}(T)\leqslant n$(其中 n 是向量的维数). 若向量组 $R=\{\boldsymbol{\alpha}_1,\boldsymbol{\alpha}_2,\cdots,\boldsymbol{\alpha}_r\}$是线性无关的,则它的极大无关组只有它本身一个,所以秩$(R)=r$.

当一个向量组的秩为 r 时，则它的任意一个含 r 个向量的线性无关组，都是它的极大无关组.

定理 3.3.3 如果向量组 S 可由向量组 T 线性表出，其秩分别为 $\mathrm{r}(S)=s,\mathrm{r}(T)=t$，则

$$s\leqslant t.$$

证 在 S 和 T 中分别任取极大无关组

$$S_1=\{\boldsymbol{\alpha}_1,\boldsymbol{\alpha}_2,\cdots,\boldsymbol{\alpha}_s\},\quad T_1=\{\boldsymbol{\beta}_1,\boldsymbol{\beta}_2,\cdots,\boldsymbol{\beta}_t\}.$$

因为 S 可用 T 线性表出，而 $S_1\subset S$，所以 S_1 可用 T 线性表出. 但 T 可用 T_1 线性表出，所以 S_1 可用 T_1 线性表出. 因为 S_1 是线性无关组，所以根据定理 3.3.2 知道，$s\leqslant t$.

推论 等价的向量组必有相同的秩.

证 当 S 与 T 等价时，它们可互相线性表出. 于是根据定理 3.3.3 有 $s\leqslant t$ 和 $t\leqslant s$，立得 $s=t$. 这就证明了等价的向量组必有相同的秩.

注意 等价的向量组一定有相同的秩. 但是，反之不然，秩相同的两个向量组未必等价. 因为它们之间未必有线性表出关系.

例 6 设有向量组

$$R:\boldsymbol{\alpha}_1=(1,2,0,0)^{\mathrm{T}},\boldsymbol{\alpha}_2=(1,3,0,0)^{\mathrm{T}};\quad S:\boldsymbol{\beta}_1=(0,0,1,0)^{\mathrm{T}},\boldsymbol{\beta}_2=(0,0,1,2)^{\mathrm{T}}.$$

问 R 和 S 是否等价?

解 已知 $\mathrm{r}(R)=2,\mathrm{r}(S)=2$，但 R 不能由 S 线性表出，S 也不能由 R 线性表出，故 R 与 S 不等价.

3.3.3 向量组的秩及极大无关组的求法

下面我们讨论向量组的秩与矩阵的秩之间有何关系，并给出求向量组的秩及其极大线性无关组的方法.

设 $\boldsymbol{A}$ 是一个 $m\times n$ 矩阵

$$\boldsymbol{A}=\begin{pmatrix} a_{11} & a_{12} & \cdots & a_{1n} \\ a_{21} & a_{22} & \cdots & a_{2n} \\ \vdots & \vdots & & \vdots \\ a_{m1} & a_{m2} & \cdots & a_{mn} \end{pmatrix}.$$

将矩阵 $\boldsymbol{A}$ 分别按行分块和按列分块，得

$$\boldsymbol{A}=\begin{pmatrix} \boldsymbol{\alpha}_1 \\ \boldsymbol{\alpha}_2 \\ \vdots \\ \boldsymbol{\alpha}_m \end{pmatrix},\quad 其中\ \boldsymbol{\alpha}_i=(a_{i1},a_{i2},\cdots,a_{in}),i=1,2,\cdots,m,$$

$$\boldsymbol{A}=(\boldsymbol{\beta}_1,\boldsymbol{\beta}_2,\cdots,\boldsymbol{\beta}_n),\quad 其中\ \boldsymbol{\beta}_j=\begin{pmatrix} a_{1j} \\ a_{2j} \\ \vdots \\ a_{mj} \end{pmatrix},j=1,2,\cdots,n.$$

于是 $m\times n$ 矩阵 $\boldsymbol{A}$ 对应两个向量组(分别为 n 维行向量组和 m 维列向量组)：

$$M=\{\boldsymbol{\alpha}_1,\boldsymbol{\alpha}_2,\cdots,\boldsymbol{\alpha}_m\},\quad N=\{\boldsymbol{\beta}_1,\boldsymbol{\beta}_2,\cdots,\boldsymbol{\beta}_n\}.$$

称 M 为 $\boldsymbol{A}$ 的**行向量组**，称 N 为 $\boldsymbol{A}$ 的**列向量组**.

定义 3.3.5 矩阵 $\boldsymbol{A}$ 的行向量组 M 的秩称为 $\boldsymbol{A}$ 的**行秩**，列向量组 N 的秩称为 $\boldsymbol{A}$ 的**列秩**. 易见，$\boldsymbol{A}$ 的行秩就是 $\boldsymbol{A}^{\mathrm{T}}$ 的列秩，$\boldsymbol{A}$ 的列秩就是 $\boldsymbol{A}^{\mathrm{T}}$ 的行秩.

例 7 求矩阵

$$\boldsymbol{A}=\begin{pmatrix}1&3&-1&a&d\\0&2&0&b&e\\0&0&-1&c&f\\0&0&0&0&0\end{pmatrix}$$

的行秩和列秩.

解 $\boldsymbol{A}$ 的行向量组为

$$\boldsymbol{\alpha}_1=(1,3,-1,a,d),\quad \boldsymbol{\alpha}_2=(0,2,0,b,e),$$
$$\boldsymbol{\alpha}_3=(0,0,-1,c,f),\quad \boldsymbol{\alpha}_4=(0,0,0,0,0).$$

易证 $\boldsymbol{\alpha}_1,\boldsymbol{\alpha}_2,\boldsymbol{\alpha}_3$ 的截短向量组

$$\hat{\boldsymbol{\alpha}}_1=(1,3,-1),\quad \hat{\boldsymbol{\alpha}}_2=(0,2,0),\quad \hat{\boldsymbol{\alpha}}_3=(0,0,-1)$$

线性无关，所以 $\boldsymbol{\alpha}_1,\boldsymbol{\alpha}_2,\boldsymbol{\alpha}_3$ 线性无关. 又 $\boldsymbol{\alpha}_4$ 是零向量，一定可以用 $\boldsymbol{\alpha}_1,\boldsymbol{\alpha}_2,\boldsymbol{\alpha}_3$ 线性表出，说明 $\boldsymbol{\alpha}_1,\boldsymbol{\alpha}_2,\boldsymbol{\alpha}_3$ 就是行向量组的极大无关组，所以 $\boldsymbol{A}$ 的行秩等于 3.

$\boldsymbol{A}$ 的列向量组为

$$\boldsymbol{\beta}_1=\begin{pmatrix}1\\0\\0\\0\end{pmatrix},\quad \boldsymbol{\beta}_2=\begin{pmatrix}3\\2\\0\\0\end{pmatrix},\quad \boldsymbol{\beta}_3=\begin{pmatrix}-1\\0\\-1\\0\end{pmatrix},\quad \boldsymbol{\beta}_4=\begin{pmatrix}a\\b\\c\\0\end{pmatrix},\quad \boldsymbol{\beta}_5=\begin{pmatrix}d\\e\\f\\0\end{pmatrix}.$$

易证 $\boldsymbol{\beta}_1,\boldsymbol{\beta}_2,\boldsymbol{\beta}_3$ 的截短向量组

$$\hat{\boldsymbol{\beta}}_1=\begin{pmatrix}1\\0\\0\end{pmatrix},\quad \hat{\boldsymbol{\beta}}_2=\begin{pmatrix}3\\2\\0\end{pmatrix},\quad \hat{\boldsymbol{\beta}}_3=\begin{pmatrix}-1\\0\\-1\end{pmatrix}$$

线性无关，从而 $\boldsymbol{\beta}_1,\boldsymbol{\beta}_2,\boldsymbol{\beta}_3$ 线性无关.

下面证明 $\boldsymbol{\beta}_4$ 可用 $\boldsymbol{\beta}_1,\boldsymbol{\beta}_2,\boldsymbol{\beta}_3$ 线性表出. 因为所给出的 5 个列向量的第四个分量都是零，所以，这等价于证明 $\hat{\boldsymbol{\beta}}_4=\begin{pmatrix}a\\b\\c\end{pmatrix}$ 可用 $\hat{\boldsymbol{\beta}}_1,\hat{\boldsymbol{\beta}}_2,\hat{\boldsymbol{\beta}}_3$ 线性表出. 因为 $\hat{\boldsymbol{\beta}}_1,\hat{\boldsymbol{\beta}}_2,\hat{\boldsymbol{\beta}}_3,\hat{\boldsymbol{\beta}}_4$ 是四个三维列向量组，一定线性相关；但 $\hat{\boldsymbol{\beta}}_1,\hat{\boldsymbol{\beta}}_2,\hat{\boldsymbol{\beta}}_3$ 线性无关，所以 $\hat{\boldsymbol{\beta}}_4$ 可用 $\hat{\boldsymbol{\beta}}_1,\hat{\boldsymbol{\beta}}_2,\hat{\boldsymbol{\beta}}_3$ 唯一地线性表出，从而 $\boldsymbol{\beta}_4$ 可用 $\boldsymbol{\beta}_1,\boldsymbol{\beta}_2,\boldsymbol{\beta}_3$ 线性表出.

同理可证 $\boldsymbol{\beta}_5$ 可用 $\boldsymbol{\beta}_1,\boldsymbol{\beta}_2,\boldsymbol{\beta}_3$ 线性表出，由此知 $\boldsymbol{\beta}_1,\boldsymbol{\beta}_2,\boldsymbol{\beta}_3$ 是列向量组的一个极大无关组，所以 $\boldsymbol{A}$ 的列秩等于 3.

例 7 中的矩阵是阶梯形矩阵，此例的讨论结果表明阶梯形矩阵的行秩和列秩都等于其非零行的个数. 这启发我们要设法把求一般矩阵的行秩和列秩的问题转化为求一个阶梯形矩阵的行秩和列秩的问题，从而把问题简化.

定理 3.3.4 对矩阵施行初等变换，不改变它的行秩和列秩.

* **证** 证明分以下三步完成：

(1) 初等行变换不改变矩阵的行秩. 设对矩阵 $\boldsymbol{A}=(a_{ij})_{m\times n}$ 施行一次初等行变换得到 $\boldsymbol{B}$，

这相当于用对应初等行变换的初等方阵 $\boldsymbol{P}=(p_{ij})_{m\times m}$ 左乘 $\boldsymbol{A}$ 后得到 $\boldsymbol{B}$，即 $\boldsymbol{PA}=\boldsymbol{B}$. 我们要证明 $\boldsymbol{A}$ 与 $\boldsymbol{B}$ 有相同的行秩. 取 $\boldsymbol{A}$ 及 $\boldsymbol{B}$ 的行向量表示法，设为

$$\boldsymbol{A}=\begin{pmatrix}\boldsymbol{\alpha}_1\\ \boldsymbol{\alpha}_2\\ \vdots\\ \boldsymbol{\alpha}_m\end{pmatrix},\quad \boldsymbol{B}=\begin{pmatrix}\boldsymbol{\beta}_1\\ \boldsymbol{\beta}_2\\ \vdots\\ \boldsymbol{\beta}_m\end{pmatrix}.$$

由 $\boldsymbol{PA}=\boldsymbol{B}$，即

$$\begin{pmatrix}p_{11} & p_{12} & \cdots & p_{1m}\\ p_{21} & p_{22} & \cdots & p_{2m}\\ \vdots & \vdots & & \vdots\\ p_{m1} & p_{m2} & \cdots & p_{mm}\end{pmatrix}\begin{pmatrix}\boldsymbol{\alpha}_1\\ \boldsymbol{\alpha}_2\\ \vdots\\ \boldsymbol{\alpha}_m\end{pmatrix}=\begin{pmatrix}\boldsymbol{\beta}_1\\ \boldsymbol{\beta}_2\\ \vdots\\ \boldsymbol{\beta}_m\end{pmatrix},$$

可得

$$\boldsymbol{\beta}_i=p_{i1}\boldsymbol{\alpha}_1+p_{i2}\boldsymbol{\alpha}_2+\cdots+p_{im}\boldsymbol{\alpha}_m,\quad i=1,2,\cdots,m.$$

这说明 $\boldsymbol{B}$ 的行向量组可由 $\boldsymbol{A}$ 的行向量组线性表出.

由 $\boldsymbol{PA}=\boldsymbol{B}$ 可得 $\boldsymbol{A}=\boldsymbol{P}^{-1}\boldsymbol{B}$，用上述方法同样可以证明 $\boldsymbol{A}$ 的行向量组也可由 $\boldsymbol{B}$ 的行向量组线性表出. 由此推得 $\boldsymbol{A}$ 的行向量组与 $\boldsymbol{B}$ 的行向量组等价，从而它们有相同的行秩.

(2) 初等行变换不改变矩阵的列秩. 取 $\boldsymbol{A}$ 的列向量表示法 $\boldsymbol{A}=(\boldsymbol{\alpha}_1,\boldsymbol{\alpha}_2,\cdots,\boldsymbol{\alpha}_n)$. 设

$$\boldsymbol{B}=\boldsymbol{PA}=\boldsymbol{P}(\boldsymbol{\alpha}_1,\boldsymbol{\alpha}_2,\cdots,\boldsymbol{\alpha}_n)=(\boldsymbol{\beta}_1,\boldsymbol{\beta}_2,\cdots,\boldsymbol{\beta}_n),$$

则有

$$\boldsymbol{P\alpha}_j=\boldsymbol{\beta}_j,\quad j=1,2,\cdots,n.$$

由于初等方阵 $\boldsymbol{P}$ 是可逆矩阵，所以对于任何一组 $1\leqslant j_1<j_2<\cdots<j_r\leqslant n$ 都有

$$\sum_{s=1}^{r}k_s\boldsymbol{\beta}_{j_s}=\boldsymbol{0}\Leftrightarrow\sum_{s=1}^{r}k_s\boldsymbol{P\alpha}_{j_s}=\boldsymbol{0}\Leftrightarrow\boldsymbol{P}\Big(\sum_{s=1}^{r}k_s\boldsymbol{\alpha}_{j_s}\Big)=\boldsymbol{0}\Leftrightarrow\sum_{s=1}^{r}k_s\boldsymbol{\alpha}_{j_s}=\boldsymbol{0}.$$

因此

$$\{\boldsymbol{\alpha}_{j_1},\boldsymbol{\alpha}_{j_2},\cdots,\boldsymbol{\alpha}_{j_r}\}\text{线性相关}\Leftrightarrow\{\boldsymbol{\beta}_{j_1},\boldsymbol{\beta}_{j_2},\cdots,\boldsymbol{\beta}_{j_r}\}\text{线性相关}.$$
$$\{\boldsymbol{\alpha}_{j_1},\boldsymbol{\alpha}_{j_2},\cdots,\boldsymbol{\alpha}_{j_r}\}\text{线性无关}\Leftrightarrow\{\boldsymbol{\beta}_{j_1},\boldsymbol{\beta}_{j_2},\cdots,\boldsymbol{\beta}_{j_r}\}\text{线性无关}.$$

特别地，若 $\{\boldsymbol{\alpha}_{j_1},\boldsymbol{\alpha}_{j_2},\cdots,\boldsymbol{\alpha}_{j_r}\}$ 是向量组 $\{\boldsymbol{\alpha}_1,\boldsymbol{\alpha}_2,\cdots,\boldsymbol{\alpha}_n\}$ 的一个极大线性无关组，则 $\{\boldsymbol{\beta}_{j_1},\boldsymbol{\beta}_{j_2},\cdots,\boldsymbol{\beta}_{j_r}\}$ 必是 $\{\boldsymbol{\beta}_1,\boldsymbol{\beta}_2,\cdots,\boldsymbol{\beta}_n\}$ 的一个极大线性无关组，反之亦然. 这说明 $\boldsymbol{A}$ 与 $\boldsymbol{PA}$ 的列向量组的极大无关组所含向量的个数相同，从而它们有相同的列秩.

(3) 初等列变换不改变矩阵的行秩和列秩. 设对矩阵 $\boldsymbol{A}$ 施行一次初等列变换得到矩阵 $\boldsymbol{B}$，而 $\boldsymbol{P}$ 是对应的初等方阵，则 $\boldsymbol{AP}=\boldsymbol{B}$，从而 $\boldsymbol{P}^{\mathrm{T}}\boldsymbol{A}^{\mathrm{T}}=\boldsymbol{B}^{\mathrm{T}}$. 这说明 $\boldsymbol{A}^{\mathrm{T}}$ 经过初等行变换得到 $\boldsymbol{B}^{\mathrm{T}}$，由(1)和(2)知道 $\boldsymbol{A}^{\mathrm{T}}$ 与 $\boldsymbol{B}^{\mathrm{T}}$ 有相同的行秩，也有相同的列秩. 因为 $\boldsymbol{A}^{\mathrm{T}}$ 与 $\boldsymbol{B}^{\mathrm{T}}$ 的行秩分别等于 $\boldsymbol{A}$ 与 $\boldsymbol{B}$ 的列秩，$\boldsymbol{A}^{\mathrm{T}}$ 与 $\boldsymbol{B}^{\mathrm{T}}$ 的列秩分别等于 $\boldsymbol{A}$ 与 $\boldsymbol{B}$ 的行秩. 所以 $\boldsymbol{A}$ 与 $\boldsymbol{B}$ 有相同的列秩和行秩.

定理 3.3.5 设 $\boldsymbol{A}$ 为 $m\times n$ 矩阵，则 $\mathrm{r}(\boldsymbol{A})=\boldsymbol{A}$ 的行秩 $=\boldsymbol{A}$ 的列秩.

证 根据矩阵的等价标准形定理知道，存在 m 阶可逆矩阵 $\boldsymbol{P}$ 和 n 阶可逆矩阵 $\boldsymbol{Q}$，使得

$$\boldsymbol{PAQ}=\begin{pmatrix}\boldsymbol{E}_r & \boldsymbol{O}\\ \boldsymbol{O} & \boldsymbol{O}\end{pmatrix},$$

其中子块 $\boldsymbol{E}_r$ 是 r 阶单位矩阵. 这种标准形的秩、行秩和列秩显然都是 r，而可逆矩阵是初等方阵的乘积. 所以根据矩阵的初等变换不变其行秩和列秩知道

$$r(\boldsymbol{A})=\boldsymbol{A}\text{ 的行秩}=\boldsymbol{A}\text{ 的列秩}.$$

由定理 3.3.3 和定理 3.3.5 可得下面的推论：

推论 设 $\boldsymbol{A}$ 是 $m\times n$ 矩阵，$\boldsymbol{B}$ 是 $m\times k$ 矩阵，则 $r(\boldsymbol{A},\boldsymbol{B})\leqslant r(\boldsymbol{A})+r(\boldsymbol{B})$.

证 设 $r(\boldsymbol{A})=s, r(\boldsymbol{B})=t$，即 $\boldsymbol{A}$ 的列秩是 s，$\boldsymbol{B}$ 的列秩是 t. 这说明 $\boldsymbol{A}$ 的列向量组的任意一个极大线性无关组都含有 s 个向量；$\boldsymbol{B}$ 的列向量组的任意一个极大线性无关组都含有 t 个向量. 设 $\boldsymbol{A}$ 的列向量组的一个极大线性无关组为 $\boldsymbol{\alpha}_1,\boldsymbol{\alpha}_2,\cdots,\boldsymbol{\alpha}_s$；$\boldsymbol{B}$ 的列向量组的一个极大线性无关组为 $\boldsymbol{\beta}_1,\boldsymbol{\beta}_2,\cdots,\boldsymbol{\beta}_t$. 易见 $m\times(n+k)$ 矩阵 $(\boldsymbol{A},\boldsymbol{B})$ 的列向量组可用向量组 $\boldsymbol{\alpha}_1,\boldsymbol{\alpha}_2,\cdots,\boldsymbol{\alpha}_s$, $\boldsymbol{\beta}_1$, $\boldsymbol{\beta}_2,\cdots,\boldsymbol{\beta}_t$ 线性表出. 由定理3.3.3知矩阵 $(\boldsymbol{A},\boldsymbol{B})$ 的列向量组的秩必小于或等于 $s+t$，再由定理3.3.5知

$$r(\boldsymbol{A},\boldsymbol{B})\leqslant s+t=r(\boldsymbol{A})+r(\boldsymbol{B}).$$

求向量组的秩的方法 设 $\boldsymbol{\beta}_1,\boldsymbol{\beta}_2,\cdots,\boldsymbol{\beta}_m$ 是 m 个 n 维列向量，构造 $n\times m$ 矩阵 $\boldsymbol{A}=(\boldsymbol{\beta}_1,\boldsymbol{\beta}_2,\cdots,\boldsymbol{\beta}_m)$，则有

$$r\{\boldsymbol{\beta}_1,\boldsymbol{\beta}_2,\cdots,\boldsymbol{\beta}_m\}=r(\boldsymbol{A}).$$

设 $\boldsymbol{\alpha}_1,\boldsymbol{\alpha}_2,\cdots,\boldsymbol{\alpha}_m$ 是 m 个 n 维行向量，构造 $n\times m$ 矩阵 $\boldsymbol{A}=(\boldsymbol{\alpha}_1^{\mathrm{T}},\boldsymbol{\alpha}_2^{\mathrm{T}},\cdots,\boldsymbol{\alpha}_m^{\mathrm{T}})$，则有

$$r\{\boldsymbol{\alpha}_1^{\mathrm{T}},\boldsymbol{\alpha}_2^{\mathrm{T}},\cdots,\boldsymbol{\alpha}_m^{\mathrm{T}}\}=r(\boldsymbol{A}).$$

这样，就把求向量组秩的问题化为求矩阵的秩的问题，因而又可用初等变换求秩了.

综上所述，在考虑向量组的线性相关性和线性无关性时，有以下结论：

如果向量个数大于向量维数，则此向量组必是线性相关组.

当向量个数等于向量维数时，它们可拼成一个行列式，此向量组为线性相关组当且仅当此行列式为零.

当向量个数小于向量维数时，把它们拼成一个矩阵，再用初等行变换把此矩阵化为阶梯形矩阵 $\boldsymbol{B}$. 于是所求的向量组的秩就是 $\boldsymbol{B}$ 中非零行的行数.

当向量组的秩等于向量个数时，它就是线性无关组；当向量组的秩小于向量个数时，它就是线性相关组. 向量组的秩是不可能大于向量个数和向量维数的.

最后考虑一个问题. 对于给定的一个向量组，如何找出它的所有的极大线性无关组呢？我们可以采用矩阵的初等行变换求出列向量组中的所有的极大线性无关组.

方法 设 $S=\{\boldsymbol{\alpha}_1,\boldsymbol{\alpha}_2,\cdots,\boldsymbol{\alpha}_m\}$ 为 n 维列向量组. 构造 $n\times m$ 矩阵

$$\boldsymbol{A}=(\boldsymbol{\alpha}_1,\boldsymbol{\alpha}_2,\cdots,\boldsymbol{\alpha}_m).$$

用初等行变换把它化成阶梯形矩阵或简化行阶梯形矩阵：

$$\boldsymbol{A}=(\boldsymbol{\alpha}_1,\boldsymbol{\alpha}_2,\cdots,\boldsymbol{\alpha}_m)\rightarrow(\boldsymbol{\beta}_1,\boldsymbol{\beta}_2,\cdots,\boldsymbol{\beta}_m)=\boldsymbol{B}.$$

考虑 n 维列向量组 $T=\{\boldsymbol{\beta}_1,\boldsymbol{\beta}_2,\cdots,\boldsymbol{\beta}_m\}$. 根据定理 3.3.4 中的“初等行变换不改变矩阵的列秩”的证明知道，当 $\{\boldsymbol{\beta}_{j_1},\boldsymbol{\beta}_{j_2},\cdots,\boldsymbol{\beta}_{j_r}\}$ 是 T 中的极大线性无关组时，对应的 $\{\boldsymbol{\alpha}_{j_1},\boldsymbol{\alpha}_{j_2},\cdots,\boldsymbol{\alpha}_{j_r}\}$ 一定是 $S=\{\boldsymbol{\alpha}_1,\boldsymbol{\alpha}_2,\cdots,\boldsymbol{\alpha}_m\}$ 的一个极大线性无关组.

这个方法的特点是，只能用初等行变换，而且是求列向量组中的极大线性无关组.

例 8 求出下列向量组的秩和它的一个极大线性无关组，并将其余向量表示为该极大线性无关组的线性组合：

$$\boldsymbol{\alpha}_1=\begin{pmatrix}1\\1\\1\\1\end{pmatrix},\quad \boldsymbol{\alpha}_2=\begin{pmatrix}1\\2\\3\\4\end{pmatrix},\quad \boldsymbol{\alpha}_3=\begin{pmatrix}1\\4\\9\\16\end{pmatrix},\quad \boldsymbol{\alpha}_4=\begin{pmatrix}1\\3\\7\\13\end{pmatrix},\quad \boldsymbol{\alpha}_5=\begin{pmatrix}1\\2\\5\\10\end{pmatrix}.$$

解 以所有向量为列向量形成 4×5 矩阵，然后用初等行变换把矩阵化成简化行阶梯形矩阵.

$$A=(\boldsymbol{\alpha}_1,\boldsymbol{\alpha}_2,\boldsymbol{\alpha}_3,\boldsymbol{\alpha}_4,\boldsymbol{\alpha}_5)=\begin{pmatrix}1&1&1&1&1\\1&2&4&3&2\\1&3&9&7&5\\1&4&16&13&10\end{pmatrix}$$

$$\to\begin{pmatrix}1&1&1&1&1\\0&1&3&2&1\\0&2&8&6&4\\0&3&15&12&9\end{pmatrix}\to\begin{pmatrix}1&0&-2&-1&0\\0&1&3&2&1\\0&0&2&2&2\\0&0&6&6&6\end{pmatrix}$$

$$\to\begin{pmatrix}1&0&-2&-1&0\\0&1&3&2&1\\0&0&1&1&1\\0&0&0&0&0\end{pmatrix}\to\begin{pmatrix}1&0&0&1&2\\0&1&0&-1&-2\\0&0&1&1&1\\0&0&0&0&0\end{pmatrix}$$

$$\xlongequal{\text{记为}}(\boldsymbol{\beta}_1,\boldsymbol{\beta}_2,\boldsymbol{\beta}_3,\boldsymbol{\beta}_4,\boldsymbol{\beta}_5)=\boldsymbol{B}.$$

其中 $\boldsymbol{B}$ 是 $\boldsymbol{A}$ 的简化行阶梯形矩阵. 因为 $\boldsymbol{B}$ 有 3 个非零行，所以 $\boldsymbol{B}$ 的秩为 $r(\boldsymbol{B})=3$，从而 $\boldsymbol{A}$ 的秩也为 3，即向量组的秩 $r(\boldsymbol{\alpha}_1,\boldsymbol{\alpha}_2,\boldsymbol{\alpha}_3,\boldsymbol{\alpha}_4,\boldsymbol{\alpha}_5)=3$.

易见 $\boldsymbol{B}$ 的列向量组的一个极大线性无关组为

$$\{\boldsymbol{\beta}_1,\boldsymbol{\beta}_2,\boldsymbol{\beta}_3\}.$$

因而 $\boldsymbol{A}$ 的列向量组的一个极大线性无关组为 $\{\boldsymbol{\alpha}_1,\boldsymbol{\alpha}_2,\boldsymbol{\alpha}_3\}$，从而 $\{\boldsymbol{\alpha}_1,\boldsymbol{\alpha}_2,\boldsymbol{\alpha}_3\}$ 是原向量组的一个极大线性无关组.

$\boldsymbol{B}$ 是 $\boldsymbol{A}$ 的简化行阶梯形矩阵，$\boldsymbol{B}$ 的第 4 列和第 5 列的前三行上的元素分别是将 $\boldsymbol{\beta}_4,\boldsymbol{\beta}_5$ 用 $\boldsymbol{\beta}_1,\boldsymbol{\beta}_2,\boldsymbol{\beta}_3$ 线性表出时的表出系数，即

$$\boldsymbol{\beta}_4=\boldsymbol{\beta}_1-\boldsymbol{\beta}_2+\boldsymbol{\beta}_3,\quad \boldsymbol{\beta}_5=2\boldsymbol{\beta}_1-2\boldsymbol{\beta}_2+\boldsymbol{\beta}_3.$$

由定理 3.3.4 中(2)的证明可知，$\boldsymbol{A}$ 的列向量组的任何一个部分组与 $\boldsymbol{B}$ 的列向量组的对应部分组有相同的线性相关性. 于是只要在上式中将 $\boldsymbol{\beta}$ 改成 $\boldsymbol{\alpha}$ 就得到 $\boldsymbol{\alpha}_4,\boldsymbol{\alpha}_5$ 用 $\{\boldsymbol{\alpha}_1,\boldsymbol{\alpha}_2,\boldsymbol{\alpha}_3\}$ 线性表出的表示式：

$$\boldsymbol{\alpha}_4=\boldsymbol{\alpha}_1-\boldsymbol{\alpha}_2+\boldsymbol{\alpha}_3,\quad \boldsymbol{\alpha}_5=2\boldsymbol{\alpha}_1-2\boldsymbol{\alpha}_2+\boldsymbol{\alpha}_3.$$

注意 由 $\boldsymbol{B}$ 的形状可直观确定，除了 $\{\boldsymbol{\alpha}_3,\boldsymbol{\alpha}_4,\boldsymbol{\alpha}_5\}$ 以外，任意三个向量都是极大无关组. 共有九组.

例 9 求向量组

$$\boldsymbol{\alpha}_1=(1,-2,5,-3),\quad \boldsymbol{\alpha}_2=(4,-1,-2,3),\quad \boldsymbol{\alpha}_3=(5,4,-19,15),\quad \boldsymbol{\alpha}_4=(6,-5,8,-3)$$

的秩和一个极大线性无关组，并将其余向量用极大线性无关组线性表出.

解 把所有的行向量都转置成列向量形成 4×4 矩阵以后，再用初等行变换把它化成简化行阶梯形矩阵，即可求出它的秩和它的极大线性无关组，并且可将其余向量用极大线性无关组线性表出.

$$A=(\boldsymbol{\alpha}_1^{\mathrm T},\boldsymbol{\alpha}_2^{\mathrm T},\boldsymbol{\alpha}_3^{\mathrm T},\boldsymbol{\alpha}_4^{\mathrm T})=\begin{pmatrix}1&4&5&6\\-2&-1&4&-5\\5&-2&-19&8\\-3&3&15&-3\end{pmatrix}\to\begin{pmatrix}1&4&5&6\\0&7&14&7\\0&-22&-44&-22\\0&15&30&15\end{pmatrix}$$

$$\to\begin{pmatrix}1&4&5&6\\0&1&2&1\\0&1&2&1\\0&1&2&1\end{pmatrix}\to\begin{pmatrix}1&0&-3&2\\0&1&2&1\\0&0&0&0\\0&0&0&0\end{pmatrix}\xlongequal{\text{记为}}(\boldsymbol{\beta}_1,\boldsymbol{\beta}_2,\boldsymbol{\beta}_3,\boldsymbol{\beta}_4)=\boldsymbol{B}.$$

这里矩阵 $\boldsymbol{B}$ 是矩阵 $\boldsymbol{A}$ 的简化行阶梯形矩阵. 易见矩阵 $\boldsymbol{B}$ 的秩为 2,从而矩阵 $\boldsymbol{A}$ 的秩为 2,即 $\mathrm{r}(\boldsymbol{\alpha}_1^{\mathrm T},\boldsymbol{\alpha}_2^{\mathrm T},\boldsymbol{\alpha}_3^{\mathrm T},\boldsymbol{\alpha}_4^{\mathrm T})=2$,从而 $\mathrm{r}(\boldsymbol{\alpha}_1,\boldsymbol{\alpha}_2,\boldsymbol{\alpha}_3,\boldsymbol{\alpha}_4)=2$.

由矩阵 $\boldsymbol{B}$ 的列向量组容易看出 $\boldsymbol{\beta}_1,\boldsymbol{\beta}_2$ 是 $\{\boldsymbol{\beta}_1,\boldsymbol{\beta}_2,\boldsymbol{\beta}_3,\boldsymbol{\beta}_4\}$ 的一个极大线性无关组,且有

$$\boldsymbol{\beta}_3=-3\boldsymbol{\beta}_1+2\boldsymbol{\beta}_2,\quad \boldsymbol{\beta}_4=2\boldsymbol{\beta}_1+\boldsymbol{\beta}_2.$$

所以 $\boldsymbol{\alpha}_1,\boldsymbol{\alpha}_2$ 是向量组 $\{\boldsymbol{\alpha}_1,\boldsymbol{\alpha}_2,\boldsymbol{\alpha}_3,\boldsymbol{\alpha}_4\}$ 的一个极大线性无关组,且有

$$\boldsymbol{\alpha}_3=-3\boldsymbol{\alpha}_1+2\boldsymbol{\alpha}_2,\quad \boldsymbol{\alpha}_4=2\boldsymbol{\alpha}_1+\boldsymbol{\alpha}_2.$$

例 10 设 $\boldsymbol{\alpha}_1=\begin{pmatrix}1\\2\\1\end{pmatrix},\boldsymbol{\alpha}_2=\begin{pmatrix}-1\\-3\\1\end{pmatrix};\boldsymbol{\beta}_1=\begin{pmatrix}1\\1\\3\end{pmatrix},\boldsymbol{\beta}_2=\begin{pmatrix}0\\-1\\2\end{pmatrix},\boldsymbol{\beta}_3=\begin{pmatrix}-1\\-4\\3\end{pmatrix}$. 证明:向量组 $\boldsymbol{\alpha}_1,\boldsymbol{\alpha}_2$ 与向量组 $\boldsymbol{\beta}_1,\boldsymbol{\beta}_2,\boldsymbol{\beta}_3$ 等价.

证 令 $\boldsymbol{A}=(\boldsymbol{\alpha}_1,\boldsymbol{\alpha}_2,\boldsymbol{\beta}_1,\boldsymbol{\beta}_2,\boldsymbol{\beta}_3)$, 并将 $\boldsymbol{A}$ 化为行阶梯形,即

$$\boldsymbol{A}=\begin{pmatrix}1&-1&1&0&-1\\2&-3&1&-1&-4\\1&1&3&2&3\end{pmatrix}\to\begin{pmatrix}1&-1&1&0&-1\\0&-1&-1&-1&-2\\0&2&2&2&4\end{pmatrix}$$

$$\to\begin{pmatrix}1&-1&1&0&-1\\0&-1&-1&-1&-2\\0&0&0&0&0\end{pmatrix}\to\begin{pmatrix}1&-1&1&0&-1\\0&1&1&1&2\\0&0&0&0&0\end{pmatrix}.$$

由此可见,向量组 $\boldsymbol{\alpha}_1,\boldsymbol{\alpha}_2$ 与向量组 $\boldsymbol{\beta}_1,\boldsymbol{\beta}_2,\boldsymbol{\beta}_3$ 及向量组 $\boldsymbol{\alpha}_1,\boldsymbol{\alpha}_2,\boldsymbol{\beta}_1,\boldsymbol{\beta}_2,\boldsymbol{\beta}_3$ 的秩都是 2, 且向量组 $\boldsymbol{\beta}_1,\boldsymbol{\beta}_2$ 线性无关, 从而向量组 $\boldsymbol{\alpha}_1,\boldsymbol{\alpha}_2$ 与向量组 $\boldsymbol{\beta}_1,\boldsymbol{\beta}_2$ 都是 $\boldsymbol{\alpha}_1,\boldsymbol{\alpha}_2,\boldsymbol{\beta}_1,\boldsymbol{\beta}_2,\boldsymbol{\beta}_3$ 的极大线性无关组, 所以向量组 $\boldsymbol{\alpha}_1,\boldsymbol{\alpha}_2$ 与向量组 $\boldsymbol{\beta}_1,\boldsymbol{\beta}_2$ 等价.

又由于 $\boldsymbol{\beta}_1,\boldsymbol{\beta}_2$ 也是 $\boldsymbol{\beta}_1,\boldsymbol{\beta}_2,\boldsymbol{\beta}_3$ 的极大线性无关组, 从而它们等价, 故向量组 $\boldsymbol{\alpha}_1,\boldsymbol{\alpha}_2$ 与向量组 $\boldsymbol{\beta}_1,\boldsymbol{\beta}_2,\boldsymbol{\beta}_3$ 等价.

例 11 用矩阵的秩与向量组的秩的关系证明: $\mathrm{r}(\boldsymbol{AB})\leqslant\min\{\mathrm{r}(\boldsymbol{A}),\mathrm{r}(\boldsymbol{B})\}$.

证 设 $\boldsymbol{A},\boldsymbol{B}$ 分别为 $m\times n$ 矩阵和 $n\times k$ 矩阵, $\boldsymbol{AB}=\boldsymbol{C}$,则 $\boldsymbol{C}$ 是 $m\times k$ 矩阵.

先证 $\mathrm{r}(\boldsymbol{AB})\leqslant\mathrm{r}(\boldsymbol{A})$. 将 $\boldsymbol{A}$ 和 $\boldsymbol{C}$ 按列分块,看成是列向量构成的矩阵,设

$$\boldsymbol{A}=(\boldsymbol{\alpha}_1,\boldsymbol{\alpha}_2,\cdots,\boldsymbol{\alpha}_n),\quad \boldsymbol{C}=(\boldsymbol{\gamma}_1,\boldsymbol{\gamma}_2,\cdots,\boldsymbol{\gamma}_k).$$

可把 $\boldsymbol{C}=\boldsymbol{AB}$ 写成

$$(\boldsymbol{\gamma}_1,\boldsymbol{\gamma}_2,\cdots,\boldsymbol{\gamma}_k)=(\boldsymbol{\alpha}_1,\boldsymbol{\alpha}_2,\cdots,\boldsymbol{\alpha}_n)\begin{pmatrix}b_{11}&b_{12}&\cdots&b_{1k}\\b_{21}&b_{22}&\cdots&b_{2k}\\\vdots&\vdots&&\vdots\\b_{n1}&b_2&\cdots&b_{nk}\end{pmatrix}$$

或

$$\begin{cases} \boldsymbol{\gamma}_1 = b_{11}\boldsymbol{\alpha}_1 + b_{21}\boldsymbol{\alpha}_2 + \cdots + b_{n1}\boldsymbol{\alpha}_n, \\ \boldsymbol{\gamma}_2 = b_{12}\boldsymbol{\alpha}_1 + b_{22}\boldsymbol{\alpha}_2 + \cdots + b_{n2}\boldsymbol{\alpha}_n, \\ \cdots\cdots\cdots\cdots\cdots\cdots\cdots\cdots\cdots\cdots \\ \boldsymbol{\gamma}_k = b_{1k}\boldsymbol{\alpha}_1 + b_{2k}\boldsymbol{\alpha}_2 + \cdots + b_{nk}\boldsymbol{\alpha}_n. \end{cases}$$

这说明 $\boldsymbol{C}$ 的列向量组可由 $\boldsymbol{A}$ 的列向量组线性表出. 由定理 3.3.3 得

$$秩(\boldsymbol{\gamma}_1,\boldsymbol{\gamma}_2,\cdots,\boldsymbol{\gamma}_k) \leqslant 秩(\boldsymbol{\alpha}_1,\boldsymbol{\alpha}_2,\cdots,\boldsymbol{\alpha}_n),$$

即 $\mathrm{r}(\boldsymbol{AB}) \leqslant \mathrm{r}(\boldsymbol{A})$.

因为 $\boldsymbol{C}^{\mathrm{T}} = \boldsymbol{B}^{\mathrm{T}}\boldsymbol{A}^{\mathrm{T}}$，由上所证明知 $\mathrm{r}(\boldsymbol{C}^{\mathrm{T}}) \leqslant \mathrm{r}(\boldsymbol{B}^{\mathrm{T}})$，所以 $\mathrm{r}(\boldsymbol{C}) \leqslant \mathrm{r}(\boldsymbol{B})$，即 $\mathrm{r}(\boldsymbol{AB}) \leqslant \mathrm{r}(\boldsymbol{B})$.

故 $\mathrm{r}(\boldsymbol{AB}) \leqslant \min\{\mathrm{r}(\boldsymbol{A}),\mathrm{r}(\boldsymbol{B})\}$.

习 题 3.3

1. 求下列向量组的秩：

(1) $\boldsymbol{\alpha}_1=(1,2,1)$，$\boldsymbol{\alpha}_2=(2,4,2)$，$\boldsymbol{\alpha}_3=(1,2,3)$；

(2) $\boldsymbol{\alpha}_1=(2,1,3)$，$\boldsymbol{\alpha}_2=(4,2,6)$，$\boldsymbol{\alpha}_3=(3,5,8)$；

(3) $\boldsymbol{\alpha}_1=(1,2,3,4)$，$\boldsymbol{\alpha}_2=(0,-1,2,3)$，$\boldsymbol{\alpha}_3=(2,3,8,11)$，$\boldsymbol{\alpha}_4=(2,3,6,8)$；

(4) $\boldsymbol{\alpha}_1=(2,1,3,0,4)$，$\boldsymbol{\alpha}_2=(1,2,3,0,5)$，$\boldsymbol{\alpha}_3=(-1,0,3,4,6)$.

2. 证明：下列两个向量组等价：

$S=\{\boldsymbol{\alpha}_1=(1,1,0,0),\boldsymbol{\alpha}_2=(1,0,1,1)\}$，

$T=\{\boldsymbol{\beta}_1=(2,-1,3,3),\boldsymbol{\beta}_2=(0,1,-1,-1)\}$.

3. 设 $T=\{\boldsymbol{\alpha}_1,\boldsymbol{\alpha}_2,\boldsymbol{\alpha}_3,\boldsymbol{\alpha}_4,\boldsymbol{\alpha}_5,\boldsymbol{\alpha}_6,\boldsymbol{\alpha}_7,\boldsymbol{\alpha}_8\}$ 是六维向量组. 证明：T 中至少有两个向量可由其余向量线性表出.

4. 求向量组 $\boldsymbol{\alpha}_1=(1,-1,2,3)^{\mathrm{T}}$，$\boldsymbol{\alpha}_2=(0,2,5,8)^{\mathrm{T}}$，$\boldsymbol{\alpha}_3=(2,2,0,-1)^{\mathrm{T}}$，$\boldsymbol{\alpha}_4=(-1,7,-1,-2)^{\mathrm{T}}$ 的所有极大线性无关组.

5. 设向量组 $\boldsymbol{\alpha}_1=\begin{pmatrix}1\\2\\1\end{pmatrix}$，$\boldsymbol{\alpha}_2=\begin{pmatrix}2\\3\\1\end{pmatrix}$，$\boldsymbol{\alpha}_3=\begin{pmatrix}a\\3\\1\end{pmatrix}$，$\boldsymbol{\alpha}_4=\begin{pmatrix}2\\b\\3\end{pmatrix}$ 的秩为 2. 求 a,b 的值.

6. 求向量组 $\boldsymbol{\alpha}_1=(2,-1,0,3)^{\mathrm{T}}$，$\boldsymbol{\alpha}_2=(1,2,5,-1)^{\mathrm{T}}$，$\boldsymbol{\alpha}_3=(7,-1,5,8)^{\mathrm{T}}$ 的秩，并说明这个向量组是线性相关还是线性无关.

7. 求向量组 $\boldsymbol{\alpha}_1=(2,4,2)^{\mathrm{T}}$，$\boldsymbol{\alpha}_2=(1,1,0)^{\mathrm{T}}$，$\boldsymbol{\alpha}_3=(2,3,1)^{\mathrm{T}}$，$\boldsymbol{\alpha}_4=(3,5,2)^{\mathrm{T}}$ 的一个极大线性无关组，并把其余向量用该极大线性无关组表出.

8. 求向量组 $\boldsymbol{\alpha}_1=(1,2,1,3)^{\mathrm{T}}$，$\boldsymbol{\alpha}_2=(1,1,-1,1)^{\mathrm{T}}$，$\boldsymbol{\alpha}_3=(1,3,3,5)^{\mathrm{T}}$，$\boldsymbol{\alpha}_4=(4,5,-2,7)^{\mathrm{T}}$，$\boldsymbol{\alpha}_5=(-3,-5,-1,-7)^{\mathrm{T}}$ 的秩、极大线性无关组，并将其余向量用极大线性无关组线性表出.

9. 设向量组 $\boldsymbol{\alpha}_1,\boldsymbol{\alpha}_2,\cdots,\boldsymbol{\alpha}_s$ 的秩为 $r(r<s)$，且 $\boldsymbol{\alpha}_{i_1},\boldsymbol{\alpha}_{i_2},\cdots,\boldsymbol{\alpha}_{i_r}$ 是其中的 r 个向量. 证明：如果 $\boldsymbol{\alpha}_1,\boldsymbol{\alpha}_2,\cdots,\boldsymbol{\alpha}_s$ 中的每一个向量都可由 $\boldsymbol{\alpha}_{i_1},\boldsymbol{\alpha}_{i_2},\cdots,\boldsymbol{\alpha}_{i_r}$ 线性表出，则 $\boldsymbol{\alpha}_{i_1},\boldsymbol{\alpha}_{i_2},\cdots,\boldsymbol{\alpha}_{i_r}$ 必为 $\boldsymbol{\alpha}_1,\boldsymbol{\alpha}_2,\cdots,\boldsymbol{\alpha}_s$ 的一个极大线性无关组.

10. 设 $\boldsymbol{\alpha}_1,\boldsymbol{\alpha}_2,\cdots,\boldsymbol{\alpha}_n$ 是一组 n 维向量. 已知 n 维单位坐标向量 $\boldsymbol{\varepsilon}_1,\boldsymbol{\varepsilon}_2,\cdots,\boldsymbol{\varepsilon}_n$ 均可由 $\boldsymbol{\alpha}_1,\boldsymbol{\alpha}_2,\cdots,\boldsymbol{\alpha}_n$ 线性表出. 证明：$\boldsymbol{\alpha}_1,\boldsymbol{\alpha}_2,\cdots,\boldsymbol{\alpha}_n$ 线性无关.

3.4 向量空间

3.4.1 向量空间的概念

前面我们学习了有关向量的基本知识，现在我们从整体上来研究 n 维向量的性质. 为此先引进向量空间的概念.

定义 3.4.1 n 维实行向量全体(或实列向量的全体)构成的集合称为**实 n 维向量空间**，记为 $\mathbf{R}^n$.

由 n 维实行向量全体组成的向量空间与由 n 维实列向量全体组成的向量空间在结构上是相同的，都记为 $\mathbf{R}^n$. 显然 $\mathbf{R}^n$ 中任意两个向量的和向量还是 $\mathbf{R}^n$ 中的向量，$\mathbf{R}^n$ 中任意一个向量与任一个实数的乘积也是 $\mathbf{R}^n$ 中的向量. $\mathbf{R}^n$ 的很多子集也有这个性质，我们把 $\mathbf{R}^n$ 的具有这种性质的子集定义为 $\mathbf{R}^n$ 的子空间，其严格定义如下：

定义 3.4.2 设 V 是 n 维向量构成的非空集合，且满足

(1) 若 $\boldsymbol{\alpha},\boldsymbol{\beta}\in V$，则 $\boldsymbol{\alpha}+\boldsymbol{\beta}\in V$；

(2) 若 $\boldsymbol{\alpha}\in V$，$k\in\mathbf{R}$，则 $k\boldsymbol{\alpha}\in V$，

则称集合 V 是 $\mathbf{R}^n$ 的子空间.

定义 3.4.2 中的条件(1)称为 V **对向量的加法运算封闭**，条件(2)称为 V **对数乘运算封闭**.

上述两个条件可以合并成以下条件：

对任意向量 $\boldsymbol{\alpha},\boldsymbol{\beta}\in V$ 和任意常数 $k,l\in\mathbf{R}$，都有 $k\boldsymbol{\alpha}+l\boldsymbol{\beta}\in V$.

$\mathbf{R}^n$ 的子集 $V=\{\mathbf{0}\}$ 是最简单的子空间. 因为零向量加零向量仍是零向量. 零向量乘任意数后仍是零向量. 称 $V=\{\mathbf{0}\}$ 为**零子空间**.

按照定义，$\mathbf{R}^n$ 本身也是 $\mathbf{R}^n$ 的子空间，称 $\{\mathbf{0}\}$ 和 $\mathbf{R}^n$ 为 $\mathbf{R}^n$ 的平凡子空间.

由子空间的非空性和对加法的封闭性及对数乘的封闭性易见，在任意一个子空间 V 中一定包含零向量. 事实上，由 V 不是空集知道，可以任取 $\boldsymbol{\alpha}\in V$，则 $-\boldsymbol{\alpha}=(-1)\boldsymbol{\alpha}\in V$，于是由封闭性知 $\boldsymbol{\alpha}+(-1)\boldsymbol{\alpha}=\mathbf{0}\in V$.

为了叙述方便，我们有时也把 $\mathbf{R}^n$ 的子空间简称为**向量空间**.

例 1 容易验证 $\mathbf{R}^n$ 中的以下两个子集都是向量空间：

$$V_1=\{\boldsymbol{\alpha}=(0,a_2,\cdots,a_n)\mid\forall a_i\in\mathbf{R}\},$$

$$V_2=\{\boldsymbol{\alpha}=(a_1,0,a_3,0,a_5,\cdots,a_n)\mid\forall a_i\in\mathbf{R}\}.$$

事实上，由于 V_1 中向量的特征是它的第一个分量为 0，我们要判别一个 n 维向量是否属于 V_1，只需判别它的第一个分量是否为 0 即可.

在 V_1 中任取两个向量 $\boldsymbol{\alpha}=(0,x_2,\cdots,x_n)$，$\boldsymbol{\beta}=(0,y_2,\cdots,y_n)$，对任意的数 k，都有

$$\boldsymbol{\alpha}+\boldsymbol{\beta}=(0,x_2+y_2,\cdots,x_n+y_n)\in V_1,$$

$$k\boldsymbol{\alpha}=(0,kx_2,\cdots,kx_n)\in V_1.$$

根据向量空间的定义知，V_1 是向量空间.

类似可以验证 V_2 也是向量空间.

$V_3=\{\boldsymbol{\alpha}=(1,a_2,\cdots,a_n)\mid\forall a_i\in\mathbf{R}\}$不是向量空间. 因为它根本不含零向量，而且 V_3 中任

意两个向量之和的第一个分量是 2，即 V_3 对加法不封闭，故 V_3 不是向量空间.

例 2 三维向量空间 $\mathbf{R}^3$ 中的向量集合

$$V=\{(x,y,z)\mid ax+by+cz=0\}$$

是向量空间，其中 a,b,c 是任意取定的实数.

解 若 $\boldsymbol{\alpha}=(x_1,y_1,z_1),\boldsymbol{\beta}=(x_2,y_2,z_2)\in V$，则有

$$ax_1+by_1+cz_1=0,\quad ax_2+by_2+cz_2=0.$$

从而有

$$a(x_1+x_2)+b(y_1+y_2)+c(z_1+z_2)=(ax_1+by_1+cz_1)+(ax_2+by_2+cz_2)=0,$$
$$a(kx_1)+b(ky_1)+c(kz_1)=k(ax_1+by_1+cz_1)=0.$$

这说明 $\boldsymbol{\alpha}+\boldsymbol{\beta}\in V,k\boldsymbol{\alpha}\in V$. 所以 V 是向量空间.

3.4.2 生成子空间

为了对生成空间有个感性认识，我们先考查下面的例子.

例 3 设 $\boldsymbol{\alpha},\boldsymbol{\beta}$ 是两个已知的 n 维向量，则集合

$$V=\{\boldsymbol{x}=\lambda\boldsymbol{\alpha}+\mu\boldsymbol{\beta}\mid\lambda,\mu\in\mathbf{R}\}$$

是 $\mathbf{R}^n$ 的一个子空间. 因为若 $\boldsymbol{x}_1=\lambda_1\boldsymbol{\alpha}+\mu_1\boldsymbol{\beta},\boldsymbol{x}_2=\lambda_2\boldsymbol{\alpha}+\mu_2\boldsymbol{\beta}\in V$，则有

$$\boldsymbol{x}_1+\boldsymbol{x}_2=(\lambda_1+\lambda_2)\boldsymbol{\alpha}+(\mu_1+\mu_2)\boldsymbol{\beta}\in V,$$
$$k\boldsymbol{x}_1=(k\lambda_1)\boldsymbol{\alpha}+(k\mu_1)\boldsymbol{\beta}\in V.$$

这是因为 $\lambda_1+\lambda_2,\mu_1+\mu_2,k\lambda_1,k\mu_1\in\mathbf{R}$，从而 $\boldsymbol{x}_1+\boldsymbol{x}_2$ 及 $k\boldsymbol{x}_1$ 都是 $\boldsymbol{\alpha}$ 的一个常数倍与 $\boldsymbol{\beta}$ 的一个常数倍之和. 这正是 V 中的向量所具有的特征. 所以 V 是 $\mathbf{R}^n$ 的一个子空间.

因为这个子空间 V 中的每一个向量都是 $\boldsymbol{\alpha},\boldsymbol{\beta}$ 的线性组合，所以称它为由 $\boldsymbol{\alpha},\boldsymbol{\beta}$ 生成的子空间.

一般地，任意取定向量组 $\boldsymbol{\alpha}_1,\boldsymbol{\alpha}_2,\cdots,\boldsymbol{\alpha}_m\in\mathbf{R}^n$，则可证明由它们的线性组合全体所组成的向量集合

$$V=\{\boldsymbol{\alpha}=k_1\boldsymbol{\alpha}_1+k_2\boldsymbol{\alpha}_2+\cdots+k_m\boldsymbol{\alpha}_m\mid\forall k_i\in\mathbf{R},i=1,2,\cdots,m\}$$

一定是 $\mathbf{R}^n$ 中的一个子空间，记为 $V=L(\boldsymbol{\alpha}_1,\boldsymbol{\alpha}_2,\cdots,\boldsymbol{\alpha}_n)$，并称它为由 $\boldsymbol{\alpha}_1,\boldsymbol{\alpha}_2,\cdots,\boldsymbol{\alpha}_m$ **生成的子空间**.

仿照例 3 的证明方法，即可证明 $V=L(\boldsymbol{\alpha}_1,\boldsymbol{\alpha}_2,\cdots,\boldsymbol{\alpha}_n)$ 的确是 $\mathbf{R}^n$ 的子空间.

3.4.3 基与维数以及坐标

定义 3.4.3 设 V 是 $\mathbf{R}^n$ 中的一个向量空间. 若 V 中的向量组 $\boldsymbol{\alpha}_1,\boldsymbol{\alpha}_2,\cdots,\boldsymbol{\alpha}_r$ 满足：

(1) $\boldsymbol{\alpha}_1,\boldsymbol{\alpha}_2,\cdots,\boldsymbol{\alpha}_r$ 线性无关；

(2) V 中的任意一个向量 $\boldsymbol{\alpha}$ 都可由向量组 $\boldsymbol{\alpha}_1,\boldsymbol{\alpha}_2,\cdots,\boldsymbol{\alpha}_r$ 线性表出，即存在常数 $k_1,k_2,\cdots,k_r\in\mathbf{R}$，使得

$$\boldsymbol{\alpha}=k_1\boldsymbol{\alpha}_1+k_2\boldsymbol{\alpha}_2+\cdots+k_r\boldsymbol{\alpha}_r,$$

则称**向量组** $\boldsymbol{\alpha}_1,\boldsymbol{\alpha}_2,\cdots,\boldsymbol{\alpha}_r$ 为 V 的一个**基**，其中每个 $\boldsymbol{\alpha}_i(i=1,2,\cdots,r)$ 都称为**基向量**. 基中所含向量的个数 r 称为 V 的**维数**，记为 $\dim V=r$，并称 V 为 r **维向量空间**.

由基的定义可知，向量空间 V 的一个基，实际上就是向量集合 V 中的一个极大线性无关组，V 的维数就是极大无关组中所含向量的个数，也即 V 的秩. 因此向量空间的维数是不变

的，它不会随基的改变而改变.

易见，$\dim V=0 \Leftrightarrow V=\{\mathbf{0}\}$.

如果 $\boldsymbol{\alpha}_1,\boldsymbol{\alpha}_2,\cdots,\boldsymbol{\alpha}_r$ 是向量空间 V 的一个基，那么，根据向量组的极大无关组的定义知道，每一个 $\boldsymbol{\alpha}\in V$ 一定可以唯一地表示成 $\boldsymbol{\alpha}_1,\boldsymbol{\alpha}_2,\cdots,\boldsymbol{\alpha}_r$ 的线性组合，于是必有

$$V=L(\boldsymbol{\alpha}_1,\boldsymbol{\alpha}_2,\cdots,\boldsymbol{\alpha}_r)=\left\{\sum_{i=1}^{r}k_i\boldsymbol{\alpha}_i \mid \forall k_i\in\mathbf{R}\right\}.$$

这就是说，任意一个向量空间都是由它的任意一个基（即极大无关组）生成的.

注意 (1) V 中每个向量的维数 n 是指向量中的分量个数. 向量空间 V 的维数 r 是指 V 的基中基向量的个数. 这是两个不同的概念. r 维向量空间 V 的任意两个基都是等价的线性无关组，它们都含有 r 个向量，且必有 $r\leqslant n$.

(2) 若 $\dim V=r$，则 V 中 r 个向量的集合 $\boldsymbol{\alpha}_1,\boldsymbol{\alpha}_2,\cdots,\boldsymbol{\alpha}_r$ 是 V 的基 $\Leftrightarrow \boldsymbol{\alpha}_1,\boldsymbol{\alpha}_2,\cdots,\boldsymbol{\alpha}_r$ 为线性无关组. 这是由于受到 $\dim V=r$ 的限制，这个线性无关组 $\boldsymbol{\alpha}_1,\boldsymbol{\alpha}_2,\cdots,\boldsymbol{\alpha}_r$ 必是 V 中的极大无关组. 因此，r 维向量空间 V 中任意 r 个线性无关向量都是 V 的基. 例如，三维向量空间 $\mathbf{R}^3$ 中任意三个线性无关向量都是基，它们都可以作为坐标系中三个基向量.

由定理 3.2.2 有

定理 3.4.1 设 $S:\boldsymbol{\alpha}_1,\boldsymbol{\alpha}_2,\cdots,\boldsymbol{\alpha}_r$ 是向量空间 V 的一个基，则 V 中的任意一个向量 $\boldsymbol{\alpha}$ 都可用 $\boldsymbol{\alpha}_1,\boldsymbol{\alpha}_2,\cdots,\boldsymbol{\alpha}_r$ 唯一地线性表出.

当 $\boldsymbol{\alpha}=k_1\boldsymbol{\alpha}_1+k_2\boldsymbol{\alpha}_2+\cdots+k_r\boldsymbol{\alpha}_r$ 成立时，由 r 个表出系数组成的 r 维向量 $(k_1,k_2,\cdots,k_r)$ 称为向量 $\boldsymbol{\alpha}$ 在此基 S 下的**坐标**.

当然，同一个向量在不同的基下有不同的坐标. 求坐标的方法就是求出表出系数，也就是解线性方程组.

例 4 已知 $\mathbf{R}^n$ 中的标准单位向量组

$$\boldsymbol{\varepsilon}_1=(1,0,\cdots,0),\quad \boldsymbol{\varepsilon}_2=(0,1,\cdots,0),\quad \cdots,\quad \boldsymbol{\varepsilon}_n=(0,0,\cdots,1)$$

是线性无关的，且每个 n 维向量 $\boldsymbol{\alpha}=(a_1,a_2,\cdots,a_n)\in\mathbf{R}^n$ 都可以表示为 $\boldsymbol{\varepsilon}_1,\boldsymbol{\varepsilon}_2,\cdots,\boldsymbol{\varepsilon}_n$ 的线性组合

$$\boldsymbol{\alpha}=a_1\boldsymbol{\varepsilon}_1+a_2\boldsymbol{\varepsilon}_2+\cdots+a_n\boldsymbol{\varepsilon}_n.$$

因此标准单位向量组 $\boldsymbol{\varepsilon}_1,\boldsymbol{\varepsilon}_2,\cdots,\boldsymbol{\varepsilon}_n$ 是 $\mathbf{R}^n$ 的一个基，从而 $\dim\mathbf{R}^n=n$，且 $\boldsymbol{\alpha}$ 在这个基下的坐标就是 $\boldsymbol{\alpha}=(a_1,a_2,\cdots,a_n)$ 本身.

例 5 求 $\boldsymbol{\alpha}=(a_1,a_2,a_3)$ 在基 $S=\{(1,0,0),(1,1,0),(1,1,1)\}$ 下的坐标，并将 $\boldsymbol{\alpha}$ 用这个基线性表出.

解 令 $x_1(1,0,0)+x_2(1,1,0)+x_3(1,1,1)=(a_1,a_2,a_3)$，即

$$\begin{cases}x_1+x_2+x_3=a_1,\\ \qquad x_2+x_3=a_2,\\ \qquad\qquad x_3=a_3.\end{cases}$$

容易解得

$$x_1=a_1-a_2,\quad x_2=a_2-a_3,\quad x_3=a_3.$$

所以 $\boldsymbol{\alpha}=(a_1,a_2,a_3)$ 在基 $S_2=\{(1,0,0),(1,1,0),(1,1,1)\}$ 下的坐标为 (a_1-a_2,a_2-a_3,a_3)，且有

$$(a_1,a_2,a_3)=(a_1-a_2)(1,0,0)+(a_2-a_3)(1,1,0)+a_3(1,1,1).$$

例 6 证明$\boldsymbol{\alpha}_1=\begin{pmatrix}1\\-1\\2\end{pmatrix}$，$\boldsymbol{\alpha}_2=\begin{pmatrix}2\\1\\4\end{pmatrix}$，$\boldsymbol{\alpha}_3=\begin{pmatrix}3\\2\\4\end{pmatrix}$是$\mathbf{R}^3$的一个基，并求$\boldsymbol{\beta}_1=\begin{pmatrix}2\\-4\\6\end{pmatrix}$，$\boldsymbol{\beta}_2=\begin{pmatrix}3\\2\\10\end{pmatrix}$在这个基下的坐标.

证明 $\boldsymbol{A}=(\boldsymbol{\alpha}_1,\boldsymbol{\alpha}_2,\boldsymbol{\alpha}_3,\boldsymbol{\beta}_1,\boldsymbol{\beta}_2)=\left(\begin{array}{ccc:cc}1&2&3&2&3\\-1&1&2&-4&2\\2&4&4&6&10\end{array}\right)\to\left(\begin{array}{ccc:cc}1&2&3&2&3\\0&3&5&-2&5\\0&0&-2&2&4\end{array}\right)$

$$\to\left(\begin{array}{ccc:cc}1&2&3&2&3\\0&3&5&-2&5\\0&0&1&-1&-2\end{array}\right)\to\left(\begin{array}{ccc:cc}1&2&0&5&9\\0&3&0&3&15\\0&0&1&-1&-2\end{array}\right)$$

$$\to\left(\begin{array}{ccc:cc}1&2&0&5&9\\0&1&0&1&5\\0&0&1&-1&-2\end{array}\right)\to\left(\begin{array}{ccc:cc}1&0&0&3&-1\\0&1&0&1&5\\0&0&1&-1&-2\end{array}\right).$$

由 $\boldsymbol{A}$ 的行最简形矩阵知道$\boldsymbol{\alpha}_1,\boldsymbol{\alpha}_2,\boldsymbol{\alpha}_3$线性无关，且

$$\boldsymbol{\beta}_1=3\boldsymbol{\alpha}_1+\boldsymbol{\alpha}_2-\boldsymbol{\alpha}_3,\quad \boldsymbol{\beta}_2=-\boldsymbol{\alpha}_1+5\boldsymbol{\alpha}_2-2\boldsymbol{\alpha}_3.$$

所以$\boldsymbol{\alpha}_1,\boldsymbol{\alpha}_2,\boldsymbol{\alpha}_3$是$\mathbf{R}^3$的一个基，向量$\boldsymbol{\beta}_1,\boldsymbol{\beta}_2$在这个基下的坐标分别为(3,1,−1)和(−1,5,−2).

例 7 求 $\mathbf{R}^4$ 中由向量组

$$\boldsymbol{\alpha}_1=\begin{pmatrix}1\\2\\-2\\0\end{pmatrix},\quad \boldsymbol{\alpha}_2=\begin{pmatrix}0\\-1\\3\\1\end{pmatrix},\quad \boldsymbol{\alpha}_3=\begin{pmatrix}1\\1\\-2\\5\end{pmatrix},\quad \boldsymbol{\alpha}_4=\begin{pmatrix}2\\1\\-4\\15\end{pmatrix}$$

生成的子空间的一组基和维数.

解 向量组 $\boldsymbol{\alpha}_1,\boldsymbol{\alpha}_2,\boldsymbol{\alpha}_3,\boldsymbol{\alpha}_4$ 的一个极大无关组就是其生成子空间的一个基，$\boldsymbol{\alpha}_1,\boldsymbol{\alpha}_2,\boldsymbol{\alpha}_3,\boldsymbol{\alpha}_4$ 的秩就是生成空间的维数.

$$\begin{pmatrix}1&0&1&2\\2&-1&1&1\\-2&3&-2&-4\\0&1&5&15\end{pmatrix}\to\begin{pmatrix}1&0&1&2\\0&-1&-1&-3\\0&3&0&0\\0&1&5&15\end{pmatrix}\to\begin{pmatrix}1&0&1&2\\0&-1&-1&-3\\0&1&0&0\\0&1&5&15\end{pmatrix}$$

$$\to\begin{pmatrix}1&0&1&2\\0&1&0&0\\0&0&1&3\\0&0&5&15\end{pmatrix}\to\begin{pmatrix}1&0&1&2\\0&1&0&0\\0&0&1&3\\0&0&0&0\end{pmatrix}.$$

因此 $\boldsymbol{\alpha}_1,\boldsymbol{\alpha}_2,\boldsymbol{\alpha}_3$ 就是由 $\boldsymbol{\alpha}_1,\boldsymbol{\alpha}_2,\boldsymbol{\alpha}_3,\boldsymbol{\alpha}_4$ 生成的子空间的一个基，生成子空间的维数为 3.

习 题 3.4

1. 证明：三维行向量空间 $\mathbf{R}^3$ 中的向量集合 $V=\{(x,y,z)\mid x+y+z=0\}$是向量空间，并求出它的一个基和维数.

2. 证明：向量组 $\boldsymbol{\alpha}_1=(1,1,0)^{\mathrm{T}},\boldsymbol{\alpha}_2=(0,0,2)^{\mathrm{T}},\boldsymbol{\alpha}_3=(0,3,2)^{\mathrm{T}}$ 为 $\mathbf{R}^3$ 的一个基，并求出 $\boldsymbol{\beta}$

$=(5,9,-2)^T$ 在此基下的坐标.

3. 设向量组 $\boldsymbol{\alpha}_1,\boldsymbol{\alpha}_2,\cdots,\boldsymbol{\alpha}_m$ 与向量组 $\boldsymbol{\beta}_1,\boldsymbol{\beta}_2,\cdots,\boldsymbol{\beta}_l$ 等价. 记

$$V_1=\{\boldsymbol{\xi}=\lambda_1\boldsymbol{\alpha}_1+\lambda_2\boldsymbol{\alpha}_2+\cdots+\lambda_m\boldsymbol{\alpha}_m \mid \lambda_1,\lambda_2,\cdots,\lambda_m\in\mathbf{R}\},$$
$$V_2=\{\boldsymbol{\xi}=\mu_1\boldsymbol{\beta}_1+\mu_2\boldsymbol{\beta}_2+\cdots+\mu_l\boldsymbol{\beta}_l \mid \mu_1,\mu_2,\cdots,\mu_l\in\mathbf{R}\}.$$

证明：$V_1=V_2$.

4. 证明：向量组 $\boldsymbol{\alpha}_1=(1,-1,0)^T,\boldsymbol{\alpha}_2=(2,1,3)^T,\boldsymbol{\alpha}_3=(3,1,2)^T$ 为 $\mathbf{R}^3$ 的一个基，并将向量 $\boldsymbol{\beta}_1=(6,1,5)^T$ 和 $\boldsymbol{\beta}_2=(3,-1,-2)^T$ 表示为这个基的线性组合.

5. 设 $\boldsymbol{\alpha}_1,\boldsymbol{\alpha}_2,\boldsymbol{\alpha}_3$ 是 $\mathbf{R}^3$ 的一个基，且有

$$\boldsymbol{\beta}_1=\boldsymbol{\alpha}_1-\boldsymbol{\alpha}_3,\quad \boldsymbol{\beta}_2=2\boldsymbol{\alpha}_1+3\boldsymbol{\alpha}_2+\boldsymbol{\alpha}_3,\quad \boldsymbol{\beta}_3=-2\boldsymbol{\alpha}_1+3\boldsymbol{\alpha}_2+4\boldsymbol{\alpha}_3.$$

证明：$\boldsymbol{\beta}_1,\boldsymbol{\beta}_2,\boldsymbol{\beta}_3$ 是 $\mathbf{R}^3$ 的一个基.

6. 设 $\boldsymbol{\alpha}_1=(2,1,0)^T,\boldsymbol{\alpha}_2=(1,0,1)^T$. 写出 $\mathbf{R}^3$ 的由 $\boldsymbol{\alpha}_1,\boldsymbol{\alpha}_2$ 生成的子空间.

7. 设 $\boldsymbol{\alpha}_1,\boldsymbol{\alpha}_2,\cdots,\boldsymbol{\alpha}_n$ 是 n 维列向量空间 $\mathbf{R}^n$ 的一个基，$\boldsymbol{A}$ 是任意一个 n 阶可逆矩阵. 证明：$\boldsymbol{A}\boldsymbol{\alpha}_1,\boldsymbol{A}\boldsymbol{\alpha}_2,\cdots,\boldsymbol{A}\boldsymbol{\alpha}_n$ 是 $\mathbf{R}^n$ 的一个基.

8. 已知向量组

$$\text{Ⅰ}:\boldsymbol{\alpha}_1\begin{pmatrix}1\\0\\1\end{pmatrix},\boldsymbol{\alpha}_2=\begin{pmatrix}0\\1\\2\end{pmatrix},\boldsymbol{\alpha}_3=\begin{pmatrix}3\\1\\5\end{pmatrix};\quad \text{Ⅱ}:\boldsymbol{\beta}_1=\begin{pmatrix}2\\0\\2\end{pmatrix},\boldsymbol{\beta}_2=\begin{pmatrix}2\\1\\4\end{pmatrix},\boldsymbol{\beta}_3=\begin{pmatrix}1\\1\\3\end{pmatrix}.$$

证明：$L(\boldsymbol{\alpha}_1,\boldsymbol{\alpha}_2,\boldsymbol{\alpha}_3)=L(\boldsymbol{\beta}_1,\boldsymbol{\beta}_2,\boldsymbol{\beta}_3)$.

小　　结

一、基本概念

1. n 维向量及其线性运算，零向量，负向量.
2. 向量的线性组合，向量组之间的线性表出关系及其矩阵表示，等价向量组.
3. 向量组的线性相关性与线性无关性.
4. 向量组的极大无关组和向量组的秩.
5. 向量空间的基与维数. 一个向量在取定的基下的坐标.

二、基本结论与公式

1. n 维列向量 $\boldsymbol{\beta}$ 能表示成同维列向量组 $\boldsymbol{\alpha}_1,\boldsymbol{\alpha}_2,\cdots,\boldsymbol{\alpha}_m$ 的线性组合当且仅当非齐次线性方程组 $\boldsymbol{A}\boldsymbol{x}=\boldsymbol{\beta}$ 有解. 这里，$\boldsymbol{A}=(\boldsymbol{\alpha}_1,\boldsymbol{\alpha}_2,\cdots,\boldsymbol{\alpha}_m)$ 为 $n\times m$ 矩阵.

2. 向量组 $\boldsymbol{\alpha}_1,\boldsymbol{\alpha}_2,\cdots,\boldsymbol{\alpha}_m\ (m\geqslant 2)$ 线性相关当且仅当至少存在某个向量可以表示成其余向量的线性组合.

3. n 维列向量组 $\boldsymbol{\alpha}_1,\boldsymbol{\alpha}_2,\cdots,\boldsymbol{\alpha}_m$ 线性无关当且仅当齐次线性方程组 $\boldsymbol{A}\boldsymbol{x}=\boldsymbol{0}$ 只有零解. 这里，$\boldsymbol{A}=(\boldsymbol{\alpha}_1,\boldsymbol{\alpha}_2,\cdots,\boldsymbol{\alpha}_m)$ 为 $n\times m$ 矩阵.

4. 单个向量 $\boldsymbol{\alpha}$ 线性相关当且仅当 $\boldsymbol{\alpha}=\boldsymbol{0}$.

两个向量 $\boldsymbol{\alpha},\boldsymbol{\beta}$ 线性相关当且仅当它们的对应分量成比例.

向量个数大于向量维数的向量组必为线性相关组.

5. n 个 n 维列向量组 $\boldsymbol{\alpha}_1,\boldsymbol{\alpha}_2,\cdots,\boldsymbol{\alpha}_n$ 线性相关当且仅当 $\boldsymbol{A}=(\boldsymbol{\alpha}_1,\boldsymbol{\alpha}_2,\cdots,\boldsymbol{\alpha}_n)$ 的行列式为零，即它为不可逆矩阵.

6. 线性相关向量组的扩充向量组必为线性相关组.

线性无关向量组的部分组必为线性无关组.

线性无关向量组的接长向量组必为线性无关组.

7. 等价的向量组必同秩，而同秩的同维向量组未必等价.

三、重点练习内容

1. 当一个向量表示成同维向量组的线性组合时,求组合系数.
2. 判定向量组的线性相关性和线性无关性.
3. 通过求矩阵的秩来求向量组的秩.
4. 向量空间的判定.求向量空间的基以及向量在此基下的坐标.

第四章　线性方程组

线性方程组的解的理论和求解方法,是线性代数学的核心内容. 在第一章中介绍的克拉默法则有其局限性,克拉默法则只适用于讨论方程个数与未知量个数相同的线性方程组. 在 2.7 节中，我们介绍了用初等行变换求线性方程组的解的方法，并给出了齐次线性方程组有非零解的充要条件. 本章将利用在第三章中介绍的向量理论，建立线性方程组理论：解的存在性和解的结构,以及线性方程组的通解表示法.

4.1　齐次线性方程组

4.1.1　齐次线性方程组的解

在 2.7 节中，我们已把含有 m 个方程、n 个未知量的齐次线性方程组

$$\begin{cases} a_{11}x_1+a_{12}x_2+\cdots+a_{1n}x_n=0, \\ a_{21}x_1+a_{22}x_2+\cdots+a_{2n}x_n=0, \\ \cdots\cdots\cdots\cdots\cdots\cdots\cdots\cdots \\ a_{m1}x_1+a_{m2}x_2+\cdots+a_{mn}x_n=0 \end{cases} \tag{4.1}$$

简写成矩阵形式 $\boldsymbol{Ax}=\boldsymbol{0}$,其中

$$\boldsymbol{A}=\begin{pmatrix} a_{11} & a_{12} & \cdots & a_{1n} \\ a_{21} & a_{22} & \cdots & a_{2n} \\ \vdots & \vdots & & \vdots \\ a_{m1} & a_{m2} & \cdots & a_{mn} \end{pmatrix}, \quad \boldsymbol{x}=\begin{pmatrix} x_1 \\ x_2 \\ \vdots \\ x_n \end{pmatrix}, \quad \boldsymbol{0}=\begin{pmatrix} 0 \\ 0 \\ \vdots \\ 0 \end{pmatrix}.$$

并把 $\boldsymbol{Ax}=\boldsymbol{0}$ 中的 $\boldsymbol{A}$ 称为**系数矩阵**,$\boldsymbol{x}$ 为 n **维未知列向量**,$\boldsymbol{0}$ 为 m **维零列向量**.

所谓 $\boldsymbol{Ax}=\boldsymbol{0}$ **的解**，指的是满足 $\boldsymbol{A\xi}=\boldsymbol{0}$ 的 n 维列向量 $\boldsymbol{\xi}$. 它有 n 个分量，而且它是列向量.

n 维零列向量 $\boldsymbol{0}$ 显然是 $\boldsymbol{Ax}=\boldsymbol{0}$ 的解,称为零解. $\boldsymbol{Ax}=\boldsymbol{0}$ 的不是零列向量 $\boldsymbol{0}$ 的解称为**非零解**，即其中至少有一个分量不是零.

考虑由 $\boldsymbol{Ax}=\boldsymbol{0}$ 的解的全体所组成的向量集合

$$V=\{\boldsymbol{\xi}\,|\,\boldsymbol{A\xi}=\boldsymbol{0}\}.$$

容易证明 V 有以下性质：

性质 1　若 $\boldsymbol{\xi}_1,\boldsymbol{\xi}_2$ 是齐次线性方程组 $\boldsymbol{Ax}=\boldsymbol{0}$ 的解,则 $\boldsymbol{\xi}_1+\boldsymbol{\xi}_2$ 也是 $\boldsymbol{Ax}=\boldsymbol{0}$ 的解.

证　因为 $\boldsymbol{\xi}_1,\boldsymbol{\xi}_2$ 都是 $\boldsymbol{Ax}=\boldsymbol{0}$ 的解,必有 $\boldsymbol{A\xi}_1=\boldsymbol{0}$ 和 $\boldsymbol{A\xi}_2=\boldsymbol{0}$，所以必有

$$\boldsymbol{A}(\boldsymbol{\xi}_1+\boldsymbol{\xi}_2)=\boldsymbol{A\xi}_1+\boldsymbol{A\xi}_2=\boldsymbol{0},$$

这说明 $\boldsymbol{\xi}_1+\boldsymbol{\xi}_2$ 是 $\boldsymbol{Ax}=\boldsymbol{0}$ 的解.

性质 2　若 $\boldsymbol{\xi}$ 是齐次线性方程组 $\boldsymbol{Ax}=\boldsymbol{0}$ 的解,k 是任意实数,则 $k\boldsymbol{\xi}$ 也是 $\boldsymbol{Ax}=\boldsymbol{0}$ 的解.

证 因为 $\boldsymbol{\xi}$ 是 $\boldsymbol{Ax}=\boldsymbol{0}$ 的解，必有 $\boldsymbol{A\xi}=\boldsymbol{0}$，所以对于任意实数 k，必有

$$\boldsymbol{A}(k\boldsymbol{\xi})=k\boldsymbol{A\xi}=k\times\boldsymbol{0}=\boldsymbol{0},$$

这说明 $k\boldsymbol{\xi}$ 也是 $\boldsymbol{Ax}=\boldsymbol{0}$ 的解.

我们常把这两个性质合并为：对于任何实数 k_1 和 k_2，当 $\boldsymbol{A\xi}_1=\boldsymbol{0}$ 和 $\boldsymbol{A\xi}_2=\boldsymbol{0}$ 时，必有

$$\boldsymbol{A}(k_1\boldsymbol{\xi}_1+k_2\boldsymbol{\xi}_2)=k_1\boldsymbol{A\xi}_1+k_2\boldsymbol{A\xi}_2=\boldsymbol{0}.$$

这就是说，$\boldsymbol{A\xi}=\boldsymbol{0}$ 的任意一个解与任意一个实数的乘积仍然是它的解；$\boldsymbol{A\xi}=\boldsymbol{0}$ 的任意两个解的和与差仍然是它的解. 因此，$\boldsymbol{Ax}=\boldsymbol{0}$ 的任意多个解的任意线性组合仍然是它的解.

因为 n 维零列向量 $\boldsymbol{0}$ 一定是 $\boldsymbol{Ax}=\boldsymbol{0}$ 的解，这说明由 $\boldsymbol{Ax}=\boldsymbol{0}$ 的解的全体所组成的向量集合

$$V=\{\boldsymbol{\xi}\,|\,\boldsymbol{A\xi}=\boldsymbol{0}\}$$

不是空集. 因此 V 是 n 维列向量空间 $\mathbf{R}^n$ 中的一个子空间. 我们称 V 为 $\boldsymbol{Ax}=\boldsymbol{0}$ 的**解空间**.

第二章定理 2.7.1 告诉我们，齐次线性方程组 $\boldsymbol{Ax}=\boldsymbol{0}$ 有非零解当且仅当它的系数矩阵的秩小于未知量个数. 由性质 2 知，当齐次线性方程组 $\boldsymbol{Ax}=\boldsymbol{0}$ 有非零解时，必有无穷多个解，本节将讨论如何将它的所有解用一个简单表达式表示出来.

我们先考查一个实例.

例 1 讨论齐次线性方程组 $\begin{cases}x_1+2x_2+3x_3=0,\\2x_1+3x_2+5x_3=0\end{cases}$ 的解.

解 用矩阵的初等行变换化简齐次线性方程组的系数矩阵：

$$\boldsymbol{A}=\begin{pmatrix}1&2&3\\2&3&5\end{pmatrix}\rightarrow\begin{pmatrix}1&2&3\\0&-1&-1\end{pmatrix}\rightarrow\begin{pmatrix}1&0&1\\0&1&1\end{pmatrix}.$$

得到同解方程组 $x_1+x_3=0, x_2+x_3=0$，即 $x_1=-x_3, x_2=-x_3$. 据此可得它的一般解：

$$\boldsymbol{\xi}=\begin{pmatrix}x_1\\x_2\\x_3\end{pmatrix}=\begin{pmatrix}-x_3\\-x_3\\x_3\end{pmatrix}.$$

如果取自由未知量 $x_3=1$，就得到一个特殊的解 $\boldsymbol{\xi}_1=\begin{pmatrix}-1\\-1\\1\end{pmatrix}$，那么，方程组的一般解可以写成

$$\boldsymbol{\xi}=\begin{pmatrix}-x_3\\-x_3\\x_3\end{pmatrix}=x_3\begin{pmatrix}-1\\-1\\1\end{pmatrix}=k\boldsymbol{\xi}_1,\quad k\text{ 是任意实数}.$$

例 1 中的齐次线性方程组有无穷多个解；存在一个特殊解 $\boldsymbol{\xi}_1$，使得方程组的一般解可以用 $\boldsymbol{\xi}_1$ 线性表出；系数矩阵

$$\boldsymbol{A}=\begin{pmatrix}1&2&3\\2&3&5\end{pmatrix}$$

的秩显然为 $\mathrm{r}(\boldsymbol{A})=2$，而未知量个数 $n=3$，正整数 $n-\mathrm{r}(\boldsymbol{A})=1$ 恰好是用来线性表出一般解的特殊解的个数.

现在我们引入如下定义.

定义 4.1.1 设 $\{\boldsymbol{\xi}_1,\boldsymbol{\xi}_2,\cdots,\boldsymbol{\xi}_s\}$ 为齐次线性方程组 $\boldsymbol{Ax}=\boldsymbol{0}$ 的一个解向量集. 如果它满足以下两个条件：

(1) $\boldsymbol{\xi}_1,\boldsymbol{\xi}_2,\cdots,\boldsymbol{\xi}_s$ 是线性无关的向量组；

（2）$\boldsymbol{Ax}=\boldsymbol{0}$ 的任意一个解 $\boldsymbol{\xi}$ 都可表示为 $\boldsymbol{\xi}_1,\boldsymbol{\xi}_2,\cdots,\boldsymbol{\xi}_s$ 的线性组合，即

$$\boldsymbol{\xi}=k_1\boldsymbol{\xi}_1+k_2\boldsymbol{\xi}_2+\cdots+k_s\boldsymbol{\xi}_s,\quad k_1,k_2,\cdots,k_s \text{ 是常数},$$

则称 $\{\boldsymbol{\xi}_1,\boldsymbol{\xi}_2,\cdots,\boldsymbol{\xi}_s\}$ 是 $\boldsymbol{Ax}=\boldsymbol{0}$ 的一个**基础解系**.

由定义可知，$\boldsymbol{Ax}=\boldsymbol{0}$ 的基础解系，实际上，就是 $\boldsymbol{Ax}=\boldsymbol{0}$ 的解空间 V 的一个基. 反之，$\boldsymbol{Ax}=\boldsymbol{0}$ 的解空间 V 的任意一个基，一定是 $\boldsymbol{Ax}=\boldsymbol{0}$ 的一个基础解系.

当 $\boldsymbol{Ax}=\boldsymbol{0}$ 只有零解时，它没有线性无关的解，因而它没有基础解系. 当 $\boldsymbol{Ax}=\boldsymbol{0}$ 有非零解时，它的解空间 V 不是零空间 $\{\boldsymbol{0}\}$，也就是说，V 一定是有无穷多个向量的向量组，因而 V 一定有无穷多个基（也就是向量集合 V 的极大无关组）. 因此只要 $\boldsymbol{Ax}=\boldsymbol{0}$ 有非零解，那么，它一定有无穷多个基础解系.

因为 $\boldsymbol{Ax}=\boldsymbol{0}$ 的基础解系都是 $\boldsymbol{Ax}=\boldsymbol{0}$ 的解空间 V 的基，所以它们是等价的线性无关组，因而必有相同个数的向量，这个个数就是向量空间 V 的维数. 那么，组成 $\boldsymbol{Ax}=\boldsymbol{0}$ 的基础解系中的解向量个数 s（也就是 $\boldsymbol{Ax}=\boldsymbol{0}$ 的解空间的维数）如何确定呢？我们不加证明地给出以下定理.

定理 4.1.1 设 $\boldsymbol{A}$ 是 $m\times n$ 矩阵，$\mathrm{r}(\boldsymbol{A})=r$，则

（1）$\boldsymbol{Ax}=\boldsymbol{0}$ 的基础解系中的解向量个数为 $n-r$.

（2）$\boldsymbol{Ax}=\boldsymbol{0}$ 的任意 $n-r$ 个线性无关的解向量都是它的基础解系.

推论 （1）设 $\boldsymbol{A}$ 是 $m\times n$ 矩阵，则

① $\boldsymbol{Ax}=\boldsymbol{0}$ 只有零解 $\Leftrightarrow \mathrm{r}(\boldsymbol{A})=n$；此时，$\boldsymbol{Ax}=\boldsymbol{0}$ 没有基础解系.

② $\boldsymbol{Ax}=\boldsymbol{0}$ 有非零解 $\Leftrightarrow \mathrm{r}(\boldsymbol{A})<n$；此时，$\boldsymbol{Ax}=\boldsymbol{0}$ 有无穷多个基础解系.

当 $m<n$ 时，$\boldsymbol{Ax}=\boldsymbol{0}$ 必有非零解，因此必有无穷多个基础解系.

（2）当 $\boldsymbol{A}$ 是 n 阶方阵时，

$$\boldsymbol{Ax}=\boldsymbol{0} \text{ 只有零解} \Leftrightarrow |\boldsymbol{A}|\neq 0;$$
$$\boldsymbol{Ax}=\boldsymbol{0} \text{ 有非零解} \Leftrightarrow |\boldsymbol{A}|=0.$$

证 （1）$\boldsymbol{Ax}=\boldsymbol{0}$ 只有零解 $\Leftrightarrow V=\{\boldsymbol{0}\}\Leftrightarrow \dim V=n-\mathrm{r}(\boldsymbol{A})=0$

$$\Leftrightarrow n=\mathrm{r}(\boldsymbol{A}).$$

$\boldsymbol{Ax}=\boldsymbol{0}$ 有非零解 $\Leftrightarrow V\neq\{\boldsymbol{0}\}\Leftrightarrow \dim V=n-\mathrm{r}(\boldsymbol{A})>0$

$$\Leftrightarrow n>\mathrm{r}(\boldsymbol{A}).$$

当 $m<n$ 时，必有 $\mathrm{r}(\boldsymbol{A})\leqslant\min\{m,n\}\leqslant m<n$，此时 $\boldsymbol{Ax}=\boldsymbol{0}$ 必有非零解.

任取 $\boldsymbol{Ax}=\boldsymbol{0}$ 的一个基础解系 $\boldsymbol{\xi}_1,\boldsymbol{\xi}_2,\cdots,\boldsymbol{\xi}_{n-r}$，则易知 $\boldsymbol{Ax}=\boldsymbol{0}$ 的解空间 V 中任意一个与 $\boldsymbol{\xi}_1,\boldsymbol{\xi}_2,\cdots,\boldsymbol{\xi}_{n-r}$ 等价的向量组 $\boldsymbol{\xi}'_1,\boldsymbol{\xi}'_2,\cdots,\boldsymbol{\xi}'_{n-r}$ 也是 $\boldsymbol{Ax}=\boldsymbol{0}$ 的一个基础解系，而这样的等价向量组有无穷多个，所以 $\boldsymbol{Ax}=\boldsymbol{0}$ 有无穷多个基础解系.

（2）因为 $\boldsymbol{A}$ 是 n 阶方阵，所以，

$$\mathrm{r}(\boldsymbol{A})=n\Leftrightarrow|\boldsymbol{A}|\neq 0;\quad \mathrm{r}(\boldsymbol{A})<n\Leftrightarrow|\boldsymbol{A}|=0.$$

注意 （1）设 V 是 $\boldsymbol{Ax}=\boldsymbol{0}$ 的解空间. 因为 $\boldsymbol{Ax}=\boldsymbol{0}$ 的任意 $n-r$ 个线性无关的解向量都是它的基础解系，也就是它的解空间 V 的基，所以 $\dim V=n-r$. 它就是 $\boldsymbol{Ax}=\boldsymbol{0}$ 的（可以任意取值的）自由未知量的个数.

（2）基础解系有三个"必须"：向量个数必须是 $n-r$，它们必须都是 $\boldsymbol{Ax}=\boldsymbol{0}$ 的解，而且它们必须是线性无关的向量组. 这三个条件缺一不可！

设 $\{\boldsymbol{\xi}_1,\boldsymbol{\xi}_2,\cdots,\boldsymbol{\xi}_{n-r}\}$ 是 $\boldsymbol{Ax}=\boldsymbol{0}$ 的任意一个基础解系，则根据基础解系的定义知道，$\boldsymbol{Ax}=\boldsymbol{0}$

的一般解为

$$\boldsymbol{\xi}=k_1\boldsymbol{\xi}_1+k_2\boldsymbol{\xi}_2+\cdots+k_{n-r}\boldsymbol{\xi}_{n-r},\quad \text{这里 } k_1,k_2,\cdots,k_{n-r}\text{为任意实数}.$$

我们把这个线性表出式称为 $\boldsymbol{Ax}=\boldsymbol{0}$ 的**通解**.

例 2 设 $\boldsymbol{\alpha}_1,\boldsymbol{\alpha}_2,\boldsymbol{\alpha}_3$ 是某个齐次线性方程组 $\boldsymbol{Ax}=\boldsymbol{0}$ 的基础解系，证明：

$$\boldsymbol{\beta}_1=\boldsymbol{\alpha}_2+\boldsymbol{\alpha}_3,\quad \boldsymbol{\beta}_2=\boldsymbol{\alpha}_1+\boldsymbol{\alpha}_3,\quad \boldsymbol{\beta}_3=\boldsymbol{\alpha}_1+\boldsymbol{\alpha}_2$$

一定是 $\boldsymbol{Ax}=\boldsymbol{0}$ 的基础解系.

证 直接验证它们构成基础解系的三个条件. 首先，它们的个数与已给的基础解系 $\boldsymbol{\alpha}_1,\boldsymbol{\alpha}_2,\boldsymbol{\alpha}_3$ 的个数相同，都为 3，即 $n-r=3$，其次，显然有

$$\boldsymbol{A\beta}_1=\boldsymbol{A}(\boldsymbol{\alpha}_2+\boldsymbol{\alpha}_3)=\boldsymbol{0},\quad \boldsymbol{A\beta}_2=\boldsymbol{A}(\boldsymbol{\alpha}_1+\boldsymbol{\alpha}_3)=\boldsymbol{0},\quad \boldsymbol{A\beta}_3=\boldsymbol{A}(\boldsymbol{\alpha}_1+\boldsymbol{\alpha}_2)=\boldsymbol{0}.$$

最后，根据题设条件可以写出矩阵等式

$$(\boldsymbol{\beta}_1,\boldsymbol{\beta}_2,\boldsymbol{\beta}_3)=(\boldsymbol{\alpha}_1,\boldsymbol{\alpha}_2,\boldsymbol{\alpha}_3)\begin{pmatrix}0&1&1\\1&0&1\\1&1&0\end{pmatrix},$$

把它记为 $\boldsymbol{B}=\boldsymbol{AP}$. 因为表出矩阵的行列式

$$|\boldsymbol{P}|=\begin{vmatrix}0&1&1\\1&0&1\\1&1&0\end{vmatrix}=2\neq0,$$

$\boldsymbol{P}$ 是可逆矩阵，所以，$\mathrm{r}(\boldsymbol{B})=\mathrm{r}(\boldsymbol{A})=3$，这说明 $\boldsymbol{\beta}_1,\boldsymbol{\beta}_2,\boldsymbol{\beta}_3$ 必线性无关. 所以，$\boldsymbol{\beta}_1,\boldsymbol{\beta}_2,\boldsymbol{\beta}_3$ 必是 $\boldsymbol{Ax}=\boldsymbol{0}$ 的基础解系.

当然，我们也可以直接证明本题中的向量组 $\boldsymbol{\beta}_1,\boldsymbol{\beta}_2,\boldsymbol{\beta}_3$ 的线性无关性. 设

$$k_1\boldsymbol{\beta}_1+k_2\boldsymbol{\beta}_2+k_3\boldsymbol{\beta}_3=\boldsymbol{0},$$

即 $k_1(\boldsymbol{\alpha}_2+\boldsymbol{\alpha}_3)+k_2(\boldsymbol{\alpha}_1+\boldsymbol{\alpha}_3)+k_3(\boldsymbol{\alpha}_1+\boldsymbol{\alpha}_2)=\boldsymbol{0}$，从而

$$(k_2+k_3)\boldsymbol{\alpha}_1+(k_1+k_3)\boldsymbol{\alpha}_2+(k_1+k_2)\boldsymbol{\alpha}_3=\boldsymbol{0}.$$

因为 $\boldsymbol{\alpha}_1,\boldsymbol{\alpha}_2,\boldsymbol{\alpha}_3$ 线性无关，所以必有

$$k_2+k_3=0,\quad k_1+k_3=0,\quad k_1+k_2=0.$$

再把它们相加得到 $k_1+k_2+k_3=0$，于是必有 $k_1=k_2=k_3=0$. $\boldsymbol{\beta}_1,\boldsymbol{\beta}_2,\boldsymbol{\beta}_3$ 一定线性无关.

显然，通过如此建立的矩阵等式，并利用矩阵的秩的结论，来判断向量组的线性无关性，往往显得简洁和直观.

4.1.2 齐次线性方程组的通解的求法

当需要求某个齐次线性方程组 $\boldsymbol{Ax}=\boldsymbol{0}$ 的解时，先把它的系数矩阵 $\boldsymbol{A}$ 用初等行变换化成简化行阶梯形矩阵 $\boldsymbol{T}$，则 $\boldsymbol{Ax}=\boldsymbol{0}$ 与 $\boldsymbol{Tx}=\boldsymbol{0}$ 是同解的线性方程组. 因此，只需要求出 $\boldsymbol{Tx}=\boldsymbol{0}$ 的通解，它也就是 $\boldsymbol{Ax}=\boldsymbol{0}$ 的通解.

例 3 求线性方程组 $\begin{cases}2x_1+x_2-2x_3+3x_4=0,\\3x_1+2x_2-x_3+2x_4=0,\\x_1+x_2+x_3-x_4=0\end{cases}$ 的通解.

解 可以先调整方程的次序使得系数矩阵的左上角的元素为 1，然后再用初等行变换化成简化行阶梯形矩阵 $\boldsymbol{T}$.

$$A=\begin{pmatrix}1&1&1&-1\\2&1&-2&3\\3&2&-1&2\end{pmatrix}\to\begin{pmatrix}1&1&1&-1\\0&-1&-4&5\\0&-1&-4&5\end{pmatrix}\to\begin{pmatrix}1&0&-3&4\\0&1&4&-5\\0&0&0&0\end{pmatrix}=T.$$

根据这个简化行阶梯形矩阵 T,就可以写出原方程组的同解方程组

$$\begin{cases}x_1=\quad 3x_3-4x_4,\\x_2=-4x_3+5x_4.\end{cases}$$

这里是取 x_3 和 x_4 为两个自由未知量(确实有 $n-r=4-2=2$).

取 $x_3=1,x_4=0$,代入同解方程组求出 $x_1=3,x_2=-4$.

取 $x_3=0,x_4=1$,代入同解方程组求出 $x_1=-4,x_2=5$.

于是可以得到一个基础解系

$$\boldsymbol{\xi}_1=\begin{pmatrix}3\\-4\\1\\0\end{pmatrix},\quad \boldsymbol{\xi}_2=\begin{pmatrix}-4\\5\\0\\1\end{pmatrix}.$$

因此,所需求的通解为 $\boldsymbol{\xi}=k_1\boldsymbol{\xi}_1+k_2\boldsymbol{\xi}_2$,$k_1$ 和 k_2 为任意实数.

注意 这里用到"两个线性无关的二维列向量组 $\begin{pmatrix}x_3\\x_4\end{pmatrix}=\begin{pmatrix}1\\0\end{pmatrix},\begin{pmatrix}x_3\\x_4\end{pmatrix}=\begin{pmatrix}0\\1\end{pmatrix}$ 的接长向量组 $\boldsymbol{\xi}_1$ 和 $\boldsymbol{\xi}_2$ 必为线性无关组"这一重要命题. 于是这 $n-r=4-2=2$ 个线性无关的解 $\boldsymbol{\xi}_1$ 和 $\boldsymbol{\xi}_2$ 一定是原方程组的基础解系. 向量接长的方法就是，将已经取定的自由未知量的值代入已经建立的同解方程组，再求出相应的特殊的解，作为基础解系中的一个成员. 因为自由未知量是可以任意取值的，所以对应于自由未知量不同的取值，所求出的是不同的基础解系. 对应于同一个齐次线性方程组的基础解系，如果存在的话，必有无穷多个. 通常采用最简单的方法：把某个自由未知量的值取成 1，其余自由未知量的值都取成 0,代入方程组求出基础解系中的某个成员. 但必须注意的是，绝对不可以取零解，也不能取线性相关的解. 因为基础解系一定是由线性无关的解向量组成的.

为了不改变未知量的下标,在把系数矩阵化成阶梯形矩阵的过程中,只能对系数矩阵施行初等变换.

例 4 求线性方程组 $\begin{cases}x_1+x_2-x_3+2x_4+x_5=0,\\x_3+3x_4-x_5=0,\\2x_3+x_4-2x_5=0\end{cases}$ 的通解.

解 $$A=\begin{pmatrix}1&1&-1&2&1\\0&0&1&3&-1\\0&0&2&1&-2\end{pmatrix}\to\begin{pmatrix}1&1&0&5&0\\0&0&1&3&-1\\0&0&0&-5&0\end{pmatrix}$$

$$\to\begin{pmatrix}1&1&0&5&0\\0&0&1&3&-1\\0&0&0&1&0\end{pmatrix}\to\begin{pmatrix}1&1&0&0&0\\0&0&1&0&-1\\0&0&0&1&0\end{pmatrix}=T.$$

同解方程组为

$$\begin{cases}x_1+x_2=0,\\x_3-x_5=0,\\x_4=0,\end{cases}\quad 即\quad\begin{cases}x_1=-x_2,\\x_3=x_5,\\x_4=0.\end{cases}$$

分别取 $x_2=1, x_5=0$ 和 $x_2=0, x_5=1$ 可得基础解系

$$\boldsymbol{\xi}_1=\begin{pmatrix}-1\\1\\0\\0\\0\end{pmatrix},\quad \boldsymbol{\xi}_2=\begin{pmatrix}0\\0\\1\\0\\1\end{pmatrix}.$$

于是，线性方程组的通解为 $\boldsymbol{\xi}=k_1\boldsymbol{\xi}_1+k_2\boldsymbol{\xi}_2$，$k_1$ 和 k_2 为任意实数.

例 5 当 λ 为何值时，线性方程组

$$\begin{cases}x_1-x_2-2x_3=0,\\x_1+(2\lambda-5)x_2-\lambda x_3=0,\\3x_1-3x_2+(\lambda-8)x_3=0\end{cases}$$

有非零解？并在有非零解时，求出其通解.

解 方程组的系数行列式为

$$\begin{vmatrix}1&-1&-2\\1&2\lambda-5&-\lambda\\3&-3&\lambda-8\end{vmatrix}=\begin{vmatrix}1&-1&-2\\0&2\lambda-4&-\lambda+2\\0&0&\lambda-2\end{vmatrix}=2(\lambda-2)^2.$$

可见当 $\lambda=2$ 时方程组有非零解. 这时方程组为

$$\begin{cases}x_1-x_2-2x_3=0,\\x_1-x_2-2x_3=0,\\3x_1-3x_2-6x_3=0,\end{cases}$$

则系数矩阵

$$\boldsymbol{A}=\begin{pmatrix}1&-1&-2\\1&-1&-2\\3&-3&-6\end{pmatrix}\to\begin{pmatrix}1&-1&-2\\0&0&0\\0&0&0\end{pmatrix}.$$

同解方程组为

$$x_1-x_2-2x_3=0 \quad 或 \quad x_1=x_2+2x_3.$$

分别令 $\begin{pmatrix}x_2\\x_3\end{pmatrix}=\begin{pmatrix}1\\0\end{pmatrix},\begin{pmatrix}0\\1\end{pmatrix}$，得方程组的基础解系

$$\boldsymbol{\xi}_1=\begin{pmatrix}1\\1\\0\end{pmatrix},\quad \boldsymbol{\xi}_2=\begin{pmatrix}2\\0\\1\end{pmatrix}.$$

方程组的通解为 $\boldsymbol{\xi}=k_1\boldsymbol{\xi}_1+k_2\boldsymbol{\xi}_2$，$k_1$ 和 k_2 是任意实数.

例 6 同解的齐次线性方程组的系数矩阵必有相同的秩.

证 设 $\boldsymbol{Ax}=\boldsymbol{0}$ 与 $\boldsymbol{Bx}=\boldsymbol{0}$ 是两个同解的齐次线性方程组，则它们必有相同的基础解系，其中所含的解向量个数相同，即得

$$n-\mathrm{r}(\boldsymbol{A})=n-\mathrm{r}(\boldsymbol{B}),\quad \mathrm{r}(\boldsymbol{A})=\mathrm{r}(\boldsymbol{B}).$$

例 7 设 $\boldsymbol{A}$ 是 $m\times n$ 实矩阵，证明：$\mathrm{r}(\boldsymbol{A}^{\mathrm{T}}\boldsymbol{A})=\mathrm{r}(\boldsymbol{A})=\mathrm{r}(\boldsymbol{A}\boldsymbol{A}^{\mathrm{T}})$.

证 若能证明齐次线性方程组 $\boldsymbol{Ax}=\boldsymbol{0}$ 与 $\boldsymbol{A}^{\mathrm{T}}\boldsymbol{Ax}=\boldsymbol{0}$ 同解，则必有 $\mathrm{r}(\boldsymbol{A}^{\mathrm{T}}\boldsymbol{A})=\mathrm{r}(\boldsymbol{A})$.

如果 $\boldsymbol{A\xi}=\boldsymbol{0}$，则显然有 $\boldsymbol{A}^{\mathrm{T}}\boldsymbol{A\xi}=\boldsymbol{A}^{\mathrm{T}}\boldsymbol{0}=\boldsymbol{0}$. 反之，若 $\boldsymbol{A}^{\mathrm{T}}\boldsymbol{A\xi}=\boldsymbol{0}$，则必有 $\boldsymbol{\xi}^{\mathrm{T}}\boldsymbol{A}^{\mathrm{T}}\boldsymbol{A\xi}=0$（这是一个

数 0)．令

$$\boldsymbol{\eta}=\boldsymbol{A\xi}=\begin{pmatrix}a_1\\a_2\\\vdots\\a_n\end{pmatrix},$$

则必有 $\boldsymbol{\eta}^{\mathrm{T}}\boldsymbol{\eta}=(\boldsymbol{A\xi})^{\mathrm{T}}(\boldsymbol{A\xi})=\boldsymbol{\xi}^{\mathrm{T}}\boldsymbol{A}^{\mathrm{T}}\boldsymbol{A\xi}=0$，即有

$$\boldsymbol{\eta}^{\mathrm{T}}\boldsymbol{\eta}=(a_1,a_2,\cdots,a_n)\begin{pmatrix}a_1\\a_2\\\vdots\\a_n\end{pmatrix}=a_1^2+a_2^2+\cdots+a_n^2=0.$$

但是，$\boldsymbol{\eta}$ 是实向量，每个分量 a_i 都是实数，所以必有 $a_1=a_2=\cdots=a_n=0$，即 $\boldsymbol{\eta}=\boldsymbol{A\xi}=\boldsymbol{0}$．这就证明了 $\boldsymbol{\xi}$ 必是 $\boldsymbol{Ax}=\boldsymbol{0}$ 的解．于是必有 $\mathrm{r}(\boldsymbol{A}^{\mathrm{T}}\boldsymbol{A})=\mathrm{r}(\boldsymbol{A})$．

因为两个互为转置的矩阵必同秩，所以又有 $\mathrm{r}(\boldsymbol{AA}^{\mathrm{T}})=\mathrm{r}(\boldsymbol{A}^{\mathrm{T}})=\mathrm{r}(\boldsymbol{A})$．

注意 易验证 $\boldsymbol{AA}^{\mathrm{T}}$ 与 $\boldsymbol{A}^{\mathrm{T}}\boldsymbol{A}$ 都是对称矩阵，且由例 7 知，若 $\boldsymbol{AA}^{\mathrm{T}}=\boldsymbol{O}$，则 $\mathrm{r}(\boldsymbol{A})=\mathrm{r}(\boldsymbol{AA}^{\mathrm{T}})=0$，从而 $\boldsymbol{A}=\boldsymbol{O}$．由此易得 $\boldsymbol{AA}^{\mathrm{T}}=\boldsymbol{O}\Leftrightarrow\boldsymbol{A}=\boldsymbol{O}\Leftrightarrow\boldsymbol{A}^{\mathrm{T}}\boldsymbol{A}=\boldsymbol{O}$．

例 8 设矩阵 $\boldsymbol{A}=(a_{ij})_{m\times n}$ 和 $\boldsymbol{B}=(b_{ij})_{n\times s}$ 满足 $\boldsymbol{AB}=\boldsymbol{O}$，证明：$\mathrm{r}(\boldsymbol{A})+\mathrm{r}(\boldsymbol{B})\leqslant n$．

证 将 $\boldsymbol{B}$ 按列分为 s 块：$\boldsymbol{B}=(\boldsymbol{\beta}_1,\boldsymbol{\beta}_2,\cdots,\boldsymbol{\beta}_s)$．由 $\boldsymbol{AB}=\boldsymbol{O}$，得

$$\boldsymbol{A}(\boldsymbol{\beta}_1,\boldsymbol{\beta}_2,\cdots,\boldsymbol{\beta}_s)=\boldsymbol{O}\Rightarrow(\boldsymbol{A\beta}_1,\boldsymbol{A\beta}_2,\cdots,\boldsymbol{A\beta}_s)=(\boldsymbol{0},\boldsymbol{0},\cdots,\boldsymbol{0}).$$

从而 $\boldsymbol{A\beta}_j=\boldsymbol{0}(j=1,2,\cdots,s)$，即 $\boldsymbol{\beta}_j$ 都是齐次线性方程组 $\boldsymbol{Ax}=\boldsymbol{0}$ 的解．

当 $\mathrm{r}(\boldsymbol{A})=n$ 时，齐次线性方程组 $\boldsymbol{Ax}=\boldsymbol{0}$ 只有零解，于是必有 $\boldsymbol{\beta}_1=\boldsymbol{\beta}_2=\cdots=\boldsymbol{\beta}_s=\boldsymbol{0}$，即 $\boldsymbol{B}=\boldsymbol{O}$，从而 $\mathrm{r}(\boldsymbol{B})=0$，因此

$$\mathrm{r}(\boldsymbol{A})+\mathrm{r}(\boldsymbol{B})=\mathrm{r}(\boldsymbol{A})+0=n.$$

当 $\mathrm{r}(\boldsymbol{A})=r<n$ 时，$\boldsymbol{Ax}=\boldsymbol{0}$ 存在基础解系，且基础解系由 $n-r$ 个解组成．就是说，方程组的解向量组的秩为 $n-r$，由于向量组 $\boldsymbol{\beta}_1,\boldsymbol{\beta}_2,\cdots,\boldsymbol{\beta}_s$ 是 $\boldsymbol{Ax}=\boldsymbol{0}$ 的 s 个解向量，它的秩当然不会超过 $n-r$，由此可知 $\mathrm{r}(\boldsymbol{\beta}_1,\boldsymbol{\beta}_2,\cdots,\boldsymbol{\beta}_s)\leqslant n-r$，即

$$\mathrm{r}(\boldsymbol{B})\leqslant n-r=n-\mathrm{r}(\boldsymbol{A}),\quad 或\quad \mathrm{r}(\boldsymbol{A})+\mathrm{r}(\boldsymbol{B})\leqslant n.$$

最后我们给出关于矩阵的秩的一个估计式：设 $\boldsymbol{A}$ 为 $m\times n$ 矩阵，$\boldsymbol{B}$ 为 $n\times k$ 矩阵，则有

$$\mathrm{r}(\boldsymbol{A})+\mathrm{r}(\boldsymbol{B})-n\leqslant\mathrm{r}(\boldsymbol{AB})\leqslant\min\{\mathrm{r}(\boldsymbol{A}),\mathrm{r}(\boldsymbol{B})\}.$$

我们略去上式中左半不等式的证明．当 $\boldsymbol{AB}=\boldsymbol{O}$ 时，由左半不等式即得上述例 8 的结果．右半不等式是 3.3 节中例 11 的结果．这个不等式的结果我们可以直接应用．

习 题 4.1

1．设 $\boldsymbol{\alpha}_1,\boldsymbol{\alpha}_2$ 是 $\boldsymbol{Ax}=\boldsymbol{0}$ 的基础解系，问 $\boldsymbol{\alpha}_1+\boldsymbol{\alpha}_2$，$2\boldsymbol{\alpha}_1-\boldsymbol{\alpha}_2$ 是不是它的基础解系？

2．设 $\boldsymbol{\alpha}_1,\boldsymbol{\alpha}_2,\boldsymbol{\alpha}_3$ 是 $\boldsymbol{Ax}=\boldsymbol{0}$ 的基础解系，问下列向量组是不是它的基础解系：

(1) $\boldsymbol{\alpha}_1,\boldsymbol{\alpha}_1-\boldsymbol{\alpha}_2,\boldsymbol{\alpha}_1-\boldsymbol{\alpha}_2-\boldsymbol{\alpha}_3$；　　(2) $\boldsymbol{\alpha}_1-\boldsymbol{\alpha}_2,\boldsymbol{\alpha}_2-\boldsymbol{\alpha}_3,\boldsymbol{\alpha}_3-\boldsymbol{\alpha}_1$．

3．解以下齐次线性方程组，若有非零解，则求出它的通解：

(1) $\begin{cases}2x_1+2x_2+3x_3=0,\\2x_1+5x_2+3x_3=0,\\x_1+8x_3=0;\end{cases}$　　(2) $\begin{cases}x+2y-z-w=0,\\x+2y+w=0,\\-x-2y+2z+4w=0;\end{cases}$

(3) $\begin{cases} x+y+z+w=0, \\ 2x+3y+z+w=0, \\ 2x+y-z=0, \\ x+y-z+2w=0; \end{cases}$ (4) $\begin{cases} x_1+6x_2-x_3-4x_4=0, \\ -2x_1-12x_2+5x_3+17x_4=0, \\ 3x_1+18x_2-x_3-6x_4=0. \end{cases}$

4. 当参数 a 为何值时,下列齐次线性方程组有非零解?

(1) $\begin{cases} 2x_1-x_2+3x_3=0, \\ x_1-3x_2+4x_3=0, \\ -x_1+2x_2+ax_3=0; \end{cases}$ (2) $\begin{cases} x_1+2x_2+3x_3=0, \\ 2x_1+ax_2+3x_3=0, \\ x_1+9x_3=0. \end{cases}$

5. 给定齐次线性方程组

$$\begin{cases} x_1+x_2+x_3+x_4=0, \\ x_1+\lambda x_2+x_3-x_4=0, \\ x_1+x_2+\lambda x_3-x_4=0. \end{cases}$$

(1) 当 λ 满足什么条件时,方程组的基础解系中只含有一个解向量?

(2) 当 $\lambda=1$ 时,求方程组的通解.

6. 设 $\boldsymbol{A}=\begin{pmatrix} 2 & -2 & 1 & 3 \\ 9 & -5 & 2 & 8 \end{pmatrix}$. 求一个 4×2 矩阵 $\boldsymbol{B}$,使 $\boldsymbol{AB}=\boldsymbol{O}$ 且 $\mathrm{r}(\boldsymbol{B})=2$.

7. 求一个齐次线性方程组,使向量组 $\boldsymbol{\xi}_1=(1,1,2,3)^{\mathrm{T}},\boldsymbol{\xi}_2=(2,3,4,8)^{\mathrm{T}}$ 成为它的一个基础解系.

8. 设 $\boldsymbol{A}$ 是 n 阶矩阵,$\boldsymbol{Ax}=\boldsymbol{0}$ 只有零解. 求证:对任意的正整数 k,$\boldsymbol{A}^k\boldsymbol{x}=\boldsymbol{0}$ 也只有零解.

9. 设 $\boldsymbol{\xi}_1,\boldsymbol{\xi}_2,\cdots,\boldsymbol{\xi}_t$ 是齐次线性方程组 $\boldsymbol{Ax}=\boldsymbol{0}$ 的基础解系. 证明:与 $\boldsymbol{\xi}_1,\boldsymbol{\xi}_2,\cdots,\boldsymbol{\xi}_t$ 等价的任意一个线性无关向量组 $\boldsymbol{\eta}_1,\boldsymbol{\eta}_2,\cdots,\boldsymbol{\eta}_m$ 也是 $\boldsymbol{Ax}=\boldsymbol{0}$ 的基础解系.

4.2 非齐次线性方程组

4.2.1 非齐次线性方程组有解条件

含有 m 个方程、n 个未知量的非齐次线性方程组

$$\begin{cases} a_{11}x_1+a_{12}x_2+\cdots+a_{1n}x_n=b_1, \\ a_{21}x_1+a_{22}x_2+\cdots+a_{2n}x_n=b_2, \\ \cdots\cdots\cdots\cdots\cdots\cdots\cdots\cdots \\ a_{m1}x_1+a_{m2}x_2+\cdots+a_{mn}x_n=b_m \end{cases} \tag{4.2}$$

可简写成矩阵形式 $\boldsymbol{Ax}=\boldsymbol{b}$. 其中

$$\boldsymbol{A}=\begin{pmatrix} a_{11} & a_{12} & \cdots & a_{1n} \\ a_{21} & a_{22} & \cdots & a_{2n} \\ \vdots & \vdots & & \vdots \\ a_{m1} & a_{m2} & \cdots & a_{mn} \end{pmatrix},\quad \boldsymbol{x}=\begin{pmatrix} x_1 \\ x_2 \\ \vdots \\ x_n \end{pmatrix},\quad \boldsymbol{b}=\begin{pmatrix} b_1 \\ b_2 \\ \vdots \\ b_m \end{pmatrix}.$$

并称 $\boldsymbol{A}$ 为 $\boldsymbol{Ax}=\boldsymbol{b}$ 的**系数矩阵**,$\boldsymbol{x}$ 为 n **维未知列向量**,$\boldsymbol{b}$ 为 m **维常数列向量**. 分块矩阵 $\overline{\boldsymbol{A}}=$

$(\boldsymbol{A},\boldsymbol{b})$称为$\boldsymbol{Ax}=\boldsymbol{b}$的**增广矩阵**，它是$m\times(n+1)$矩阵. 有时，就直接用$(\boldsymbol{A},\boldsymbol{b})$代表非齐次线性方程组$\boldsymbol{Ax}=\boldsymbol{b}$.

满足$\boldsymbol{A\eta}=\boldsymbol{b}$的$n$维列向量$\boldsymbol{\eta}$称为$\boldsymbol{Ax}=\boldsymbol{b}$的**解向量**，可简称为它的**解**.

因为齐次线性方程组必有零解，所以讨论的是它何时有非零解，有多少个非零解，如何表示通解. 而非齐次线性方程组未必有解，所以首先要讨论的是它何时有解，在确定它有解以后，再讨论它何时有唯一解，何时有无穷多个解，如何表达一般解.

为了探讨非齐次线性方程组$\boldsymbol{Ax}=\boldsymbol{b}$何时有解，我们把系数矩阵$\boldsymbol{A}$写成列向量表示法：

$$\boldsymbol{A}=(\boldsymbol{\beta}_1,\boldsymbol{\beta}_2,\cdots,\boldsymbol{\beta}_n),$$

其中，

$$\boldsymbol{\beta}_j=\begin{pmatrix}a_{1j}\\a_{2j}\\\vdots\\a_{mj}\end{pmatrix},\quad j=1,2,\cdots,n.$$

于是，非齐次线性方程组$\boldsymbol{Ax}=\boldsymbol{b}$可以写成列向量的线性组合形式：

$$x_1\boldsymbol{\beta}_1+x_2\boldsymbol{\beta}_2+\cdots+x_n\boldsymbol{\beta}_n=\boldsymbol{b}. \tag{4.3}$$

实际上，它就是

$$x_1\begin{pmatrix}a_{11}\\a_{21}\\\vdots\\a_{m1}\end{pmatrix}+x_2\begin{pmatrix}a_{12}\\a_{22}\\\vdots\\a_{m2}\end{pmatrix}+\cdots+x_n\begin{pmatrix}a_{1n}\\a_{2n}\\\vdots\\a_{mn}\end{pmatrix}=\begin{pmatrix}b_1\\b_2\\\vdots\\b_m\end{pmatrix}.$$

这说明，$\boldsymbol{Ax}=\boldsymbol{b}$有解与$\boldsymbol{b}$是$\boldsymbol{A}$的列向量组$\boldsymbol{\beta}_1,\boldsymbol{\beta}_2,\cdots,\boldsymbol{\beta}_n$的线性组合是同一件事.

据此就可以得到非齐次线性方程组有解的判别定理：

定理 4.2.1 $\boldsymbol{Ax}=\boldsymbol{b}$有解$\Leftrightarrow \mathrm{r}(\boldsymbol{A},\boldsymbol{b})=\mathrm{r}(\boldsymbol{A})$.

证 如果$\boldsymbol{Ax}=\boldsymbol{b}$有解，那么，存在常数$k_1,k_2,\cdots,k_n$，使(4.3)式成立：

$$\boldsymbol{b}=k_1\boldsymbol{\beta}_1+k_2\boldsymbol{\beta}_2+\cdots+k_n\boldsymbol{\beta}_n.$$

这说明$\boldsymbol{b}$是$\boldsymbol{A}$的列向量组$\boldsymbol{\beta}_1,\boldsymbol{\beta}_2,\cdots,\boldsymbol{\beta}_n$的线性组合. 因此，以下两个列向量组等价：

$$S_1=\{\boldsymbol{\beta}_1,\boldsymbol{\beta}_2,\cdots,\boldsymbol{\beta}_n,\boldsymbol{b}\},\qquad S_2=\{\boldsymbol{\beta}_1,\boldsymbol{\beta}_2,\cdots,\boldsymbol{\beta}_n\}.$$

因为$\mathrm{r}(\boldsymbol{A},\boldsymbol{b})=\mathrm{r}(S_1)$，$\mathrm{r}(\boldsymbol{A})=\mathrm{r}(S_2)$，而等价的向量组必定同秩，所以当$S_1$与$S_2$等价时，必有$\mathrm{r}(\boldsymbol{A},\boldsymbol{b})=\mathrm{r}(\boldsymbol{A})$. 这说明当$\boldsymbol{Ax}=\boldsymbol{b}$有解时，必有$\mathrm{r}(\boldsymbol{A},\boldsymbol{b})=\mathrm{r}(\boldsymbol{A})$.

反之，当$\mathrm{r}(\boldsymbol{A},\boldsymbol{b})=\mathrm{r}(\boldsymbol{A})$时，必有$\mathrm{r}(S_1)=\mathrm{r}(S_2)$. 因为$S_2\subset S_1$，所以$\boldsymbol{b}$一定是$\boldsymbol{A}$的列向量组$\boldsymbol{\beta}_1,\boldsymbol{\beta}_2,\cdots,\boldsymbol{\beta}_n$的线性组合. 这说明$\boldsymbol{Ax}=\boldsymbol{b}$有解.

因为$(\boldsymbol{A},\boldsymbol{b})$是在$\boldsymbol{A}$的右边添加一个列向量$\boldsymbol{b}$构成的，所以，只有以下两种可能性：

当$\mathrm{r}(\boldsymbol{A},\boldsymbol{b})=\mathrm{r}(\boldsymbol{A})$时，$\boldsymbol{Ax}=\boldsymbol{b}$必有解；

当$\mathrm{r}(\boldsymbol{A},\boldsymbol{b})=\mathrm{r}(\boldsymbol{A})+1$时，$\boldsymbol{Ax}=\boldsymbol{b}$必无解.

4.2.2 非齐次线性方程组的解的结构

特别需要注意的是，当$\boldsymbol{b}\neq\boldsymbol{0}$时，$\boldsymbol{Ax}=\boldsymbol{b}$的两个解的和不再是它的解了；它的一个解的倍数也不再是它的解了. 事实上，若$\boldsymbol{A\eta}_1=\boldsymbol{b}$，$\boldsymbol{A\eta}_2=\boldsymbol{b}$，则

$$\boldsymbol{A}(\boldsymbol{\eta}_1+\boldsymbol{\eta}_2)=2\boldsymbol{b}\neq\boldsymbol{b},\quad \boldsymbol{A}(k\boldsymbol{\eta}_1)=k\boldsymbol{A}(\boldsymbol{\eta}_1)=k\boldsymbol{b}\neq\boldsymbol{b},$$

其中 k 为不等于1的任意实数. 这也就是说, $\boldsymbol{Ax}=\boldsymbol{b}$ 的若干个解的线性组合不再是它的解了. 所以,对于非齐次线性方程组 $\boldsymbol{Ax}=\boldsymbol{b}$ 来说,根本不存在解空间和基础解系等概念.

对于任意一个非齐次线性方程组 $\boldsymbol{Ax}=\boldsymbol{b}$,一定对应有一个齐次线性方程组 $\boldsymbol{Ax}=\boldsymbol{0}$. 称 $\boldsymbol{Ax}=\boldsymbol{0}$ 为 $\boldsymbol{Ax}=\boldsymbol{b}$ 的**导出组**(又称为**相伴方程组**).

设齐次线性方程组(4.1)是非齐次线性方程组(4.2)的导出组, 则它们的解之间具有以下性质:

性质1 如果 $\boldsymbol{\eta}_1,\boldsymbol{\eta}_2$ 是非齐次线性方程组 $\boldsymbol{Ax}=\boldsymbol{b}$ 的解, 则 $\boldsymbol{\xi}=\boldsymbol{\eta}_1-\boldsymbol{\eta}_2$ 是它的导出组 $\boldsymbol{Ax}=\boldsymbol{0}$ 的解.

证 因为 $\boldsymbol{\eta}_1,\boldsymbol{\eta}_2$ 是 $\boldsymbol{Ax}=\boldsymbol{b}$ 的解, 必有 $\boldsymbol{A\eta}_1=\boldsymbol{b}$ 和 $\boldsymbol{A\eta}_2=\boldsymbol{b}$, 所以必有

$$\boldsymbol{A\xi}=\boldsymbol{A}(\boldsymbol{\eta}_1-\boldsymbol{\eta}_2)=\boldsymbol{A\eta}_1-\boldsymbol{A\eta}_2=\boldsymbol{b}-\boldsymbol{b}=\boldsymbol{0}.$$

这说明 $\boldsymbol{\xi}=\boldsymbol{\eta}_1-\boldsymbol{\eta}_2$ 是它的导出组 $\boldsymbol{Ax}=\boldsymbol{0}$ 的解.

性质2 如果 $\boldsymbol{\eta}$ 是非齐次线性方程组 $\boldsymbol{Ax}=\boldsymbol{b}$ 的解, $\boldsymbol{\xi}$ 是它的导出组 $\boldsymbol{Ax}=\boldsymbol{0}$ 的解, 则 $\boldsymbol{\xi}+\boldsymbol{\eta}$ 必是 $\boldsymbol{Ax}=\boldsymbol{b}$ 的解.

证 因为 $\boldsymbol{\eta}$ 是 $\boldsymbol{Ax}=\boldsymbol{b}$ 的解, $\boldsymbol{\xi}$ 是 $\boldsymbol{Ax}=\boldsymbol{0}$ 的解, 必有 $\boldsymbol{A\xi}=\boldsymbol{0},\boldsymbol{A\eta}=\boldsymbol{b}$, 所以必有

$$\boldsymbol{A}(\boldsymbol{\xi}+\boldsymbol{\eta})=\boldsymbol{A\xi}+\boldsymbol{A\eta}=\boldsymbol{b}.$$

这说明 $\boldsymbol{\xi}+\boldsymbol{\eta}$ 必是 $\boldsymbol{Ax}=\boldsymbol{b}$ 的解.

这就是说, 非齐次线性方程组的任意两个解的差必是其导出组的解. 非齐次线性方程组的任意一个解与其导出组的任意一个解的和仍是非齐次线性方程组的解.

任取 $\boldsymbol{Ax}=\boldsymbol{b}$ 的两个解 $\boldsymbol{\eta}$ 和 $\boldsymbol{\eta}^*$,令 $\boldsymbol{\xi}=\boldsymbol{\eta}-\boldsymbol{\eta}^*$. 由 $\boldsymbol{A\eta}=\boldsymbol{b}$ 和 $\boldsymbol{A\eta}^*=\boldsymbol{b}$ 知道必有

$$\boldsymbol{A\xi}=\boldsymbol{A}(\boldsymbol{\eta}-\boldsymbol{\eta}^*)=\boldsymbol{b}-\boldsymbol{b}=\boldsymbol{0}.$$

这说明 $\boldsymbol{\xi}=\boldsymbol{\eta}-\boldsymbol{\eta}^*$ 必是导出组的解. 于是由 $\boldsymbol{\xi}=\boldsymbol{\eta}-\boldsymbol{\eta}^*$ 知道 $\boldsymbol{\eta}=\boldsymbol{\eta}^*+\boldsymbol{\xi}$, 这说明 $\boldsymbol{Ax}=\boldsymbol{b}$ 的任意一个解 $\boldsymbol{\eta}$ 一定可以写成 $\boldsymbol{Ax}=\boldsymbol{b}$ 的任意一个特解 $\boldsymbol{\eta}^*$ 和其导出组 $\boldsymbol{Ax}=\boldsymbol{0}$ 的某个解 $\boldsymbol{\xi}$ 之和,而 $\boldsymbol{Ax}=\boldsymbol{0}$ 的这个解 $\boldsymbol{\xi}$ 又可表示成 $\boldsymbol{Ax}=\boldsymbol{0}$ 的任意一个基础解系的线性组合. 于是可以得到 $\boldsymbol{Ax}=\boldsymbol{b}$ 的**解的结构定理**:

定理4.2.2 设 $\boldsymbol{A}$ 是 $m\times n$ 矩阵, 且 $\mathrm{r}(\boldsymbol{A},\boldsymbol{b})=\mathrm{r}(\boldsymbol{A})=r,r<n$, 则 $\boldsymbol{Ax}=\boldsymbol{b}$ 的一般解为

$$\boldsymbol{\eta}=\boldsymbol{\eta}^*+k_1\boldsymbol{\xi}_1+k_2\boldsymbol{\xi}_2+\cdots+k_{n-r}\boldsymbol{\xi}_{n-r},\tag{4.4}$$

其中, $\boldsymbol{\eta}^*$ 为 $\boldsymbol{Ax}=\boldsymbol{b}$ 的任意一个解, $\{\boldsymbol{\xi}_1,\boldsymbol{\xi}_2,\cdots,\boldsymbol{\xi}_{n-r}\}$ 为 $\boldsymbol{Ax}=\boldsymbol{0}$ 的任意一个基础解系.

(4.4)式称为非齐次线性方程组 $\boldsymbol{Ax}=\boldsymbol{b}$ 的**通解**. 其中 $\boldsymbol{\eta}^*$ 称为 $\boldsymbol{Ax}=\boldsymbol{b}$ 的一个**特解**.

定理4.2.3 设 $\boldsymbol{A}$ 是 $m\times n$ 矩阵, 且 $\mathrm{r}(\boldsymbol{A},\boldsymbol{b})=\mathrm{r}(\boldsymbol{A})=r$. 则有以下结论:

当 $r=n$ 时, $\boldsymbol{Ax}=\boldsymbol{b}$ 有唯一解;

当 $r<n$ 时, $\boldsymbol{Ax}=\boldsymbol{b}$ 有无穷多个解.

因此,当 $\mathrm{r}(\boldsymbol{A},\boldsymbol{b})=\mathrm{r}(\boldsymbol{A})$ 时, $\boldsymbol{Ax}=\boldsymbol{b}$ 的解是唯一的 $\Leftrightarrow \mathrm{r}(\boldsymbol{A})=n$.

证 因为 $\mathrm{r}(\boldsymbol{A},\boldsymbol{b})=\mathrm{r}(\boldsymbol{A})$,所以, $\boldsymbol{Ax}=\boldsymbol{b}$ 必有解.

当 $r=n$ 时, $\boldsymbol{Ax}=\boldsymbol{0}$ 只有零解. 如果 $\boldsymbol{A\eta}_1=\boldsymbol{b},\boldsymbol{A\eta}_2=\boldsymbol{b}$,则 $\boldsymbol{A}(\boldsymbol{\eta}_1-\boldsymbol{\eta}_2)=\boldsymbol{0}$. 这说明 $\boldsymbol{\xi}=\boldsymbol{\eta}_1-\boldsymbol{\eta}_2$ 为 $\boldsymbol{Ax}=\boldsymbol{0}$ 的解,必有 $\boldsymbol{\xi}=\boldsymbol{0}$. 所以必有 $\boldsymbol{\eta}_1=\boldsymbol{\eta}_2$. 这就证明了,当 $r=n$ 时, $\boldsymbol{Ax}=\boldsymbol{b}$ 有唯一解.

当 $r<n$ 时, $\boldsymbol{Ax}=\boldsymbol{0}$ 有基础解系,此时,由通解表达式(4.4)知道, $\boldsymbol{Ax}=\boldsymbol{b}$ 必有无穷多个解.

注意 当 $\mathrm{r}(\boldsymbol{A})=n$ 时, $\boldsymbol{Ax}=\boldsymbol{b}$ 或者无解,或者有唯一解. 当 $\mathrm{r}(\boldsymbol{A})<n$ 时, $\boldsymbol{Ax}=\boldsymbol{b}$ 或者无解,或者有无穷多个解.

定理4.2.4 设 $\boldsymbol{A}$ 是 n 阶方阵,则有以下结论:

当 $|\boldsymbol{A}|\neq 0$ 时，$\boldsymbol{Ax}=\boldsymbol{b}$ 必有唯一解 $\boldsymbol{x}=\boldsymbol{A}^{-1}\boldsymbol{b}$.

当 $|\boldsymbol{A}|=0$ 时，如果 $\mathrm{r}(\boldsymbol{A},\boldsymbol{b})=\mathrm{r}(\boldsymbol{A})$，则 $\boldsymbol{Ax}=\boldsymbol{b}$ 有无穷多个解；如果 $\mathrm{r}(\boldsymbol{A},\boldsymbol{b})=\mathrm{r}(\boldsymbol{A})+1$，则 $\boldsymbol{Ax}=\boldsymbol{b}$ 无解.

因此，当 $\boldsymbol{A}$ 是 n 阶方阵时，$\boldsymbol{Ax}=\boldsymbol{b}$ 有解且其解是唯一的 $\Leftrightarrow |\boldsymbol{A}|\neq 0$.

证 当 $|\boldsymbol{A}|\neq 0$ 时，$\boldsymbol{A}$ 为可逆矩阵，$\boldsymbol{Ax}=\boldsymbol{b}$ 必有唯一解 $\boldsymbol{x}=\boldsymbol{A}^{-1}\boldsymbol{b}$.

当 $|\boldsymbol{A}|=0$ 时，必有 $\mathrm{r}(\boldsymbol{A})<n$，$\boldsymbol{Ax}=\boldsymbol{0}$ 有无穷多个解.

如果 $\mathrm{r}(\boldsymbol{A},\boldsymbol{b})=\mathrm{r}(\boldsymbol{A})$，则 $\boldsymbol{Ax}=\boldsymbol{b}$ 有无穷多个解.

如果 $\mathrm{r}(\boldsymbol{A},\boldsymbol{b})=\mathrm{r}(\boldsymbol{A})+1$，则 $\boldsymbol{Ax}=\boldsymbol{b}$ 无解.

4.2.3 非齐次线性方程组的求通解方法

求已给的非齐次线性方程组 $\boldsymbol{Ax}=\boldsymbol{b}$ 的通解的方法是，用初等行变换把它的增广矩阵 $(\boldsymbol{A},\boldsymbol{b})$ 化成简化行阶梯形矩阵 $(\boldsymbol{T},\boldsymbol{d})$. 在 2.7 节已证明了 $\boldsymbol{Ax}=\boldsymbol{b}$ 与 $\boldsymbol{Tx}=\boldsymbol{d}$ 是同解的非齐次线性方程组. 于是 $\boldsymbol{Tx}=\boldsymbol{d}$ 的通解就是 $\boldsymbol{Ax}=\boldsymbol{b}$ 的通解.

例 1 求线性方程组 $\begin{cases} x_1+2x_2-x_3+3x_4+x_5=2, \\ -x_1-2x_2+x_3-x_4+3x_5=4, \\ 2x_1+4x_2-2x_3+6x_4+3x_5=6 \end{cases}$ 的通解.

解

$$(\boldsymbol{A},\boldsymbol{b})=\left(\begin{array}{rrrrr:r} 1 & 2 & -1 & 3 & 1 & 2 \\ -1 & -2 & 1 & -1 & 3 & 4 \\ 2 & 4 & -2 & 6 & 3 & 6 \end{array}\right)\to\left(\begin{array}{rrrrr:r} 1 & 2 & -1 & 3 & 1 & 2 \\ 0 & 0 & 0 & 2 & 4 & 6 \\ 0 & 0 & 0 & 0 & 1 & 2 \end{array}\right)$$

$$\to\left(\begin{array}{rrrrr:r} 1 & 2 & -1 & 0 & -5 & -7 \\ 0 & 0 & 0 & 1 & 2 & 3 \\ 0 & 0 & 0 & 0 & 1 & 2 \end{array}\right)\to\left(\begin{array}{rrrrr:r} 1 & 2 & -1 & 0 & 0 & 3 \\ 0 & 0 & 0 & 1 & 0 & -1 \\ 0 & 0 & 0 & 0 & 1 & 2 \end{array}\right)=(\boldsymbol{T},\boldsymbol{d}).$$

这个 $(\boldsymbol{T},\boldsymbol{d})$ 就是 $(\boldsymbol{A},\boldsymbol{b})$ 的简化行阶梯形矩阵. 据此得到原方程组的同解方程组

$$\begin{cases} x_1=3-2x_2+x_3, \\ x_4=-1, \\ x_5=2. \end{cases}$$

常取 $x_2=x_3=0$ 得到一个特解

$$\boldsymbol{\eta}^*=\begin{pmatrix} 3 \\ 0 \\ 0 \\ -1 \\ 2 \end{pmatrix}.$$

原方程组的导出组的同解方程组为

$$\begin{cases} x_1=-2x_2+x_3, \\ x_4=0, \\ x_5=0. \end{cases}$$

分别令 $\begin{pmatrix} x_2 \\ x_3 \end{pmatrix}=\begin{pmatrix} 1 \\ 0 \end{pmatrix}$ 和 $\begin{pmatrix} 0 \\ 1 \end{pmatrix}$，可求得基础解系

$$\boldsymbol{\xi}_1=\begin{pmatrix}-2\\1\\0\\0\\0\end{pmatrix},\quad \boldsymbol{\xi}_2=\begin{pmatrix}1\\0\\1\\0\\0\end{pmatrix}.$$

于是求得原方程组的通解 $\boldsymbol{\eta}=\boldsymbol{\eta}^*+k_1\boldsymbol{\xi}_1+k_2\boldsymbol{\xi}_2$，其中 k_1,k_2 为任意实数.

求非齐次线性方程组的特解的方法是任意的. 最方便的方法是把自由未知量的值都取为零.

例 2 当参数 a 为何值时，非齐次线性方程组 $\begin{cases}x_1+5x_2-x_3-x_4=-1,\\x_1+7x_2+x_3+3x_4=3,\\3x_1+17x_2-x_3+x_4=a,\\x_1+3x_2-3x_3-5x_4=-5\end{cases}$ 有解？当它有解时，求出它的通解.

解 先把增广矩阵化简：

$$\left(\begin{array}{cccc:c}1&5&-1&-1&-1\\1&7&1&3&3\\3&17&-1&1&a\\1&3&-3&-5&-5\end{array}\right)\to\left(\begin{array}{cccc:c}1&5&-1&-1&-1\\0&2&2&4&4\\0&2&2&4&a+3\\0&-2&-2&-4&-4\end{array}\right)$$

$$\to\left(\begin{array}{cccc:c}1&5&-1&-1&-1\\0&1&1&2&2\\0&0&0&0&a-1\\0&0&0&0&0\end{array}\right).$$

(1) 当 $a\neq1$ 时，$\mathrm{r}(\boldsymbol{A})=2<\mathrm{r}(\boldsymbol{A},\boldsymbol{b})=3$，事实上，第三个方程是矛盾方程（等式左边是 0，而右边不是 0），所以方程组无解.

(2) 当 $a=1$ 时，去掉后两个零方程，可把最后一个同解方程组继续化简：

$$\left(\begin{array}{cccc:c}1&5&-1&-1&-1\\0&1&1&2&2\end{array}\right)\to\left(\begin{array}{cccc:c}1&0&-6&-11&-11\\0&1&1&2&2\end{array}\right).$$

得到同解方程组

$$\begin{cases}x_1-6x_3-11x_4=-11,\\x_2+x_3+2x_4=2.\end{cases}$$

据此，令 $x_3=x_4=0$，可求出特解

$$\boldsymbol{\eta}^*=\begin{pmatrix}-11\\2\\0\\0\end{pmatrix}.$$

原方程组的导出组的同解方程组为 $\begin{cases}x_1-6x_3-11x_4=0,\\x_2+x_3+2x_4=0,\end{cases}$ 即 $\begin{cases}x_1=6x_3+11x_4,\\x_2=-x_3-2x_4.\end{cases}$ 分别令 $\begin{pmatrix}x_3\\x_4\end{pmatrix}=\begin{pmatrix}1\\0\end{pmatrix}$ 和 $\begin{pmatrix}0\\1\end{pmatrix}$，可求得基础解系

$$\boldsymbol{\xi}_1=\begin{pmatrix}6\\-1\\1\\0\end{pmatrix},\quad \boldsymbol{\xi}_2=\begin{pmatrix}11\\-2\\0\\1\end{pmatrix}.$$

于是可求出通解 $\boldsymbol{\eta}=\begin{pmatrix}-11\\2\\0\\0\end{pmatrix}+k\begin{pmatrix}6\\-1\\1\\0\end{pmatrix}+l\begin{pmatrix}11\\-2\\0\\1\end{pmatrix}$，$k,l$ 为任意实数.

例 3 设线性方程组

$$\begin{cases}x_1+3x_2+x_3=0,\\3x_1+2x_2+3x_3=-1,\\-x_1+4x_2+mx_3=k\end{cases}$$

有无穷多解.求 m,k 的值，并求出方程组的通解.

解 方程组的增广矩阵为$\overline{\mathbf{A}}=(\mathbf{A},\boldsymbol{b})$，即

$$\overline{\mathbf{A}}=\left(\begin{array}{ccc:c}1&3&1&0\\3&2&3&-1\\-1&4&m&k\end{array}\right)\to\left(\begin{array}{ccc:c}1&3&1&0\\0&-7&0&-1\\0&7&m+1&k\end{array}\right)$$

$$\to\left(\begin{array}{ccc:c}1&3&1&0\\0&-7&0&-1\\0&0&m+1&k-1\end{array}\right).$$

由于方程组有无穷多解，秩 $\mathrm{r}(\mathbf{A})=\mathrm{r}(\overline{\mathbf{A}})\leqslant 2$. 由此得 $m=-1,k=1$.

这时可进一步化$\overline{\mathbf{A}}$为简化行阶梯形矩阵：

$$\overline{\mathbf{A}}\to\left(\begin{array}{ccc:c}1&0&1&-\frac{3}{7}\\0&1&0&\frac{1}{7}\\0&0&0&0\end{array}\right).$$

于是得同解方程组

$$\begin{cases}x_1+x_3=-\dfrac{3}{7},\\x_2=\dfrac{1}{7}.\end{cases}$$

其导出组的一个基础解系为 $\boldsymbol{\xi}=\begin{pmatrix}1\\0\\-1\end{pmatrix}$，方程组的一个特解为 $\boldsymbol{\eta}^*=\begin{pmatrix}-\frac{3}{7}\\\frac{1}{7}\\0\end{pmatrix}$. 故方程组的通解为

$$\boldsymbol{\eta}=k\begin{pmatrix}1\\0\\-1\end{pmatrix}+\frac{1}{7}\begin{pmatrix}-3\\1\\0\end{pmatrix},\quad 其中 k 是任意实数.$$

例 4 下列向量 $\boldsymbol{\beta}$ 能否表示成 $\boldsymbol{\alpha}_1,\boldsymbol{\alpha}_2,\boldsymbol{\alpha}_3$ 的线性组合?

(1) $\boldsymbol{\beta}=(2,7,13),\boldsymbol{\alpha}_1=(1,2,3),\boldsymbol{\alpha}_2=(-1,2,4),\boldsymbol{\alpha}_3=(1,6,10)$;

(2) $\boldsymbol{\beta}=(0,10,8),\boldsymbol{\alpha}_1=(-1,2,3),\boldsymbol{\alpha}_2=(1,3,1),\boldsymbol{\alpha}_3=(1,8,5)$.

解 考虑非齐次线性方程组 $x_1\boldsymbol{\alpha}_1^{\mathrm{T}}+x\boldsymbol{\alpha}_2^{\mathrm{T}}+x_3\boldsymbol{\alpha}_3^{\mathrm{T}}=\boldsymbol{\beta}^{\mathrm{T}}$. 它的增广矩阵为 $(\boldsymbol{\alpha}_1^{\mathrm{T}},\boldsymbol{\alpha}_2^{\mathrm{T}},\boldsymbol{\alpha}_3^{\mathrm{T}},\boldsymbol{\beta}^{\mathrm{T}})$.

(1) $$\begin{pmatrix}1&-1&1&2\\2&2&6&7\\3&4&10&13\end{pmatrix}\to\begin{pmatrix}1&-1&1&2\\0&4&4&3\\0&7&7&7\end{pmatrix}\to\begin{pmatrix}1&-1&1&2\\0&4&4&3\\0&0&0&\frac{7}{4}\end{pmatrix}=\boldsymbol{B}.$$

由于矩阵 $\boldsymbol{B}$ 的第三行对应的方程是矛盾方程，即 $\mathrm{r}(\boldsymbol{A},\boldsymbol{b})=3>\mathrm{r}(\boldsymbol{A})=2$，所以方程组无解，所以 $\boldsymbol{\beta}$ 不能表示成 $\boldsymbol{\alpha}_1,\boldsymbol{\alpha}_2,\boldsymbol{\alpha}_3$ 的线性组合.

(2) $$\begin{pmatrix}-1&1&1&0\\2&3&8&10\\3&1&5&8\end{pmatrix}\to\begin{pmatrix}-1&1&1&-2\\0&5&10&2\\0&4&8&0\end{pmatrix}\to\begin{pmatrix}-1&0&-1&-2\\0&1&2&2\\0&0&0&0\end{pmatrix}\to\begin{pmatrix}1&0&1&2\\0&1&2&2\\0&0&0&0\end{pmatrix}.$$

其同解方程组为

$$\begin{cases}x_1=2-x_3,\\x_2=2-2x_3.\end{cases}$$

所以，可以写出一般表示式：

$$\boldsymbol{\beta}=(2-k)\boldsymbol{\alpha}_1+2(1-k)\boldsymbol{\alpha}_2+k\boldsymbol{\alpha}_3,\quad k\text{ 为任意实数}.$$

因此，$\boldsymbol{\beta}$ 表示成 $\boldsymbol{\alpha}_1,\boldsymbol{\alpha}_2,\boldsymbol{\alpha}_3$ 的线性组合的表出式有无穷多个.

例 5 设 $\boldsymbol{Ax}=\boldsymbol{b}$ 中未知量个数 $n=4$，$\mathrm{r}(\boldsymbol{A})=3$. 设 $\boldsymbol{\eta}_1,\boldsymbol{\eta}_2,\boldsymbol{\eta}_3$ 为 $\boldsymbol{Ax}=\boldsymbol{b}$ 的三个解. 已知

$$\boldsymbol{\eta}_1=\begin{pmatrix}4\\1\\0\\2\end{pmatrix},\quad \boldsymbol{\eta}_2+\boldsymbol{\eta}_3=\begin{pmatrix}1\\0\\1\\2\end{pmatrix}.$$

求 $\boldsymbol{Ax}=\boldsymbol{b}$ 的通解.

解 因为 $n-\mathrm{r}(\boldsymbol{A})=4-3=1$，所以 $\boldsymbol{Ax}=\boldsymbol{0}$ 的任意一个非零解 $\boldsymbol{\xi}$ 都是它的基础解系. 因为 $\boldsymbol{\eta}_1,\boldsymbol{\eta}_2,\boldsymbol{\eta}_3$ 都是 $\boldsymbol{Ax}=\boldsymbol{b}$ 的解，所以 $\boldsymbol{\eta}_1-\boldsymbol{\eta}_2$ 和 $\boldsymbol{\eta}_1-\boldsymbol{\eta}_3$ 都是 $\boldsymbol{Ax}=\boldsymbol{0}$ 的解，它们的和

$$\boldsymbol{\xi}=(\boldsymbol{\eta}_1-\boldsymbol{\eta}_2)+(\boldsymbol{\eta}_1-\boldsymbol{\eta}_3)=2\boldsymbol{\eta}_1-(\boldsymbol{\eta}_2+\boldsymbol{\eta}_3)=\begin{pmatrix}7\\1\\-1\\2\end{pmatrix}$$

也是 $\boldsymbol{Ax}=\boldsymbol{0}$ 的非零解，它就是 $\boldsymbol{Ax}=\boldsymbol{0}$ 的基础解系. 因而 $\boldsymbol{Ax}=\boldsymbol{b}$ 的通解为

$$\boldsymbol{\eta}=\boldsymbol{\eta}_1+k\boldsymbol{\xi},\quad k\text{ 为任意实数}.$$

例 6 当参数 λ 为何值时，非齐次线性方程组

$$\begin{cases}(1+\lambda)x_1+x_2+x_3=0,\\x_1+(1+\lambda)x_2+x_3=3,\\x_1+x_2+(1+\lambda)x_3=\lambda\end{cases}$$

无解？有唯一解？有无穷多个解？在有解时，求出其全部解.

解 方程组的系数行列式为

$$\begin{vmatrix}1+\lambda & 1 & 1\\ 1 & 1+\lambda & 1\\ 1 & 1 & 1+\lambda\end{vmatrix}=\begin{vmatrix}\lambda+3 & 1 & 1\\ \lambda+3 & 1+\lambda & 1\\ \lambda+3 & 1 & 1+\lambda\end{vmatrix}=(\lambda+3)\begin{vmatrix}1 & 1 & 1\\ 1 & 1+\lambda & 1\\ 1 & 1 & 1+\lambda\end{vmatrix}$$

$$=(\lambda+3)\begin{vmatrix}1 & 1 & 1\\ 0 & \lambda & 0\\ 0 & 0 & \lambda\end{vmatrix}=(\lambda+3)\lambda^2.$$

(1) 当 $\lambda=0$ 时，用初等行变换把对应的线性方程组的增广矩阵化成阶梯形矩阵：

$$\left(\begin{array}{ccc:c}1 & 1 & 1 & 0\\ 1 & 1 & 1 & 3\\ 1 & 1 & 1 & 0\end{array}\right)\to\left(\begin{array}{ccc:c}1 & 1 & 1 & 0\\ 0 & 0 & 0 & 3\\ 0 & 0 & 0 & 0\end{array}\right).$$

因为第二行对应一个矛盾方程，所以线性方程组无解.

(2) 当 $\lambda=-3$ 时，用初等行变换把对应的线性方程组的增广矩阵化成行最简形矩阵：

$$\boldsymbol{B}=(\boldsymbol{A},\boldsymbol{b})=\left(\begin{array}{ccc:c}-2 & 1 & 1 & 0\\ 1 & -2 & 1 & 3\\ 1 & 1 & -2 & -3\end{array}\right)\to\left(\begin{array}{ccc:c}1 & 1 & -2 & -3\\ 1 & -2 & 1 & 3\\ -2 & 1 & 1 & 0\end{array}\right)\to\left(\begin{array}{ccc:c}1 & 1 & -2 & -3\\ 0 & -3 & 3 & 6\\ 0 & 3 & -3 & -6\end{array}\right)$$

$$\to\left(\begin{array}{ccc:c}1 & 1 & -2 & -3\\ 0 & 1 & -1 & -2\\ 0 & 0 & 0 & 0\end{array}\right)\to\left(\begin{array}{ccc:c}1 & 0 & -1 & -1\\ 0 & 1 & -1 & -2\\ 0 & 0 & 0 & 0\end{array}\right).$$

由 $\mathrm{r}(\boldsymbol{B})=\mathrm{r}(\boldsymbol{A})=2<3$ 知线性方程组有无穷多个解. 同解方程组为

$$\begin{cases}x_1=x_3-1,\\ x_2=x_3-2.\end{cases}$$

令 $x_3=0$，得一个特解 $\boldsymbol{\eta}^*=\begin{pmatrix}-1\\-2\\0\end{pmatrix}$. 导出组的一个基础解系为 $\boldsymbol{\xi}=\begin{pmatrix}1\\1\\1\end{pmatrix}$. 所以线性方程组的通解为 $\boldsymbol{\eta}=k\boldsymbol{\xi}+\boldsymbol{\eta}^*$，$k$ 为任意实数.

(3) 当 $\lambda\neq0$ 且 $\lambda\neq-3$ 时，$|\boldsymbol{A}|\neq0$，线性方程组 $\boldsymbol{A}\boldsymbol{x}=\boldsymbol{b}$ 有唯一解. 用初等行变换把增广矩阵化成行最简形矩阵：

$$\boldsymbol{B}=\left(\begin{array}{ccc:c}1+\lambda & 1 & 1 & 0\\ 1 & 1+\lambda & 1 & 3\\ 1 & 1 & 1+\lambda & \lambda\end{array}\right)\to\left(\begin{array}{ccc:c}\lambda+3 & \lambda+3 & \lambda+3 & \lambda+3\\ 1 & 1+\lambda & 1 & 3\\ 1 & 1 & 1+\lambda & \lambda\end{array}\right)\xrightarrow{\lambda+3\neq0}\left(\begin{array}{ccc:c}1 & 1 & 1 & 1\\ 1 & 1+\lambda & 1 & 3\\ 1 & 1 & 1+\lambda & \lambda\end{array}\right)$$

$$\to\left(\begin{array}{ccc:c}1 & 1 & 1 & 1\\ 0 & \lambda & 0 & 2\\ 0 & 0 & \lambda & \lambda-1\end{array}\right)\xrightarrow{\lambda\neq0}\left(\begin{array}{ccc:c}1 & 1 & 1 & 1\\ 0 & 1 & 0 & \dfrac{2}{\lambda}\\ 0 & 0 & 1 & \dfrac{\lambda-1}{\lambda}\end{array}\right)\to\left(\begin{array}{ccc:c}1 & 0 & 0 & -\dfrac{1}{\lambda}\\ 0 & 1 & 0 & \dfrac{2}{\lambda}\\ 0 & 0 & 1 & \dfrac{\lambda-1}{\lambda}\end{array}\right).$$

所以线性方程组的唯一解为 $x_1=-\dfrac{1}{\lambda}$，$x_2=\dfrac{2}{\lambda}$，$x_3=1-\dfrac{1}{\lambda}$.

习 题 4.2

1. 下列非齐次线性方程组是否有解？若有解，求出其全部解：

(1) $\begin{cases} x_2+2x_3=7, \\ x_1-2x_2-6x_3=-18, \\ x_1-x_2-2x_3=-5, \\ 2x_1-5x_2-15x_3=-46; \end{cases}$

(2) $\begin{cases} x_1+2x_2-3x_3+4x_4=0, \\ 2x_1-3x_2+x_3=0, \\ x_1+9x_2-10x_3+12x_4=11; \end{cases}$

(3) $\begin{cases} x_1+2x_2-x_3-x_4=0, \\ x_1+2x_2+x_4=4, \\ -x_1-2x_2+2x_3+4x_4=5; \end{cases}$

(4) $\begin{cases} x_1-x_2+3x_3-2x_4=4, \\ x_1-3x_2+2x_3-6x_4=1, \\ x_1+5x_2-x_3+10x_4=6; \end{cases}$

(5) $\begin{cases} x_1-2x_2+x_3+3x_4=5, \\ 2x_1+x_2-x_3+x_4=2, \\ 3x_1+4x_2-3x_3-x_4=-1, \\ x_1+3x_2-2x_4=-1; \end{cases}$

(6) $\begin{cases} x_1+x_2+x_3+x_4+x_5=7, \\ 3x_1+2x_2+x_3+x_4-3x_5=-2, \\ x_2+2x_3+2x_4+6x_5=23, \\ 5x_1+4x_2-3x_3+3x_4-x_5=12. \end{cases}$

2. 当参数 a 为何值时，线性方程组

$$\begin{cases} x_1+x_2+x_3=0, \\ -2x_1+x_3=-1, \\ x_1+3x_2+4x_3=a \end{cases}$$

有无穷多解？并求出它的通解.

3. 当参数 a,b,c 满足什么条件时，下述线性方程组有解：

(1) $\begin{cases} x_1+x_2+2x_3=a, \\ x_1+x_3=b, \\ 2x_1+x_2+3x_3=c; \end{cases}$

(2) $\begin{cases} x_1-x_2+3x_3=a, \\ 3x_1-3x_2+9x_3=b, \\ -2x_1+2x_2-6x_3=c. \end{cases}$

4. 当参数 a,b 为何值时，线性方程组

$$\begin{cases} x_1+x_2+x_3+x_4=0, \\ x_2+2x_3+2x_4=1, \\ -x_2+(a-3)x_3-2x_4=b, \\ 3x_1+2x_2+x_3+ax_4=-1 \end{cases}$$

有唯一解？有无穷多解？无解？

5. 设 $\boldsymbol{\eta}_1,\boldsymbol{\eta}_2,\boldsymbol{\eta}_3$ 是某个含 4 个未知量的非齐次线性方程组 $\boldsymbol{Ax}=\boldsymbol{b}$ 的三个解，它们满足

$$\boldsymbol{\eta}_1+\boldsymbol{\eta}_2=\begin{pmatrix}3\\4\\5\\6\end{pmatrix},\quad \boldsymbol{\eta}_3=\begin{pmatrix}1\\2\\3\\4\end{pmatrix}.$$

如果 $r(\boldsymbol{A})=3$，求出 $\boldsymbol{Ax}=\boldsymbol{b}$ 的通解.

6. 设 $\boldsymbol{A}=(a_{ij})_{m\times n}$ 且 $r(\boldsymbol{A})=n-1$. 又已知 $\boldsymbol{\eta}_1,\boldsymbol{\eta}_2$ 是非齐次线性方程组 $\boldsymbol{Ax}=\boldsymbol{b}$ 的两个不同的解. 试写出 $\boldsymbol{Ax}=\boldsymbol{b}$ 的通解.

7. λ 取何值时，线性方程组

$$\begin{cases} x_1+x_2+\lambda x_3=4, \\ -x_1+\lambda x_2+x_3=\lambda^2, \\ x_1-x_2+2x_3=-4 \end{cases}$$

(1) 无解？(2)有唯一解？(3)有无穷多个解？并在有无穷多个解时,求出其通解.

8. 设 $\boldsymbol{A}$ 是 $m\times n$ 矩阵，$r(\boldsymbol{A})=m$. 证明：线性方程组 $\boldsymbol{Ax}=\boldsymbol{b}$ 一定有解.

9. 设 $\boldsymbol{\eta}$ 是非齐次线性方程组 $\boldsymbol{Ax}=\boldsymbol{b}$ 的任意一个解，$\boldsymbol{\xi}_1,\boldsymbol{\xi}_2,\cdots,\boldsymbol{\xi}_m$ 是其相伴方程组 $\boldsymbol{Ax}=\boldsymbol{0}$ 的任意 m 个线性无关解. 证明：$\boldsymbol{\eta},\boldsymbol{\xi}_1,\boldsymbol{\xi}_2,\cdots,\boldsymbol{\xi}_m$ 一定线性无关.

10. 设 $\boldsymbol{\eta}_1,\boldsymbol{\eta}_2,\cdots,\boldsymbol{\eta}_t$ 都是 $\boldsymbol{Ax}=\boldsymbol{b}$ 的解，证明：$\boldsymbol{\eta}=\sum\limits_{i=1}^{t}k_i\boldsymbol{\eta}_i$ 是 $\boldsymbol{Ax}=\boldsymbol{b}$ 的解当且仅当

$$\sum_{i=1}^{t}k_i=1.$$

小　　结

一、基本概念

1. 齐次线性方程组与非齐次线性方程组以及它们的解.

2. 齐次线性方程组的解空间和基础解系以及通解.

3. 非齐次线性方程组的通解.

二、基本结论与公式

1. 齐次线性方程组 $\boldsymbol{Ax}=\boldsymbol{0}$ 的任意有限个解的任意线性组合必是它的解.

2. 当 $m\times n$ 矩阵 $\boldsymbol{A}$ 的秩 $r(\boldsymbol{A})=r$ 时，由 $\boldsymbol{Ax}=\boldsymbol{0}$ 的任意 $n-r$ 个线性无关的解所组成的向量组 $S=\{\boldsymbol{\xi}_1,\boldsymbol{\xi}_2,\cdots,\boldsymbol{\xi}_{n-r}\}$,都是 $\boldsymbol{Ax}=\boldsymbol{0}$ 的基础解系. $\boldsymbol{Ax}=\boldsymbol{0}$ 的通解就是

$$\boldsymbol{\xi}=k_1\boldsymbol{\xi}_1+k_2\boldsymbol{\xi}_2+\cdots+k_{n-r}\boldsymbol{\xi}_{n-r},\quad k_1,k_2,\cdots,k_{n-r}\text{为任意实数.}$$

3. $\boldsymbol{Ax}=\boldsymbol{0}$ 只有零解$\Leftrightarrow r(\boldsymbol{A})=n$. 此时，$\boldsymbol{Ax}=\boldsymbol{0}$ 没有基础解系.

$\boldsymbol{Ax}=\boldsymbol{0}$ 有非零解$\Leftrightarrow r(\boldsymbol{A})<n$. 此时，$\boldsymbol{Ax}=\boldsymbol{0}$ 有无穷多个基础解系.

当 $m<n$ 时，$\boldsymbol{Ax}=\boldsymbol{0}$ 必有无穷多个非零解.

4. 当 $\boldsymbol{A}$ 是 n 阶方阵时，$\boldsymbol{Ax}=\boldsymbol{0}$ 只有零解$\Leftrightarrow|\boldsymbol{A}|\neq 0$. $\boldsymbol{Ax}=\boldsymbol{0}$ 有无穷多个解$\Leftrightarrow|\boldsymbol{A}|=0$.

5. 非齐次线性方程组 $\boldsymbol{Ax}=\boldsymbol{b}$ 的解的线性组合未必是它的解.

6. 非齐次线性方程组 $\boldsymbol{Ax}=\boldsymbol{b}$ 有解$\Leftrightarrow r(\boldsymbol{A},\boldsymbol{b})=r(\boldsymbol{A})$.

7. 设 $\boldsymbol{A}$ 是 $m\times n$ 矩阵. 当 $r(\boldsymbol{A})=n$ 时，$\boldsymbol{Ax}=\boldsymbol{b}$ 或者无解,或者有唯一解；当 $r(\boldsymbol{A})<n$ 时，$\boldsymbol{Ax}=\boldsymbol{b}$ 或者无解,或者有无穷多个解. 因此,当 $r(\boldsymbol{A},\boldsymbol{b})=r(\boldsymbol{A})$时，$\boldsymbol{Ax}=\boldsymbol{b}$ 的解是唯一的$\Leftrightarrow r(\boldsymbol{A})=n$.

8. 设 $\boldsymbol{A}$ 是 n 阶方阵. 当 $|\boldsymbol{A}|\neq 0$ 时，$\boldsymbol{Ax}=\boldsymbol{b}$ 有唯一解 $\boldsymbol{x}=\boldsymbol{A}^{-1}\boldsymbol{b}$;当 $|\boldsymbol{A}|=0$ 时，$\boldsymbol{Ax}=\boldsymbol{b}$ 或者

无解，或者有无穷多个解. 因此，$\boldsymbol{A}\boldsymbol{x}=\boldsymbol{b}$ 有解且其解是唯一的$\Leftrightarrow|\boldsymbol{A}|\neq0$.

三、重点练习内容

1. 求齐次线性方程组 $\boldsymbol{A}\boldsymbol{x}=\boldsymbol{0}$ 的通解. 只用初等行变换把系数矩阵化成简化行阶梯形矩阵，据此，列出同解方程组. 选定 $n-\mathrm{r}(\boldsymbol{A})$ 个自由变量，求出基础解系和通解.

2. 判定非齐次线性方程组 $\boldsymbol{A}\boldsymbol{x}=\boldsymbol{b}$ 是否有解.

3. 求非齐次线性方程组 $\boldsymbol{A}\boldsymbol{x}=\boldsymbol{b}$ 的通解. 只用初等行变换把增广矩阵 $(\boldsymbol{A},\boldsymbol{b})$ 化成简化行阶梯形矩阵，据此，列出同解方程组. 求出某个特解 $\boldsymbol{\eta}$，在其导出组中选定 $n-\mathrm{r}(\boldsymbol{A})$ 个自由未知量，求出其基础解系 $S=\{\boldsymbol{\xi}_1,\boldsymbol{\xi}_2,\cdots,\boldsymbol{\xi}_{n-r}\}$，$r=\mathrm{r}(\boldsymbol{A})$. 于是可求出 $\boldsymbol{A}\boldsymbol{x}=\boldsymbol{b}$ 的通解：

$$\boldsymbol{\eta}=\boldsymbol{\eta}^*+k_1\boldsymbol{\xi}_1+k_2\boldsymbol{\xi}_2+\cdots+k_{n-r}\boldsymbol{\xi}_{n-r},\quad k_1,k_2,\cdots,k_{n-r}\text{为任意实数.}$$

4. 带参数的线性方程组的讨论题. 特别是非齐次线性方程组是否有解的判定条件.

第五章　特征值与特征向量

在本章中，我们将应用在第四章中建立的线性方程组的解的理论和求解方法，给出方阵的特征值和特征向量的具体求法，研讨方阵化成对角矩阵的问题，并具体应用到实对称矩阵的对角化问题上．

5.1　特征值与特征向量

5.1.1　特征值与特征向量的定义

设 $\boldsymbol{A}$ 为 n 阶方阵，$\boldsymbol{p}$ 是某个 n 维非零列向量．一般来说，n 维列向量 $\boldsymbol{A}\boldsymbol{p}$ 未必与 $\boldsymbol{p}$ 线性相关，也就是说向量 $\boldsymbol{A}\boldsymbol{p}$ 未必正好是向量 $\boldsymbol{p}$ 的倍数．如果对于取定的 n 阶方阵 $\boldsymbol{A}$，存在某个 n 维非零列向量 $\boldsymbol{p}$，使得 $\boldsymbol{A}\boldsymbol{p}$ 正好是 $\boldsymbol{p}$ 的倍数，即存在某个数 λ 使得 $\boldsymbol{A}\boldsymbol{p}=\lambda\boldsymbol{p}$，那么，我们对于具有这种特性的 n 维非零列向量 $\boldsymbol{p}$ 和对应的数 λ 特别感兴趣．因为它们在实际问题中有广泛的应用．下面我们先考查一个实例．

例 1(工业增长模型)　我们考察一个在第三世界可能出现的有关污染与工业发展的工业增长模型．设 P 是现在污染的程度，D 是现在工业发展水平(二者都由各种适当指标来度量，例如，对于污染来说，空气中一氧化碳的含量及河流中的污染物程度等)．设 P' 和 D' 分别是 5 年后的污染程度和工业发展水平．假定根据其他发展中国家类似的经验，国际发展机构认为，以下简单的线性模型是随后 5 年污染与工业发展有用的预测公式：

$$P'=P+2D,\quad D'=2P+D,$$

或写成矩阵形式

$$\begin{pmatrix}P'\\D'\end{pmatrix}=\boldsymbol{A}\begin{pmatrix}P\\D\end{pmatrix},\quad \text{其中 } \boldsymbol{A}=\begin{pmatrix}1&2\\2&1\end{pmatrix}.$$

如果最初我们有 $P=1, D=1$，那么，我们就能算出

$$P'=1\times1+2\times1=3,\quad D'=2\times1+1\times1=3.$$

若 $P=3, D=3$，可得，

$$P'=1\times3+2\times3=9,\quad D'=2\times3+1\times3=9.$$

推广这些计算，我们知道，对 $P=a$ 和 $D=a$，我们可以得到 $P'=3a, D'=3a$，也就是说，设 $\begin{pmatrix}P\\D\end{pmatrix}=\begin{pmatrix}a\\a\end{pmatrix}$，那么

$$\begin{pmatrix}P'\\D'\end{pmatrix}=\begin{pmatrix}1&2\\2&1\end{pmatrix}\begin{pmatrix}a\\a\end{pmatrix}=\begin{pmatrix}3a\\3a\end{pmatrix}=3\begin{pmatrix}a\\a\end{pmatrix}(a\neq0).$$

所以对矩阵 $\boldsymbol{A}$ 来说，数 $\lambda=3$ 具有特殊的意义，因为对任意一个形如 $\boldsymbol{p}=\begin{pmatrix}a\\a\end{pmatrix}$ 的向量来说，都有 $\boldsymbol{Ap}=3\boldsymbol{p}$. 数 $\lambda=3$ 就称为 $\boldsymbol{A}$ 的一个特征值，而 $\boldsymbol{p}=\begin{pmatrix}a\\a\end{pmatrix}(a\neq0)$ 是 $\boldsymbol{A}$ 的相应的特征向量.

下面给出方阵的特征值和特征向量的严格定义.

定义 5.1.1 设 $\boldsymbol{A}=(a_{ij})$ 为 n 阶矩阵. 如果存在某个数 λ 和某个 n 维非零列向量 $\boldsymbol{p}$ 满足

$$\boldsymbol{Ap}=\lambda\boldsymbol{p},$$

则称 λ 是 $\boldsymbol{A}$ 的一个**特征值**，称 $\boldsymbol{p}$ 是 $\boldsymbol{A}$ 的**属于特征值 λ 的一个特征向量**.

为了给出具体求特征值和特征向量的方法，我们把 $\boldsymbol{Ap}=\lambda\boldsymbol{p}$ 改写成 $(\lambda\boldsymbol{E}-\boldsymbol{A})\boldsymbol{p}=\boldsymbol{0}$. 再把 λ 看成待定参数，那么 $\boldsymbol{p}$ 就是齐次线性方程组 $(\lambda\boldsymbol{E}-\boldsymbol{A})\boldsymbol{x}=\boldsymbol{0}$ 的任意一个非零解. 显然，它有非零解当且仅当它的系数行列式为零：$|\lambda\boldsymbol{E}-\boldsymbol{A}|=0$.

定义 5.1.2 带参数 λ 的 n 阶矩阵 $\lambda\boldsymbol{E}-\boldsymbol{A}$ 称为 $\boldsymbol{A}$ 的**特征矩阵**，它的行列式 $|\lambda\boldsymbol{E}-\boldsymbol{A}|$ 称为 $\boldsymbol{A}$ 的**特征多项式**. 称 $|\lambda\boldsymbol{E}-\boldsymbol{A}|=0$ 为 $\boldsymbol{A}$ 的**特征方程**.

根据行列式的定义可知，有以下等式：

$$|\lambda\boldsymbol{E}-\boldsymbol{A}|=\begin{vmatrix}\lambda-a_{11} & -a_{12} & \cdots & -a_{1n}\\ -a_{21} & \lambda-a_{22} & \cdots & -a_{2n}\\ \vdots & \vdots & & \vdots\\ -a_{n1} & -a_{n2} & \cdots & \lambda-a_{nn}\end{vmatrix}$$

$$=(\lambda-a_{11})(\lambda-a_{22})\cdots(\lambda-a_{nn})+\cdots, \tag{5.1}$$

在省略的各项中不含 λ 的方次高于 $n-2$ 的项，所以 n 阶矩阵 $\boldsymbol{A}$ 的特征多项式一定是 λ 的 n 次多项式. $\boldsymbol{A}$ 的特征方程的 n 个根(复根，包括实根或虚根，r 重根按 r 个计算)就是 $\boldsymbol{A}$ 的 n 个特征值. 在复数范围内，n 阶矩阵一定有 n 个特征值.

综上所述，对于给定的 n 阶矩阵 $\boldsymbol{A}=(a_{ij})$，求它的特征值就是求它的特征多项式(5.1)的 n 个根. 对于任意取定的一个特征值 λ_0，$\boldsymbol{A}$ 的属于特征值 λ_0 的特征向量，就是对应的齐次线性方程组 $(\lambda_0\boldsymbol{E}-\boldsymbol{A})\boldsymbol{x}=\boldsymbol{0}$ 的所有的非零解.

注意 虽然零向量也是 $(\lambda_0\boldsymbol{E}-\boldsymbol{A})\boldsymbol{x}=\boldsymbol{0}$ 的解，但 $\boldsymbol{0}$ 不是 $\boldsymbol{A}$ 的特征向量.

例 2 任意取定 $\boldsymbol{A}$ 的一个特征值 λ_0. 如果 $\boldsymbol{p}_1$ 和 $\boldsymbol{p}_2$ 都是 $\boldsymbol{A}$ 的属于特征值 λ_0 的特征向量，则对任何使 $k_1\boldsymbol{p}_1+k_2\boldsymbol{p}_2\neq\boldsymbol{0}$ 的数 k_1 和 k_2，$\boldsymbol{p}=k_1\boldsymbol{p}_1+k_2\boldsymbol{p}_2$ 必是 $\boldsymbol{A}$ 的属于特征值 λ_0 的特征向量.

证 由所设条件知

$$\boldsymbol{Ap}=\boldsymbol{A}(k_1\boldsymbol{p}_1+k_2\boldsymbol{p}_2)=k_1\boldsymbol{Ap}_1+k_2\boldsymbol{Ap}_2=\lambda_0(k_1\boldsymbol{p}_1+k_2\boldsymbol{p}_2)=\lambda_0\boldsymbol{p}.$$

由此可见，$\boldsymbol{A}$ 的属于同一个特征值 λ_0 的若干个特征向量的任意非零线性组合必是 $\boldsymbol{A}$ 的属于特征值 λ_0 的特征向量.

任意取定 $\boldsymbol{A}$ 的一个特征值 λ_0. 因为 λ_0 是 $|\lambda\boldsymbol{E}-\boldsymbol{A}|=0$ 的根，$(\lambda_0\boldsymbol{E}-\boldsymbol{A})\boldsymbol{x}=\boldsymbol{0}$ 必有无穷多个解，所以，$\boldsymbol{A}$ 的属于任意特征值 λ_0 的特征向量一定有无穷多个.

求出 n 阶矩阵 $\boldsymbol{A}$ 的属于特征值 λ_0 的所有特征向量的方法是：先求出齐次线性方程组 $(\lambda_0\boldsymbol{E}-\boldsymbol{A})\boldsymbol{x}=\boldsymbol{0}$ 的任意一个基础解系 $\boldsymbol{\xi}_1,\boldsymbol{\xi}_2,\cdots,\boldsymbol{\xi}_s$，其中 $s=n-\mathrm{r}(\lambda_0\boldsymbol{E}-\boldsymbol{A})$，则 $\boldsymbol{A}$ 的属于特征值 λ_0 的所有特征向量为

$$k_1\boldsymbol{\xi}_1+k_2\boldsymbol{\xi}_2+\cdots+k_s\boldsymbol{\xi}_s,\quad k_1,k_2,\cdots,k_s \text{ 为任意不全为零的常数.}$$

例 3 设 $\boldsymbol{A}=\begin{pmatrix}1 & 2\\ 2 & 4\end{pmatrix}$,求出 $\boldsymbol{A}$ 的所有的特征值和特征向量.

解 $\boldsymbol{A}$ 的特征方阵为 $\lambda\boldsymbol{E}-\boldsymbol{A}=\begin{pmatrix}\lambda-1 & -2\\ -2 & \lambda-4\end{pmatrix}$. $\boldsymbol{A}$ 的特征方程为

$$|\lambda\boldsymbol{E}-\boldsymbol{A}|=\begin{vmatrix}\lambda-1 & -2\\ -2 & \lambda-4\end{vmatrix}=\lambda(\lambda-5)=0.$$

它的两个根是 $\lambda_1=0,\lambda_2=5$,就是 $\boldsymbol{A}$ 的两个特征值.

用来求特征向量的齐次线性方程组为

$$\begin{pmatrix}\lambda-1 & -2\\ -2 & \lambda-4\end{pmatrix}\begin{pmatrix}x_1\\ x_2\end{pmatrix}=\begin{pmatrix}0\\ 0\end{pmatrix},$$

即

$$\begin{cases}(\lambda-1)x_1-2x_2=0,\\ -2x_1+(\lambda-4)x_2=0.\end{cases}$$

属于 $\lambda_1=0$ 的特征向量满足线性方程组:$\begin{cases}-x_1-2x_2=0,\\ -2x_1-4x_2=0.\end{cases}$可取解 $\boldsymbol{p}_1=\begin{pmatrix}-2\\ 1\end{pmatrix}$.

属于 $\lambda_2=5$ 的特征向量满足线性方程组$\begin{cases}4x_1-2x_2=0,\\ -2x_1+x_2=0.\end{cases}$可取解 $\boldsymbol{p}_2=\begin{pmatrix}1\\ 2\end{pmatrix}$.

$\boldsymbol{p}_1,\boldsymbol{p}_2$ 就是 $\boldsymbol{A}$ 的两个线性无关的特征向量. 容易验证

$$\boldsymbol{A}\boldsymbol{p}_1=\begin{pmatrix}1 & 2\\ 2 & 4\end{pmatrix}\begin{pmatrix}-2\\ 1\end{pmatrix}=\begin{pmatrix}0\\ 0\end{pmatrix}=0\begin{pmatrix}-2\\ 1\end{pmatrix}=\lambda_1\boldsymbol{p}_1,$$

$$\boldsymbol{A}\boldsymbol{p}_2=\begin{pmatrix}1 & 2\\ 2 & 4\end{pmatrix}\begin{pmatrix}1\\ 2\end{pmatrix}=\begin{pmatrix}5\\ 10\end{pmatrix}=5\begin{pmatrix}1\\ 2\end{pmatrix}=\lambda_2\boldsymbol{p}_2.$$

属于 $\lambda_1=0$ 的特征向量全体为 $k_1\boldsymbol{p}_1,k_1$ 为任意非零常数;属于 $\lambda_2=5$ 的特征向量全体为 $k_2\boldsymbol{p}_2,k_2$ 为任意非零常数.

例 4 设 $\boldsymbol{A}$ 是 n 阶矩阵,当 $|2\boldsymbol{E}-\boldsymbol{A}|=0$ 时,根据特征值的定义知道,2 就是 $\boldsymbol{A}$ 的特征值. 当 $|\boldsymbol{E}+\boldsymbol{A}|=0$ 时,因为 $|-\boldsymbol{E}-\boldsymbol{A}|=(-1)^n|\boldsymbol{E}+\boldsymbol{A}|=0$,所以,$-1$ 是 $\boldsymbol{A}$ 的特征值.

例 5 设 $\boldsymbol{A}$ 为 n 阶方阵,但不是单位矩阵. 如果 $\mathrm{r}(\boldsymbol{A}+\boldsymbol{E})+\mathrm{r}(\boldsymbol{A}-\boldsymbol{E})=n$,问 -1 是不是 $\boldsymbol{A}$ 的特征值?

解 因为 $\boldsymbol{A}\neq\boldsymbol{E}$,所以必有 $\boldsymbol{A}-\boldsymbol{E}\neq\boldsymbol{O}$,$\mathrm{r}(\boldsymbol{A}-\boldsymbol{E})\geqslant 1$. 再根据

$$\mathrm{r}(\boldsymbol{A}+\boldsymbol{E})+\mathrm{r}(\boldsymbol{A}-\boldsymbol{E})=n$$

知道,必有 $\mathrm{r}(\boldsymbol{A}+\boldsymbol{E})<n$,即 $|\boldsymbol{A}+\boldsymbol{E}|=0$. 所以,$-1$ 一定是 $\boldsymbol{A}$ 的特征值.

5.1.2 关于特征值和特征向量的若干结论

首先,我们指出以下几个重要事实.

命题 1 实方阵的特征值未必是实数,特征向量也未必是实向量.

例 6 求 $\boldsymbol{A}=\begin{pmatrix}0 & 1\\ -1 & 0\end{pmatrix}$的特征值和特征向量.

解 容易求出特征方程

$$|\lambda \boldsymbol{E}_2-\boldsymbol{A}|=\begin{vmatrix}\lambda & -1\\1 & \lambda\end{vmatrix}=\lambda^2+1=0$$

的两个根：$\lambda_1=\mathrm{i}$，$\lambda_2=-\mathrm{i}$，这里，$\mathrm{i}=\sqrt{-1}$是纯虚数.

用来求特征向量的齐次线性方程组为$\begin{pmatrix}\lambda & -1\\1 & \lambda\end{pmatrix}\begin{pmatrix}x_1\\x_2\end{pmatrix}=\begin{pmatrix}0\\0\end{pmatrix}$.

属于特征值 $\lambda_1=\mathrm{i}$ 的特征向量满足：$\begin{cases}\mathrm{i}x_1-x_2=0,\\x_1+\mathrm{i}x_2=0.\end{cases}$可取特征向量 $\boldsymbol{p}_1=\begin{pmatrix}1\\\mathrm{i}\end{pmatrix}$.

属于特征值 $\lambda_2=-\mathrm{i}$ 的特征向量满足：$\begin{cases}-\mathrm{i}x_1-x_2=0,\\x_1-\mathrm{i}x_2=0.\end{cases}$可取特征向量 $\boldsymbol{p}_2=\begin{pmatrix}1\\-\mathrm{i}\end{pmatrix}$.

此例说明，虽然 $\boldsymbol{A}$ 是实方阵，但是它的特征值和特征向量都不是实的.

命题 2 三角矩阵的特征值就是它的全体主对角元.

例如，设 $\boldsymbol{A}$ 是上三角矩阵：

$$\boldsymbol{A}=\begin{pmatrix}a_1 & * & \cdots & *\\0 & a_2 & \cdots & *\\\vdots & \vdots & & \vdots\\0 & 0 & \cdots & a_n\end{pmatrix},$$

则

$$|\lambda \boldsymbol{E}-\boldsymbol{A}|=\begin{vmatrix}\lambda-a_1 & -* & \cdots & -*\\0 & \lambda-a_2 & \cdots & -*\\\vdots & \vdots & & \vdots\\0 & 0 & \cdots & \lambda-a_n\end{vmatrix}=\prod_{i=1}^{n}(\lambda-a_i).$$

它的 n 个根就是 $\boldsymbol{A}$ 的 n 个对角元.

命题 3 一个向量 $\boldsymbol{p}$ 不可能是属于同一个方阵 $\boldsymbol{A}$ 的不同特征值的特征向量.

事实上，如果

$$\boldsymbol{A}\boldsymbol{p}=\lambda\boldsymbol{p},\quad \boldsymbol{A}\boldsymbol{p}=\mu\boldsymbol{p},$$

则 $(\lambda-\mu)\boldsymbol{p}=\boldsymbol{0}$. 因为 $\boldsymbol{p}\neq\boldsymbol{0}$，所以必有 $\lambda=\mu$.

其次，我们证明以下三个常用的基本结论.

定理 5.1.1 n 阶方阵 $\boldsymbol{A}$ 和它的转置矩阵 $\boldsymbol{A}^{\mathrm{T}}$ 必有相同的特征值.

证 由矩阵转置的定义得到矩阵等式 $(\lambda\boldsymbol{E}-\boldsymbol{A})^{\mathrm{T}}=\lambda\boldsymbol{E}-\boldsymbol{A}^{\mathrm{T}}$. 再由行列式性质 1 知道

$$|\lambda\boldsymbol{E}-\boldsymbol{A}|=|(\lambda\boldsymbol{E}-\boldsymbol{A})^{\mathrm{T}}|=|\lambda\boldsymbol{E}-\boldsymbol{A}^{\mathrm{T}}|.$$

这说明 $\boldsymbol{A}$ 和 $\boldsymbol{A}^{\mathrm{T}}$ 必有相同的特征多项式，因而必有相同的特征值.

注意 $\boldsymbol{A}$ 和 $\boldsymbol{A}^{\mathrm{T}}$ 未必有相同的特征向量，即当 $\boldsymbol{A}\boldsymbol{p}=\lambda\boldsymbol{p}$ 时未必有 $\boldsymbol{A}^{\mathrm{T}}\boldsymbol{p}=\lambda\boldsymbol{p}$. 例如，取 $\boldsymbol{A}=\begin{pmatrix}1 & 1\\0 & 1\end{pmatrix}$，$\boldsymbol{p}=\begin{pmatrix}1\\0\end{pmatrix}$，$\lambda=1$，则有

$$\begin{pmatrix}1 & 1\\0 & 1\end{pmatrix}\begin{pmatrix}1\\0\end{pmatrix}=1\times\begin{pmatrix}1\\0\end{pmatrix},\quad \begin{pmatrix}1 & 0\\1 & 1\end{pmatrix}\begin{pmatrix}1\\0\end{pmatrix}=\begin{pmatrix}1\\1\end{pmatrix}\neq 1\times\begin{pmatrix}1\\0\end{pmatrix},\quad \begin{pmatrix}1 & 0\\1 & 1\end{pmatrix}\begin{pmatrix}0\\1\end{pmatrix}=1\times\begin{pmatrix}0\\1\end{pmatrix}.$$

这说明 $\boldsymbol{A}$ 和 $\boldsymbol{A}^{\mathrm{T}}$ 的属于同一个特征值的特征向量可以是不相同的.

定理 5.1.2 设 $\lambda_1,\lambda_2,\cdots,\lambda_n$ 是 n 阶方阵 $\boldsymbol{A}=(a_{ij})_{n\times n}$ 的全体特征值，则必有

$$\sum_{i=1}^{n}\lambda_i = \sum_{i=1}^{n}a_{ii} = \operatorname{tr}(\boldsymbol{A}),\quad \prod_{i=1}^{n}\lambda_i = |\boldsymbol{A}|.$$

这里，$\operatorname{tr}(\boldsymbol{A})$为$\boldsymbol{A}=(a_{ij})_{n\times n}$中的$n$个主对角元之和，称为$\boldsymbol{A}$的**迹(trace)**. $|\boldsymbol{A}|$为$\boldsymbol{A}$的行列式.

我们将上述定理结论以二阶方阵为例说明如下. 设$\boldsymbol{A}=\begin{pmatrix} a_{11} & a_{12} \\ a_{21} & a_{22} \end{pmatrix}$，它的特征方程为

$$|\lambda\boldsymbol{E}-\boldsymbol{A}| = \begin{vmatrix} \lambda-a_{11} & -a_{12} \\ -a_{21} & \lambda-a_{22} \end{vmatrix}$$
$$=\lambda^2-(a_{11}+a_{22})\lambda+(a_{11}a_{22}-a_{12}a_{21})=0.$$

又$\boldsymbol{A}$的两个特征值λ_1,λ_2满足

$$|\lambda\boldsymbol{E}-\boldsymbol{A}|=(\lambda-\lambda_1)(\lambda-\lambda_2)=\lambda^2-(\lambda_1+\lambda_2)\lambda+\lambda_1\lambda_2=0.$$

比较这两个方程的系数，即得

$$\lambda_1+\lambda_2=a_{11}+a_{22}=\operatorname{tr}(\boldsymbol{A}),$$
$$\lambda_1\lambda_2=a_{11}a_{22}-a_{12}a_{21}=|\boldsymbol{A}|.$$

定理 5.1.3 设$\boldsymbol{A}$为n阶方阵，$f(x)=a_mx^m+a_{m-1}x^{m-1}+\cdots+a_1x+a_0$为$m$次多项式.

$$f(\boldsymbol{A})=a_m\boldsymbol{A}^m+a_{m-1}\boldsymbol{A}^{m-1}+\cdots+a_1\boldsymbol{A}+a_0\boldsymbol{E}_n$$

为对应的$\boldsymbol{A}$的方阵多项式. 如果$\boldsymbol{Ap}=\lambda\boldsymbol{p}$，则必有$f(\boldsymbol{A})\boldsymbol{p}=f(\lambda)\boldsymbol{p}$. 这说明$f(\lambda)$必是$f(\boldsymbol{A})$的特征值. 特别地，当$f(\boldsymbol{A})=\boldsymbol{O}$时，必有$f(\lambda)=0$，即当$f(\boldsymbol{A})=\boldsymbol{O}$时，$\boldsymbol{A}$的特征值必是对应的$m$次多项式$f(x)$的根.

证 先用归纳法证明，对于任何自然数k，都有$\boldsymbol{A}^k\boldsymbol{p}=\lambda^k\boldsymbol{p}$.

当$k=1$时，显然有$\boldsymbol{Ap}=\lambda\boldsymbol{p}$. 假设$\boldsymbol{A}^k\boldsymbol{p}=\lambda^k\boldsymbol{p}$成立，则必有

$$\boldsymbol{A}^{k+1}\boldsymbol{p}=\boldsymbol{A}(\boldsymbol{A}^k\boldsymbol{p})=\boldsymbol{A}(\lambda^k\boldsymbol{p})=\lambda^k\boldsymbol{Ap}=\lambda^{k+1}\boldsymbol{p}.$$

因此，对于任何自然数k，都有$\boldsymbol{A}^k\boldsymbol{p}=\lambda^k\boldsymbol{p}$.

于是，必有

$$\begin{aligned} f(\boldsymbol{A})\boldsymbol{p} &= (a_m\boldsymbol{A}^m+a_{m-1}\boldsymbol{A}^{m-1}+\cdots+a_1\boldsymbol{A}+a_0\boldsymbol{E})\boldsymbol{p} \\ &= a_m(\boldsymbol{A}^m\boldsymbol{p})+a_{m-1}(\boldsymbol{A}^{m-1}\boldsymbol{p})+\cdots+a_1(\boldsymbol{Ap})+a_0(\boldsymbol{Ep}) \\ &= (a_m\lambda^m+a_{m-1}\lambda^{m-1}+\cdots+a_1\lambda+a_0)\boldsymbol{p} \\ &= f(\lambda)\boldsymbol{p}. \end{aligned}$$

当$f(\boldsymbol{A})=\boldsymbol{O}$时，必有$f(\lambda)\boldsymbol{p}=f(\boldsymbol{A})\boldsymbol{p}=\boldsymbol{0}$. 因为$\boldsymbol{p}\neq\boldsymbol{0}$，所以$f(\lambda)=0$.

因此，求方阵多项式的特征值有非常简便的计算方法. 只要λ是$\boldsymbol{A}$的一个特征值，那么$f(\lambda)$一定是$f(\boldsymbol{A})$的特征值.

例 7 设$\boldsymbol{A}=\begin{pmatrix} 1 & 2 \\ 0 & 3 \end{pmatrix}$，求$\boldsymbol{B}=\boldsymbol{A}^2-2\boldsymbol{A}+3\boldsymbol{E}$的所有特征值.

解 因为上三角矩阵$\boldsymbol{A}$的特征值就是它的对角元1和3，而由$\boldsymbol{B}=\boldsymbol{A}^2-2\boldsymbol{A}+3\boldsymbol{E}$知道，对应的多项式为$f(x)=x^2-2x+3$，所以$\boldsymbol{B}$的特征值就是$f(1)=2,f(3)=6$.

当然，对于本题来说，也可以直接求出$\boldsymbol{B}=\begin{pmatrix} 2 & 4 \\ 0 & 6 \end{pmatrix}$. 但是一般来说，求出$f(\boldsymbol{A})$并非易事！

例 8 求出下列特殊的n阶方阵$\boldsymbol{A}$的所有可能的特征值(m是某个正整数)：

(1) $\boldsymbol{A}^m=\boldsymbol{O}$;　　(2) $\boldsymbol{A}^2=\boldsymbol{E}$.

解 设$\boldsymbol{Ap}=\lambda\boldsymbol{p}$，则$\boldsymbol{A}^m\boldsymbol{p}=\lambda^m\boldsymbol{p}$，$\boldsymbol{p}\neq\boldsymbol{0}$.

(1) 由 $\lambda^m \boldsymbol{p}=\boldsymbol{A}^m\boldsymbol{p}=\boldsymbol{O}\times\boldsymbol{0}=\boldsymbol{0}$ 和 $\boldsymbol{p}\neq\boldsymbol{0}$ 知道 $\lambda=0$.

(2) 由 $\lambda^2\boldsymbol{p}=\boldsymbol{A}^2\boldsymbol{p}=\boldsymbol{E}\boldsymbol{p}=\boldsymbol{p}$ 和 $\boldsymbol{p}\neq\boldsymbol{0}$ 知道 $\lambda^2=1$,即 $\lambda=\pm1$.

注意 上述两个特殊的方阵分别称为**幂零矩阵**与**对合矩阵**. 因此,幂零矩阵的特征值必为0,对合矩阵的特征值必为±1.

例 9 设三阶矩阵 $\boldsymbol{A}$ 的3个特征值为 $1,-1,2$. 求 $|\boldsymbol{A}^2+3\boldsymbol{A}-2\boldsymbol{E}|$,其中 $\boldsymbol{E}$ 是三阶单位矩阵.

解 令 $f(x)=x^2+3x-2$,则 $f(\boldsymbol{A})=\boldsymbol{A}^2+3\boldsymbol{A}-2\boldsymbol{E}$. 于是 $\boldsymbol{A}^2+3\boldsymbol{A}-2\boldsymbol{E}$ 的特征值为

$$f(1)=1^2+3\times1-2=2,\quad f(-1)=(-1)^2+3\times(-1)-2=-4,$$
$$f(2)=2^2+3\times2-2=8.$$

故 $|\boldsymbol{A}^2+3\boldsymbol{A}-2\boldsymbol{E}|=2\times(-4)\times8=-64$.

5.1.3 关于求特征值和特征向量的一般方法

下面我们通过实例介绍求方阵的特征值和特征向量的一般方法.

例 10 求出 $\boldsymbol{A}=\begin{pmatrix}6&2&4\\2&3&2\\4&2&6\end{pmatrix}$ 的特征值和全部特征向量.

解 先求出 $\boldsymbol{A}$ 的特征多项式

$$|\lambda\boldsymbol{E}-\boldsymbol{A}|=\begin{vmatrix}\lambda-6&-2&-4\\-2&\lambda-3&-2\\-4&-2&\lambda-6\end{vmatrix}\xlongequal{①+(-1)\times③}\begin{vmatrix}\lambda-2&-2&-4\\0&\lambda-3&-2\\2-\lambda&-2&\lambda-6\end{vmatrix}$$

$$\xlongequal{③+1\times①}\begin{vmatrix}\lambda-2&-2&-4\\0&\lambda-3&-2\\0&-4&\lambda-10\end{vmatrix}$$

$$\xlongequal[\text{按第一列展开}]{}(\lambda-2)[(\lambda-3)(\lambda-10)-2\times4]$$

$$=(\lambda-2)(\lambda^2-13\lambda+22)=(\lambda-2)^2(\lambda-11).$$

因此 $\boldsymbol{A}$ 的特征值为 $\lambda_1=\lambda_2=2,\lambda_3=11$.

用来求特征向量的齐次线性方程组为

$$(\lambda\boldsymbol{E}-\boldsymbol{A})\boldsymbol{x}=\begin{pmatrix}\lambda-6&-2&-4\\-2&\lambda-3&-2\\-4&-2&\lambda-6\end{pmatrix}\begin{pmatrix}x_1\\x_2\\x_3\end{pmatrix}=\boldsymbol{0}.$$

属于 $\lambda_1=\lambda_2=2$ 的特征向量 $\boldsymbol{p}=\begin{pmatrix}x_1\\x_2\\x_3\end{pmatrix}$ 满足:

$$\begin{cases}-4x_1-2x_2-4x_3=0,\\-2x_1-\ \ x_2-2x_3=0,\\-4x_1-2x_2-4x_3=0,\end{cases}$$

即 $x_2=-2(x_1+x_3)$. 据此可求出两个线性无关的特征向量

$$p_1=\begin{pmatrix}1\\-2\\0\end{pmatrix},\quad p_2=\begin{pmatrix}0\\-2\\1\end{pmatrix}.$$

从而，A 的属于 $\lambda_1=\lambda_2=2$ 的全部特征向量为

$$k_1p_1+k_2p_2,\quad \text{其中 } k_1,k_2 \text{ 是不全为零的实数.}$$

属于 $\lambda_3=11$ 的特征向量 $p=\begin{pmatrix}x_1\\x_2\\x_3\end{pmatrix}$ 满足：

$$\begin{cases}5x_1-2x_2-4x_3=0,\\-2x_1+8x_2-2x_3=0,\\-4x_1-2x_2+5x_3=0.\end{cases}$$

在前两个方程中消去 x_3，可得 $9x_1-18x_2=0$，即 $x_1=2x_2$. 在后两个方程中消去 x_1，可得 $18x_2-9x_3=0$，即 $x_3=2x_2$. 于是可求出特征向量

$$p_3=\begin{pmatrix}2\\1\\2\end{pmatrix}.$$

从而，A 的属于 $\lambda_3=11$ 的全部特征向量为 k_3p_3，其中 k_3 为非零实数.

说明 (1) 求出三个特征值以后，应检验一下它们的和是否等于方阵的迹，它们的积是否等于方阵的行列式的值.

$$\lambda_1+\lambda_2+\lambda_3=2+2+11=15,$$
$$\mathrm{tr}(A)=6+3+6=15;$$
$$|A|=\begin{vmatrix}6&2&4\\2&3&2\\4&2&6\end{vmatrix}=\begin{vmatrix}2&2&4\\0&3&2\\-2&2&6\end{vmatrix}=\begin{vmatrix}2&2&4\\0&3&2\\0&4&10\end{vmatrix}=2\times(30-8)=44,$$
$$\lambda_1\times\lambda_2\times\lambda_3=2\times2\times11=44.$$

如果不成立，则应重新求特征值，否则求出的是错误的特征向量.

(2) 在实际解题时，不一定非要写出用来求特征向量的齐次线性方程组 $(\lambda E-A)x=0$，而可借用特征行列式 $|\lambda E-A|$ 的元素直接写出所需的齐次线性方程组. 这是由于特征矩阵与特征多项式中的元素及其排列位置是一致的：

$$\lambda E-A=\begin{pmatrix}\lambda-6&-2&-4\\-2&\lambda-3&-2\\-4&-2&\lambda-6\end{pmatrix},\quad |\lambda E-A|=\begin{vmatrix}\lambda-6&-2&-4\\-2&\lambda-3&-2\\-4&-2&\lambda-6\end{vmatrix}.$$

例 11 已知 $\alpha=\begin{pmatrix}1\\-2\\3\end{pmatrix}$ 是矩阵 $A=\begin{pmatrix}3&2&-1\\a&-2&2\\3&b&-1\end{pmatrix}$ 的特征向量，求出 a 和 b 的值以及 A 的全部特征值.

解 设 A 的与 α 对应的特征值为 λ，则 $A\alpha=\lambda\alpha$，即

$$\begin{pmatrix}3&2&-1\\a&-2&2\\3&b&-1\end{pmatrix}\begin{pmatrix}1\\-2\\3\end{pmatrix}=\lambda\begin{pmatrix}1\\-2\\3\end{pmatrix}\Rightarrow\begin{cases}-4=\lambda,\\a+10=-2\lambda,\\-2b=3\lambda.\end{cases}$$

解得 $a=-2,b=6,\lambda=-4$. 于是 $\boldsymbol{A}=\begin{pmatrix}3&2&-1\\-2&-2&2\\3&6&-1\end{pmatrix}$.

由特征方程

$$|\lambda\boldsymbol{E}-\boldsymbol{A}|=\begin{vmatrix}\lambda-3&-2&1\\2&\lambda+2&-2\\-3&-6&\lambda+1\end{vmatrix}\xlongequal{①+③}\begin{vmatrix}\lambda-2&-2&1\\0&\lambda+2&-2\\\lambda-2&-6&\lambda+1\end{vmatrix}$$

$$=(\lambda-2)\begin{vmatrix}1&-2&1\\0&\lambda+2&-2\\1&-6&\lambda+1\end{vmatrix}=(\lambda-2)\begin{vmatrix}1&-2&1\\0&\lambda+2&-2\\0&-4&\lambda\end{vmatrix}=(\lambda-2)^2(\lambda+4)=0.$$

得 $\boldsymbol{A}$ 的全部特征值为 $\lambda_1=\lambda_2=2,\lambda_3=-4$.

习　题　5.1

1. 求下列矩阵的特征值与特征向量：

(1) $\begin{pmatrix}3&4\\5&2\end{pmatrix}$;　　(2) $\begin{pmatrix}0&0&1\\0&1&0\\1&0&0\end{pmatrix}$;

(3) $\begin{pmatrix}1&-3&3\\3&-5&3\\6&-6&4\end{pmatrix}$;　　(4) $\begin{pmatrix}1&1&1&1\\1&1&-1&-1\\1&-1&1&-1\\1&-1&-1&1\end{pmatrix}$.

2. 已知三阶矩阵 $\boldsymbol{A}$ 的特征值为 1,1 和 -2，求出下列行列式的值：

$$|\boldsymbol{A}-\boldsymbol{E}|,\quad |\boldsymbol{A}+2\boldsymbol{E}|,\quad |\boldsymbol{A}^2+3\boldsymbol{A}-4\boldsymbol{E}|.$$

3. 设 $\boldsymbol{A}$ 是三阶方阵，如果已知 $|\boldsymbol{E}+\boldsymbol{A}|=0,|2\boldsymbol{E}+\boldsymbol{A}|=0,|\boldsymbol{E}-\boldsymbol{A}|=0$，求出行列式 $|\boldsymbol{A}^2+\boldsymbol{A}+\boldsymbol{E}|$ 的值.

4. 设 n 阶矩阵 $\boldsymbol{A}$ 满足 $\boldsymbol{A}^2=\boldsymbol{A}$，求 $\boldsymbol{A}$ 的所有可能的特征值.

5. 已知 n 阶可逆矩阵 $\boldsymbol{A}$ 的特征值为 $\lambda_1,\lambda_2,\cdots,\lambda_n$，求 $\boldsymbol{A}^{-1}$ 的全体特征值.

6. 如果 n 阶矩阵 $\boldsymbol{A}$ 中的所有元素都为 1，求 $\boldsymbol{A}$ 的所有特征值及 $\boldsymbol{A}$ 的属于特征值 $\lambda=n$ 的特征向量.

7. 设 n 阶矩阵 $\boldsymbol{A}$ 满足 $\boldsymbol{A}^2+4\boldsymbol{A}+4\boldsymbol{E}=\boldsymbol{O}$，求 $\boldsymbol{A}$ 的所有特征值.

8. 求 k 的值，使得 $\boldsymbol{\alpha}=\begin{pmatrix}1\\k\\1\end{pmatrix}$ 是 $\boldsymbol{A}=\begin{pmatrix}2&1&1\\1&2&1\\1&1&2\end{pmatrix}$ 的逆矩阵的特征向量.

9. 已知 $\lambda=12$ 是 $\boldsymbol{A}=\begin{pmatrix}7&4&-1\\4&7&-1\\-4&a&4\end{pmatrix}$ 的一个特征值，求 a 的值和 $\boldsymbol{A}$ 的另外两个特征值.

10. 设 $\boldsymbol{A}$ 是 n 阶矩阵，且 $\boldsymbol{A}\boldsymbol{x}=\boldsymbol{0}$ 有非零解. 证明：$\lambda=0$ 是 $\boldsymbol{A}$ 的一个特征值.

11. 设 $\boldsymbol{A}$ 是 n 阶可逆矩阵，λ 是 $\boldsymbol{A}$ 的一个特征值，$\boldsymbol{A}^*$ 是 $\boldsymbol{A}$ 的伴随矩阵. 证明：$\dfrac{|\boldsymbol{A}|}{\lambda}$ 必是

$\boldsymbol{A}^*$ 的一个特征值.

12. 设向量 $\boldsymbol{\alpha}_1=(1,2,1)^{\mathrm{T}}$ 和 $\boldsymbol{\alpha}_2=(1,1,2)^{\mathrm{T}}$ 都是方阵 $\boldsymbol{A}$ 的属于特征值 2 的特征向量，又向量 $\boldsymbol{\beta}=\boldsymbol{\alpha}_1+2\boldsymbol{\alpha}_2$. 求 $\boldsymbol{A}^2\boldsymbol{\beta}$.

5.2 方阵的相似变换

我们继续讨论 5.1 节中的例 3. 对于二阶方阵 $\boldsymbol{A}=\begin{pmatrix}1&2\\2&4\end{pmatrix}$，已经求出两个不同的特征值 $\lambda_1=0,\lambda_2=5$ 和对应的两个线性无关的特征向量 $\boldsymbol{p}_1=\begin{pmatrix}-2\\1\end{pmatrix}$和 $\boldsymbol{p}_2=\begin{pmatrix}1\\2\end{pmatrix}$，它们满足

$$\boldsymbol{A}\boldsymbol{p}_1=\lambda_1\boldsymbol{p}_1=0\times\boldsymbol{p}_1,\quad \boldsymbol{A}\boldsymbol{p}_2=\lambda_2\boldsymbol{p}_2=5\times\boldsymbol{p}_2.$$

只要令 $\boldsymbol{P}=(\boldsymbol{p}_1,\boldsymbol{p}_2)=\begin{pmatrix}-2&1\\1&2\end{pmatrix}$，根据分块矩阵乘法，就可以得到有趣的矩阵等式：

$$\begin{aligned}\boldsymbol{AP}&=\boldsymbol{A}(\boldsymbol{p}_1,\boldsymbol{p}_2)=(\boldsymbol{A}\boldsymbol{p}_1,\boldsymbol{A}\boldsymbol{p}_2)=(0\times\boldsymbol{p}_1,5\times\boldsymbol{p}_2)\\&=(\boldsymbol{p}_1,\boldsymbol{p}_2)\begin{pmatrix}0&0\\0&5\end{pmatrix}=\boldsymbol{P\Lambda},\end{aligned}$$

其中 $\boldsymbol{\Lambda}=\begin{pmatrix}0&0\\0&5\end{pmatrix}$是以 $\boldsymbol{A}$ 的特征值为对角元的对角矩阵. 于是有矩阵等式

$$\boldsymbol{P}^{-1}\boldsymbol{AP}=\boldsymbol{\Lambda}\quad 和\quad \boldsymbol{A}=\boldsymbol{P\Lambda P}^{-1}.$$

据此就可以求出 $\boldsymbol{A}$ 的 k 次方：

$$\begin{aligned}\boldsymbol{A}^k&=(\boldsymbol{P\Lambda P}^{-1})^k=\boldsymbol{P\Lambda}^k\boldsymbol{P}^{-1}=\boldsymbol{P}\begin{pmatrix}0&0\\0&5\end{pmatrix}^k\boldsymbol{P}^{-1}=\begin{pmatrix}-2&1\\1&2\end{pmatrix}\begin{pmatrix}0&0\\0&5^k\end{pmatrix}\begin{pmatrix}-2&1\\1&2\end{pmatrix}^{-1}\\&=\begin{pmatrix}0&5^k\\0&2\times5^k\end{pmatrix}\begin{pmatrix}2&-1\\-1&-2\end{pmatrix}\left(-\frac{1}{5}\right)=5^{k-1}\begin{pmatrix}1&2\\2&4\end{pmatrix}=5^{k-1}\boldsymbol{A}.\end{aligned}$$

例 1 设 $\boldsymbol{A}=\begin{pmatrix}1&0\\-1&2\end{pmatrix}$，求 $\boldsymbol{A}^k$，k 为任意正整数.

解 先求出 $\boldsymbol{A}$ 的特征值和特征向量.

$$|\lambda\boldsymbol{E}-\boldsymbol{A}|=\begin{vmatrix}\lambda-1&0\\1&\lambda-2\end{vmatrix}=(\lambda-1)(\lambda-2)=0.$$

属于特征值 $\lambda_1=1$ 的特征向量满足：$x_1-x_2=0$. 可取特征向量 $\boldsymbol{p}_1=\begin{pmatrix}1\\1\end{pmatrix}$.

属于特征值 $\lambda_2=2$ 的特征向量满足：$x_1=0$. 可取特征向量 $\boldsymbol{p}_2=\begin{pmatrix}0\\1\end{pmatrix}$.

将这两个线性无关的特征向量拼成可逆矩阵 $\boldsymbol{P}=(\boldsymbol{p}_1,\boldsymbol{p}_2)=\begin{pmatrix}1&0\\1&1\end{pmatrix}$，则有矩阵等式

$$\boldsymbol{AP}=\begin{pmatrix}1&0\\-1&2\end{pmatrix}\begin{pmatrix}1&0\\1&1\end{pmatrix}=\begin{pmatrix}1&0\\1&2\end{pmatrix}=\begin{pmatrix}1&0\\1&1\end{pmatrix}\begin{pmatrix}1&0\\0&2\end{pmatrix}=\boldsymbol{P\Lambda},$$

其中 $\boldsymbol{\Lambda}=\begin{pmatrix}\lambda_1 & 0\\ 0 & \lambda_2\end{pmatrix}=\begin{pmatrix}1 & 0\\ 0 & 2\end{pmatrix}$. 从而，

$$\boldsymbol{A}=\boldsymbol{P}\begin{pmatrix}1 & 0\\ 0 & 2\end{pmatrix}\boldsymbol{P}^{-1}.$$

据此就可以求出

$$\begin{aligned}\boldsymbol{A}^k&=\left[\boldsymbol{P}\begin{pmatrix}1 & 0\\ 0 & 2\end{pmatrix}\boldsymbol{P}^{-1}\right]^k=\boldsymbol{P}\begin{pmatrix}1 & 0\\ 0 & 2\end{pmatrix}^k\boldsymbol{P}^{-1}=\begin{pmatrix}1 & 0\\ 1 & 1\end{pmatrix}\begin{pmatrix}1 & 0\\ 0 & 2^k\end{pmatrix}\begin{pmatrix}1 & 0\\ -1 & 1\end{pmatrix}\\&=\begin{pmatrix}1 & 0\\ 1-2^k & 2^k\end{pmatrix}.\end{aligned}$$

在上述例子中，我们对于二阶矩阵 $\boldsymbol{A}$，找到了一个可逆矩阵 $\boldsymbol{P}$，使得 $\boldsymbol{P}^{-1}\boldsymbol{AP}=\boldsymbol{\Lambda}$ 为对角矩阵，而且其中的两个对角元就是 $\boldsymbol{A}$ 的两个特征值. 进一步，利用 $\boldsymbol{A}=\boldsymbol{P\Lambda P}^{-1}$，这可以很方便地求出 $\boldsymbol{A}$ 的高次方矩阵.

在本节中，我们将深入讨论如上所述的把方阵化成对角矩阵的问题.

定义 5.2.1 设 $\boldsymbol{A}$ 和 $\boldsymbol{B}$ 是两个 n 阶矩阵. 如果存在 n 阶可逆矩阵 $\boldsymbol{P}$ 使得 $\boldsymbol{B}=\boldsymbol{P}^{-1}\boldsymbol{AP}$，则称 $\boldsymbol{A}$ 和 $\boldsymbol{B}$ 是**相似**的，记为 $\boldsymbol{A}\sim\boldsymbol{B}$.

当两个 n 阶矩阵 $\boldsymbol{A}$ 和 $\boldsymbol{B}$ 之间存在等式 $\boldsymbol{B}=\boldsymbol{P}^{-1}\boldsymbol{AP}$ 时，我们就说 n 阶矩阵 $\boldsymbol{A}$ 经过相似变换变成了 $\boldsymbol{B}$.

同阶方阵之间的相似关系有以下三条性质：

(1) **反身性** $\boldsymbol{A}\sim\boldsymbol{A}$. 这说明任意一个 n 阶矩阵都与自己相似.

事实上，有矩阵等式 $\boldsymbol{A}=\boldsymbol{EAE}=\boldsymbol{E}^{-1}\boldsymbol{AE}$.

(2) **对称性** 若 $\boldsymbol{A}\sim\boldsymbol{B}$，则 $\boldsymbol{B}\sim\boldsymbol{A}$. 这说明 $\boldsymbol{A}$ 和 $\boldsymbol{B}$ 相似与 $\boldsymbol{B}$ 和 $\boldsymbol{A}$ 相似是一致的.

事实上，有 $\boldsymbol{B}=\boldsymbol{P}^{-1}\boldsymbol{AP}\Leftrightarrow\boldsymbol{A}=\boldsymbol{PBP}^{-1}=(\boldsymbol{P}^{-1})^{-1}\boldsymbol{BP}^{-1}$.

(3) **传递性** 若 $\boldsymbol{A}\sim\boldsymbol{B}$，$\boldsymbol{B}\sim\boldsymbol{C}$，则 $\boldsymbol{A}\sim\boldsymbol{C}$. 这说明当 $\boldsymbol{A}$ 和 $\boldsymbol{B}$ 相似，$\boldsymbol{B}$ 和 $\boldsymbol{C}$ 相似时，$\boldsymbol{A}$ 和 $\boldsymbol{C}$ 一定相似.

事实上，由 $\boldsymbol{B}=\boldsymbol{P}^{-1}\boldsymbol{AP}$，$\boldsymbol{C}=\boldsymbol{Q}^{-1}\boldsymbol{BQ}$ 即可推出

$$\boldsymbol{C}=\boldsymbol{Q}^{-1}\boldsymbol{P}^{-1}\boldsymbol{APQ}=(\boldsymbol{PQ})^{-1}\boldsymbol{A}(\boldsymbol{PQ}).$$

定理 5.2.1 相似矩阵必有相同的特征多项式，因而必有相同的特征值、相同的迹和相同的行列式.

证 设 $\boldsymbol{B}=\boldsymbol{P}^{-1}\boldsymbol{AP}$，则由 $\lambda\boldsymbol{E}-\boldsymbol{B}=\lambda\boldsymbol{E}-\boldsymbol{P}^{-1}\boldsymbol{AP}=\boldsymbol{P}^{-1}(\lambda\boldsymbol{E}-\boldsymbol{A})\boldsymbol{P}$，可得到

$$\begin{aligned}|\lambda\boldsymbol{E}-\boldsymbol{B}|&=|\boldsymbol{P}^{-1}(\lambda\boldsymbol{E}-\boldsymbol{A})\boldsymbol{P}|=|\boldsymbol{P}^{-1}|\cdot|\lambda\boldsymbol{E}-\boldsymbol{A}|\cdot|\boldsymbol{P}|\\&=|\boldsymbol{P}^{-1}|\cdot|\boldsymbol{P}|\cdot|\lambda\boldsymbol{E}-\boldsymbol{A}|=|\boldsymbol{P}^{-1}\boldsymbol{P}|\cdot|\lambda\boldsymbol{E}-\boldsymbol{A}|\\&=|\lambda\boldsymbol{E}-\boldsymbol{A}|.\end{aligned}$$

注意 此定理的逆定理并不成立，即具有相同特征多项式的两个方阵未必相似. 例如，

$$\begin{pmatrix}1 & 0\\ 0 & 1\end{pmatrix}\quad\text{与}\quad\begin{pmatrix}1 & 0\\ 1 & 1\end{pmatrix}$$

的特征多项式同为 $(\lambda-1)^2$，但它们不相似. 事实上，与单位矩阵相似的矩阵必为单位矩阵：

$$\boldsymbol{B}=\boldsymbol{P}^{-1}\boldsymbol{EP}=\boldsymbol{E}.$$

推论 若 n 阶矩阵 $\boldsymbol{A}$ 相似于对角矩阵或三角矩阵：

$$\boldsymbol{\Lambda}=\begin{pmatrix}\lambda_1 & & & \\ & \lambda_2 & & \\ & & \ddots & \\ & & & \lambda_n\end{pmatrix},\quad \boldsymbol{T}=\begin{pmatrix}\lambda_1 & * & \cdots & * \\ & \lambda_2 & \cdots & * \\ & & \ddots & * \\ & & & \lambda_n\end{pmatrix}\quad 或\quad \widetilde{\boldsymbol{T}}=\begin{pmatrix}\lambda_1 & & & \\ * & \lambda_2 & & \\ \vdots & \vdots & \ddots & \\ * & * & \cdots & \lambda_n\end{pmatrix},$$

则其中的 n 个对角元 $\lambda_1,\lambda_2,\cdots,\lambda_n$ 就是 $\boldsymbol{A}$ 的 n 个特征值.

这是由于三角矩阵的特征值就是它的全部对角元素. 对角矩阵是特殊的三角矩阵.

例 2 设下述两个矩阵相似:

$$\boldsymbol{A}=\begin{pmatrix}1 & 0 & 0\\ 0 & 0 & 1\\ 0 & 1 & x\end{pmatrix},\quad \boldsymbol{B}=\begin{pmatrix}1 & 0 & 0\\ 0 & y & 0\\ 0 & 0 & -1\end{pmatrix}.$$

（1）求出参数 x 与 y 的值.

（2）求出可逆矩阵 $\boldsymbol{P}$，使得 $\boldsymbol{B}=\boldsymbol{P}^{-1}\boldsymbol{AP}$.

解 （1）因为 $|\boldsymbol{A}|=-1$，$|\boldsymbol{B}|=-y$，所以，根据 $|\boldsymbol{A}|=|\boldsymbol{B}|$ 得到 $y=1$. 再根据

$$\operatorname{tr}(\boldsymbol{A})=\operatorname{tr}(\boldsymbol{B}),\quad 即\ 1+x=y,$$

得到 $x=0$.

（2）根据 $\boldsymbol{A}$ 与 $\boldsymbol{B}$ 相似而 $\boldsymbol{B}$ 为对角矩阵立刻知道，$\boldsymbol{A}$ 的特征值就是 $\boldsymbol{B}$ 的对角元 $1,1,-1$.

用来求特征向量的齐次线性方程组为

$$\begin{pmatrix}\lambda-1 & 0 & 0\\ 0 & \lambda & -1\\ 0 & -1 & \lambda\end{pmatrix}\begin{pmatrix}x_1\\ x_2\\ x_3\end{pmatrix}=\begin{pmatrix}0\\ 0\\ 0\end{pmatrix}.$$

属于特征值 $\lambda_1=\lambda_2=1$ 的特征向量满足 $x_2-x_3=0$，而 x_1 可任意取值，所以有两个自由未知量 x_1 和 x_2. 可取两个线性无关的特征向量:

$$\boldsymbol{p}_1=\begin{pmatrix}1\\ 0\\ 0\end{pmatrix},\quad \boldsymbol{p}_2=\begin{pmatrix}0\\ 1\\ 1\end{pmatrix}.$$

属于特征值 $\lambda_3=-1$ 的特征向量满足 $\begin{cases}-2x_1=0,\\ -x_2-x_3=0.\end{cases}$ 可取特征向量

$$\boldsymbol{p}_3=\begin{pmatrix}0\\ 1\\ -1\end{pmatrix}.$$

这 3 个线性无关的特征向量可以拼成可逆矩阵 $\boldsymbol{P}=(\boldsymbol{p}_1,\boldsymbol{p}_2,\boldsymbol{p}_3)=\begin{pmatrix}1 & 0 & 0\\ 0 & 1 & 1\\ 0 & 1 & -1\end{pmatrix}$，使得

$$\boldsymbol{P}^{-1}\boldsymbol{AP}=\begin{pmatrix}1 & 0 & 0\\ 0 & 1 & 0\\ 0 & 0 & -1\end{pmatrix}=\boldsymbol{\Lambda}.$$

若要检验解题过程中是否有计算错误，我们可以验证上述矩阵等式是否正确. 为了避开烦琐的矩阵求逆，我们可以改为检验矩阵等式 $\boldsymbol{AP}=\boldsymbol{P\Lambda}$. 由于 $\boldsymbol{\Lambda}$ 是对角矩阵，$\boldsymbol{P\Lambda}$ 的求法非常方便. 验证如下:

$$\begin{pmatrix}1&0&0\\0&0&1\\0&1&0\end{pmatrix}\begin{pmatrix}1&0&0\\0&1&1\\0&1&-1\end{pmatrix}=\begin{pmatrix}1&0&0\\0&1&-1\\0&1&1\end{pmatrix}=\begin{pmatrix}1&0&0\\0&1&1\\0&1&-1\end{pmatrix}\begin{pmatrix}1&0&0\\0&1&0\\0&0&-1\end{pmatrix}.$$

例 3 设 n 阶方阵 $\boldsymbol{A}$ 与 $\boldsymbol{B}$ 相似,证明:方阵多项式 $f(\boldsymbol{A})$ 与 $f(\boldsymbol{B})$ 必相似,其中多项式为

$$f(x)=\sum_{k=0}^{m}a_kx^k.$$

证 据方阵多项式的定义知道

$$f(\boldsymbol{A})=\sum_{k=0}^{m}a_k\boldsymbol{A}^k,\quad f(\boldsymbol{B})=\sum_{k=0}^{m}a_k\boldsymbol{B}^k.$$

由 $\boldsymbol{B}=\boldsymbol{P}^{-1}\boldsymbol{AP}$ 知道 $\boldsymbol{B}^k=(\boldsymbol{P}^{-1}\boldsymbol{AP})(\boldsymbol{P}^{-1}\boldsymbol{AP})\cdots(\boldsymbol{P}^{-1}\boldsymbol{AP})=\boldsymbol{P}^{-1}\boldsymbol{A}^k\boldsymbol{P}$. 于是必有

$$\boldsymbol{P}^{-1}f(\boldsymbol{A})\boldsymbol{P}=\sum_{k=0}^{m}\boldsymbol{P}^{-1}(a_k\boldsymbol{A}^k)\boldsymbol{P}=\sum_{k=0}^{m}a_k\boldsymbol{P}^{-1}\boldsymbol{A}^k\boldsymbol{P}=\sum_{k=0}^{m}a_k\boldsymbol{B}^k=f(\boldsymbol{B}).$$

我们自然要问:是不是每个方阵都相似于对角矩阵?给定的方阵需要满足什么条件,才可以相似于对角矩阵?

我们先考查两个典型例子,说明它们虽然都是三阶矩阵,但却有本质的不同.

例 4 求出 $\boldsymbol{A}=\begin{pmatrix}1&-1&1\\1&3&-1\\1&1&1\end{pmatrix}$ 的特征值和线性无关的特征向量.

解 先求出特征多项式

$$|\lambda\boldsymbol{E}-\boldsymbol{A}|=\begin{vmatrix}\lambda-1&1&-1\\-1&\lambda-3&1\\-1&-1&\lambda-1\end{vmatrix}\xlongequal[③+1\times①]{②+1\times①}\begin{vmatrix}\lambda-1&1&-1\\\lambda-2&\lambda-2&0\\\lambda-2&0&\lambda-2\end{vmatrix}$$

$$=(\lambda-2)^2\begin{vmatrix}\lambda-1&1&-1\\1&1&0\\1&0&1\end{vmatrix}\xlongequal{①+1\times③}(\lambda-2)^2\begin{vmatrix}\lambda&1&0\\1&1&0\\1&0&1\end{vmatrix}$$

$$\xlongequal[\text{按第三列展开}]{}(\lambda-2)^2(\lambda-1).$$

它有 3 个根:$\lambda_1=1,\lambda_2=\lambda_3=2$.

属于特征值 $\lambda_1=1$ 的特征向量满足:

$$\begin{cases}x_2-x_3=0,\\-x_1-2x_2+x_3=0,\\-x_1-x_2=0,\end{cases}\quad\text{即}\quad\begin{cases}x_3=x_2,\\x_1=-x_2,\end{cases}$$

可取解 $\boldsymbol{p}_1=\begin{pmatrix}-1\\1\\1\end{pmatrix}$.

属于特征值 $\lambda_2=\lambda_3=2$ 的特征向量满足:

$$\begin{cases}x_1+x_2-x_3=0,\\-x_1-x_2+x_3=0,\\-x_1-x_2+x_3=0,\end{cases}$$

可取两个线性无关的解 $\boldsymbol{p}_2=\begin{pmatrix}1\\0\\1\end{pmatrix},\boldsymbol{p}_3=\begin{pmatrix}0\\1\\1\end{pmatrix}$.

这 3 个列向量就是需要求出的线性无关的特征向量.

说明 (1) 为了避开高次多项式的因式分解，我们建议，尽量用行列式性质，从行列式中提出公因式，实际上，这就是在实施因式分解.

(2) 可以先求出

$$\mathrm{tr}(\boldsymbol{A})=5,$$

$$|\boldsymbol{A}|=\begin{vmatrix}1&-1&1\\1&3&-1\\1&1&1\end{vmatrix}=\begin{vmatrix}4&-2\\2&0\end{vmatrix}=4.$$

验证这个三阶矩阵 $\boldsymbol{A}$ 的三个特征值的和确实为 $\mathrm{tr}(\boldsymbol{A})=5$，它们的乘积确实为 $|\boldsymbol{A}|=4$.

例 5 求出 $\boldsymbol{A}=\begin{pmatrix}-1&1&0\\-4&3&0\\1&0&2\end{pmatrix}$ 的特征值和线性无关的特征向量.

解 计算特征多项式

$$|\lambda\boldsymbol{E}-\boldsymbol{A}|=\begin{vmatrix}\lambda+1&-1&0\\4&\lambda-3&0\\-1&0&\lambda-2\end{vmatrix}=(\lambda-2)[(\lambda+1)(\lambda-3)+4]$$

$$=(\lambda-2)(\lambda-1)^2.$$

它有 3 个根：$\lambda_1=2,\lambda_2=\lambda_3=1$.

属于特征值 $\lambda_1=2$ 的特征向量满足 $\begin{cases}3x_1-x_2=0,\\4x_1-x_2=0,\\-x_1=0.\end{cases}$ 可取解 $\boldsymbol{p}_1=\begin{pmatrix}0\\0\\1\end{pmatrix}$.

属于特征值 $\lambda_2=\lambda_3=1$ 的特征向量满足 $\begin{cases}2x_1-x_2=0,\\4x_1-2x_2=0,\\-x_1-x_3=0,\end{cases}$ 即 $\begin{cases}x_2=2x_1,\\x_3=-x_1,\end{cases}$ 可取解 $\boldsymbol{p}_2=\begin{pmatrix}1\\2\\-1\end{pmatrix}$.

比较例 4 和例 5，我们发现有一个明显不同的地方. 在例 4 中，对应于二重特征值 $\lambda_2=\lambda_3=2$，找到了两个线性无关的特征向量. 而在例 5 中，对应于二重特征值 $\lambda_2=\lambda_3=1$，却找不到两个线性无关的特征向量. 这是什么原因呢？这与特征值对应的特征矩阵的秩有关，也就是说，它是由用来求特征向量的齐次线性方程组的自由未知量的个数决定的.

在例 4 中，因为

$$\lambda_2\boldsymbol{E}-\boldsymbol{A}=\begin{pmatrix}1&1&-1\\-1&-1&1\\-1&-1&1\end{pmatrix}$$

的秩为 1，$n-\mathrm{r}(\lambda_2\boldsymbol{E}-\boldsymbol{A})=3-1=2$，所以，以它为系数矩阵的齐次线性方程组 $(\lambda_2\boldsymbol{E}-\boldsymbol{A})\boldsymbol{x}=\boldsymbol{0}$ 一定有两个可以任意取值的自由未知量，于是一定可以取到两个属于二重特征值 $\lambda_2=\lambda_3=2$ 的线性无关的特征向量.

在例 5 中，因为

$$\lambda_2\boldsymbol{E}-\boldsymbol{A}=\begin{pmatrix}2&-1&0\\4&-2&0\\-1&0&-1\end{pmatrix}$$

的秩为 2，$n-\mathrm{r}(\lambda_2\boldsymbol{E}-\boldsymbol{A})=3-2=1$，所以，以它为系数矩阵的齐次线性方程组中的自由未知量个数为 1. 属于二重特征值 $\lambda_2=\lambda_3=1$ 的线性无关的特征向量只有一个. 此时，我们不妨说它缺少了一个线性无关的特征向量.

下面，我们对于例 4 中的三阶矩阵 $\boldsymbol{A}$ 作进一步分析. 我们已经求出了 $\boldsymbol{A}$ 的 3 个线性无关的特征向量，它们分别满足

$$\boldsymbol{A}\boldsymbol{p}_1=\boldsymbol{p}_1,\quad \boldsymbol{A}\boldsymbol{p}_2=2\boldsymbol{p}_2,\quad \boldsymbol{A}\boldsymbol{p}_3=2\boldsymbol{p}_3.$$

令 $\boldsymbol{P}=(\boldsymbol{p}_1,\boldsymbol{p}_2,\boldsymbol{p}_3)$，因为

$$|\boldsymbol{P}|=\begin{vmatrix}-1&1&0\\1&0&1\\1&1&1\end{vmatrix}=\begin{vmatrix}-1&0&0\\1&1&1\\1&2&1\end{vmatrix}=1,$$

$\boldsymbol{P}$ 为可逆矩阵. 所以有重要关系式：

$$\begin{aligned}\boldsymbol{AP}&=\boldsymbol{A}(\boldsymbol{p}_1,\boldsymbol{p}_2,\boldsymbol{p}_3)=(\boldsymbol{A}\boldsymbol{p}_1,\boldsymbol{A}\boldsymbol{p}_2,\boldsymbol{A}\boldsymbol{p}_3)=(\boldsymbol{p}_1,2\boldsymbol{p}_2,2\boldsymbol{p}_3)\\&=(\boldsymbol{p}_1,\boldsymbol{p}_2,\boldsymbol{p}_3)\begin{pmatrix}1&&\\&2&\\&&2\end{pmatrix}=\boldsymbol{P}\begin{pmatrix}1&&\\&2&\\&&2\end{pmatrix},\end{aligned}$$

即 $\boldsymbol{P}^{-1}\boldsymbol{AP}=\begin{pmatrix}1&&\\&2&\\&&2\end{pmatrix}$. 此时，进一步，由 $\boldsymbol{A}=\boldsymbol{P}\begin{pmatrix}1&&\\&2&\\&&2\end{pmatrix}\boldsymbol{P}^{-1}$，对于任何正整数 k，都可以求出

$$\boldsymbol{A}^k=\left[\boldsymbol{P}\begin{pmatrix}1&&\\&2&\\&&2\end{pmatrix}\boldsymbol{P}^{-1}\right]^k=\boldsymbol{P}\begin{pmatrix}1&&\\&2&\\&&2\end{pmatrix}^k\boldsymbol{P}^{-1}=\boldsymbol{P}\begin{pmatrix}1&&\\&2^k&\\&&2^k\end{pmatrix}\boldsymbol{P}^{-1}.$$

由 $\boldsymbol{P}=\begin{pmatrix}-1&1&0\\1&0&1\\1&1&1\end{pmatrix}$ 求得 $\boldsymbol{P}^{-1}=\begin{pmatrix}-1&-1&1\\0&-1&1\\1&2&-1\end{pmatrix}$，从而

$$\boldsymbol{A}^k=\begin{pmatrix}-1&1&0\\1&0&1\\1&1&1\end{pmatrix}\begin{pmatrix}1&0&0\\0&2^k&0\\0&0&2^k\end{pmatrix}\begin{pmatrix}-1&-1&1\\0&-1&1\\1&2&-1\end{pmatrix}=\begin{pmatrix}1&1-2^k&-1+2^k\\-1+2^k&-1+2^{k+1}&1-2^k\\-1+2^k&-1+2^k&1\end{pmatrix}.$$

现在，我们要证明以下**基本定理**.

定理 5.2.2　n 阶矩阵 $\boldsymbol{A}$ 相似于对角矩阵 $\Leftrightarrow$ $\boldsymbol{A}$ 有 n 个线性无关的特征向量.

证　必要性　设

$$\boldsymbol{P}^{-1}\boldsymbol{AP}=\begin{pmatrix}\lambda_1&&&\\&\lambda_2&&\\&&\ddots&\\&&&\lambda_n\end{pmatrix}=\boldsymbol{\Lambda},$$

则有 $\boldsymbol{AP}=\boldsymbol{P\Lambda}$. 令 $\boldsymbol{P}=(\boldsymbol{p}_1,\boldsymbol{p}_2,\cdots,\boldsymbol{p}_n)$ 是 $\boldsymbol{P}$ 的按列分块的列向量表示法，则由 $\boldsymbol{P}$ 是可逆矩阵知，

列向量组$\{\boldsymbol{p}_1,\boldsymbol{p}_2,\cdots,\boldsymbol{p}_n\}$线性无关. 因为

$$\boldsymbol{AP}=\boldsymbol{A}(\boldsymbol{p}_1,\boldsymbol{p}_2,\cdots,\boldsymbol{p}_n)=(\boldsymbol{Ap}_1,\boldsymbol{Ap}_2,\cdots,\boldsymbol{Ap}_n),$$

$$\begin{aligned}\boldsymbol{P\Lambda}&=(\boldsymbol{p}_1,\boldsymbol{p}_2,\cdots,\boldsymbol{p}_n)\begin{pmatrix}\lambda_1&&&\\&\lambda_2&&\\&&\ddots&\\&&&\lambda_n\end{pmatrix}\\&=(\lambda_1\boldsymbol{p}_1,\lambda_2\boldsymbol{p}_2,\cdots,\lambda_n\boldsymbol{p}_n),\end{aligned}$$

所以，由 $\boldsymbol{AP}=\boldsymbol{P\Lambda}$ 知道必有分块矩阵等式

$$(\boldsymbol{Ap}_1,\boldsymbol{Ap}_2,\cdots,\boldsymbol{Ap}_n)=(\lambda_1\boldsymbol{p}_1,\lambda_2\boldsymbol{p}_2,\cdots,\lambda_n\boldsymbol{p}_n).$$

由此可得列向量等式

$$\boldsymbol{Ap}_j=\lambda_j\boldsymbol{p}_j,\quad j=1,2,\cdots,n.$$

这就证明了 $\boldsymbol{P}$ 的 n 个列向量就是 $\boldsymbol{A}$ 的 n 个线性无关的特征向量.

充分性　设 $\boldsymbol{A}$ 有 n 个线性无关的特征向量$\{\boldsymbol{p}_1,\boldsymbol{p}_2,\cdots,\boldsymbol{p}_n\}$，且

$$\boldsymbol{Ap}_j=\lambda_j\boldsymbol{p}_j,\quad j=1,2,\cdots,n,$$

则 $\boldsymbol{P}=(\boldsymbol{p}_1,\boldsymbol{p}_2,\cdots,\boldsymbol{p}_n)$是 n 阶可逆矩阵，而且满足

$$\begin{aligned}\boldsymbol{AP}&=\boldsymbol{A}(\boldsymbol{p}_1,\boldsymbol{p}_2,\cdots,\boldsymbol{p}_n)=(\lambda_1\boldsymbol{p}_1,\lambda_2\boldsymbol{p}_2,\cdots,\lambda_n\boldsymbol{p}_n)\\&=(\boldsymbol{p}_1,\boldsymbol{p}_2,\cdots,\boldsymbol{p}_n)\begin{pmatrix}\lambda_1&&&\\&\lambda_2&&\\&&\ddots&\\&&&\lambda_n\end{pmatrix}=\boldsymbol{P\Lambda},\end{aligned}$$

即 $\boldsymbol{P}^{-1}\boldsymbol{AP}=\boldsymbol{\Lambda}$ 为对角矩阵.

定义 5.2.2　若对于矩阵 $\boldsymbol{A}$，存在可逆矩阵 $\boldsymbol{P}$，使得 $\boldsymbol{P}^{-1}\boldsymbol{AP}=\boldsymbol{\Lambda}$ 为对角矩阵，则称对角矩阵 $\boldsymbol{\Lambda}$ 为 $\boldsymbol{A}$ 的**相似标准形**.

注意　在求矩阵 $\boldsymbol{A}$ 的相似标准形时，特征值的编号可以是任意排列的. 但是，$\boldsymbol{P}$ 的各列的排列次序与对角矩阵 $\boldsymbol{\Lambda}$ 中各个对角元($\boldsymbol{A}$ 的特征值)的排列次序必须互相对应，不可放错位置. "具体地说就是，如果 $\boldsymbol{Ap}=\lambda\boldsymbol{p}$，且 $\boldsymbol{p}$ 放在 $\boldsymbol{P}$ 的第 j 列位置上，则 λ 必须放在 $\boldsymbol{\Lambda}$ 的第 j 列上."

我们自然要问：对于给定的 n 阶矩阵 $\boldsymbol{A}$，如何能确保它有 n 个线性无关的特征向量呢？为此，我们先证明以下定理.

定理 5.2.3　设 $\boldsymbol{p}_1$ 和 $\boldsymbol{p}_2$ 分别是 n 阶矩阵 $\boldsymbol{A}$ 的属于两个不同特征值 λ_1 和 λ_2 的特征向量，则 $\boldsymbol{p}_1$ 和 $\boldsymbol{p}_2$ 必线性无关.

证　已知 $\boldsymbol{Ap}_1=\lambda_1\boldsymbol{p}_1$，$\boldsymbol{Ap}_2=\lambda_2\boldsymbol{p}_2$，$\lambda_1\neq\lambda_2$. 如果有列向量等式

$$l_1\boldsymbol{p}_1+l_2\boldsymbol{p}_2=\boldsymbol{0},\tag{5.2}$$

则有

$$\boldsymbol{A}(l_1\boldsymbol{p}_1+l_2\boldsymbol{p}_2)=l_1\boldsymbol{Ap}_1+l_2\boldsymbol{Ap}_2=\lambda_1l_1\boldsymbol{p}_1+\lambda_2l_2\boldsymbol{p}_2=\boldsymbol{0}.\tag{5.3}$$

但另一方面又有

$$\lambda_2(l_1\boldsymbol{p}_1+l_2\boldsymbol{p}_2)=\lambda_2l_1\boldsymbol{p}_1+\lambda_2l_2\boldsymbol{p}_2=\boldsymbol{0}.\tag{5.4}$$

将上述(5.3)式减(5.4)式，即得$(\lambda_1-\lambda_2)l_1\boldsymbol{p}_1=\boldsymbol{0}$. 但是 $\lambda_1\neq\lambda_2$，$\boldsymbol{p}_1\neq\boldsymbol{0}$，于是必有 $l_1=0$. 再将它代入(5.2)式，并由 $\boldsymbol{p}_2\neq\boldsymbol{0}$，又得到 $l_2=0$. 这就证明了 $\boldsymbol{p}_1$ 与 $\boldsymbol{p}_2$ 线性无关.

一般地，对 $\boldsymbol{A}$ 的两两互异的特征值的个数用数学归纳法可以证明：

定理 5.2.4　设 $\lambda_1,\lambda_2,\cdots,\lambda_k$ 是 n 阶矩阵 $\boldsymbol{A}$ 的两两不同的特征值，$\boldsymbol{p}_i$ 是属于 λ_i，$1\leqslant i\leqslant k$ 的特征向量，则 $\boldsymbol{p}_1,\boldsymbol{p}_2,\cdots,\boldsymbol{p}_k$ 线性无关.

我们常把这个事实简述成：属于方阵 $\boldsymbol{A}$ 的两两不同特征值的特征向量组必为线性无关组.

我们知道，如果 S_1 和 S_2 是两个维数相同的线性无关向量组，那么它们的并集 $S_1\cup S_2$ 未必是线性无关向量组. 可是对于方阵的特征向量组来说，情况就特殊了. 我们不加证明地给出下面的定理.

定理 5.2.5　设 $\lambda_1,\lambda_2,\cdots,\lambda_k$ 是 n 阶矩阵 $\boldsymbol{A}$ 的两两不同特征值，属于 λ_i，$1\leqslant i\leqslant k$ 的极大线性无关的特征向量组为 $S_i=\{\boldsymbol{p}_{i1},\boldsymbol{p}_{i2},\cdots,\boldsymbol{p}_{ir_i}\}$，则它们的并集 $S=S_1\cup S_2\cup\cdots\cup S_k$ 必为线性无关组.

综上所述，一个 n 阶方阵 $\boldsymbol{A}$ 相似于对角矩阵当且仅当上述特征向量组的并集 S 中向量个数为 n.

我们知道，属于特征值 λ_i 的极大线性无关的特征向量组 $S_i=\{\boldsymbol{p}_{i1},\boldsymbol{p}_{i2},\cdots,\boldsymbol{p}_{ir_i}\}$ 中向量个数 r_i，就是齐次线性方程组 $(\lambda_i\boldsymbol{E}-\boldsymbol{A})\boldsymbol{x}=\boldsymbol{0}$ 中的自由未知量的个数. 如果这个自由未知量的个数 r_i 与特征值 λ_i 的重数正好相等，即不缺损线性无关的特征向量个数，那么，对于 r_i 重特征值 λ_i 就能找到 r_i 个线性无关的特征向量. 如果对每一个特征值都是如此，那么就能找到 n 个线性无关的特征向量，于是，这个 n 阶方阵 $\boldsymbol{A}$ 一定相似于对角矩阵.

现在我们把上述几个定理综合成如下结论：

n 阶方阵 $\boldsymbol{A}$ 相似于对角矩阵

$\Leftrightarrow$对于每一个 r_i 重特征值 λ_i，均存在 r_i 个线性无关的特征向量.

也就是说，在求属于 r_i 重特征值 λ_i 的特征向量时，相应的齐次线性方程组 $(\lambda_i\boldsymbol{E}_n-\boldsymbol{A})\boldsymbol{x}=\boldsymbol{0}$ 中，有 r_i 个自由未知量.

根据定理 5.2.2 和定理 5.2.4，可以得到以下两个重要结论：

(1) 任意一个无重特征值的方阵一定相似于对角矩阵.

(2) 对角元两两互异的三角矩阵一定相似于对角矩阵.

事实上，当 n 阶方阵 $\boldsymbol{A}$ 的特征值两两互异时，它一定有 n 个线性无关的特征向量，因而必相似于对角矩阵. 三角矩阵的特征值就是它的全体对角元.

要注意的是，这都是方阵相似于对角矩阵的充分条件，而不是必要条件. 例如，n 阶单位矩阵本身就是对角矩阵，而 $\lambda=1$ 却是它的 n 重特征值.

例 6　问 $\boldsymbol{A}=\begin{pmatrix}3&-1&-2\\2&0&-2\\2&-1&-1\end{pmatrix}$是否相似于对角矩阵？若是，则求出其相似标准形.

解　$|\lambda\boldsymbol{E}-\boldsymbol{A}|=\begin{vmatrix}\lambda-3&1&2\\-2&\lambda&2\\-2&1&\lambda+1\end{vmatrix}=\begin{vmatrix}\lambda&1&2\\\lambda&\lambda&2\\\lambda&1&\lambda+1\end{vmatrix}=\lambda\begin{vmatrix}1&1&2\\1&\lambda&2\\1&1&\lambda+1\end{vmatrix}$

$$=\lambda\begin{vmatrix}1&1&2\\0&\lambda-1&0\\0&0&\lambda-1\end{vmatrix}=\lambda(\lambda-1)^2.$$

属于 $\lambda_1=\lambda_2=1$ 的特征向量满足：

$$-2x_1+x_2+2x_3=0, \quad 即 \quad x_2=2(x_1-x_3).$$

可取两个线性无关的解

$$\boldsymbol{p}_1=\begin{pmatrix}1\\2\\0\end{pmatrix}, \quad \boldsymbol{p}_2=\begin{pmatrix}0\\-2\\1\end{pmatrix}.$$

属于 $\lambda_3=0$ 的特征向量满足：

$$\begin{cases}-3x_1+x_2+2x_3=0,\\-2x_1+\quad\quad 2x_3=0,\\-2x_1+x_2+x_3=0,\end{cases}$$

即 $x_1=x_2=x_3$，可取

$$\boldsymbol{p}_3=\begin{pmatrix}1\\1\\1\end{pmatrix}.$$

于是找到可逆矩阵 $\boldsymbol{P}=\begin{pmatrix}1&0&1\\2&-2&1\\0&1&1\end{pmatrix}$，使得 $\boldsymbol{P}^{-1}\boldsymbol{AP}=\begin{pmatrix}1&&\\&1&\\&&0\end{pmatrix}$.

说明 因为 $\lambda=1$ 对应的特征矩阵

$$\begin{pmatrix}-2&1&2\\-2&1&2\\-2&1&2\end{pmatrix}$$

的秩为1，使得 $n-\mathrm{r}(\boldsymbol{E}-\boldsymbol{A})=3-1=2$，它与 $\lambda=1$ 的重数相同，所以必有两个线性无关的特征向量. 所以这个三阶矩阵 $\boldsymbol{A}$ 有3个线性无关的特征向量，它必相似于对角矩阵.

例7 设 n 阶矩阵 $\boldsymbol{A}\neq\boldsymbol{O}$. 如果存在某个正整数 m 使得 $\boldsymbol{A}^m=\boldsymbol{O}$，证明：$\boldsymbol{A}$ 一定不可以对角化.

证 由 $\boldsymbol{A}^m=\boldsymbol{O}$ 知道 $\boldsymbol{A}$ 的特征值必满足 $\lambda^m=0$，即 $\lambda=0$. 如果 $\boldsymbol{A}$ 相似于对角矩阵 $\boldsymbol{\Lambda}$，那么必有 $\boldsymbol{\Lambda}=\boldsymbol{O}$. 由此得 $\boldsymbol{A}=\boldsymbol{O}$，这与 $\boldsymbol{A}\neq\boldsymbol{O}$ 矛盾，所以 $\boldsymbol{A}$ 一定不可以对角化.

习 题 5.2

1. 求下列方阵的特征值，并问能否相似于对角矩阵？若能，则求出其相似标准形.

(1) $\boldsymbol{A}=\begin{pmatrix}5&4&2\\4&5&2\\2&2&2\end{pmatrix}$；　(2) $\boldsymbol{A}=\begin{pmatrix}-1&4&-2\\-3&4&0\\-3&1&3\end{pmatrix}$；

(3) $\boldsymbol{A}=\begin{pmatrix}0&0&0\\0&0&0\\3&0&1\end{pmatrix}$；　(4) $\boldsymbol{A}=\begin{pmatrix}a&1&0\\0&a&1\\0&0&a\end{pmatrix}$；

(5) $\boldsymbol{A}=\begin{pmatrix}0&0&1\\1&1&2\\1&0&0\end{pmatrix}$；　(6) $\boldsymbol{A}=\begin{pmatrix}4&6&0\\-3&-5&0\\-3&-6&1\end{pmatrix}$.

2. 如果 $\boldsymbol{A}=\begin{pmatrix}1&-1&0\\-1&0&0\\0&0&1\end{pmatrix}$ 与 $\boldsymbol{B}=\begin{pmatrix}1&a&0\\-1&0&-1\\0&a&1\end{pmatrix}$ 相似，则 a 必为何值？

3. 求出参数 x 和 y 的值，使 $\boldsymbol{A}=\begin{pmatrix}2&0&0\\0&0&1\\0&1&x\end{pmatrix}$ 与 $\boldsymbol{B}=\begin{pmatrix}2&0&0\\0&y&0\\0&0&-1\end{pmatrix}$ 相似，并求 $\boldsymbol{A}$ 的所有特征向量.

4. 设三阶方阵 $\boldsymbol{A}$ 的特征值 $\lambda_1,\lambda_2,\lambda_3$ 和对应的特征向量如下，求 $\boldsymbol{A}$.

(1) $\lambda_1=1,\lambda_2=0,\lambda_3=-1$；$\boldsymbol{p}_1=\begin{pmatrix}1\\2\\2\end{pmatrix},\boldsymbol{p}_2=\begin{pmatrix}2\\-2\\1\end{pmatrix},\boldsymbol{p}_3=\begin{pmatrix}-2\\-1\\2\end{pmatrix}$；

(2) $\lambda_1=1,\lambda_2=1,\lambda_3=2$；$\boldsymbol{p}_1=\begin{pmatrix}1\\2\\1\end{pmatrix},\boldsymbol{p}_2=\begin{pmatrix}1\\1\\0\end{pmatrix},\boldsymbol{p}_3=\begin{pmatrix}2\\0\\-1\end{pmatrix}$.

5. 问参数 x 为何值时，$\boldsymbol{A}=\begin{pmatrix}-2&0&0\\2&x&2\\3&1&1\end{pmatrix}$ 的特征值为 $-2,-1,2$？并求可逆矩阵 $\boldsymbol{P}$，使 $\boldsymbol{P}^{-1}\boldsymbol{AP}$ 为对角矩阵.

6. 已知 $\boldsymbol{A}=\begin{pmatrix}1&2\\2&1\end{pmatrix}$. 求 $\boldsymbol{A}^k$，这里 k 是任意正整数.

7. 已知二阶矩阵 $\boldsymbol{A}$ 的特征值为 1 和 5，对应的特征向量分别为 $\boldsymbol{p}_1=\begin{pmatrix}-3\\1\end{pmatrix},\boldsymbol{p}_2=\begin{pmatrix}1\\1\end{pmatrix}$. 求 $\boldsymbol{A}$ 与 $\boldsymbol{A}^{10}$.

8. 设 $\boldsymbol{A}=\begin{pmatrix}-1&1&0\\0&2&1\\0&0&3\end{pmatrix}$，如果 $\boldsymbol{A}$ 相似于 $\boldsymbol{B}$，试分别求出 $\boldsymbol{B}^2-2\boldsymbol{B}-\boldsymbol{E}$ 及 $\boldsymbol{B}^{-1}$ 的特征值，其中 $\boldsymbol{E}$ 为三阶单位矩阵.

9. 设方阵 $\boldsymbol{A}$ 与 $\boldsymbol{B}$ 相似，k 是任意的正整数. 证明：$\boldsymbol{A}^k$ 与 $\boldsymbol{B}^k$ 相似.

10. 设 $\boldsymbol{A}$ 为二阶矩阵，且 $|\boldsymbol{A}|<0$. 证明：$\boldsymbol{A}$ 与对角矩阵相似.

5.3　向量内积和正交矩阵

为了引进正交矩阵这一类重要的方阵，我们先介绍两个向量内积的概念.

5.3.1　向量内积

我们知道，在 n 维向量空间 $\mathbf{R}^n$ 中只有加法、减法和数乘三种运算，没有乘法和求逆运算. 因为行向量的转置是列向量，列向量的转置是行向量，所以在取定的向量空间 $\mathbf{R}^n$ 中，也没有转置运算. 但是一对维数相等的行向量与列向量却是可以相乘的，其结果是一个数.

我们仍考虑 n 维行向量空间

$$\mathbf{R}^n=\{\boldsymbol{\alpha}=(a_1,a_2,\cdots,a_n)\mid \forall a_i\in\mathbf{R}\}.$$

定义 5.3.1 两个 n 维行向量 $\boldsymbol{\alpha}=(a_1,a_2,\cdots,a_n)$，$\boldsymbol{\beta}=(b_1,b_2,\cdots,b_n)$ 的内积为

$$(\boldsymbol{\alpha},\boldsymbol{\beta})=\sum_{i=1}^{n}a_ib_i.$$

两个同维向量的内积是对应的分量的乘积之和，它是一个实数.

显然，两个 n 维行向量 $\boldsymbol{\alpha}=(a_1,a_2,\cdots,a_n)$，$\boldsymbol{\beta}=(b_1,b_2,\cdots,b_n)$ 的内积为 $(\boldsymbol{\alpha},\boldsymbol{\beta})=\boldsymbol{\alpha}\boldsymbol{\beta}^{\mathrm{T}}$.

两个 n 维列向量 $\boldsymbol{\alpha}=(a_1,a_2,\cdots,a_n)^{\mathrm{T}}$，$\boldsymbol{\beta}=(b_1,b_2,\cdots,b_n)^{\mathrm{T}}$ 的内积为 $(\boldsymbol{\alpha},\boldsymbol{\beta})=\sum_{i=1}^{n}a_ib_i=\boldsymbol{\alpha}^{\mathrm{T}}\boldsymbol{\beta}$.

关于行向量内积的所有讨论均可以照搬到列向量的内积上，以后不加说明地应用.

例 1 求向量 $\boldsymbol{\alpha}=(-1,-3,-2,7)$ 与 $\boldsymbol{\beta}=(4,-2,1,0)$ 的内积.

解 $(\boldsymbol{\alpha},\boldsymbol{\beta})=(-1)\times4+(-3)\times(-2)+(-2)\times1+7\times0=0$.

向量内积有以下基本性质：对于任取的 $k,l\in\mathbf{R}$，$\boldsymbol{\alpha},\boldsymbol{\beta},\boldsymbol{\gamma}\in\mathbf{R}^n$，有

（1）**对称性** $(\boldsymbol{\alpha},\boldsymbol{\beta})=(\boldsymbol{\beta},\boldsymbol{\alpha})$.

（2）**线性性** $(k\boldsymbol{\alpha},\boldsymbol{\beta})=(\boldsymbol{\alpha},k\boldsymbol{\beta})=k(\boldsymbol{\alpha},\boldsymbol{\beta})$，$(\boldsymbol{\alpha}+\boldsymbol{\beta},\boldsymbol{\gamma})=(\boldsymbol{\alpha},\boldsymbol{\gamma})+(\boldsymbol{\beta},\boldsymbol{\gamma})$.

它们可以合并为 $(k\boldsymbol{\alpha}+l\boldsymbol{\beta},\boldsymbol{\gamma})=k(\boldsymbol{\alpha},\boldsymbol{\gamma})+l(\boldsymbol{\beta},\boldsymbol{\gamma})$.

（3）**正定性** $(\boldsymbol{\alpha},\boldsymbol{\alpha})\geqslant0$，而且 $(\boldsymbol{\alpha},\boldsymbol{\alpha})=0\Leftrightarrow\boldsymbol{\alpha}=\mathbf{0}$.

（4）**施瓦兹（Schwarz）不等式**：

$$(\boldsymbol{\alpha},\boldsymbol{\beta})^2\leqslant(\boldsymbol{\alpha},\boldsymbol{\alpha})(\boldsymbol{\beta},\boldsymbol{\beta}).\tag{5.5}$$

而且式(5.5)中的等号成立当且仅当 $\boldsymbol{\alpha}$ 与 $\boldsymbol{\beta}$ 线性相关.

关于向量内积的前三条性质的证明是显然的，现在证明第(4)个性质.

若 $\boldsymbol{\beta}=\mathbf{0}$，则(5.5)式中的等号显然成立.

设 $\boldsymbol{\beta}\neq\mathbf{0}$，则 $(\boldsymbol{\beta},\boldsymbol{\beta})>0$. 取 $\boldsymbol{\gamma}=\boldsymbol{\alpha}+t\boldsymbol{\beta}$，其中 t 为某个参数，则必有

$$(\boldsymbol{\gamma},\boldsymbol{\gamma})=(\boldsymbol{\alpha}+t\boldsymbol{\beta},\boldsymbol{\alpha}+t\boldsymbol{\beta})=(\boldsymbol{\alpha},\boldsymbol{\alpha})+2(\boldsymbol{\alpha},\boldsymbol{\beta})t+(\boldsymbol{\beta},\boldsymbol{\beta})t^2\geqslant0.$$

特别地，取 $t=-\dfrac{(\boldsymbol{\alpha},\boldsymbol{\beta})}{(\boldsymbol{\beta},\boldsymbol{\beta})}$，就有

$$(\boldsymbol{\alpha},\boldsymbol{\alpha})-2\frac{(\boldsymbol{\alpha},\boldsymbol{\beta})^2}{(\boldsymbol{\beta},\boldsymbol{\beta})}+(\boldsymbol{\beta},\boldsymbol{\beta})\frac{(\boldsymbol{\alpha},\boldsymbol{\beta})^2}{(\boldsymbol{\beta},\boldsymbol{\beta})^2}=(\boldsymbol{\alpha},\boldsymbol{\alpha})-\frac{(\boldsymbol{\alpha},\boldsymbol{\beta})^2}{(\boldsymbol{\beta},\boldsymbol{\beta})}\geqslant0,$$

即 $(\boldsymbol{\alpha},\boldsymbol{\alpha})(\boldsymbol{\beta},\boldsymbol{\beta})-(\boldsymbol{\alpha},\boldsymbol{\beta})^2\geqslant0$. 据此立刻可以证得(5.5)式成立，其中等号成立当且仅当向量 $\boldsymbol{\gamma}=\boldsymbol{\alpha}+t\boldsymbol{\beta}=\mathbf{0}$，即 $\boldsymbol{\alpha}$ 与 $\boldsymbol{\beta}$ 线性相关.

定义 5.3.2 n 维行向量 $\boldsymbol{\alpha}=(a_1,a_2,\cdots,a_n)$ 的**长度**指的是实数 $\|\boldsymbol{\alpha}\|=\sqrt{(\boldsymbol{\alpha},\boldsymbol{\alpha})}$. 当 $\|\boldsymbol{\alpha}\|=1$ 时，称 $\boldsymbol{\alpha}$ 为**单位向量**.

$\boldsymbol{\alpha}=(a_1,a_2,\cdots,a_n)$ 的长度的计算公式为 $\|\boldsymbol{\alpha}\|=\sqrt{\sum_{i=1}^{n}a_i^2}$. 它就是所有分量平方和的正平方根.

$\boldsymbol{\alpha}=(a_1,a_2,\cdots,a_n)$ 为单位向量当且仅当 $\sum_{i=1}^{n}a_i^2=1$.

向量长度有以下三条基本性质：

（1）**非负性** $\|\boldsymbol{\alpha}\|\geqslant0$，且 $\|\boldsymbol{\alpha}\|=0\Leftrightarrow\boldsymbol{\alpha}=\mathbf{0}$.

（2）**齐次性** $\|k\boldsymbol{\alpha}\|=\sqrt{(k\boldsymbol{\alpha},k\boldsymbol{\alpha})}=\sqrt{k^2(\boldsymbol{\alpha},\boldsymbol{\alpha})}=|k|\times\boldsymbol{\alpha}$. 这里，$|k|$ 是数 k 的绝对值.

(3) **三角不等式** $\|\boldsymbol{\alpha}+\boldsymbol{\beta}\| \leqslant \|\boldsymbol{\alpha}\|+\|\boldsymbol{\beta}\|$.

关于向量长度前两条性质的证明是显然的. 现在证明三角不等式. 用施瓦兹不等式

$$(\boldsymbol{\alpha},\boldsymbol{\beta})^2 \leqslant (\boldsymbol{\alpha},\boldsymbol{\alpha})(\boldsymbol{\beta},\boldsymbol{\beta}) = \|\boldsymbol{\alpha}\|^2 \times \|\boldsymbol{\beta}\|^2,$$

即 $|(\boldsymbol{\alpha},\boldsymbol{\beta})| \leqslant \|\boldsymbol{\alpha}\| \times \|\boldsymbol{\beta}\|$. 可以得到不等式:

$$\begin{aligned}\|\boldsymbol{\alpha}+\boldsymbol{\beta}\|^2 &= (\boldsymbol{\alpha}+\boldsymbol{\beta},\boldsymbol{\alpha}+\boldsymbol{\beta}) = (\boldsymbol{\alpha},\boldsymbol{\alpha})+(\boldsymbol{\beta},\boldsymbol{\beta})+2(\boldsymbol{\alpha},\boldsymbol{\beta}) \\ &\leqslant \|\boldsymbol{\alpha}\|^2+\|\boldsymbol{\beta}\|^2+2\|\boldsymbol{\alpha}\| \times \|\boldsymbol{\beta}\| \\ &= (\|\boldsymbol{\alpha}\|+\|\boldsymbol{\beta}\|)^2,\end{aligned}$$

两边开方,即得所需的三角不等式.

三角不等式的几何含义是,平面三角形的两边的长度之和不小于第三边的长度.

在 $\mathbf{R}^n$ 中的 n 个**标准单位向量**

$$\boldsymbol{\varepsilon}_i = (0,\cdots,0,1,0,\cdots,0), \quad i=1,2,\cdots,n,$$

其中第 i 个分量是 1, 其他分量都是 0,当然都是单位向量. 但是, 如果说 $\boldsymbol{\alpha}$ 是单位向量, 那么仅是指它的长度为 1, 并不能说 $\boldsymbol{\alpha}=\boldsymbol{\varepsilon}_i$.

任意一个非零向量 $\boldsymbol{\alpha}=(a_1,a_2,\cdots,a_n)$ 都可以**单位化**:

$$\tilde{\boldsymbol{\alpha}} = \frac{1}{\|\boldsymbol{\alpha}\|} \times \boldsymbol{\alpha}.$$

即用 $\boldsymbol{\alpha}$ 的长度去除 $\boldsymbol{\alpha}$ 中的每一个分量. 事实上,可以验证

$$\|\tilde{\boldsymbol{\alpha}}\| = \left\|\frac{1}{\|\boldsymbol{\alpha}\|}\boldsymbol{\alpha}\right\| = \frac{1}{\|\boldsymbol{\alpha}\|} \times \|\boldsymbol{\alpha}\| = 1.$$

这说明如此求出的 $\tilde{\boldsymbol{\alpha}}$ 必是单位向量.

进一步,若 $\boldsymbol{\beta}=k\boldsymbol{\alpha}\neq\mathbf{0}$,则 $\boldsymbol{\beta}$ 的单位化向量

$$\tilde{\boldsymbol{\beta}} = \frac{1}{\|\boldsymbol{\beta}\|}\boldsymbol{\beta} = \frac{1}{\|k\boldsymbol{\alpha}\|} \times k\boldsymbol{\alpha} = \frac{1}{|k| \times \|\boldsymbol{\alpha}\|} \times k\boldsymbol{\alpha} = \pm\tilde{\boldsymbol{\alpha}}.$$

这说明,当 k 为正数时,$\boldsymbol{\beta}$ 的单位化向量就是 $\boldsymbol{\alpha}$ 的单位化向量;否则,两者异号.

例 2 对于 $\boldsymbol{\alpha}=(1,2,3)$, 有 $\|\boldsymbol{\alpha}\|=\sqrt{14}$,$\tilde{\boldsymbol{\alpha}}=\dfrac{1}{\sqrt{14}}(1,2,3)$.

对于 $\boldsymbol{\beta}=(3,6,9)=3(1,2,3)=3\boldsymbol{\alpha}$, 有

$$\tilde{\boldsymbol{\beta}} = \frac{1}{\|\boldsymbol{\beta}\|} \times \boldsymbol{\beta} = \frac{1}{\|3\boldsymbol{\alpha}\|} \times 3\boldsymbol{\alpha} = \frac{1}{\|\boldsymbol{\alpha}\|} \times \boldsymbol{\alpha} = \tilde{\boldsymbol{\alpha}} = \frac{1}{\sqrt{14}}(1,2,3).$$

因此, 在求 $\boldsymbol{\beta}=k\boldsymbol{\alpha}\neq\mathbf{0},k>0$ 的单位化向量时, 可把正倍数 k 去掉, 直接求 $\boldsymbol{\alpha}$ 的单位化向量.

例 3 设 $\boldsymbol{\alpha},\boldsymbol{\beta},\boldsymbol{\gamma}\in\mathbf{R}^n$,$n>1$,则

(1) $(\boldsymbol{\alpha},\boldsymbol{\beta})\boldsymbol{\gamma}-(\boldsymbol{\alpha},\boldsymbol{\alpha})(\boldsymbol{\gamma},\boldsymbol{\beta})$,$((\boldsymbol{\alpha},\boldsymbol{\beta})\boldsymbol{\gamma},\boldsymbol{\gamma})+2\boldsymbol{\alpha}$ 都是无意义的表示式. 因为,维数大于 1 的向量与数不能相减和相加.

(2) 因为一维向量 $\boldsymbol{\alpha}=(a)$ 就是一个数 a,所以,它的长度 $\|\boldsymbol{\alpha}\|$ 就是数 a 的绝对值 $|a|$. 例如,$\boldsymbol{\alpha}=(6)$ 就是实数轴上的点 $x=6$, 对应向量的长度当然是 6.

(3) 当 $\boldsymbol{\beta}\neq\mathbf{0}$ 时,$\left(\boldsymbol{\alpha},\dfrac{\boldsymbol{\beta}}{\|\boldsymbol{\beta}\|}\right)\boldsymbol{\gamma}$ 是向量. 当 $\boldsymbol{\beta}=\mathbf{0}$ 时,它无意义.

定义 5.3.3 设 $\boldsymbol{\alpha}=(a_1,a_2,\cdots,a_n)$,$\boldsymbol{\beta}=(b_1,b_2,\cdots,b_n)\in\mathbf{R}^n$. 如果 $(\boldsymbol{\alpha},\boldsymbol{\beta})=0$,则称 $\boldsymbol{\alpha}$ 与 $\boldsymbol{\beta}$ 正交, 记为 $\boldsymbol{\alpha}\perp\boldsymbol{\beta}$.

两个向量 $\boldsymbol{\alpha}=(a_1,a_2,\cdots,a_n)$ 与 $\boldsymbol{\beta}=(b_1,b_2,\cdots,b_n)$ 正交当且仅当 $\sum_{i=1}^{n}a_ib_i=0$.

由此定义可知，零向量与任意同维的向量都正交. 反之，如果某个 n 维向量 $\boldsymbol{\alpha}$ 与 $\mathbf{R}^n$ 中的任意一个向量都正交，那么 $\boldsymbol{\alpha}$ 当然与 $\boldsymbol{\alpha}$ 正交. 于是，由 $(\boldsymbol{\alpha},\boldsymbol{\alpha})=0$ 知道必有 $\boldsymbol{\alpha}=\mathbf{0}$.

例 4 取定 $\boldsymbol{\alpha}\in\mathbf{R}^n$. 考虑在 $\mathbf{R}^n$ 中与此 $\boldsymbol{\alpha}$ 正交的所有向量全体

$$V=\{\boldsymbol{x}\mid\boldsymbol{x}\in\mathbf{R}^n,(\boldsymbol{\alpha},\boldsymbol{x})=0\}.$$

证明：V 必是 $\mathbf{R}^n$ 中的子空间. 称 V 为 $\boldsymbol{\alpha}$ 在 $\mathbf{R}^n$ 中的正交子空间.

证 首先，由 $\mathbf{0}\in V$ 知道 $V\neq\varnothing$.

其次，任取 $\boldsymbol{x},\boldsymbol{y}\in V$，则由 $(\boldsymbol{\alpha},\boldsymbol{x})=(\boldsymbol{\alpha},\boldsymbol{y})=0$ 知道，

$$(\boldsymbol{\alpha},k\boldsymbol{x}+l\boldsymbol{y})=k(\boldsymbol{\alpha},\boldsymbol{x})+l(\boldsymbol{\alpha},\boldsymbol{y})=0,\quad \text{这里 } k,l \text{ 为任意实数}.$$

这说明 $k\boldsymbol{x}+l\boldsymbol{y}\in V$. 所以 V 是 $\mathbf{R}^n$ 中的子空间.

例 5 (1) 在 $\mathbf{R}^2$ 中，与 $\boldsymbol{\alpha}=(2,4)$ 正交的向量 (x,y) 一定满足

$$2x+4y=0,\quad \text{即}\quad y=-0.5x.$$

(2) 在 $\mathbf{R}^3$ 中，与 $\boldsymbol{\alpha}=(1,1,1)$ 正交的向量 (x,y,z) 一定满足 $x+y+z=0$.

定义 5.3.4 如果一个向量组中不含零向量，且其中任意两个向量都是正交的(简称为**两两正交**)，则称这个向量组为**正交向量组**.

定义 5.3.5 若 $S=\{\boldsymbol{\alpha}_1,\boldsymbol{\alpha}_2,\cdots,\boldsymbol{\alpha}_m\}$，$2\leqslant m\leqslant n$ 是 $\mathbf{R}^n$ 中的一个正交向量组，且其中每个向量都是单位向量，则称这个向量组为**标准正交向量组**.

我们常把标准正交向量组所满足的两个条件合并写成内积等式

$$(\boldsymbol{\alpha}_i,\boldsymbol{\alpha}_j)=\delta_{ij}=\begin{cases}1, & i=j,\\ 0, & i\neq j,\end{cases}$$

其中专用记号 δ_{ij} 称为**克罗内克(Kronecker)符号**.

确切地说，这种向量组应该称为**两两正交的单位向量组**. 为了简洁起见，习惯上称为标准正交向量组. 这里的“标准向量”指的是“单位向量”，而并非限指前面所述的标准单位向量 $\boldsymbol{\varepsilon}_i$.

例 6 在 $\mathbf{R}^3$ 中，$\boldsymbol{\varepsilon}_1=(1,0,0)$，$\boldsymbol{\varepsilon}_2=(0,1,0)$，$\boldsymbol{\varepsilon}_3=(0,0,1)$，显然是标准正交向量组.

不难直接验证以下 3 个三维向量也是 $\mathbf{R}^3$ 中的标准正交向量组：

$$\boldsymbol{\alpha}_1=\frac{1}{3}(2,-1,2),\quad \boldsymbol{\alpha}_2=\frac{1}{3}(2,2,-1),\quad \boldsymbol{\alpha}_3=\frac{1}{3}(1,-2,-2).$$

例 7 求出非零向量 $\boldsymbol{\gamma}$，使得 $\boldsymbol{\gamma}$ 与 $\boldsymbol{\alpha}=(1,1,1)$ 和 $\boldsymbol{\beta}=(1,-2,1)$ 都正交.

解 设 $\boldsymbol{\gamma}=(x_1,x_2,x_3)$，则由向量正交定义知道，必有

$$\begin{cases}x_1+\ \ x_2+x_3=0,\\ x_1-2x_2+x_3=0.\end{cases}$$

其一般解为 $x_2=0$，$x_3=-x_1$. 于是 $\boldsymbol{\gamma}=(a,0,-a)$，$a$ 为任意实数.

定理 5.3.1 正交向量组一定是线性无关组.

证 设 $\boldsymbol{\alpha}_1,\boldsymbol{\alpha}_2,\cdots,\boldsymbol{\alpha}_m$，$m\geqslant 2$ 是一个正交向量组. 如果有向量等式

$$k_1\boldsymbol{\alpha}_1+k_2\boldsymbol{\alpha}_2+\cdots+k_m\boldsymbol{\alpha}_m=\mathbf{0},$$

则由向量之间的两两正交性知道，对于任意一个 $\boldsymbol{\alpha}_i$，$1\leqslant i\leqslant m$，必有

$$(k_1\boldsymbol{\alpha}_1+\cdots+k_i\boldsymbol{\alpha}_i+\cdots+k_m\boldsymbol{\alpha}_m,\boldsymbol{\alpha}_i)=(\mathbf{0},\boldsymbol{\alpha}_i)=0,$$

$$k_1(\boldsymbol{\alpha}_1,\boldsymbol{\alpha}_i)+\cdots+k_i(\boldsymbol{\alpha}_i,\boldsymbol{\alpha}_i)+\cdots+k_m(\boldsymbol{\alpha}_m,\boldsymbol{\alpha}_i)=k_i(\boldsymbol{\alpha}_i,\boldsymbol{\alpha}_i)=0.$$

由 $\boldsymbol{\alpha}_i\neq\mathbf{0}$ 和 $(\boldsymbol{\alpha}_i,\boldsymbol{\alpha}_i)\neq0$ 知道 $k_i=0,i=1,2,\cdots,m$. 于是, $\boldsymbol{\alpha}_1,\boldsymbol{\alpha}_2,\cdots,\boldsymbol{\alpha}_m$ 为线性无关组.

因为线性无关向量组未必是正交向量组，所以自然会提出问题：如何根据已给的线性无关向量组，构造出与它等价的正交向量组. 为此，我们介绍**施密特(Schmidt)正交化方法.**

如果已经给出含有 m 个向量的线性无关向量组 $S=\{\boldsymbol{\alpha}_1,\boldsymbol{\alpha}_2,\cdots,\boldsymbol{\alpha}_m\}$，那么一定可以按以下步骤得到正交向量组 $T=\{\boldsymbol{\beta}_1,\boldsymbol{\beta}_2,\cdots,\boldsymbol{\beta}_m\}$.

施密特正交化方法的计算步骤如下. 利用向量内积可依次求出所需的向量：

$$\boldsymbol{\beta}_1=\boldsymbol{\alpha}_1,$$

$$\boldsymbol{\beta}_2=\boldsymbol{\alpha}_2-\frac{(\boldsymbol{\alpha}_2,\boldsymbol{\beta}_1)}{(\boldsymbol{\beta}_1,\boldsymbol{\beta}_1)}\boldsymbol{\beta}_1,$$

$$\boldsymbol{\beta}_3=\boldsymbol{\alpha}_3-\frac{(\boldsymbol{\alpha}_3,\boldsymbol{\beta}_1)}{(\boldsymbol{\beta}_1,\boldsymbol{\beta}_1)}\boldsymbol{\beta}_1-\frac{(\boldsymbol{\alpha}_3,\boldsymbol{\beta}_2)}{(\boldsymbol{\beta}_2,\boldsymbol{\beta}_2)}\boldsymbol{\beta}_2,$$

$$\boldsymbol{\beta}_k=\boldsymbol{\alpha}_k-\frac{(\boldsymbol{\alpha}_k,\boldsymbol{\beta}_1)}{(\boldsymbol{\beta}_1,\boldsymbol{\beta}_1)}\boldsymbol{\beta}_1-\frac{(\boldsymbol{\alpha}_k,\boldsymbol{\beta}_2)}{(\boldsymbol{\beta}_2,\boldsymbol{\beta}_2)}\boldsymbol{\beta}_2-\cdots\cdots-\frac{(\boldsymbol{\alpha}_k,\boldsymbol{\beta}_{k-1})}{(\boldsymbol{\beta}_{k-1},\boldsymbol{\beta}_{k-1})}\boldsymbol{\beta}_{k-1},$$

$$\cdots\cdots\cdots\cdots$$

$$\boldsymbol{\beta}_m=\boldsymbol{\alpha}_m-\frac{(\boldsymbol{\alpha}_m,\boldsymbol{\beta}_1)}{(\boldsymbol{\beta}_1,\boldsymbol{\beta}_1)}\boldsymbol{\beta}_1-\frac{(\boldsymbol{\alpha}_m,\boldsymbol{\beta}_2)}{(\boldsymbol{\beta}_2,\boldsymbol{\beta}_2)}\boldsymbol{\beta}_2-\cdots-\frac{(\boldsymbol{\alpha}_m,\boldsymbol{\beta}_{m-1})}{(\boldsymbol{\beta}_{m-1},\boldsymbol{\beta}_{m-1})}\boldsymbol{\beta}_{m-1}.$$

为了证明 T 中的向量一定是两两正交的，对上述各式中的组合系数，我们引进统一记号：

$$a_{kj}=\frac{(\boldsymbol{\alpha}_k,\boldsymbol{\beta}_j)}{(\boldsymbol{\beta}_j,\boldsymbol{\beta}_j)},$$

于是必有

$$(\boldsymbol{\alpha}_k,\boldsymbol{\beta}_j)-a_{kj}(\boldsymbol{\beta}_j,\boldsymbol{\beta}_j)=0.$$

现在可以用归纳法证明：T 中的向量一定是两两正交的. 首先，

$$(\boldsymbol{\beta}_2,\boldsymbol{\beta}_1)=(\boldsymbol{\alpha}_2-a_{21}\boldsymbol{\beta}_1,\boldsymbol{\beta}_1)=(\boldsymbol{\alpha}_2,\boldsymbol{\beta}_1)-a_{21}(\boldsymbol{\beta}_1,\boldsymbol{\beta}_1)=0.$$

假设已经证明了 $\{\boldsymbol{\beta}_1,\boldsymbol{\beta}_2,\cdots,\boldsymbol{\beta}_{k-1}\}$ 为正交向量组，那么，对于任意一个 j，$1\leqslant j\leqslant k-1$，都有

$$\begin{aligned}(\boldsymbol{\beta}_k,\boldsymbol{\beta}_j)&=(\boldsymbol{\alpha}_k-a_{k1}\boldsymbol{\beta}_1-\cdots-a_{kj}\boldsymbol{\beta}_j-\cdots-a_{k,k-1}\boldsymbol{\beta}_{k-1},\boldsymbol{\beta}_j)\\&=(\boldsymbol{\alpha}_k,\boldsymbol{\beta}_j)-a_{kj}(\boldsymbol{\beta}_j,\boldsymbol{\beta}_j)=0.\end{aligned}$$

因此 $T=\{\boldsymbol{\beta}_1,\boldsymbol{\beta}_2,\cdots,\boldsymbol{\beta}_m\}$ 即为所求的正交向量组.

可以证明，$S=\{\boldsymbol{\alpha}_1,\boldsymbol{\alpha}_2,\cdots,\boldsymbol{\alpha}_m\}$ 与 $T=\{\boldsymbol{\beta}_1,\boldsymbol{\beta}_2,\cdots,\boldsymbol{\beta}_m\}$ 是两个等价的向量组.

首先，根据向量组 $T=\{\boldsymbol{\beta}_1,\boldsymbol{\beta}_2,\cdots,\boldsymbol{\beta}_m\}$ 的构造方法知道，$T=\{\boldsymbol{\beta}_1,\boldsymbol{\beta}_2,\cdots,\boldsymbol{\beta}_m\}$ 可由 $S=\{\boldsymbol{\alpha}_1,\boldsymbol{\alpha}_2,\cdots,\boldsymbol{\alpha}_m\}$ 线性表出. 反之，$S=\{\boldsymbol{\alpha}_1,\boldsymbol{\alpha}_2,\cdots,\boldsymbol{\alpha}_m\}$ 也可由 $T=\{\boldsymbol{\beta}_1,\boldsymbol{\beta}_2,\cdots,\boldsymbol{\beta}_m\}$ 线性表出. 例如，由下面的表示式易知 $S=\{\boldsymbol{\alpha}_1,\boldsymbol{\alpha}_2,\cdots,\boldsymbol{\alpha}_m\}$ 与 $T=\{\boldsymbol{\beta}_1,\boldsymbol{\beta}_2,\cdots,\boldsymbol{\beta}_m\}$ 可以互相线性表出：

$$\begin{aligned}&\boldsymbol{\beta}_1=\boldsymbol{\alpha}_1,\\&\boldsymbol{\beta}_2=\boldsymbol{\alpha}_2-a_{21}\boldsymbol{\beta}_1=\boldsymbol{\alpha}_2-a_{21}\boldsymbol{\alpha}_1,\\&\boldsymbol{\beta}_3=\boldsymbol{\alpha}_3-a_{31}\boldsymbol{\beta}_1-a_{32}\boldsymbol{\beta}_2=\boldsymbol{\alpha}_3-a_{31}\boldsymbol{\alpha}_1-a_{32}(\boldsymbol{\alpha}_2-a_{21}\boldsymbol{\alpha}_1)\\&\quad=\boldsymbol{\alpha}_3-a_{32}\boldsymbol{\alpha}_2-(a_{31}-a_{32}a_{21})\boldsymbol{\alpha}_1,\\&\cdots\cdots\cdots\cdots.\end{aligned}$$

因为 S 是线性无关的向量组，所以每一个 $\boldsymbol{\beta}_k\neq\mathbf{0}$，于是一定可以把 $T=\{\boldsymbol{\beta}_1,\boldsymbol{\beta}_2,\cdots,\boldsymbol{\beta}_m\}$ 中的每一个向量都单位化，得到标准正交向量组 $\widetilde{\boldsymbol{T}}=\{\widetilde{\boldsymbol{\beta}}_1,\widetilde{\boldsymbol{\beta}}_2,\cdots,\widetilde{\boldsymbol{\beta}}_m\}$.

例8 将 $\boldsymbol{\alpha}_1=\begin{pmatrix}0\\1\\1\end{pmatrix},\boldsymbol{\alpha}_2=\begin{pmatrix}0\\-1\\2\end{pmatrix},\boldsymbol{\alpha}_3=\begin{pmatrix}1\\-1\\-1\end{pmatrix}$ 标准正交化.

解 $\boldsymbol{\beta}_1=\boldsymbol{\alpha}_1=\begin{pmatrix}0\\1\\1\end{pmatrix}$.

$$\boldsymbol{\beta}_2=\boldsymbol{\alpha}_2-\frac{(\boldsymbol{\alpha}_2,\boldsymbol{\beta}_1)}{(\boldsymbol{\beta}_1,\boldsymbol{\beta}_1)}\boldsymbol{\beta}_1=\begin{pmatrix}0\\-1\\2\end{pmatrix}-\frac{1}{2}\begin{pmatrix}0\\1\\1\end{pmatrix}=\frac{3}{2}\begin{pmatrix}0\\-1\\1\end{pmatrix}.$$

$$\boldsymbol{\beta}_3=\boldsymbol{\alpha}_3-\frac{(\boldsymbol{\alpha}_3,\boldsymbol{\beta}_1)}{(\boldsymbol{\beta}_1,\boldsymbol{\beta}_1)}\boldsymbol{\beta}_1-\frac{(\boldsymbol{\alpha}_3,\boldsymbol{\beta}_2)}{(\boldsymbol{\beta}_2,\boldsymbol{\beta}_2)}\boldsymbol{\beta}_2=\begin{pmatrix}1\\-1\\-1\end{pmatrix}-\frac{-2}{2}\begin{pmatrix}0\\1\\1\end{pmatrix}-\frac{0}{(\boldsymbol{\beta}_2,\boldsymbol{\beta}_2)}\boldsymbol{\beta}_2=\begin{pmatrix}1\\0\\0\end{pmatrix}.$$

再把它们单位化可以求得

$$\tilde{\boldsymbol{\beta}}_1=\frac{1}{\sqrt{2}}\begin{pmatrix}0\\1\\1\end{pmatrix},\quad \tilde{\boldsymbol{\beta}}_2=\frac{1}{\sqrt{2}}\begin{pmatrix}0\\-1\\1\end{pmatrix},\quad \tilde{\boldsymbol{\beta}}_3=\boldsymbol{\beta}_3=\begin{pmatrix}1\\0\\0\end{pmatrix}.$$

5.3.2 正交矩阵

定义5.3.6 如果 n 阶实矩阵 $\boldsymbol{A}$ 满足 $\boldsymbol{A}\boldsymbol{A}^{\mathrm{T}}=\boldsymbol{E}$，则称 $\boldsymbol{A}$ 为**正交矩阵**.

例9 证明 $\begin{pmatrix}\cos\theta & \sin\theta\\-\sin\theta & \cos\theta\end{pmatrix}$ 与 $\begin{pmatrix}\cos\theta & \sin\theta\\\sin\theta & -\cos\theta\end{pmatrix}$ 都是正交矩阵.

证

$$\begin{pmatrix}\cos\theta & \sin\theta\\-\sin\theta & \cos\theta\end{pmatrix}\begin{pmatrix}\cos\theta & -\sin\theta\\\sin\theta & \cos\theta\end{pmatrix}=\begin{pmatrix}1 & 0\\0 & 1\end{pmatrix}.$$

$$\begin{pmatrix}\cos\theta & \sin\theta\\\sin\theta & -\cos\theta\end{pmatrix}\begin{pmatrix}\cos\theta & \sin\theta\\\sin\theta & -\cos\theta\end{pmatrix}=\begin{pmatrix}1 & 0\\0 & 1\end{pmatrix}.$$

正交矩阵的基本性质 设 $\boldsymbol{A}$ 是 n 阶正交矩阵，则有以下结论：

(1) $|\boldsymbol{A}|=\pm1$.

事实上，对 $\boldsymbol{A}\boldsymbol{A}^{\mathrm{T}}=\boldsymbol{E}$ 用行列式乘法规则和行列式性质 $|\boldsymbol{A}^{\mathrm{T}}|=|\boldsymbol{A}|$ 知道，有 $|\boldsymbol{A}|^2=1$，所以必有 $|\boldsymbol{A}|=\pm1$.

但反之则不然. 行列式为 ±1 的方阵未必是正交矩阵. 例如，$\boldsymbol{A}=\begin{pmatrix}1 & 1\\0 & 1\end{pmatrix}$ 不是正交矩阵.

(2) $\boldsymbol{A}^{-1}=\boldsymbol{A}^{\mathrm{T}}$.

事实上，由 $\boldsymbol{A}\boldsymbol{A}^{\mathrm{T}}=\boldsymbol{E}$ 立得 $\boldsymbol{A}^{-1}=\boldsymbol{A}^{\mathrm{T}}$. 这就是说，正交矩阵的逆矩阵就是它的转置矩阵.

(3) 正交矩阵的转置矩阵和逆矩阵也是正交矩阵.

事实上，有

$$\boldsymbol{A}\boldsymbol{A}^{\mathrm{T}}=\boldsymbol{E}\Leftrightarrow\boldsymbol{A}^{\mathrm{T}}=\boldsymbol{A}^{-1}\Leftrightarrow\boldsymbol{A}^{\mathrm{T}}\boldsymbol{A}=\boldsymbol{E}.$$

即 $\boldsymbol{A}^{\mathrm{T}}(\boldsymbol{A}^{\mathrm{T}})^{\mathrm{T}}=\boldsymbol{E}$ 这说明正交矩阵的转置矩阵和逆矩阵也是正交矩阵.

(4) 正交矩阵 $\boldsymbol{A}$ 的伴随矩阵 $\boldsymbol{A}^*$ 必是正交矩阵.

事实上，因为 $AA^*=|A|E$，所以 $A^*=|A|A^{-1}=|A|A^{\mathrm{T}}$. 于是由

$$A^*(A^*)^{\mathrm{T}}=(|A|A^{\mathrm{T}})(|A|A^{\mathrm{T}})^{\mathrm{T}}=|A|^2A^{\mathrm{T}}A=E$$

知道，正交矩阵 A 的伴随矩阵 A^* 必是正交矩阵.

(5) 对于任意 n 维列向量 α,β 都有内积等式 $(A\alpha,A\beta)=(\alpha,\beta)$.

事实上，注意到 $A\alpha$ 是列向量，必有内积等式

$$(A\alpha,A\beta)=(A\alpha)^{\mathrm{T}}(A\beta)=\alpha^{\mathrm{T}}A^{\mathrm{T}}A\beta=\alpha^{\mathrm{T}}\beta=(\alpha,\beta).$$

因此，$\|A\alpha\|=\|\alpha\|$，以及 $(\alpha,\beta)=0\Leftrightarrow(A\alpha,A\beta)=0$.

定义 5.3.7　设 A 是 n 阶正交矩阵，x,y 是两个 n 维列向量，则称线性变换 $y=Ax$ 为正交变换.

当 A 是 n 阶正交矩阵时，由内积等式 $(A\alpha,A\beta)=(\alpha,\beta)$ 说明，正交变换一定不改变任何两个向量的内积，因此，也不改变向量的长度，而且还保持两个向量之间的正交性不变. 因此，正交变换一定把标准正交向量组变成标准正交向量组.

定理 5.3.2　两个同阶的正交矩阵的乘积一定是正交矩阵.

证　当 $AA^{\mathrm{T}}=E,BB^{\mathrm{T}}=E$ 时，必有

$$(AB)(AB)^{\mathrm{T}}=B^{\mathrm{T}}A^{\mathrm{T}}AB=E.$$

这个结论可推广到有限个正交矩阵相乘的情形，即有限个正交矩阵的乘积一定是正交矩阵. 例如，若 A,B,C 都是 n 阶正交矩阵，则由

$$(ABC)(ABC)^{\mathrm{T}}=ABCC^{\mathrm{T}}B^{\mathrm{T}}A^{\mathrm{T}}=E$$

知道，ABC 是正交矩阵.

定理 5.3.3　n 阶实方阵 A 是正交矩阵 $\Leftrightarrow A$ 的 n 个行向量是标准正交向量组 $\Leftrightarrow A$ 的 n 个列向量是标准正交向量组.

我们以 $n=3$ 为例示范证明如下. 它可直接推广到 n 阶正交矩阵的情形.

设三阶正交矩阵 A 的 3 个行向量为 $\alpha_1,\alpha_2,\alpha_3$，则由分块矩阵运算法则得到

$$AA^{\mathrm{T}}=\begin{pmatrix}\alpha_1\\ \alpha_2\\ \alpha_3\end{pmatrix}(\alpha_1^{\mathrm{T}},\alpha_2^{\mathrm{T}},\alpha_3^{\mathrm{T}})=\begin{pmatrix}\alpha_1\alpha_1^{\mathrm{T}} & \alpha_1\alpha_2^{\mathrm{T}} & \alpha_1\alpha_3^{\mathrm{T}}\\ \alpha_2\alpha_1^{\mathrm{T}} & \alpha_2\alpha_2^{\mathrm{T}} & \alpha_2\alpha_3^{\mathrm{T}}\\ \alpha_3\alpha_1^{\mathrm{T}} & \alpha_3\alpha_2^{\mathrm{T}} & \alpha_3\alpha_3^{\mathrm{T}}\end{pmatrix}.$$

所以

$$AA^{\mathrm{T}}=E\Leftrightarrow\alpha_i\alpha_j^{\mathrm{T}}=\begin{cases}1, & i=j,\\ 0, & i\neq j.\end{cases}$$

这就证明了 A 是正交矩阵当且仅当 $\alpha_1,\alpha_2,\alpha_3$ 是标准正交向量组.

同理，设三阶方阵 A 的 3 个列向量为 β_1,β_2,β_3，则由

$$A^{\mathrm{T}}A=\begin{pmatrix}\beta_1^{\mathrm{T}}\\ \beta_2^{\mathrm{T}}\\ \beta_3^{\mathrm{T}}\end{pmatrix}(\beta_1,\beta_2,\beta_3)=\begin{pmatrix}\beta_1^{\mathrm{T}}\beta_1 & \beta_1^{\mathrm{T}}\beta_2 & \beta_1^{\mathrm{T}}\beta_3\\ \beta_2^{\mathrm{T}}\beta_1 & \beta_2^{\mathrm{T}}\beta_2 & \beta_2^{\mathrm{T}}\beta_3\\ \beta_3^{\mathrm{T}}\beta_1 & \beta_3^{\mathrm{T}}\beta_2 & \beta_3^{\mathrm{T}}\beta_3\end{pmatrix}=\begin{pmatrix}1 & 0 & 0\\ 0 & 1 & 0\\ 0 & 0 & 1\end{pmatrix}$$

$$\Leftrightarrow\beta_i^{\mathrm{T}}\beta_j=\begin{cases}1, & i=j,\\ 0, & i\neq j\end{cases}$$

知道，A 是正交矩阵当且仅当 β_1,β_2,β_3 是标准正交向量组.

实际上，A 的行向量组就是 A^{T} 的列向量组，A 是正交矩阵当且仅当 A^{T} 是正交矩阵. 所以上述两个判别方法是一致的，只要对行向量组或列向量组检验标准正交性就行了.

例 10 根据定理 5.3.3 可以直接验证以下 3 个方阵都是正交矩阵:

$$A_1=\frac{1}{3}\begin{pmatrix}2&-1&2\\-1&2&2\\2&2&-1\end{pmatrix},\quad A_2=\begin{pmatrix}0&\frac{1}{\sqrt{2}}&-\frac{1}{\sqrt{2}}\\-\frac{2}{\sqrt{6}}&\frac{1}{\sqrt{6}}&\frac{1}{\sqrt{6}}\\\frac{1}{\sqrt{3}}&\frac{1}{\sqrt{3}}&\frac{1}{\sqrt{3}}\end{pmatrix},$$

$$A_3=\begin{pmatrix}\frac{1}{2}&-\frac{1}{2}&\frac{1}{2}&-\frac{1}{2}\\\frac{1}{2}&-\frac{1}{2}&-\frac{1}{2}&\frac{1}{2}\\\frac{1}{\sqrt{2}}&\frac{1}{\sqrt{2}}&0&0\\0&0&\frac{1}{\sqrt{2}}&\frac{1}{\sqrt{2}}\end{pmatrix}.$$

验证方法如下:每个行向量中的各个分量的平方之和都为 1,而且任意两个行向量中对应分量乘积之和都为 0.

例 11 设 x 为 n 维单位列向量,证明:$H=E-2xx^T$ 是对称矩阵和正交矩阵,而且有

$$Hx=-x.$$

证 可以直接验证 $H^T=(E-2xx^T)^T=E-2xx^T=H$. 这说明 H 是对称矩阵.

因为 x 为 n 维单位列向量,必有 $x^Tx=(x,x)=\|x\|^2=1$. 据此,即可证得

$$\begin{aligned}HH^T&=(E-2xx^T)(E-2xx^T)=E-4xx^T+4xx^Txx^T\\&=E-4xx^T+4x(x^Tx)x^T\\&=E-4xx^T+4xx^T=E.\end{aligned}$$

这说明 H 是正交矩阵. 仍利用 $x^Tx=1$ 可直接验证

$$Hx=(E-2xx^T)x=x-2xx^Tx=x-2x=-x.$$

注意 由 x 为 n 维单位列向量知道,$x^Tx=1$. 但是 xx^T 却是 n 阶对称矩阵. 两者截然不同. 所以不能说 $H=E-2xx^T=E-2$,也不能说 $H=E-2xx^T=E-2E=-E$.

如果把 H 看成一面镜子,站在镜子前面的人与他在镜中所成的像,正好是与镜面的距离相等但方向相反. 这就是 $Hx=-x$ 的含义. 所以常称 H 为**镜像矩阵**.

定理 5.3.4 设 A 是 n 阶正交矩阵,λ 是 A 的任意一个特征值,则 $\lambda\neq 0$ 而且 $\frac{1}{\lambda}$ 也是 A 的特征值.

证 因为 $\prod_{i=1}^{n}\lambda_i=|A|=\pm 1\neq 0$,所以,$A$ 的任意一个特征值 $\lambda_i\neq 0$.

当 $Ap=\lambda p$ 时,必有 $A^Tp=A^{-1}p=\frac{1}{\lambda}p$,这说明 $\frac{1}{\lambda}$ 是 A^T 的特征值. 因为 A 和 A^T 必有相同的特征值,所以 $\frac{1}{\lambda}$ 也是 A 的特征值.

例 12 设 $\alpha_1=\frac{1}{3}\begin{pmatrix}1\\2\\2\end{pmatrix}$. 求正交矩阵 A,使得 α_1 是 A 的第 1 列.

解 设 $\boldsymbol{A}=(\boldsymbol{\alpha}_1,\boldsymbol{\alpha}_2,\boldsymbol{\alpha}_3)$，则 $\boldsymbol{\alpha}_2,\boldsymbol{\alpha}_3$ 应为方程 $x_1+2x_2+2x_2=0$ 的两个互相正交的单位解向量.

该方程的一个基础解系为 $\boldsymbol{\xi}_1=\begin{pmatrix}-2\\1\\0\end{pmatrix},\boldsymbol{\xi}_2=\begin{pmatrix}-2\\0\\1\end{pmatrix}$. 将 $\boldsymbol{\xi}_1,\boldsymbol{\xi}_2$ 用施密特方法标准正交化，便可得 $\boldsymbol{\alpha}_2,\boldsymbol{\alpha}_3$. 令

$$\boldsymbol{\beta}_1=\boldsymbol{\xi}_1=\begin{pmatrix}-2\\1\\0\end{pmatrix},$$

$$\boldsymbol{\beta}_2=\boldsymbol{\xi}_2-\frac{(\boldsymbol{\xi}_2,\boldsymbol{\beta}_1)}{(\boldsymbol{\beta}_1,\boldsymbol{\beta}_1)}\boldsymbol{\beta}_1=\begin{pmatrix}-2\\0\\1\end{pmatrix}-\frac{4}{5}\begin{pmatrix}-2\\1\\0\end{pmatrix}=-\frac{1}{5}\begin{pmatrix}2\\4\\-5\end{pmatrix}.$$

取

$$\boldsymbol{\alpha}_2=\frac{\boldsymbol{\beta}_1}{\|\boldsymbol{\beta}_1\|}=\frac{1}{\sqrt{5}}\begin{pmatrix}-2\\1\\0\end{pmatrix},\quad \boldsymbol{\alpha}_3=\frac{\boldsymbol{\beta}_2}{\|\boldsymbol{\beta}_2\|}=\frac{1}{\sqrt{45}}\begin{pmatrix}2\\4\\-5\end{pmatrix}.$$

令

$$\boldsymbol{A}=(\boldsymbol{\alpha}_1,\boldsymbol{\alpha}_2,\boldsymbol{\alpha}_3)=\begin{pmatrix}\frac{1}{3} & -\frac{2}{\sqrt{5}} & \frac{2}{\sqrt{45}}\\ \frac{2}{3} & \frac{1}{\sqrt{5}} & \frac{4}{\sqrt{45}}\\ \frac{2}{3} & 0 & -\frac{5}{\sqrt{45}}\end{pmatrix},$$

则 $\boldsymbol{A}$ 即为所求.

习　题　5.3

1. 设 $\boldsymbol{\alpha}=(-1,1)^{\mathrm{T}},\boldsymbol{\beta}=(4,-2)^{\mathrm{T}}$，求 $\left(\left[(\boldsymbol{\alpha},\boldsymbol{\alpha})\boldsymbol{\beta}-\frac{1}{3}(\boldsymbol{\alpha},\boldsymbol{\beta})\boldsymbol{\alpha}\right],6\boldsymbol{\alpha}\right)$.

2. 求参数 k 的值，使得 $\boldsymbol{\alpha}=\left(\frac{1}{3}k,\frac{1}{2}k,k\right)^{\mathrm{T}}$ 是单位向量.

3. 将下列向量单位化：

   (1) $\boldsymbol{\alpha}=(1,-2,2)^{\mathrm{T}}$；　　(2) $\boldsymbol{\beta}=(3,0,-2,-1)^{\mathrm{T}}$.

4. 用施密特正交化方法，将向量组 $\boldsymbol{\alpha}_1=\begin{pmatrix}0\\1\\1\end{pmatrix},\boldsymbol{\alpha}_2=\begin{pmatrix}1\\1\\0\end{pmatrix},\boldsymbol{\alpha}_3=\begin{pmatrix}1\\0\\1\end{pmatrix}$ 化为正交的单位向量组.

5. 求出 $\boldsymbol{\alpha}=\left(0,x,-\frac{1}{\sqrt{2}}\right)^{\mathrm{T}}$ 与 $\boldsymbol{\beta}=\left(y,\frac{1}{2},\frac{1}{2}\right)^{\mathrm{T}}$ 构成标准正交向量组的充要条件.

6. (1) 在 $\mathbf{R}^3$ 中求出与 $\boldsymbol{\alpha}=(1,-1,1)^{\mathrm{T}},\boldsymbol{\beta}=(-1,1,1)^{\mathrm{T}}$ 都正交的向量组.

   (2) 在 $\mathbf{R}^3$ 中求出与 $\boldsymbol{\alpha}=(1,-1,0)^{\mathrm{T}}$ 正交的向量组.

7. 已知在 $\mathbf{R}^3$ 中有某个非零向量同时垂直于以下三个向量：

$$\boldsymbol{\alpha}_1=(1,0,2)^{\mathrm{T}},\quad \boldsymbol{\alpha}_2=(-1,1,-3)^{\mathrm{T}},\quad \boldsymbol{\alpha}_3=(2,-1,\lambda)^{\mathrm{T}}.$$

试求出其中参数 λ 的值.

8. 判定下列矩阵是否为正交矩阵：

(1) $\dfrac{1}{\sqrt{2}}\begin{pmatrix}1&0&1\\-1&0&1\\0&\sqrt{2}&0\end{pmatrix}$；　(2) $\dfrac{1}{9}\begin{pmatrix}1&-8&-4\\-8&1&-4\\-4&-4&7\end{pmatrix}$；

(3) $\begin{pmatrix}1&-\dfrac{1}{2}&\dfrac{1}{3}\\-\dfrac{1}{2}&1&\dfrac{1}{2}\\\dfrac{1}{3}&\dfrac{1}{2}&-1\end{pmatrix}$.

9. 设 $\boldsymbol{A},\boldsymbol{B}$ 和 $\boldsymbol{A}+\boldsymbol{B}$ 都是 n 阶正交矩阵，证明：$(\boldsymbol{A}+\boldsymbol{B})^{-1}=\boldsymbol{A}^{-1}+\boldsymbol{B}^{-1}$.

10. 证明：如果向量 $\boldsymbol{\alpha}$ 与向量组 $\boldsymbol{\beta}_1,\boldsymbol{\beta}_2,\cdots,\boldsymbol{\beta}_s$ 中每一个向量都正交，则 $\boldsymbol{\alpha}$ 与向量组 $\boldsymbol{\beta}_1,\boldsymbol{\beta}_2,\cdots,\boldsymbol{\beta}_s$ 的任意线性组合也正交.

11. 设 $\boldsymbol{\alpha}_1,\boldsymbol{\alpha}_2,\cdots,\boldsymbol{\alpha}_n$ 是一个 n 维标准正交列向量组，$\boldsymbol{A}$ 是 n 阶正交矩阵. 证明：$\boldsymbol{A\alpha}_1,\boldsymbol{A\alpha}_2,\cdots,\boldsymbol{A\alpha}_n$ 也是标准正交向量组.

5.4 实对称矩阵的相似标准形

在第二章中已经定义，n 阶矩阵 $\boldsymbol{A}=(a_{ij})$ 是对称矩阵 $\Leftrightarrow \boldsymbol{A}^{\mathrm{T}}=\boldsymbol{A}$，即

$$a_{ij}=a_{ji},\quad \forall\, i,j=1,2,\cdots,n\,.$$

定理 5.4.1 实对称矩阵的特征值一定是实数. 其特征向量一定是实向量.

证明略.

定理 5.4.2 实对称矩阵 $\boldsymbol{A}$ 的属于不同特征值的特征向量一定是正交向量.

证 设 $\boldsymbol{Ap}_1=\lambda_1\boldsymbol{p}_1,\boldsymbol{Ap}_2=\lambda_2\boldsymbol{p}_2,\lambda_1\neq\lambda_2$. 分别计算以下两个实数：

$$\boldsymbol{p}_1^{\mathrm{T}}(\boldsymbol{Ap}_2)=\boldsymbol{p}_1^{\mathrm{T}}(\lambda_2\boldsymbol{p}_2)=\lambda_2\boldsymbol{p}_1^{\mathrm{T}}\boldsymbol{p}_2,$$

$$(\boldsymbol{p}_1^{\mathrm{T}}\boldsymbol{A})\boldsymbol{p}_2=(\boldsymbol{p}_1^{\mathrm{T}}\boldsymbol{A}^{\mathrm{T}})\boldsymbol{p}_2=(\boldsymbol{Ap}_1)^{\mathrm{T}}\boldsymbol{p}_2=(\lambda_1\boldsymbol{p}_1)^{\mathrm{T}}\boldsymbol{p}_2=\lambda_1\boldsymbol{p}_1^{\mathrm{T}}\boldsymbol{p}_2.$$

因为 $\boldsymbol{p}_1^{\mathrm{T}}(\boldsymbol{Ap}_2)=(\boldsymbol{p}_1^{\mathrm{T}}\boldsymbol{A})\boldsymbol{p}_2=\boldsymbol{p}_1^{\mathrm{T}}\boldsymbol{Ap}_2$，所以

$$\lambda_2\boldsymbol{p}_1^{\mathrm{T}}\boldsymbol{p}_2=\lambda_1\boldsymbol{p}_1^{\mathrm{T}}\boldsymbol{p}_2,\quad 即\quad (\lambda_1-\lambda_2)\boldsymbol{p}_1^{\mathrm{T}}\boldsymbol{p}_2=0.$$

再据 $\lambda_1\neq\lambda_2$ 即可证得 $\boldsymbol{p}_1^{\mathrm{T}}\boldsymbol{p}_2=0$，即 $(\boldsymbol{p}_1,\boldsymbol{p}_2)=0$，所以 $\boldsymbol{p}_1\perp\boldsymbol{p}_2$.

若存在正交矩阵 $\boldsymbol{P}$，使得 $\boldsymbol{P}^{-1}\boldsymbol{AP}=\boldsymbol{B}$，则称**矩阵 $\boldsymbol{A}$ 正交相似于矩阵 $\boldsymbol{B}$**.

定理 5.4.3（对称矩阵基本定理） 对于任意一个 n 阶实对称矩阵 $\boldsymbol{A}$，一定存在 n 阶正交矩阵 $\boldsymbol{P}$，使得

$$\boldsymbol{P}^{-1}\boldsymbol{AP}=\boldsymbol{P}^{\mathrm{T}}\boldsymbol{AP}=\begin{pmatrix}\lambda_1&&&\\&\lambda_2&&\\&&\ddots&\\&&&\lambda_n\end{pmatrix}=\boldsymbol{\Lambda}.$$

对角矩阵 $\boldsymbol{\Lambda}$ 中的 n 个对角元 $\lambda_1,\lambda_2,\cdots,\lambda_n$ 就是 $\boldsymbol{A}$ 的 n 个特征值. 反之,凡是正交相似于对角矩阵的实矩阵一定是对称矩阵.

定理 5.4.3 说明，n 阶实矩阵 $\boldsymbol{A}$ 正交相似于对角矩阵当且仅当 $\boldsymbol{A}$ 是对称矩阵.

定理 5.4.3 中所得到的对角矩阵 $\boldsymbol{\Lambda}$ 称为对称矩阵 $\boldsymbol{A}$ 的正交相似标准形.

我们略去定理 5.4.3 的严格证明，而仅仅作以下说明：

(1) 当 $\boldsymbol{P}$ 是可逆矩阵时,称 $\boldsymbol{B}=\boldsymbol{P}^{-1}\boldsymbol{AP}$ 与 $\boldsymbol{A}$ 相似. 当 $\boldsymbol{P}$ 是正交矩阵时,称 $\boldsymbol{B}=\boldsymbol{P}^{-1}\boldsymbol{AP}$ 与 $\boldsymbol{A}$ 正交相似.

(2) 因为对角矩阵 $\boldsymbol{\Lambda}$ 必是对称矩阵,所以,当 $\boldsymbol{A}$ 正交相似于对角矩阵 $\boldsymbol{\Lambda}$ 时,根据 $\boldsymbol{P}^{\mathrm{T}}\boldsymbol{AP}=\boldsymbol{\Lambda}$ 就可推出 $\boldsymbol{A}=(\boldsymbol{P}^{\mathrm{T}})^{-1}\boldsymbol{\Lambda P}^{-1}=(\boldsymbol{P}^{-1})^{\mathrm{T}}\boldsymbol{\Lambda P}^{-1}$，于是必有

$$\boldsymbol{A}^{\mathrm{T}}=(\boldsymbol{P}^{-1})^{\mathrm{T}}\boldsymbol{\Lambda}^{\mathrm{T}}(\boldsymbol{P}^{-1})=(\boldsymbol{P}^{-1})^{\mathrm{T}}\boldsymbol{\Lambda}(\boldsymbol{P}^{-1})=\boldsymbol{A}.$$

这就证明了 $\boldsymbol{A}$ 必是对称矩阵.

(3) 既然 n 阶实对称矩阵 $\boldsymbol{A}$ 一定相似于对角矩阵，这说明 $\boldsymbol{A}$ 一定有 n 个线性无关的特征向量，属于每一个特征值的线性无关的特征向量个数一定与此特征值的重数相等,它就是用来求特征向量的齐次线性方程组的自由未知量个数. 这一事实,在求线性无关的特征向量时,必须随时检查. 例如,当 λ 是 $\boldsymbol{A}$ 的三重特征值时,一定要找出 3 个线性无关的属于 λ 的特征向量.

我们知道两个相似的矩阵一定有相同的特征值，而有相同特征值的两个同阶矩阵却未必相似. 可是，对于对称矩阵来说，有相同特征值的两个同阶矩阵一定相似，而且进一步可以证明它们一定正交相似.

定理 5.4.4　两个有相同特征值的同阶对称矩阵一定是正交相似矩阵.

证　设 n 阶对称矩阵 $\boldsymbol{A},\boldsymbol{B}$ 有相同的特征值 $\lambda_1,\lambda_2,\cdots,\lambda_n$,则根据定理 5.4.3,一定存在 n 阶正交矩阵 $\boldsymbol{P}$ 和 $\boldsymbol{Q}$ 使

$$\boldsymbol{P}^{-1}\boldsymbol{AP}=\begin{pmatrix}\lambda_1 & & & \\ & \lambda_2 & & \\ & & \ddots & \\ & & & \lambda_n\end{pmatrix},\quad \boldsymbol{Q}^{-1}\boldsymbol{BQ}=\begin{pmatrix}\lambda_1 & & & \\ & \lambda_2 & & \\ & & \ddots & \\ & & & \lambda_n\end{pmatrix}.$$

于是必有

$$\boldsymbol{P}^{-1}\boldsymbol{AP}=\boldsymbol{Q}^{-1}\boldsymbol{BQ},\quad \boldsymbol{B}=\boldsymbol{QP}^{-1}\boldsymbol{APQ}^{-1}=(\boldsymbol{PQ}^{-1})^{-1}\boldsymbol{A}(\boldsymbol{PQ}^{-1}).$$

因为 $\boldsymbol{P},\boldsymbol{Q},\boldsymbol{Q}^{-1}$ 都是正交矩阵,所以 $\boldsymbol{PQ}^{-1}$ 是正交矩阵,这就证明了 $\boldsymbol{A}$ 与 $\boldsymbol{B}$ 正交相似.

以下，我们将用实例说明如何求出所需要的正交矩阵 $\boldsymbol{P}$.

例 1　求出 $\boldsymbol{A}=\begin{pmatrix}\frac{3}{2} & -\frac{1}{2} & 0\\ -\frac{1}{2} & \frac{3}{2} & 0\\ 0 & 0 & 3\end{pmatrix}$ 的正交相似标准形及所用的正交相似变换矩阵.

解　易见 $\operatorname{tr}(\boldsymbol{A})=|\boldsymbol{A}|=6$. 先求出特征方程.

$$|\lambda\boldsymbol{E}-\boldsymbol{A}|=\begin{vmatrix}\lambda-\frac{3}{2} & \frac{1}{2} & 0\\ \frac{1}{2} & \lambda-\frac{3}{2} & 0\\ 0 & 0 & \lambda-3\end{vmatrix}=(\lambda-1)(\lambda-2)(\lambda-3)=0.$$

它的 3 个根为 $\lambda_1=1,\lambda_2=2,\lambda_3=3$. 属于 $\lambda_1=1$ 的特征向量满足：

$$\begin{cases}-\frac{1}{2}x_1+\frac{1}{2}x_2=0,\\ \frac{1}{2}x_1-\frac{1}{2}x_2=0,\\ -2x_3=0,\end{cases}$$

可取单位解向量 $\boldsymbol{p}_1=\frac{1}{\sqrt{2}}\begin{pmatrix}1\\1\\0\end{pmatrix}$. 属于 $\lambda_2=2$ 的特征向量满足：

$$\begin{cases}\frac{1}{2}x_1+\frac{1}{2}x_2=0,\\ -x_3=0,\end{cases}$$

可取单位解向量 $\boldsymbol{p}_2=\frac{1}{\sqrt{2}}\begin{pmatrix}1\\-1\\0\end{pmatrix}$. 属于 $\lambda_3=3$ 的特征向量满足：

$$\begin{cases}\frac{3}{2}x_1+\frac{1}{2}x_2=0,\\ \frac{1}{2}x_1+\frac{3}{2}x_2=0,\end{cases}$$

可取单位解向量 $\boldsymbol{p}_3=\begin{pmatrix}0\\0\\1\end{pmatrix}$. 令

$$\boldsymbol{P}=(\boldsymbol{p}_1,\boldsymbol{p}_2,\boldsymbol{p}_3)=\begin{pmatrix}\frac{1}{\sqrt{2}}&\frac{1}{\sqrt{2}}&0\\ \frac{1}{\sqrt{2}}&-\frac{1}{\sqrt{2}}&0\\ 0&0&1\end{pmatrix}.$$

因为 3 个特征值两两互异，所以根据定理 5.4.2 和定理 5.4.3 知道，$\boldsymbol{P}$ 必为正交矩阵，而且有

$$\boldsymbol{P}^{-1}\boldsymbol{AP}=\boldsymbol{P}^{\mathrm{T}}\boldsymbol{AP}=\begin{pmatrix}1&0&0\\0&2&0\\0&0&3\end{pmatrix}=\boldsymbol{\Lambda}.$$

验证：

$$\boldsymbol{AP}=\begin{pmatrix}\frac{3}{2}&-\frac{1}{2}&0\\ -\frac{1}{2}&\frac{3}{2}&0\\ 0&0&3\end{pmatrix}\begin{pmatrix}\frac{1}{\sqrt{2}}&\frac{1}{\sqrt{2}}&0\\ \frac{1}{\sqrt{2}}&-\frac{1}{\sqrt{2}}&0\\ 0&0&1\end{pmatrix}=\begin{pmatrix}\frac{1}{\sqrt{2}}&\frac{2}{\sqrt{2}}&0\\ \frac{1}{\sqrt{2}}&-\frac{2}{\sqrt{2}}&0\\ 0&0&3\end{pmatrix}=\boldsymbol{P\Lambda}.$$

在求矩阵的正交相似标准形时，特征向量 $\boldsymbol{p}_i$ 在正交矩阵 $\boldsymbol{P}$ 中所在的列号应与特征值 λ_i 在对角矩阵 $\boldsymbol{\Lambda}$ 中所在列号相同. 但矩阵 $\boldsymbol{P}$ 与 $\boldsymbol{\Lambda}$ 的构造不是唯一的.

因为例 1 中给出的三阶对称方阵的 3 个特征值都是单根，所以，分别求出的 3 个特征向量一定是正交向量组. 只要把它们逐个单位化，就可拼成所需的正交矩阵. 如果某个对称矩

阵的特征值有一些是重根，那么求出所需要的正交矩阵的方法就会稍许复杂一些. 不过容易求出可逆矩阵 $\boldsymbol{P}$，使 $\boldsymbol{P}^{-1}\boldsymbol{AP}$ 为对角矩阵.

例 2 求出 $\boldsymbol{A}=\begin{pmatrix}4&2&2\\2&4&2\\2&2&4\end{pmatrix}$ 的相似标准形及所用的相似变换矩阵.

解 先化简特征方程：

$$|\lambda\boldsymbol{E}-\boldsymbol{A}|=\begin{vmatrix}\lambda-4&-2&-2\\-2&\lambda-4&-2\\-2&-2&\lambda-4\end{vmatrix}=(\lambda-8)\begin{vmatrix}1&-2&-2\\1&\lambda-4&-2\\1&-2&\lambda-4\end{vmatrix}$$

$$=(\lambda-8)\begin{vmatrix}1&-2&-2\\0&\lambda-2&0\\0&0&\lambda-2\end{vmatrix}=(\lambda-2)^2(\lambda-8)=0.$$

它的 3 个根为 $\lambda_1=8,\lambda_2=\lambda_3=2$. 属于 $\lambda_1=8$ 的特征向量满足：

$$\begin{cases}4x_1-2x_2-2x_3=0,\\-2x_1+4x_2-2x_3=0,\\-2x_1-2x_2+4x_3=0,\end{cases}$$

即 $x_1=x_2=x_3$，可取解 $\boldsymbol{p}_1=\begin{pmatrix}1\\1\\1\end{pmatrix}$. 属于 $\lambda_2=\lambda_3=2$ 的特征向量满足：$x_1+x_2+x_3=0$，可取两个线性无关解 $\boldsymbol{p}_2=\begin{pmatrix}1\\0\\-1\end{pmatrix}$，$\boldsymbol{p}_3=\begin{pmatrix}0\\1\\-1\end{pmatrix}$. 它们可拼成可逆矩阵

$$\boldsymbol{P}=(\boldsymbol{p}_1,\boldsymbol{p}_2,\boldsymbol{p}_3)=\begin{pmatrix}1&1&0\\1&0&1\\1&-1&-1\end{pmatrix},$$

满足

$$\boldsymbol{P}^{-1}\boldsymbol{AP}=\begin{pmatrix}8&0&0\\0&2&0\\0&0&2\end{pmatrix}.$$

注意 如此产生的 $\boldsymbol{P}$ 是可逆矩阵，它未必是正交矩阵，即未必有 $\boldsymbol{P}^{-1}\boldsymbol{AP}=\boldsymbol{P}^{\mathrm{T}}\boldsymbol{AP}$.

例 3 求出 $\boldsymbol{A}=\begin{pmatrix}4&2&2\\2&4&2\\2&2&4\end{pmatrix}$ 的正交相似标准形及所用的正交矩阵.

解 我们介绍以下两种方法求出所需要的正交矩阵.

施密特正交化方法 把在例 2 中已求出的 3 个线性无关的特征向量

$$\boldsymbol{p}_1=\begin{pmatrix}1\\1\\1\end{pmatrix},\quad \boldsymbol{p}_2=\begin{pmatrix}1\\0\\-1\end{pmatrix},\quad \boldsymbol{p}_3=\begin{pmatrix}0\\1\\-1\end{pmatrix}$$

标准正交化.

$$\boldsymbol{\beta}_1=\boldsymbol{p}_1=\begin{pmatrix}1\\1\\1\end{pmatrix},\quad 单位化得\ \tilde{\boldsymbol{\beta}}_1=\frac{1}{\sqrt{3}}\begin{pmatrix}1\\1\\1\end{pmatrix}.$$

因为 $\boldsymbol{p}_1\perp\boldsymbol{p}_2$ 且 $\boldsymbol{p}_1\perp\boldsymbol{p}_3$,所以只要把 $\boldsymbol{p}_1,\boldsymbol{p}_3$ 正交化.

$$\boldsymbol{\beta}_2=\boldsymbol{p}_2=\begin{pmatrix}1\\0\\-1\end{pmatrix},\quad 单位化得\ \tilde{\boldsymbol{\beta}}_2=\frac{1}{\sqrt{2}}\begin{pmatrix}1\\0\\-1\end{pmatrix},$$

$$\begin{aligned}\boldsymbol{\beta}_3&=\boldsymbol{p}_3-\frac{(\boldsymbol{p}_3,\boldsymbol{\beta}_2)}{(\boldsymbol{\beta}_2,\boldsymbol{\beta}_2)}\boldsymbol{\beta}_2\\&=\begin{pmatrix}0\\1\\-1\end{pmatrix}-\frac{1}{2}\begin{pmatrix}1\\0\\-1\end{pmatrix}=-\frac{1}{2}\begin{pmatrix}1\\-2\\1\end{pmatrix},\quad 单位化得\ \tilde{\boldsymbol{\beta}}_3=\frac{1}{\sqrt{6}}\begin{pmatrix}1\\-2\\1\end{pmatrix}.\end{aligned}$$

于是找到正交矩阵

$$\boldsymbol{P}=\begin{pmatrix}\frac{1}{\sqrt{3}}&\frac{1}{\sqrt{2}}&\frac{1}{\sqrt{6}}\\\frac{1}{\sqrt{3}}&0&-\frac{2}{\sqrt{6}}\\\frac{1}{\sqrt{3}}&-\frac{1}{\sqrt{2}}&\frac{1}{\sqrt{6}}\end{pmatrix},$$

使得 $\boldsymbol{P}^{-1}\boldsymbol{AP}=\boldsymbol{\Lambda}=\begin{pmatrix}8&&\\&2&\\&&2\end{pmatrix}$.

直观方法 在例 2 中,已求出属于 $\lambda_1=8$ 的特征向量

$$\boldsymbol{p}_1=\begin{pmatrix}1\\1\\1\end{pmatrix},$$

已求出属于 $\lambda_2=\lambda_3=2$ 的两个特征向量满足:$x_1+x_2+x_3=0$. 可用直观法取正交解:

$$\boldsymbol{p}_2=\begin{pmatrix}1\\0\\-1\end{pmatrix},\quad \boldsymbol{p}_3=\begin{pmatrix}1\\-2\\1\end{pmatrix}.$$

其取法如下:先在 $\boldsymbol{p}_2$ 中可以任意取定一个分量为 0,例如取 $x_2=0$. 再根据 $x_1+x_2+x_3=0$ 可以取 $x_1=1,x_3=-1$. 现在要求出 $\boldsymbol{p}_3=(y_1,y_2,y_3)^{\mathrm{T}}$ 与 $\boldsymbol{p}_2$ 正交,由于在 $\boldsymbol{p}_2$ 中已经取成 $x_2=0,x_1=1,x_3=-1$,所以为了保证正交性,只需要取 $y_1=y_3=1$ 就可以了. 再根据 $y_1+y_2+y_3=0$ 就可以确定 $y_2=-2$. 而 0 是与任何数的乘积都为 0 的.

把这 3 个两两正交的特征向量 $\boldsymbol{p}_1,\boldsymbol{p}_2,\boldsymbol{p}_3$ 单位化,即可拼成所需的正交矩阵:

$$\boldsymbol{P}=\begin{pmatrix}\frac{1}{\sqrt{3}}&\frac{1}{\sqrt{2}}&\frac{1}{\sqrt{6}}\\\frac{1}{\sqrt{3}}&0&-\frac{2}{\sqrt{6}}\\\frac{1}{\sqrt{3}}&-\frac{1}{\sqrt{2}}&\frac{1}{\sqrt{6}}\end{pmatrix}.$$

有

$$P^{-1}AP=P^{\mathrm{T}}AP=\begin{pmatrix}8&&\\&2&\\&&2\end{pmatrix}.$$

当然，用同样的直观方法也可以取

$$p_2=\begin{pmatrix}1\\-1\\0\end{pmatrix},\quad p_3=\begin{pmatrix}1\\1\\-2\end{pmatrix};\quad 或\quad p_2=\begin{pmatrix}0\\1\\-1\end{pmatrix},\quad p_3=\begin{pmatrix}-2\\1\\1\end{pmatrix}.$$

把它们单位化以后，连同属于 $\lambda_3=8$ 的特征向量 p_1，就可以得到另外两个所需要的正交矩阵.

说明　(1) 在不计对角矩阵中对角元的排列次序条件下，对称矩阵的正交相似标准形是唯一的. 但是所用的正交矩阵却不是唯一的.

(2) 用施密特正交化方法把属于 $\lambda_1=\lambda_2=2$ 的两个线性无关的特征向量 p_2 和 p_3，改造成两个正交的向量 β_2 和 β_3，由于 β_2 和 β_3 都是 p_2 和 p_3 的线性组合，而 p_2 和 p_3 是属于同一个特征值的特征向量，所以，β_2 和 β_3 仍然是属于 $\lambda_1=\lambda_2=2$ 的特征向量.

例 4　设三阶实对称矩阵 A 的特征值为 $\lambda_1=-1,\lambda_2=\lambda_3=1$. 已知 A 的属于 $\lambda_1=-1$ 的特征向量为

$$p_1=\begin{pmatrix}0\\1\\1\end{pmatrix}.$$

求出 A 的属于特征值 $\lambda_2=\lambda_3=1$ 的特征向量，并求出对称矩阵 A.

解　因为属于对称矩阵的不同特征值的特征向量必互相正交，所以，属于 $\lambda_2=\lambda_3=1$ 的特征向量

$$x=\begin{pmatrix}x_1\\x_2\\x_3\end{pmatrix}$$

必定与 p_1 正交，即它们一定满足 $x_2+x_3=0,x_1$ 可以取任何值.

对此可取线性无关解

$$p_2=\begin{pmatrix}1\\0\\0\end{pmatrix},\quad p_3=\begin{pmatrix}0\\1\\-1\end{pmatrix}.$$

令

$$P=\begin{pmatrix}0&1&0\\1&0&1\\1&0&-1\end{pmatrix}.$$

求出

$$P^{-1}=\frac{1}{|P|}P^*=\frac{1}{2}\begin{pmatrix}0&1&1\\2&0&0\\0&1&-1\end{pmatrix}.$$

于是

$$A=P\begin{pmatrix}-1&&\\&1&\\&&1\end{pmatrix}P^{-1}=\frac{1}{2}\begin{pmatrix}0&1&0\\-1&0&1\\-1&0&-1\end{pmatrix}\begin{pmatrix}0&1&1\\2&0&0\\0&1&-1\end{pmatrix}=\begin{pmatrix}1&0&0\\0&0&-1\\0&-1&0\end{pmatrix}.$$

注意 这里不要求变换矩阵 P 是正交矩阵，所以没有必要把求出的特征向量组标准正交化.

例 5 设 A 是三阶实矩阵，且有三个两两正交的特征向量. 证明：A 是实对称矩阵.

证 设 $\alpha_1,\alpha_2,\alpha_3$ 是 A 的两两正交的特征向量，且

$$A\alpha_1=\lambda_1\alpha_1,\quad A\alpha_2=\lambda_2\alpha_2,\quad A\alpha_3=\lambda_3\alpha_3.$$

令 $p_i=\frac{1}{\|p_i\|}\alpha_i, i=1,2,3$，则 p_1,p_2,p_3 是两两正交的单位向量，且有 $Ap_i=\lambda_i p_i, i=1,2,3$.

令 $P=(p_1,p_2,p_3)$，则 P 是正交矩阵，且

$$P^{-1}Ap=\begin{pmatrix}\lambda_1&0&0\\0&\lambda_2&0\\0&0&\lambda_3\end{pmatrix}\xlongequal{\text{记为}}\Lambda\Rightarrow A=P\Lambda P^{-1}=P\Lambda P^{\mathrm{T}}.$$

于是

$$A^{\mathrm{T}}=(P\Lambda P^{\mathrm{T}})^{\mathrm{T}}=(P^{\mathrm{T}})^{\mathrm{T}}\Lambda^{\mathrm{T}}P^{\mathrm{T}}=P\Lambda P^{\mathrm{T}}=A.$$

故 A 是实对称矩阵.

习 题 5.4

1. 设 $A=\begin{pmatrix}2&0&0\\0&3&2\\0&2&3\end{pmatrix}$，求出正交矩阵 P，使得 $P^{-1}AP$ 为对角矩阵.

2. 已知 $A=\begin{pmatrix}1&-2&-4\\-2&x&-2\\-4&-2&1\end{pmatrix}$ 与 $\Lambda=\begin{pmatrix}5&&\\&y&\\&&-4\end{pmatrix}$ 相似. 求出参数 x,y 的值，并求可逆矩阵 P，使得 $P^{-1}AP=\Lambda$.

3. 求

$$A=\begin{pmatrix}5&-2&0&0\\-2&2&0&0\\0&0&5&-2\\0&0&-2&2\end{pmatrix}$$

的正交相似标准形.

4. 设 n 阶实对称矩阵 A 满足 $A^3=E$. 证明：$A=E$.

5. 设三阶实对称矩阵 A 的特征值为 $\lambda_1=1,\lambda_2=2,\lambda_3=3$. 已知 A 的属于 λ_1 和 λ_2 的特征向量分别为 $p_1=\begin{pmatrix}-1\\-1\\1\end{pmatrix}$ 和 $p_2=\begin{pmatrix}1\\-2\\-1\end{pmatrix}$. 求 A 的属于 $\lambda_3=3$ 的特征向量.

6. 设 A 是三阶实对称矩阵，其特征值分别为 $\lambda_1=\lambda_2=2,\lambda_3=1$. 已知 A 的属于特征值 λ_1

$=\lambda_2=2$ 的特征向量为 $\boldsymbol{p}_1=\begin{pmatrix}1\\-1\\1\end{pmatrix},\boldsymbol{p}_2=\begin{pmatrix}1\\1\\1\end{pmatrix}$. 求 $\boldsymbol{A}$ 的属于 $\lambda_3=1$ 的特征向量 $\boldsymbol{p}_3$ 和 $\boldsymbol{A}$.

7. 设三阶实对称矩阵 $\boldsymbol{A}$ 的秩为 2, $\lambda_1=\lambda_2=6$ 是 $\boldsymbol{A}$ 的二重特征值. 若

$$\boldsymbol{p}_1=\begin{pmatrix}1\\1\\0\end{pmatrix},\quad \boldsymbol{p}_2=\begin{pmatrix}2\\1\\1\end{pmatrix},\quad \boldsymbol{p}_3=\begin{pmatrix}-1\\2\\-3\end{pmatrix}$$

都是 $\boldsymbol{A}$ 的属于特征值 6 的特征向量. 求:

(1) $\boldsymbol{A}$ 的另一个特征值和对应的特征向量;

(2) 矩阵 $\boldsymbol{A}$.

8. 证明:如果实对称矩阵 $\boldsymbol{A}$ 满足 $\boldsymbol{A}^2=\boldsymbol{O}$, 则 $\boldsymbol{A}=\boldsymbol{O}$.

9. 设 $\boldsymbol{A}=\begin{pmatrix}2&1&-1\\1&2&1\\-1&1&2\end{pmatrix},\boldsymbol{B}=\begin{pmatrix}2&0&1\\-1&3&1\\2&0&1\end{pmatrix}$. 判断 $\boldsymbol{A}$ 与 $\boldsymbol{B}$ 是否相似,并说明理由.

小　　结

一、基本概念

1. 实方阵的特征值与特征向量.
2. 方阵的相似变换,方阵的相似标准形.
3. 向量内积,向量长度,单位向量,向量的正交性,标准正交向量组.
4. 正交矩阵,方阵的正交相似标准形.

二、基本结论与公式

1. 设 $\lambda_1,\lambda_2,\cdots,\lambda_n$ 是 n 阶方阵 $\boldsymbol{A}=(a_{ij})$ 的全体特征值,则必有

$$\sum_{i=1}^{n}\lambda_i=\sum_{i=1}^{n}a_{ii}=\mathrm{r}(\boldsymbol{A}),\quad \prod_{i=1}^{n}\lambda_i=|\boldsymbol{A}|.$$

2. 上三角方阵与下三角方阵的特征值就是它的全体对角元.
3. $\boldsymbol{A}$ 和 $\boldsymbol{A}^{\mathrm{T}}$ 必有相同的特征值,但属于同一个特征值的特征向量未必相同.
4. 两个相似的方阵必有相同的特征值、迹和行列式. 反之则不然.
5. 属于方阵 $\boldsymbol{A}$ 的两两不同特征值的特征向量组必是线性无关组.
6. n 阶方阵 $\boldsymbol{A}$ 相似于对角矩阵当且仅当 $\boldsymbol{A}$ 有 n 个线性无关的特征向量. 这也就是说,对于每一个特征值,属于它的线性无关的特征向量的个数正好等于它的重数.
7. 设 $\boldsymbol{A}$ 是 n 阶正交矩阵,则 $|\boldsymbol{A}|=\pm1$; $\boldsymbol{A}^{-1}=\boldsymbol{A}^{\mathrm{T}}$; $\boldsymbol{A}^*$ 也是正交矩阵; $\boldsymbol{A}$ 的 n 个行(列)向量是标准正交向量组; $\boldsymbol{A}$ 把标准正交向量组变为标准正交向量组.
8. 同阶正交矩阵的乘积必是正交矩阵.
9. 实对称矩阵的特征值必是实数;其特征向量必是实向量.
10. 属于对称矩阵 $\boldsymbol{A}$ 的两两不同的特征值的特征向量组必是正交向量组.

11. n 阶实矩阵 $\boldsymbol{A}$ 正交相似于对角矩阵当且仅当 $\boldsymbol{A}$ 是实对称矩阵.

三、重点练习内容

1. n 阶矩阵 $\boldsymbol{A}=(a_{ij})$ 的特征值就是 n 次多项式 $f(\lambda)=|\lambda\boldsymbol{E}-\boldsymbol{A}|=0$ 的 n 个根. 属于特征值 λ 的特征向量集就是齐次线性方程组 $(\lambda\boldsymbol{E}-\boldsymbol{A})\boldsymbol{x}=\boldsymbol{0}$ 的非零解的全体.

2. 求矩阵多项式的特征值. 当 λ 是方阵 $\boldsymbol{A}$ 的特征值时, $f(\lambda)=\sum_{k=0}^{m}a_k\lambda^k$ 必是矩阵多项式 $f(\boldsymbol{A})=\sum_{k=0}^{m}a_k\boldsymbol{A}^k$ 的特征值.

3. 求两个向量的内积, 求向量的长度, 判定两个向量的正交性.

4. 求矩阵的相似标准形, 求 n 阶可逆矩阵 $\boldsymbol{P}$, 使得 $\boldsymbol{P}^{-1}\boldsymbol{A}\boldsymbol{P}=\boldsymbol{\Lambda}$ 为对角矩阵.

5. 求实对称矩阵的正交相似标准形, 求 n 阶正交矩阵 $\boldsymbol{P}$, 使得 $\boldsymbol{P}^{-1}\boldsymbol{A}\boldsymbol{P}=\boldsymbol{\Lambda}$ 为对角矩阵.

第六章　实 二 次 型

在本章中，我们把在第五章中所建立的实对称矩阵的基本定理，具体运用到求实二次型的标准形问题，并讨论正定二次型和正定矩阵.

6.1　实二次型及其标准形

6.1.1　实二次型的定义

我们先看一个实例.

例 1　直接计算以下矩阵乘法：

$$
\begin{aligned}
f(x_1,x_2,x_3)&=(x_1,x_2,x_3)\begin{pmatrix} 1 & -2 & 0 \\ -2 & 0 & \frac{1}{2} \\ 0 & \frac{1}{2} & -3 \end{pmatrix}\begin{pmatrix} x_1 \\ x_2 \\ x_3 \end{pmatrix} \\
&=(x_1,x_2,x_3)\begin{pmatrix} x_1-2x_2 \\ -2x_1+\frac{1}{2}x_3 \\ \frac{1}{2}x_2-3x_3 \end{pmatrix} \\
&=x_1^2-3x_3^2-4x_1x_2+x_2x_3.
\end{aligned}
$$

这是一个三元二次齐次多项式(它有三个未知量，而且每一项都是二次式). 如果记

$$
\boldsymbol{x}=\begin{pmatrix} x_1 \\ x_2 \\ x_3 \end{pmatrix},\quad \boldsymbol{A}=\begin{pmatrix} 1 & -2 & 0 \\ -2 & 0 & \frac{1}{2} \\ 0 & \frac{1}{2} & -3 \end{pmatrix},
$$

则可把它简写成

$$
f(x_1,x_2,x_3)=\boldsymbol{x}^{\mathrm{T}}\boldsymbol{A}\boldsymbol{x},
$$

其中 $\boldsymbol{A}=(a_{ij})$ 是三阶对称矩阵.

$\boldsymbol{A}$ 中的三个对角元依次是二次齐次多项式 f 中 x_1^2,x_2^2,x_3^2 前面的系数 1,0 和 -3；把 f 中 x_1x_2 的系数 -4 的一半分别放在 $\boldsymbol{A}$ 中的 (1,2) 和 (2,1) 位置上；把 x_2x_3 的系数 1 的一半分别放在 $\boldsymbol{A}$ 中的 (2,3) 和 (3,2) 位置上. 因为 x_1x_3 的系数为 0，所以，$\boldsymbol{A}$ 中的 (1,3) 和 (3,1) 位置上的数为 0. 这样就可根据给出的二次齐次多项式 f，直接写出对应的对称矩阵 $\boldsymbol{A}$，也可根据给

出的对称矩阵 **A**，直接写出对应的二次齐次多项式 f.

据此实例，我们可以引进实二次型的一般定义.

定义 6.1.1 n 元实二次型指的是含有 n 个未知量 $x_1,x_2,\cdots,x_n$ 的实系数二次齐次多项式

$$\begin{aligned}f(x_1,x_2,\cdots,x_n)=&a_{11}x_1^2+2a_{12}x_1x_2+2a_{13}x_1x_3+\cdots+2a_{1n}x_1x_n\\&+a_{22}x_2^2+2a_{23}x_2x_3+2a_{24}x_2x_4+\cdots+2a_{2n}x_2x_n\\&+a_{33}x_3^2+2a_{34}x_3x_4+2a_{35}x_3x_5+\cdots+2a_{3n}x_3x_n\\&+\cdots\cdots\\&+a_{n-1,n-1}x_{n-1}^2+2a_{n-1,n}x_{n-1}x_n+a_{nn}x_n^2\\=&\sum_{i=1}^{n}\sum_{j=1}^{n}a_{ij}x_ix_j,\end{aligned}$$

这里，$a_{ij}=a_{ji}$，$i,j=1,2,\cdots,n$. 它可简写成矩阵形式：

$$f(x_1,x_2,\cdots,x_n)=\boldsymbol{x}^{\mathrm{T}}\boldsymbol{A}\boldsymbol{x},$$

其中

$$\boldsymbol{x}=\begin{pmatrix}x_1\\x_2\\\vdots\\x_n\end{pmatrix},\quad \boldsymbol{A}=\begin{pmatrix}a_{11}&a_{12}&\cdots&a_{1n}\\a_{12}&a_{22}&\cdots&a_{2n}\\\vdots&\vdots&&\vdots\\a_{1n}&a_{2n}&\cdots&a_{nn}\end{pmatrix},$$

A 为 n 阶实对称矩阵.

一旦选定未知量组 $x_1,x_2,\cdots,x_n$，则 n 元实二次型 $f(x_1,x_2,\cdots,x_n)=\sum_{i=1}^{n}\sum_{j=1}^{n}a_{ij}x_ix_j$ 与 n 阶实对称矩阵 $\boldsymbol{A}=(a_{ij})_{n\times n}$ 是互相唯一确定的. 称 **A** 是**二次型 f 的矩阵**，称 f 是**以 A 为矩阵的二次型**，称矩阵 **A** 的秩为二次型 f 的秩. 由此可见，n 元实二次型与 n 阶实对称矩阵之间密切相关，完全可以用第五章中关于对称矩阵的结论讨论二次型.

在本课程中，我们只讨论实对称矩阵和实二次型，因此往往省略一个“实”字.

例 2 写出二次型 $f(x_1,x_2,x_3)=x_1^2-2x_2^2-2x_3^2-4x_1x_2+4x_1x_3+8x_2x_3$ 对应的实对称矩阵，并求出二次型的秩.

解 二次型 f 的对称矩阵为

$$\boldsymbol{A}=\begin{pmatrix}1&-2&2\\-2&-2&4\\2&4&-2\end{pmatrix}.$$

把 **A** 化成阶梯形，得

$$\boldsymbol{A}=\begin{pmatrix}1&-2&2\\-2&-2&4\\2&4&-2\end{pmatrix}\to\begin{pmatrix}1&-2&2\\0&-6&8\\0&0&-4\end{pmatrix}\to\begin{pmatrix}1&-2&2\\0&3&4\\0&0&1\end{pmatrix}.$$

由此知 $\mathrm{r}(\boldsymbol{A})=3$，于是该二次型的秩为 3.

例 3 写出由对称矩阵

$$A=\begin{pmatrix}1 & -1 & -3 & 1\\ -1 & 0 & -2 & 2\\ -3 & -2 & -3 & -\frac{3}{2}\\ 1 & 2 & -\frac{3}{2} & 4\end{pmatrix}$$

确定的二次型 $f=\boldsymbol{x}^{\mathrm{T}}\boldsymbol{A}\boldsymbol{x}$.

解 可据所给的对称矩阵直接写出对应的二次型

$$f(x_1,x_2,x_3,x_4)=x_1^2-3x_3^2+4x_4^2-2x_1x_2-6x_1x_3+2x_1x_4-4x_2x_3+4x_2x_4-3x_3x_4 .$$

6.1.2 二次型的标准形

讨论二次型问题的主要内容是：用变量的线性变换来化简二次型．为此，首先引入下述定义：

定义 6.1.2 设 $x_1,x_2,\cdots,x_n;y_1,y_2,\cdots,y_n$ 是两组变量，下面一组关系式

$$\begin{cases}x_1=c_{11}y_1+c_{12}y_2+\cdots+c_{1n}y_n,\\ x_2=c_{21}y_1+c_{22}y_2+\cdots+c_{2n}y_n,\\ \cdots\cdots\cdots\cdots\cdots\cdots\cdots\cdots\\ x_n=c_{n1}y_1+c_{n2}y_2+\cdots+c_{nn}y_n,\end{cases}$$

称为由 $x_1,x_2,\cdots,x_n$ 到 $y_1,y_2,\cdots,y_n$ 的一个**线性变换**，简称为**线性变换**．令

$$\boldsymbol{x}=\begin{pmatrix}x_1\\ x_2\\ \vdots\\ x_n\end{pmatrix},\quad \boldsymbol{C}=\begin{pmatrix}c_{11} & c_{12} & \cdots & c_{1n}\\ c_{21} & c_{22} & \cdots & c_{2n}\\ \vdots & \vdots & & \vdots\\ c_{n1} & c_{n2} & \cdots & c_{nn}\end{pmatrix},\quad \boldsymbol{y}=\begin{pmatrix}y_1\\ y_2\\ \vdots\\ y_n\end{pmatrix},$$

则上述线性变换可写成

$$\boldsymbol{x}=\boldsymbol{C}\boldsymbol{y},$$

其中矩阵 $\boldsymbol{C}$ 称为线性变换的**系数矩阵**．如果 $\boldsymbol{C}$ 是可逆矩阵，就称线性变换是**可逆**的或是**非退化**的．如果 $\boldsymbol{C}$ 是正交矩阵，则称线性变换是**正交**的．

定义 6.1.3 只有平方项 x_i^2 而没有交叉项 $x_ix_j,i\neq j,i,j=1,2,\cdots,n$ 的二次型

$$f(x_1,x_2,\cdots,x_n)=d_1x_1^2+d_2x_2^2+\cdots+d_nx_n^2$$

称为**二次型的标准形**．其对应的矩阵为对角矩阵

$$\boldsymbol{\Lambda}=\begin{pmatrix}d_1 & & & \\ & d_2 & & \\ & & \ddots & \\ & & & d_n\end{pmatrix}.$$

现在要讨论的问题是，对于一个一般的 n 元二次型 $f(x_1,x_2,\cdots,x_n)=\boldsymbol{x}^{\mathrm{T}}\boldsymbol{A}\boldsymbol{x}$，是否存在某个**可逆线性变换**

$$\boldsymbol{x}=\boldsymbol{C}\boldsymbol{y},$$

使 $f(x_1,x_2,\cdots,x_n)=g(y_1,y_2,\cdots,y_n)=d_1y_1^2+d_2y_2^2+\cdots+d_ny_n^2$.

因为

$$f(x_1,x_2,\cdots,x_n)=\boldsymbol{x}^{\mathrm{T}}\boldsymbol{A}\boldsymbol{x}=(\boldsymbol{C}\boldsymbol{y})^{\mathrm{T}}\boldsymbol{A}(\boldsymbol{C}\boldsymbol{y})=\boldsymbol{y}^{\mathrm{T}}(\boldsymbol{C}^{\mathrm{T}}\boldsymbol{A}\boldsymbol{C})\boldsymbol{y},$$
$$g(y_1,y_2,\cdots,y_n)=d_1y_1^2+d_2y_2^2+\cdots+d_ny_n^2=\boldsymbol{y}^{\mathrm{T}}\boldsymbol{\Lambda}\boldsymbol{y},$$

于是,对于给定的二次型 $f(x_1,x_2,\cdots,x_n)=\boldsymbol{x}^{\mathrm{T}}\boldsymbol{A}\boldsymbol{x}$，只要找到可逆矩阵 $\boldsymbol{C}$，使得 $\boldsymbol{C}^{\mathrm{T}}\boldsymbol{A}\boldsymbol{C}=\boldsymbol{\Lambda}$ 为对角矩阵，那么就可把原二次型化成标准形，其中的系数就是对角矩阵 $\boldsymbol{\Lambda}$ 的 n 个对角元.

因此,问题进一步演变为:对于给定的 n 阶对称矩阵 $\boldsymbol{A}=(a_{ij})_{n\times n}$,如何找出 n 阶可逆矩阵 $\boldsymbol{C}$ 使得 $\boldsymbol{C}^{\mathrm{T}}\boldsymbol{A}\boldsymbol{C}=\boldsymbol{\Lambda}$ 为对角矩阵?

对于 n 阶矩阵 $\boldsymbol{A}$ 和 $\boldsymbol{B}$,我们曾经定义过两种关系:等价和相似.

$\boldsymbol{A}$ 和 $\boldsymbol{B}$ 等价指的是存在 n 阶可逆矩阵 $\boldsymbol{P}$ 和 $\boldsymbol{Q}$，使得 $\boldsymbol{B}=\boldsymbol{P}\boldsymbol{A}\boldsymbol{Q}$,也就是 $\boldsymbol{A}$ 与 $\boldsymbol{B}$ 之间可以经过初等变换实现互变. 记为 $\boldsymbol{A}\cong\boldsymbol{B}$. 此时 $\boldsymbol{A}$ 与 $\boldsymbol{B}$ 必有相同的秩.

$\boldsymbol{A}$ 和 $\boldsymbol{B}$ 相似指的是存在 n 阶可逆矩阵 $\boldsymbol{P}$，使得 $\boldsymbol{B}=\boldsymbol{P}^{-1}\boldsymbol{A}\boldsymbol{P}$,记为 $\boldsymbol{A}\sim\boldsymbol{B}$. 此时 $\boldsymbol{A}$ 与 $\boldsymbol{B}$ 必有相同的特征值和行列式.

现在我们需要定义另外一种关系.

定义 6.1.4 如果对于 n 阶矩阵 $\boldsymbol{A}$ 和 $\boldsymbol{B}$,存在 n 阶可逆矩阵 $\boldsymbol{P}$，使得 $\boldsymbol{B}=\boldsymbol{P}^{\mathrm{T}}\boldsymbol{A}\boldsymbol{P}$,则称 $\boldsymbol{A}$ 与 $\boldsymbol{B}$ 合同,记为 $\boldsymbol{A}\simeq\boldsymbol{B}$.

与方阵之间的等价关系与相似关系一样,矩阵之间的合同关系也有以下三条性质:

(1) **反身性** $\boldsymbol{A}\simeq\boldsymbol{A}$,由 $\boldsymbol{A}=\boldsymbol{E}^{\mathrm{T}}\boldsymbol{A}\boldsymbol{E}$ 知道 $\boldsymbol{A}$ 与 $\boldsymbol{A}$ 合同.

(2) **对称性** 若 $\boldsymbol{A}\simeq\boldsymbol{B}$,则 $\boldsymbol{B}\simeq\boldsymbol{A}$. 由 $\boldsymbol{B}=\boldsymbol{P}^{\mathrm{T}}\boldsymbol{A}\boldsymbol{P}$,知 $\boldsymbol{A}=(\boldsymbol{P}^{\mathrm{T}})^{-1}\boldsymbol{B}\boldsymbol{P}^{-1}=(\boldsymbol{P}^{-1})^{\mathrm{T}}\boldsymbol{B}\boldsymbol{P}^{-1}$. 这说明当 $\boldsymbol{A}$ 与 $\boldsymbol{B}$ 合同时,$\boldsymbol{B}$ 也与 $\boldsymbol{A}$ 合同.

(3) **传递性** 若 $\boldsymbol{A}\simeq\boldsymbol{B}$,$\boldsymbol{B}\simeq\boldsymbol{C}$,则 $\boldsymbol{A}\simeq\boldsymbol{C}$,由 $\boldsymbol{B}=\boldsymbol{P}^{\mathrm{T}}\boldsymbol{A}\boldsymbol{P}$,$\boldsymbol{C}=\boldsymbol{Q}^{\mathrm{T}}\boldsymbol{B}\boldsymbol{Q}$,知

$$\boldsymbol{C}=\boldsymbol{Q}^{\mathrm{T}}\boldsymbol{P}^{\mathrm{T}}\boldsymbol{A}\boldsymbol{P}\boldsymbol{Q}=(\boldsymbol{P}\boldsymbol{Q})^{\mathrm{T}}\boldsymbol{A}(\boldsymbol{P}\boldsymbol{Q}).$$

这说明当 $\boldsymbol{A}$ 与 $\boldsymbol{B}$ 合同,$\boldsymbol{B}$ 与 $\boldsymbol{C}$ 合同时,$\boldsymbol{A}$ 也与 $\boldsymbol{C}$ 合同.

说明 按上述定义可知,两个相似的矩阵必等价,两个合同的矩阵也必等价. 反之都不成立. 等价的矩阵未必相似,也未必合同. 如果存在正交矩阵 $\boldsymbol{P}$,使得 $\boldsymbol{B}=\boldsymbol{P}^{-1}\boldsymbol{A}\boldsymbol{P}$,则由 $\boldsymbol{P}^{\mathrm{T}}=\boldsymbol{P}^{-1}$知道必有 $\boldsymbol{B}=\boldsymbol{P}^{\mathrm{T}}\boldsymbol{A}\boldsymbol{P}$. 因此,两个正交相似的矩阵必正交合同. 反之,两个正交合同的矩阵也必正交相似. 因此,两个矩阵正交相似与正交合同是一回事.

6.1.3 用正交变换求二次型为标准形

根据 5.4 节中的对称矩阵基本定理 5.4.3 知道,对于任意一个 n 阶对称矩阵 $\boldsymbol{A}$,一定存在 n 阶正交矩阵 $\boldsymbol{P}$,使得

$$\boldsymbol{P}^{-1}\boldsymbol{A}\boldsymbol{P}=\boldsymbol{P}^{\mathrm{T}}\boldsymbol{A}\boldsymbol{P}=\begin{pmatrix}\lambda_1&&&\\&\lambda_2&&\\&&\ddots&\\&&&\lambda_n\end{pmatrix}=\boldsymbol{\Lambda},$$

而这个正交矩阵 $\boldsymbol{P}$ 就是由 $\boldsymbol{A}$ 的 n 个两两正交的单位特征向量所拼成的. 因此,实际上我们已经解决了把一般的二次型化为标准形的问题. 于是可得二次型的基本定理:

定理 6.1.1 对于任意一个 n 元二次型 $f=\boldsymbol{x}^{\mathrm{T}}\boldsymbol{A}\boldsymbol{x}$,一定存在正交变换 $\boldsymbol{x}=\boldsymbol{P}\boldsymbol{y}$,其中 $\boldsymbol{P}\boldsymbol{P}^{\mathrm{T}}=\boldsymbol{E}$,使得

$$f(x_1,x_2,\cdots,x_n)=\boldsymbol{x}^{\mathrm{T}}\boldsymbol{A}\boldsymbol{x}=\boldsymbol{y}^{\mathrm{T}}\boldsymbol{\Lambda}\boldsymbol{y}=\lambda_1 y_1^2+\lambda_2 y_2^2+\cdots+\lambda_n y_n^2,$$

其中，$\lambda_1,\lambda_2,\cdots,\lambda_n$ 就是矩阵 $\boldsymbol{A}$ 的 n 个特征值.

我们把这种标准形称为二次型 $f=\boldsymbol{x}^{\mathrm{T}}\boldsymbol{A}\boldsymbol{x}$ 的**相似标准形**，它的 n 个系数就是对称矩阵 $\boldsymbol{A}$ 的 n 个特征值.

例 4 用正交变换将二次型

$$f(x_1,x_2,x_3)=3x_1^2+3x_2^2+6x_3^2+8x_1x_2-4x_1x_3+4x_2x_3$$

化为标准形，并写出所作的正交变换 $\boldsymbol{x}=\boldsymbol{P}\boldsymbol{y}$.

解 二次型 $f(x_1,x_2,x_3)$ 的矩阵为 $\boldsymbol{A}=\begin{pmatrix}3&4&-2\\4&3&2\\-2&2&6\end{pmatrix}$，它的特征方程为

$$|\lambda\boldsymbol{E}-\boldsymbol{A}|=\begin{vmatrix}\lambda-3&-4&2\\-4&\lambda-3&-2\\2&-2&\lambda-6\end{vmatrix}=\begin{vmatrix}\lambda-7&\lambda-7&0\\-4&\lambda-3&-2\\2&-2&\lambda-6\end{vmatrix}$$

$$=(\lambda-7)\begin{vmatrix}1&1&0\\-4&\lambda-3&-2\\2&-2&\lambda-6\end{vmatrix}=(\lambda-7)\begin{vmatrix}1&0&0\\-4&\lambda+1&-2\\2&-4&\lambda-6\end{vmatrix}=(\lambda-7)^2(\lambda+2)=0.$$

于是 $\boldsymbol{A}$ 的特征根为 $\lambda_1=\lambda_2=7,\lambda_3=-2$.

对 $\lambda_1=\lambda_2=7$，解线性方程组 $(7\boldsymbol{E}-\boldsymbol{A})\boldsymbol{x}=\boldsymbol{0}$，即

$$\begin{pmatrix}4&-4&2\\-4&4&-2\\2&-2&1\end{pmatrix}\begin{pmatrix}x_1\\x_2\\x_3\end{pmatrix}=\begin{pmatrix}0\\0\\0\end{pmatrix}.$$

解得一个基础解系为

$$\boldsymbol{\alpha}_1=\begin{pmatrix}1\\1\\0\end{pmatrix},\quad \boldsymbol{\alpha}_2=\begin{pmatrix}1\\0\\-2\end{pmatrix}.$$

将 $\boldsymbol{\alpha}_1,\boldsymbol{a}_2$ 正交化. 令

$$\boldsymbol{\beta}_1=\boldsymbol{\alpha}_1=\begin{pmatrix}1\\1\\0\end{pmatrix},$$

$$\boldsymbol{\beta}_2=\boldsymbol{\alpha}_2-\frac{(\boldsymbol{\alpha}_2,\boldsymbol{\beta}_1)}{(\boldsymbol{\beta}_1,\boldsymbol{\beta}_1)}\boldsymbol{\beta}_1=\begin{pmatrix}1\\0\\-2\end{pmatrix}-\frac{1}{2}\begin{pmatrix}1\\1\\0\end{pmatrix}=\frac{1}{2}\begin{pmatrix}1\\-1\\-4\end{pmatrix}.$$

将 $\boldsymbol{\beta}_1,\boldsymbol{\beta}_2$ 单位化得

$$\boldsymbol{p}_1=\frac{1}{\|\boldsymbol{\beta}_1\|}\boldsymbol{\beta}_1=\frac{\sqrt{2}}{2}\begin{pmatrix}1\\1\\0\end{pmatrix},\quad \boldsymbol{p}_2=\frac{1}{\|\boldsymbol{\beta}_2\|}\boldsymbol{\beta}_2=\frac{1}{6}\begin{pmatrix}\sqrt{2}\\-\sqrt{2}\\-4\sqrt{2}\end{pmatrix}.$$

对 $\lambda_3=-2$，解线性方程组 $(-2\boldsymbol{E}-\boldsymbol{A})\boldsymbol{x}=\boldsymbol{0}$，即

$$\begin{pmatrix} -5 & -4 & 2 \\ -4 & -5 & -2 \\ 2 & -2 & -8 \end{pmatrix}\begin{pmatrix} x_1 \\ x_2 \\ x_3 \end{pmatrix}=\begin{pmatrix} 0 \\ 0 \\ 0 \end{pmatrix},$$

解得一个基础解系为

$$\boldsymbol{\alpha}_3=\begin{pmatrix} 2 \\ -2 \\ 1 \end{pmatrix},\quad \text{单位化得 } \boldsymbol{p}_3=\frac{1}{\|\boldsymbol{\alpha}_3\|}\boldsymbol{\alpha}_3=\frac{1}{3}\begin{pmatrix} 2 \\ -2 \\ 1 \end{pmatrix}.$$

令正交矩阵

$$\boldsymbol{P}=(\boldsymbol{p}_1,\boldsymbol{p}_2,\boldsymbol{p}_3)=\begin{pmatrix} \frac{\sqrt{2}}{2} & \frac{\sqrt{2}}{6} & \frac{2}{3} \\ \frac{\sqrt{2}}{2} & -\frac{\sqrt{2}}{6} & -\frac{2}{3} \\ 0 & -\frac{2\sqrt{2}}{3} & \frac{1}{3} \end{pmatrix}.$$

经过正交变换 $\boldsymbol{x}=\boldsymbol{P}\boldsymbol{y}$，即

$$\begin{cases} x_1=\frac{\sqrt{2}}{2}y_1+\frac{\sqrt{2}}{6}y_2+\frac{2}{3}y_3, \\ x_2=\frac{\sqrt{2}}{2}y_1-\frac{\sqrt{2}}{6}y_2-\frac{2}{3}y_3, \\ x_3=-\frac{2\sqrt{2}}{3}y_2+\frac{1}{3}y_3. \end{cases}$$

把二次型 $f(x_1,x_2,x_3)$ 化为标准形 $f=7y_1^2+7y_2^2-2y_3^2$.

6.1.4 用配方法求二次型的标准形

以上所介绍的求二次型 $f(x_1,x_2,\cdots,x_n)=\boldsymbol{x}^{\mathrm{T}}\boldsymbol{A}\boldsymbol{x}$ 的标准形的方法是，先求出对称矩阵 $\boldsymbol{A}$ 的所有特征值 $\lambda_1,\lambda_2,\cdots,\lambda_n$，再求出 n 个两两正交的单位特征向量 $\boldsymbol{p}_1,\boldsymbol{p}_2,\cdots,\boldsymbol{p}_n$，把它们拼成正交矩阵 $\boldsymbol{P}$，就有 $\boldsymbol{P}^{-1}\boldsymbol{A}\boldsymbol{P}=\boldsymbol{P}^{\mathrm{T}}\boldsymbol{A}\boldsymbol{P}=\boldsymbol{\Lambda}$，其中 $\boldsymbol{\Lambda}$ 为对角元为实数 $\lambda_1,\lambda_2,\cdots,\lambda_n$ 的对角矩阵. 实际上，这就是求正交变换 $\boldsymbol{x}=\boldsymbol{P}\boldsymbol{y}$，其中 $\boldsymbol{P}\boldsymbol{P}^{\mathrm{T}}=\boldsymbol{E}$，把原二次型化为标准二次型

$$f=\lambda_1 y_1^2+\lambda_2 y_2^2+\cdots+\lambda_n y_n^2,$$

其中，$\lambda_1,\lambda_2,\cdots,\lambda_n$ 是矩阵 $\boldsymbol{A}$ 的 n 个特征值.

实际上，对于给定的二次型 $f=\boldsymbol{x}^{\mathrm{T}}\boldsymbol{A}\boldsymbol{x}$，未必要通过上述正交变换，而可用可逆线性变换 $\boldsymbol{x}=\boldsymbol{P}\boldsymbol{y}$，其中 $\boldsymbol{P}$ 为可逆矩阵，使得

$$\boldsymbol{P}^{\mathrm{T}}\boldsymbol{A}\boldsymbol{P}=\begin{pmatrix} d_1 & & & \\ & d_2 & & \\ & & \ddots & \\ & & & d_n \end{pmatrix}=\boldsymbol{\Lambda},$$

得到标准形

$$f=\boldsymbol{x}^{\mathrm{T}}\boldsymbol{A}\boldsymbol{x}=\boldsymbol{y}^{\mathrm{T}}\boldsymbol{\Lambda}\boldsymbol{y}=d_1 y_1^2+d_2 y_2^2+\cdots+d_n y_n^2.$$

我们把这种标准形称为二次型 $f=\boldsymbol{x}^{\mathrm{T}}\boldsymbol{A}\boldsymbol{x}$ 的合同标准形，它的 n 个系数未必是对称矩阵 $\boldsymbol{A}$

的特征值.

常用的方法之一是用配方法求出它的合同标准形. 现在用实例示范说明如下.

例5 用配方法求 $f(x_1,x_2)=x_1^2-4x_1x_2+x_2^2$ 的标准形.

解 用配方法把所给的二次型改写成

$$f(x_1,x_2)=x_1^2-4x_1x_2+x_2^2=(x_1-2x_2)^2-3x_2^2.$$

令 $\begin{cases} x_1-2x_2=y_1, \\ x_2=y_2, \end{cases}$ 即作可逆线性变换

$$\begin{cases} x_1=y_1-2y_2, \\ x_2=\quad\quad y_2, \end{cases} \quad 或 \quad \begin{pmatrix} x_1 \\ x_2 \end{pmatrix}=\begin{pmatrix} 1 & 2 \\ 0 & 1 \end{pmatrix}\begin{pmatrix} y_1 \\ y_2 \end{pmatrix},$$

得到标准形 $f=y_1^2-3y_2^2$.

需要注意的是，由于所用的是一般的可逆变换，不一定是正交变换，所以不能说所得到的标准形的系数 $1,-3$ 就是此二次型对应的对称矩阵的特征值. 事实上，它的特征值为 $-1,3$.

例6 用配方法求二次型

$$f(x_1,x_2,x_3)=x_1^2+2x_2^2+3x_3^2+2x_1x_2-4x_1x_3-6x_2x_3$$

的标准形,并求出所用的可逆线性变换.

解 二次型 $f(x_1,x_2,x_3)$ 含有 x_1 的平方项 x_1^2,先把含 x_1 的项归并起来,配方可得

$$\begin{aligned} f(x_1,x_2,x_3) &=(x_1^2+2x_1x_2-4x_1x_3)+2x_2^2+3x_3^2-6x_2x_3 \\ &=[(x_1^2+x_2^2+4x_3^2+2x_1x_2-4x_1x_3-4x_2x_3)-x_2^2-4x_3^2+4x_2x_3]+ \\ &\quad 2x_2^2+3x_3^2-6x_2x_3 \\ &=(x_1+x_2-2x_3)^2+x_2^2-x_3^2-2x_2x_3 \\ &=(x_1+x_2-2x_3)^2+(x_2^2-2x_2x_3+x_3^2)-2x_3^2 \\ &=(x_1+x_2-2x_3)^2+(x_2-x_3)^2-2x_3^2. \end{aligned}$$

令

$$\begin{cases} x_1+x_2-2x_3=y_1, \\ \quad\quad x_2-x_3=y_2, \\ \quad\quad\quad\quad x_3=y_3, \end{cases} \quad 得 \quad \begin{cases} x_1=y_1-y_2+y_3, \\ x_2=\quad\quad y_2+y_3, \\ x_3=\quad\quad\quad\quad y_3, \end{cases}$$

或

$$\begin{pmatrix} x_1 \\ x_2 \\ x_3 \end{pmatrix}=\begin{pmatrix} 1 & -1 & 1 \\ 0 & 1 & 1 \\ 0 & 0 & 1 \end{pmatrix}\begin{pmatrix} y_1 \\ y_2 \\ y_3 \end{pmatrix}.$$

即为所求可逆线性变换,在此可逆线性变换下 f 化成标准形

$$f=y_1^2+y_2^2-2y_3^2.$$

例7 用配方法求 $f(x_1,x_2,x_3)=2x_1x_2+2x_1x_3-6x_2x_3$ 的标准形.

解 为了配出完全平方，我们先作如下可逆线性变换产生平方项.

$$\begin{cases} x_1=y_1+y_2, \\ x_2=y_1-y_2, \\ x_3=y_3, \end{cases} \quad 即 \quad \begin{pmatrix} x_1 \\ x_2 \\ x_3 \end{pmatrix}=\begin{pmatrix} 1 & 1 & 0 \\ 1 & -1 & 0 \\ 0 & 0 & 1 \end{pmatrix}\begin{pmatrix} y_1 \\ y_2 \\ y_3 \end{pmatrix}.$$

它把原二次型改写成

$$\begin{aligned}f(x_1,x_2,x_3)&=2x_1x_2+2x_1x_3-6x_2x_3\\&=2(y_1+y_2)(y_1-y_2)+2(y_1+y_2)y_3-6(y_1-y_2)y_3\\&=2y_1^2-4y_1y_3-2y_2^2+8y_2y_3\\&=2(y_1-y_3)^2-2y_2^2-2y_3^2+8y_2y_3\\&=2(y_1-y_3)^2-2(y_2-2y_3)^2+6y_3^2.\end{aligned}$$

再令 $\begin{cases}y_1-y_3=z_1,\\y_2-2y_3=z_2,\\y_3=z_3,\end{cases}$ 即作可逆线性变换

$$\begin{cases}y_1=z_1+z_3,\\y_2=z_2+2z_3,\\y_3=z_3,\end{cases}\quad\text{或}\quad\begin{pmatrix}y_1\\y_2\\y_3\end{pmatrix}=\begin{pmatrix}1&0&1\\0&1&2\\0&0&1\end{pmatrix}\begin{pmatrix}z_1\\z_2\\z_3\end{pmatrix}.$$

因此,经过线性变换

$$\begin{pmatrix}x_1\\x_2\\x_3\end{pmatrix}=\begin{pmatrix}1&1&0\\1&-1&0\\0&0&1\end{pmatrix}\begin{pmatrix}y_1\\y_2\\y_3\end{pmatrix}=\begin{pmatrix}1&1&0\\1&-1&0\\0&0&1\end{pmatrix}\begin{pmatrix}1&0&1\\0&1&2\\0&0&1\end{pmatrix}\begin{pmatrix}z_1\\z_2\\z_3\end{pmatrix}=\begin{pmatrix}1&1&3\\1&-1&-1\\0&0&1\end{pmatrix}\begin{pmatrix}z_1\\z_2\\z_3\end{pmatrix}$$

就可得到所给二次型的合同标准形 $f=2z_1^2-2z_2^2+6z_3^2$.

6.1.5 二次型的规范形

对于任意一个 n 元实二次型 $f=\boldsymbol{x}^{\mathrm T}\boldsymbol{A}\boldsymbol{x}$,可以通过以下两种方法得到标准形

$$d_1y_1^2+d_2y_2^2+\cdots+d_ny_n^2.$$

一种方法是通过正交变换 $\boldsymbol{x}=\boldsymbol{P}\boldsymbol{y}$ 后得到的，其中 $\boldsymbol{P}$ 是 n 阶正交矩阵，满足 $\boldsymbol{P}\boldsymbol{P}^{\mathrm T}=\boldsymbol{E}$. 此时，根据

$$\boldsymbol{P}^{\mathrm T}\boldsymbol{A}\boldsymbol{P}=\boldsymbol{P}^{-1}\boldsymbol{A}\boldsymbol{P}=\boldsymbol{\Lambda}=\begin{pmatrix}\lambda_1&&&\\&\lambda_2&&\\&&\ddots&\\&&&\lambda_n\end{pmatrix}$$

知道，所得到的标准形 $\lambda_1y_1^2+\lambda_2y_2^2+\cdots+\lambda_ny_n^2$ 中的 n 个系数就是对称矩阵 $\boldsymbol{A}$ 的全体特征值.

另一种方法是通过配方法得到可逆变换 $\boldsymbol{x}=\boldsymbol{P}\boldsymbol{y}$ 后得到的，这里 $\boldsymbol{P}$ 为可逆矩阵，此时，标准形中的系数 $d_1,d_2,\cdots,d_n$ 就未必是对称矩阵 $\boldsymbol{A}$ 的特征值.

我们要指出一个重要事实：不管是通过哪一种方法得到的标准形,都可以进一步化简.

我们先看一个实例.

例 8 对于三元标准二次型 $f=2y_1^2-3y_2^2+0\times y_3^2$,经过可逆线性变换

$$z_1=\sqrt2y_1,\quad z_2=\sqrt3y_2,\quad z_3=y_3,$$

必可变为 $f=z_1^2-z_2^2$. 换成矩阵的说法,它就是

$$\begin{pmatrix}\frac{1}{\sqrt2}&0&0\\0&\frac{1}{\sqrt3}&0\\0&0&1\end{pmatrix}\begin{pmatrix}2&0&0\\0&-3&0\\0&0&0\end{pmatrix}\begin{pmatrix}\frac{1}{\sqrt2}&0&0\\0&\frac{1}{\sqrt3}&0\\0&0&1\end{pmatrix}=\begin{pmatrix}1&0&0\\0&-1&0\\0&0&0\end{pmatrix}.$$

这是一种最简单的标准形，其系数只可能是 1，−1 和 0.

定义 6.1.5 所有平方项的系数均为 1，−1 或 0 的标准二次型称为**规范二次型**.

为了叙述方便，对二次型 $f=\boldsymbol{x}^{\mathrm{T}}\boldsymbol{A}\boldsymbol{x}$，化得的规范二次型，可简称为二次型的**规范形**.

用例 8 中所述方法，不难理解，对于给定的二次型 $f=\boldsymbol{x}^{\mathrm{T}}\boldsymbol{A}\boldsymbol{x}$，不论是用什么方法得到一个标准形

$$f=d_1y_1^2+\cdots+d_ky_k^2+d_{k+1}y_{k+1}^2+\cdots+d_ry_r^2+d_{r+1}y_{r+1}^2+\cdots+d_ny_n^2.$$

如果其中的系数 $d_1,\cdots,d_k$ 都是正数，$d_{k+1},\cdots,d_r$ 都是负数，$d_{r+1}=\cdots=d_n=0$，那么经过可逆变换

$$z_i=\sqrt{d_i}y_i,\quad i=1,2,\cdots,k,$$
$$z_j=\sqrt{-d_j}y_j,\quad j=k+1,k+2,\cdots,r,$$
$$z_l=y_l,\quad l=r+1,r+2,\cdots,n,$$

就可把上述标准形化为规范形

$$f=z_1^2+\cdots+z_k^2-z_{k+1}^2-\cdots-z_r^2.$$

这个规范形，是可以根据标准形中系数的正、负性和零，不需要任何计算，就可直接写出来的.

对于给定的 n 元二次型 $f=\boldsymbol{x}^{\mathrm{T}}\boldsymbol{A}\boldsymbol{x}$，由于所作的可逆线性变换 $\boldsymbol{x}=\boldsymbol{P}\boldsymbol{y}$ 不同，得到的标准形不一样，即二次型的标准形不唯一. 那么自然要问：它的规范形是否由 $\boldsymbol{A}$ 唯一确定？

定理 6.1.2(惯性定理) *任意一个 n 元二次型 $f=\boldsymbol{x}^{\mathrm{T}}\boldsymbol{A}\boldsymbol{x}$，一定可以经过可逆线性变换化为规范形*

$$f=z_1^2+\cdots+z_k^2-z_{k+1}^2-\cdots-z_r^2,$$

而且其中的 k 和 r 是由 $\boldsymbol{A}$ 唯一确定的(与所采用的变换无关). k 是规范形中系数为 1 的项数，r 是 $\boldsymbol{A}$ 的秩.

惯性定理的矩阵形式 对于任意一个 n 阶对称矩阵 $\boldsymbol{A}$，一定存在 n 阶可逆矩阵 $\boldsymbol{R}$，使得

$$\boldsymbol{R}^{\mathrm{T}}\boldsymbol{A}\boldsymbol{R}=\begin{pmatrix}\boldsymbol{E}_k & & \\ & -\boldsymbol{E}_{r-k} & \\ & & \boldsymbol{O}\end{pmatrix}.$$

定义 6.1.6 规范形中的 k 称为二次型 $f=\boldsymbol{x}^{\mathrm{T}}\boldsymbol{A}\boldsymbol{x}$（或对称矩阵 $\boldsymbol{A}$）的**正惯性指数**，称 $r-k$ 为**负惯性指数**，$k-(r-k)=2k-r$ 称为**符号差**.

定理 6.1.3 *对称矩阵 $\boldsymbol{A}$ 与 $\boldsymbol{B}$ 合同当且仅当它们有相同的秩和相同的正惯性指数.*

证 必要性 设 $\boldsymbol{B}=\boldsymbol{P}^{\mathrm{T}}\boldsymbol{A}\boldsymbol{P}$. 因为 $\boldsymbol{A}$ 是对称矩阵，$\boldsymbol{P}$ 是可逆矩阵，所以，$\boldsymbol{B}$ 必是对称矩阵，一定存在可逆矩阵 $\boldsymbol{Q}$，使得

$$\boldsymbol{Q}^{\mathrm{T}}\boldsymbol{B}\boldsymbol{Q}=\begin{pmatrix}\boldsymbol{E}_k & & \\ & -\boldsymbol{E}_{r-k} & \\ & & \boldsymbol{O}\end{pmatrix}=\boldsymbol{\Lambda},$$

这里，$r=\mathrm{r}(\boldsymbol{B})=\mathrm{r}(\boldsymbol{A})$，$k$ 为 $\boldsymbol{B}$ 的正惯性指数. 于是有

$$\boldsymbol{Q}^{\mathrm{T}}\boldsymbol{B}\boldsymbol{Q}=\boldsymbol{Q}^{\mathrm{T}}\boldsymbol{P}^{\mathrm{T}}\boldsymbol{A}\boldsymbol{P}\boldsymbol{Q}=(\boldsymbol{P}\boldsymbol{Q})^{\mathrm{T}}\boldsymbol{A}(\boldsymbol{P}\boldsymbol{Q})=\boldsymbol{\Lambda}.$$

这说明 $\boldsymbol{A}$ 也合同于 $\boldsymbol{\Lambda}$. 根据惯性定理中的正惯性指数的唯一性知道，k 也是 $\boldsymbol{A}$ 的正惯性指数.

充分性 设 n 阶对称矩阵 $\boldsymbol{A}$ 与 $\boldsymbol{B}$ 有相同的秩 r 和相同的正惯性指数 k，则根据惯性定理

知道，必存在可逆矩阵 $\boldsymbol{P}$ 和 $\boldsymbol{Q}$，使得

$$\boldsymbol{P}^{\mathrm{T}}\boldsymbol{A}\boldsymbol{P}=\begin{pmatrix}\boldsymbol{E} & & \\ & -\boldsymbol{E}_{r-k} & \\ & & \boldsymbol{O}\end{pmatrix},\quad \boldsymbol{Q}^{\mathrm{T}}\boldsymbol{B}\boldsymbol{Q}=\begin{pmatrix}\boldsymbol{E} & & \\ & -\boldsymbol{E}_{r-k} & \\ & & \boldsymbol{O}\end{pmatrix}.$$

于是，根据 $\boldsymbol{P}^{\mathrm{T}}\boldsymbol{A}\boldsymbol{P}=\boldsymbol{Q}^{\mathrm{T}}\boldsymbol{B}\boldsymbol{Q}$ 立刻得到

$$\boldsymbol{B}=(\boldsymbol{Q}^{\mathrm{T}})^{-1}\boldsymbol{P}^{\mathrm{T}}\boldsymbol{A}\boldsymbol{P}\boldsymbol{Q}^{-1}=(\boldsymbol{Q}^{-1})^{\mathrm{T}}\boldsymbol{P}^{\mathrm{T}}\boldsymbol{A}\boldsymbol{P}\boldsymbol{Q}^{-1}=(\boldsymbol{P}\boldsymbol{Q}^{-1})^{\mathrm{T}}\boldsymbol{A}(\boldsymbol{P}\boldsymbol{Q}^{-1}).$$

这说明 $\boldsymbol{A}$ 与 $\boldsymbol{B}$ 一定合同.

例 9 在以下 4 个矩阵中，哪些是合同矩阵？哪些不是合同矩阵？

$$\boldsymbol{A}=\begin{pmatrix}-1 & 0 & 0\\ 0 & 3 & 0\\ 0 & 0 & -2\end{pmatrix},\quad \boldsymbol{B}=\begin{pmatrix}-1 & 0 & 0\\ 0 & 1 & 0\\ 0 & 0 & 1\end{pmatrix},\quad \boldsymbol{C}=\begin{pmatrix}1 & 0 & 0\\ 0 & -2 & 0\\ 0 & 0 & -3\end{pmatrix},\quad \boldsymbol{D}=\begin{pmatrix}3 & 0 & 0\\ 0 & 2 & 0\\ 0 & 0 & -5\end{pmatrix}.$$

解 这 4 个方阵的秩都同为 3. 因为 $\boldsymbol{A}$ 与 $\boldsymbol{C}$ 的正惯性指数同为 1，所以 $\boldsymbol{A}$ 与 $\boldsymbol{C}$ 合同. $\boldsymbol{B}$ 与 $\boldsymbol{D}$ 的正惯性指数同为 2，所以 $\boldsymbol{B}$ 与 $\boldsymbol{D}$ 合同. 但 $\boldsymbol{A}$ 与 $\boldsymbol{B}$ 不合同，$\boldsymbol{B}$ 与 $\boldsymbol{C}$ 不合同.

习 题 6.1

1. 判断下列各式是不是二次型：

(1) $x_1^2+x_2^2-x_1x_2+x_3^2=0$；

(2) $x^2+y^2-3z^2-2$；

(3) $x_1^2+x_1x_2+x_2^3$；

(4) $3x^2+y^2-2xy+4xz$.

2. 写出下列二次型对应的对称矩阵 $\boldsymbol{A}$：

(1) $f(x,y)=x^2+4xy+5y^2$；

(2) $f(x,y,z)=xy+yz-zx$；

(3) $f(x_1,x_2,x_3)=x_1^2-2x_1x_2+2x_2^2+3x_3^2-x_2x_3$；

(4) $f(x_1,x_2,x_3,x_4)=2x_1^2-4x_1x_2+6x_1x_4-x_2^2-6x_2x_3+8x_3x_4-x_4^2$.

3. 写出下列对称矩阵 $\boldsymbol{A}$ 对应的二次型：

(1) $\boldsymbol{A}=\begin{pmatrix}0 & 1\\ 1 & 0\end{pmatrix}$；　　(2) $\boldsymbol{A}=\begin{pmatrix}a & b\\ b & d\end{pmatrix}$；

(3) $\boldsymbol{A}=\begin{pmatrix}1 & 1 & 0\\ 1 & -1 & 2\\ 0 & 2 & 5\end{pmatrix}$；　　(4) $\boldsymbol{A}=\begin{pmatrix}-1 & 1 & 0\\ 1 & -\sqrt{2} & -3\\ 0 & -3 & 4\end{pmatrix}$；

(5) $\boldsymbol{A}=\begin{pmatrix}0 & 1 & \frac{1}{2} & -\frac{3}{2}\\ 1 & 0 & -1 & -1\\ \frac{1}{2} & -1 & 0 & 3\\ -\frac{3}{2} & -1 & 3 & 0\end{pmatrix}$.

4. 求下列二次型的秩：

(1) $f(x_1,x_2,x_3)=x_1^2-2x_2^2+6x_3^2-4x_1x_2+2x_1x_3$；

(2) $f(x_1,x_2,x_3,x_4)=2x_1x_2+2x_1x_4+2x_2x_3+2x_3x_4$.

5. 设 $f(x_1,x_2,x_3)=x_1^2+2x_1x_2-2x_1x_3+x_2^2-x_3^2-4x_2x_3$. 求出经过由下列可逆矩阵 $\boldsymbol{P}$ 决定的线性变换 $\boldsymbol{x}=\boldsymbol{P}\boldsymbol{y}$ 以后所得到的二次型：

(1) $\boldsymbol{P}=\begin{pmatrix}1&&\\&2&\\&&3\end{pmatrix}$；　　(2) $\boldsymbol{P}=\begin{pmatrix}1&-1&1\\-1&0&3\\-2&0&1\end{pmatrix}$.

6. 设二次型 $f(x_1,x_2,x_3)=\boldsymbol{x}^{\mathrm{T}}\boldsymbol{A}\boldsymbol{x}=ax_1^2+2x_2^2-2x_3^2+2bx_1x_3$，其中 $b>0$，矩阵 $\boldsymbol{A}$ 的特征值之和为 1，特征值之积为 -12.

(1) 求出 a 和 b 的值；

(2) 求出正交变换 $\boldsymbol{x}=\boldsymbol{P}\boldsymbol{y}$，把它化为标准形；

(3) 写出此二次型的规范形.

7. 用正交变换化下列实二次型为标准形：

(1) $f(x_1,x_2,x_3)=x_1^2+4x_2^2+x_3^2-4x_1x_2-8x_1x_3-4x_2x_3$；

(2) $f(x_1,x_2,x_3)=2x_1^2+3x_2^2+3x_3^2+4x_2x_3$.

8. 用配方法化下列二次型为标准形，并写出所作的可逆线性变换：

(1) $f(x_1,x_2,x_3)=x_1^2+2x_2^2+2x_1x_2-2x_1x_3$；

(2) $f(x_1,x_2,x_3)=2x_1^2+5x_2^2+5x_3^2+4x_1x_2-4x_1x_3-8x_2x_3$；

(3) $f(x_1,x_2,x_3)=x_1x_2+x_1x_3-3x_2x_3$.

9. 如果二次型 $f(x_1,x_2,x_3)=2x_1^2+4x_2^2+ax_3^2-2bx_1x_3$ 可经正交变换化为标准形 $f=4y_1^2+y_2^2+6y_3^2$. 求 a,b 及所用的正交变换.

10. 求 $f(x_1,x_2,x_3)=x_1^2-3x_2^2-2x_1x_2+2x_1x_3+2x_2x_3$ 的规范形，并指出其正惯性指数及秩.

11. 已知二次形 $f(x_1,x_2,x_3)=x_1^2+x_2^2+x_3^2+2ax_1x_2+2x_2x_3$ 的秩为 2. 求 a 的值及此二次型的标准形.

6.2 正定二次型和正定矩阵

6.2.1 实二次型的分类

n 元实二次型 $f=\boldsymbol{x}^{\mathrm{T}}\boldsymbol{A}\boldsymbol{x}$ 和对应的 n 阶实对称矩阵 $\boldsymbol{A}$，可分成以下 5 类：

(1) 如果对于任何非零实列向量 $\boldsymbol{x}$，都有 $\boldsymbol{x}^{\mathrm{T}}\boldsymbol{A}\boldsymbol{x}>0$，则称 f 为**正定二次型**，称 $\boldsymbol{A}$ 为**正定矩阵**.

(2) 如果对于任何实列向量 $\boldsymbol{x}$，都有 $\boldsymbol{x}^{\mathrm{T}}\boldsymbol{A}\boldsymbol{x}\geqslant 0$，则称 f 为**半正定二次型**，称 $\boldsymbol{A}$ 为**半正定矩阵**.

(3) 如果对于任何非零实列向量 $\boldsymbol{x}$，都有 $\boldsymbol{x}^{\mathrm{T}}\boldsymbol{A}\boldsymbol{x}<0$，则称 f 为**负定二次型**，称 $\boldsymbol{A}$ 为**负定矩阵**.

(4) 如果对于任何实列向量 $\boldsymbol{x}$，都有 $\boldsymbol{x}^{\mathrm{T}}\boldsymbol{A}\boldsymbol{x}\leqslant 0$，则称 f 为**半负定二次型**，称 $\boldsymbol{A}$ 为**半负定矩阵**.

(5) 其他的实二次型称为**不定二次型**，其他的实对称阵称为**不定矩阵**.

例 1 以 $n=3$ 时的规范形为例.

(1) 正定二次型,如:$x_1^2+x_2^2+x_3^2$. 对应的矩阵 $\boldsymbol{A}=\boldsymbol{E}$.

(2) 半正定二次型,如:$x_1^2+x_2^2$. 对应的矩阵 $\boldsymbol{A}=\begin{pmatrix}1 & & \\ & 1 & \\ & & 0\end{pmatrix}$.

(3) 负定二次型,如:$-x_1^2-x_2^2-x_3^2$. 对应的矩阵 $\boldsymbol{A}=-\boldsymbol{E}$.

(4) 半负定二次型,如:$-x_1^2-x_2^2$. 对应的矩阵 $\boldsymbol{A}=\begin{pmatrix}-1 & & \\ & -1 & \\ & & 0\end{pmatrix}$.

(5) 不定二次型,如:$x_1^2-x_2^2$. 对应的矩阵 $\boldsymbol{A}=\begin{pmatrix}1 & & \\ & -1 & \\ & & 0\end{pmatrix}$.

注意 (1) 不管是哪种二次型,其中的 $\boldsymbol{A}$ 必须是实对称矩阵.

(2) $\boldsymbol{x}=(x_1,x_2,\cdots,x_n)^{\mathrm{T}}$ 是非零向量指的是其中的分量不全为零,即至少有一个分量不为零. 所有分量都不为零的向量当然是非零向量,但它仅仅是一种特殊的非零向量,其范围小了很多. 因此,如果仅对所有分量都不为零的向量 $\boldsymbol{x}=(x_1,x_2,\cdots,x_n)^{\mathrm{T}}$ 都有 $\boldsymbol{x}^{\mathrm{T}}\boldsymbol{A}\boldsymbol{x}>0$,那么还不能说 $\boldsymbol{A}$ 是正定矩阵和 $\boldsymbol{x}^{\mathrm{T}}\boldsymbol{A}\boldsymbol{x}$ 是正定二次型.

例如,$f(x_1,x_2)=x_1^2>0,\ \forall\, x_1x_2\neq 0$. 但它不是二元正定二次型.

在本课程中,我们只讨论正定二次型和正定矩阵.

6.2.2 正定矩阵

根据正定矩阵与正定二次型之间的关系,为了有效地运用矩阵工具,我们把关于正定二次型的讨论转化为对正定矩阵的讨论.

根据正定矩阵的定义,我们可以直接得到如下 4 个定理.

定理 6.2.1 实对角矩阵 $\boldsymbol{\Lambda}$ 为正定矩阵当且仅当 $\boldsymbol{\Lambda}$ 中的所有对角元全大于零. 因此,单位矩阵一定是正定矩阵.

证 设

$$\boldsymbol{\Lambda}=\begin{pmatrix}\lambda_1 & & & \\ & \lambda_2 & & \\ & & \ddots & \\ & & & \lambda_n\end{pmatrix}.$$

充分性 如果所有 $\lambda_i>0$,那么,对于任何非零列向量 $\boldsymbol{x}=(x_1,x_2,\cdots,x_n)^{\mathrm{T}}$,显然有

$$\boldsymbol{x}^{\mathrm{T}}\boldsymbol{A}\boldsymbol{x}=\sum_{i=1}^{n}\lambda_i x_i^2>0.$$

必要性 如果对于任何非零列向量 $\boldsymbol{x}=(x_1,x_2,\cdots,x_n)^{\mathrm{T}}$ 都有

$$\boldsymbol{x}^{\mathrm{T}}\boldsymbol{A}\boldsymbol{x}=\lambda_1x_1^2+\cdots+\lambda_ix_i^2+\cdots+\lambda_nx_n^2>0,$$

那么,对于任意取定的 $1\leqslant i\leqslant n$,取 $x_i=1$,其他未知量都取零值,立刻得到 $\lambda_i>0$.

定理 6.2.2 设 n 阶矩阵 $\boldsymbol{A}=(a_{ij})$ 是正定矩阵,则 $\boldsymbol{A}$ 中所有对角元 $a_{ii}>0,i=1,2,\cdots,n$.

证 对于任意取定的 $1\leqslant i\leqslant n$,取第 i 个标准单位向量

$$\boldsymbol{\varepsilon}_i=(0,\cdots,0,1,0,\cdots,0)^{\mathrm{T}}.$$

由 $\boldsymbol{A}$ 的正定性知道，必有

$$\boldsymbol{\varepsilon}_i^{\mathrm{T}}\boldsymbol{A}\boldsymbol{\varepsilon}_i=(0,\cdots,1,\cdots,0)\begin{pmatrix}a_{11}&\cdots&a_{1i}&\cdots&a_{1n}\\ \vdots&&\vdots&&\vdots\\ a_{1i}&\cdots&a_{ii}&\cdots&a_{in}\\ \vdots&&\vdots&&\vdots\\ a_{1n}&\cdots&a_{in}&\cdots&a_{nn}\end{pmatrix}\begin{pmatrix}0\\ \vdots\\ 1\\ \vdots\\ 0\end{pmatrix}=a_{ii}>0.$$

例 2 问 $f(x_1,x_2,x_3)=4x_1^2-6x_2^2+15x_3^2+10x_1x_2+x_1x_3+5x_2x_3$ 是不是正定二次型？

解 因为它对应的对称矩阵中的对角元素 $a_{22}=-6<0$，所以它不是正定二次型.

定理 6.2.3 设 $\boldsymbol{A}$ 与 $\boldsymbol{B}$ 是两个合同的实对称矩阵，则 $\boldsymbol{A}$ 为正定矩阵当且仅当 $\boldsymbol{B}$ 为正定矩阵.

证 由条件知，存在可逆矩阵 $\boldsymbol{P}$ 使得 $\boldsymbol{B}=\boldsymbol{P}^{\mathrm{T}}\boldsymbol{A}\boldsymbol{P}$. 因为 $\boldsymbol{P}$ 为可逆矩阵，所以

$$\boldsymbol{P}\boldsymbol{x}=\boldsymbol{0}\Leftrightarrow\boldsymbol{x}=\boldsymbol{0},\quad 即\quad \boldsymbol{P}\boldsymbol{x}\neq\boldsymbol{0}\Leftrightarrow\boldsymbol{x}\neq\boldsymbol{0}.$$

如果 $\boldsymbol{A}$ 为正定矩阵，那么对于任何 $\boldsymbol{x}\neq\boldsymbol{0}$，由于一定有 $\boldsymbol{P}\boldsymbol{x}\neq\boldsymbol{0}$，所以根据 $\boldsymbol{A}$ 为正定矩阵知道

$$\boldsymbol{x}^{\mathrm{T}}\boldsymbol{B}\boldsymbol{x}=\boldsymbol{x}^{\mathrm{T}}\boldsymbol{P}^{\mathrm{T}}\boldsymbol{A}\boldsymbol{P}\boldsymbol{x}=(\boldsymbol{P}\boldsymbol{x})^{\mathrm{T}}\boldsymbol{A}(\boldsymbol{P}\boldsymbol{x})>0.$$

这说明 $\boldsymbol{B}$ 为正定矩阵.

反之，当 $\boldsymbol{B}=\boldsymbol{P}^{\mathrm{T}}\boldsymbol{A}\boldsymbol{P}$ 为正定矩阵时，必有 $\boldsymbol{A}=(\boldsymbol{P}^{-1})^{\mathrm{T}}\boldsymbol{B}(\boldsymbol{P}^{-1})$. 这说明 $\boldsymbol{A}$ 是正定矩阵 $\boldsymbol{B}$ 的合同矩阵，它当然是正定矩阵.

这个命题可以简说成“正定矩阵的合同矩阵一定是正定矩阵”.

定理 6.2.4 同阶正定矩阵之和必为正定矩阵.

证 设 $\boldsymbol{A}$ 与 $\boldsymbol{B}$ 是两个同阶的正定矩阵，则已知 $\boldsymbol{A}+\boldsymbol{B}$ 是实对称矩阵且对任何 $\boldsymbol{x}\neq\boldsymbol{0}$ 必有

$$\boldsymbol{x}^{\mathrm{T}}(\boldsymbol{A}+\boldsymbol{B})\boldsymbol{x}=\boldsymbol{x}^{\mathrm{T}}\boldsymbol{A}\boldsymbol{x}+\boldsymbol{x}^{\mathrm{T}}\boldsymbol{B}\boldsymbol{x}>0.$$

注意 由于两个同阶正定矩阵 $\boldsymbol{A}$ 与 $\boldsymbol{B}$ 之积 $\boldsymbol{AB}$ 未必是对称矩阵，所以，根本谈不上 $\boldsymbol{AB}$ 是不是正定矩阵. 在第二章中已证明，两个同阶对称矩阵 $\boldsymbol{A}$ 与 $\boldsymbol{B}$ 之积 $\boldsymbol{AB}$ 是对称矩阵当且仅当 $\boldsymbol{AB}=\boldsymbol{BA}$. 在这里，我们不加证明地指出以下事实：两个同阶正定矩阵 $\boldsymbol{A}$ 与 $\boldsymbol{B}$ 之积 $\boldsymbol{AB}$ 是正定矩阵当且仅当 $\boldsymbol{AB}$ 是对称矩阵，于是，正定矩阵 $\boldsymbol{A}$ 与 $\boldsymbol{B}$ 之积 $\boldsymbol{AB}$ 是正定矩阵当且仅当 $\boldsymbol{AB}=\boldsymbol{BA}$.

对于给定的对称矩阵，如何判定它是正定矩阵？我们给出一些常用的判别方法.

定理 6.2.5 n 阶对称矩阵 $\boldsymbol{A}=(a_{ij})$ 是正定矩阵 $\Leftrightarrow\boldsymbol{A}$ 的 n 个特征值全大于零.

证 根据 5.4 节中的对称矩阵基本定理知道，对于对称矩阵 $\boldsymbol{A}$，一定存在 n 阶正交矩阵 $\boldsymbol{P}$，使得

$$\boldsymbol{P}^{-1}\boldsymbol{A}\boldsymbol{P}=\boldsymbol{P}^{\mathrm{T}}\boldsymbol{A}\boldsymbol{P}=\boldsymbol{\Lambda}=\begin{pmatrix}\lambda_1&&&\\&\lambda_2&&\\&&\ddots&\\&&&\lambda_n\end{pmatrix}.$$

因为 $\boldsymbol{A}$ 和 $\boldsymbol{\Lambda}$ 是两个合同矩阵，根据定理 6.2.3，$\boldsymbol{A}$ 是正定矩阵当且仅当 $\boldsymbol{\Lambda}$ 是正定矩阵. 但 $\boldsymbol{\Lambda}$ 是对角矩阵，它的全体对角元就是 $\boldsymbol{A}$ 的所有特征值，所以，根据定理 6.2.1，$\boldsymbol{A}$ 是正定矩阵当且仅当 $\boldsymbol{A}$ 的 n 个特征值全大于零.

推论 (1) n 阶对称矩阵 $\boldsymbol{A}=(a_{ij})$ 是正定矩阵 $\Leftrightarrow\boldsymbol{A}$ 的正惯性指数为 n.

(2) n 阶对称矩阵 $\boldsymbol{A}=(a_{ij})$ 是正定矩阵 $\Leftrightarrow\boldsymbol{A}$ 合同于单位矩阵.

(3) 任意两个同阶的正定矩阵必是合同矩阵.

证 (1) 因为 $\boldsymbol{A}$ 的正惯性指数就是 $\boldsymbol{A}$ 的正特征值的个数，而 $\boldsymbol{A}$ 是正定矩阵当且仅当 $\boldsymbol{A}$ 的 n 个特征值全大于零，所以，$\boldsymbol{A}$ 是正定矩阵当且仅当 $\boldsymbol{A}$ 的正惯性指数为 n.

(2) 根据对称矩阵的惯性定理知道，对于任意一个 n 阶对称矩阵 $\boldsymbol{A}$，一定存在 n 阶可逆矩阵 $\boldsymbol{R}$，使得

$$\boldsymbol{R}^{\mathrm{T}}\boldsymbol{A}\boldsymbol{R}=\begin{pmatrix}\boldsymbol{E}_k & & \\ & -\boldsymbol{E}_{r-k} & \\ & & \boldsymbol{O}\end{pmatrix},$$

其中 k 是 $\boldsymbol{A}$ 的正惯性指数. 于是，根据上述推论(1)知道，$\boldsymbol{A}$ 是正定矩阵 $\Leftrightarrow k=n\Leftrightarrow \boldsymbol{A}$ 合同于单位矩阵.

(3) 设 $\boldsymbol{A}$ 和 $\boldsymbol{B}$ 是两个 n 阶正定矩阵，则必存在 n 阶可逆矩阵 $\boldsymbol{P}$ 和 $\boldsymbol{Q}$，使得

$$\boldsymbol{P}^{\mathrm{T}}\boldsymbol{A}\boldsymbol{P}=\boldsymbol{E},\quad \boldsymbol{Q}^{\mathrm{T}}\boldsymbol{B}\boldsymbol{Q}=\boldsymbol{E}.$$

于是由 $\boldsymbol{P}^{\mathrm{T}}\boldsymbol{A}\boldsymbol{P}=\boldsymbol{Q}^{\mathrm{T}}\boldsymbol{B}\boldsymbol{Q}$ 得到

$$\boldsymbol{B}=(\boldsymbol{Q}^{\mathrm{T}})^{-1}\boldsymbol{P}^{\mathrm{T}}\boldsymbol{A}\boldsymbol{P}\boldsymbol{Q}^{-1}=(\boldsymbol{P}\boldsymbol{Q}^{-1})^{\mathrm{T}}\boldsymbol{A}(\boldsymbol{P}\boldsymbol{Q}^{-1}).$$

这就证明了 $\boldsymbol{A}$ 和 $\boldsymbol{B}$ 必是合同矩阵

例 3 n 阶对称矩阵 $\boldsymbol{A}$ 是正定矩阵 $\Leftrightarrow$ 存在 n 阶可逆矩阵 $\boldsymbol{R}$ 使得 $\boldsymbol{A}=\boldsymbol{R}^{\mathrm{T}}\boldsymbol{R}$.

证 设 $\boldsymbol{A}$ 是正定矩阵，则存在 n 阶可逆矩阵 $\boldsymbol{P}$，使得

$$\boldsymbol{P}^{\mathrm{T}}\boldsymbol{A}\boldsymbol{P}=\boldsymbol{E},\quad \boldsymbol{A}=(\boldsymbol{P}^{\mathrm{T}})^{-1}\boldsymbol{E}\boldsymbol{P}^{-1}=(\boldsymbol{P}^{-1})^{\mathrm{T}}\boldsymbol{P}^{-1}.$$

于是 $\boldsymbol{R}=\boldsymbol{P}^{-1}$ 即为所求的可逆矩阵.

反之，由 $\boldsymbol{A}=\boldsymbol{R}^{\mathrm{T}}\boldsymbol{R}=\boldsymbol{R}^{\mathrm{T}}\boldsymbol{E}\boldsymbol{R}$ 和单位矩阵是正定矩阵知道，$\boldsymbol{A}$ 必是正定矩阵.

例 4 设 $\boldsymbol{A}$ 是 n 阶正定矩阵，则 $\boldsymbol{A}$ 必是可逆矩阵，$\boldsymbol{A}$ 的逆矩阵和伴随矩阵必是正定矩阵.

证 (1) 因为 $\boldsymbol{A}$ 是 n 阶正定矩阵，所以它的 n 个特征值 $\lambda_1,\lambda_2,\cdots,\lambda_n$ 全大于零，于是它的行列式 $|\boldsymbol{A}|=\prod\limits_{i=1}^{n}\lambda_i>0$，$\boldsymbol{A}$ 必是可逆矩阵.

(2) 根据矩阵等式 $\boldsymbol{P}^{\mathrm{T}}\boldsymbol{A}\boldsymbol{P}=\boldsymbol{E}$，立刻得到

$$\boldsymbol{P}^{-1}\boldsymbol{A}^{-1}(\boldsymbol{P}^{\mathrm{T}})^{-1}=\boldsymbol{E},\quad \boldsymbol{P}^{-1}\boldsymbol{A}^{-1}(\boldsymbol{P}^{-1})^{\mathrm{T}}=\boldsymbol{E}.$$

于是，根据定理 6.2.5 推论(2)知道，正定矩阵的逆矩阵必是正定矩阵.

(3) 由 $\boldsymbol{A}\boldsymbol{A}^*=|\boldsymbol{A}|\boldsymbol{E}$ 知道 $\boldsymbol{A}^*=|\boldsymbol{A}|\boldsymbol{A}^{-1}$. 因为 $\boldsymbol{A}$ 和 $\boldsymbol{A}^{-1}$ 都是正定矩阵，且 $|\boldsymbol{A}|>0$，所以

$$\boldsymbol{x}^{\mathrm{T}}\boldsymbol{A}^*\boldsymbol{x}=|\boldsymbol{A}|\cdot\boldsymbol{x}^{\mathrm{T}}\boldsymbol{A}^{-1}\boldsymbol{x}>0,\quad \forall\,\boldsymbol{x}\neq\boldsymbol{0}.$$

故 $\boldsymbol{A}^*$ 为正定矩阵.

下面我们给出一个判定对称矩阵的正定性的常用方法. 为此，需引入如下概念.

定义 6.2.1 设 $\boldsymbol{A}=(a_{ij})_{n\times n}$ 是 n 阶方阵，则它的如下形状的 k 阶子式

$$D_k=\begin{vmatrix}a_{11} & a_{12} & a_{13} & \cdots & a_{1k}\\ a_{21} & a_{22} & a_{23} & \cdots & a_{2k}\\ a_{31} & a_{32} & a_{33} & \cdots & a_{3k}\\ \vdots & \vdots & \vdots & & \vdots\\ a_{k1} & a_{k2} & a_{k3} & \cdots & a_{kk}\end{vmatrix},\quad 1\leqslant k\leqslant n$$

称为 $\boldsymbol{A}$ 的 k 阶**顺序主子式**.

注意 n 阶方阵 $\boldsymbol{A}$ 的 k 阶顺序主子式指的是，位于 $\boldsymbol{A}$ 中前 k 行和前 k 列的 k^2 个元素，按照原来的相对顺序排成的 k 阶行列式. 依次取 $k=1,2,\cdots,n$，可以得到 n 个顺序主子式. 特别

地,一阶顺序主子式就是一个元素 a_{11}, n 阶顺序主子式就是 $|\mathbf{A}|$.

定理 6.2.6 n 阶实对称矩阵 $\mathbf{A}=(a_{ij})$ 是正定矩阵 $\Leftrightarrow \mathbf{A}$ 的 n 个顺序主子式 $D_k>0, k=1,2,\cdots,n$.

我们略去它的证明,仅以实例说明它的应用.

例 5 判定 $\mathbf{A}=\begin{pmatrix}2&2&2\\2&5&4\\2&4&5\end{pmatrix}$ 是不是正定矩阵.

解 $\mathbf{A}$ 的三个顺序主子式:

$$D_1=|2|=2>0,\quad D_2=\begin{vmatrix}2&2\\2&5\end{vmatrix}=6>0,$$

$$D_3=\begin{vmatrix}2&2&2\\2&5&4\\2&4&5\end{vmatrix}=\begin{vmatrix}2&2&2\\0&3&2\\0&2&3\end{vmatrix}=10>0.$$

故 $\mathbf{A}$ 是正定矩阵.

另一个判定方法是先求出 $\mathbf{A}$ 的特征值. 由

$$|\lambda\mathbf{E}-\mathbf{A}|=\begin{vmatrix}\lambda-2&-2&-2\\-2&\lambda-5&-4\\-2&-4&\lambda-5\end{vmatrix}=\begin{vmatrix}\lambda-2&-2&0\\-2&\lambda-5&-(\lambda-1)\\-2&-4&\lambda-1\end{vmatrix}$$

$$=(\lambda-1)\begin{vmatrix}\lambda-2&-2&0\\-2&\lambda-5&-1\\-2&-4&1\end{vmatrix}=(\lambda-1)\begin{vmatrix}\lambda-2&-2&0\\-4&\lambda-9&0\\-2&-4&1\end{vmatrix}$$

$$=(\lambda-1)^2(\lambda-10).$$

得 $\mathbf{A}$ 的特征值 $\lambda_1=\lambda_2=1, \lambda_3=10$.

由于 $\mathbf{A}$ 的特征值全大于零,所以 $\mathbf{A}$ 是正定矩阵.

例 6 问 $f(x,y,z)=kx^2+ky^2+k^2z^2+2kxy+2xz$ 是不是正定二次型?

解 因为它对应的对称矩阵的二阶顺序主子式 $\begin{vmatrix}k&k\\k&k\end{vmatrix}=0$,所以它不是正定二次型.

例 7 求 k 为何值时,下列三元二次型为正定二次型:

(1) $f(x_1,x_2,x_3)=(k+1)x_1^2+(k-1)x_2^2+(k-2)x_3^2$;

(2) $f(x,y,z)=5x^2+4xy+y^2-2xz+kz^2-2yz$.

解 (1) 它是标准二次型. 它是正定二次型当且仅当它的所有系数都是正数,即 $k>2$.

(2) 写出对应的对称矩阵 $\mathbf{A}=\begin{pmatrix}5&2&-1\\2&1&-1\\-1&-1&k\end{pmatrix}$. 因为

$$D_1=5>0,\quad D_2=\begin{vmatrix}5&2\\2&1\end{vmatrix}=1>0,\quad D_3=\begin{vmatrix}5&2&-1\\2&1&-1\\-1&-1&k\end{vmatrix}=k-2,$$

所以它是正定二次型当且仅当 $k>2$.

注意 当 $\mathbf{A}=(a_{ij})$ 是正定矩阵时,它的所有的对角元素一定都是正数,而且行列式也大于零.这就是说，只要它的行列式不大于零，或者至少有一个对角元素不是正数，那么可断定它不是正定矩阵. 但是，反过来说是不成立的. 即便 $\boldsymbol{A}$ 的所有对角元和行列式都为正数，也不能断定它必是正定矩阵. 例如，

$$\boldsymbol{A}=\begin{pmatrix}1&2&0&0\\2&1&0&0\\0&0&1&2\\0&0&2&1\end{pmatrix},$$

它的二阶顺序主子式

$$D_2=\begin{vmatrix}1&2\\2&1\end{vmatrix}=-3<0,$$

所以它不是正定矩阵.可是，它的全体对角元都大于零，且 $|\boldsymbol{A}|=(-3)^2=9>0$.

习 题 6.2

1. 判定下列二次型是不是正定二次型(需要说明理由)：

(1) $f(x_1,x_2,x_3)=2x_1^2-6x_2^2-x_3^2+2x_1x_2-2x_1x_3-4x_2x_3$；

(2) $f(x_1,x_2,x_3)=2x_1^2+2x_2^2+3x_3^2+2x_1x_2+4x_1x_3+2x_2x_3$；

(3) $f(x_1,x_2,x_3)=2x_1^2+2x_2^2+5x_3^2+2x_1x_2-4x_1x_3-2x_2x_3$；

(4) $f(x_1,x_2,x_3)=x_1^2+4x_2^2+x_3^2+4x_1x_2+2x_1x_3+4x_2x_3$；

(5) $f(x_1,x_2,x_3)=x_1^2+2x_2^2+7x_3^2-2x_1x_2-4x_1x_3-4x_2x_3$；

(6) $f(x_1,x_2,x_3,x_4)=x_1^2+x_2^2+4x_3^2+8x_4^2+6x_1x_3+4x_1x_4-2x_2x_3+2x_2x_4+2x_3x_4$.

2. 确定参数的值使得下列二次型是正定二次型：

(1) $f(x_1,x_2,x_3,x_4)=\lambda(x_1^2+x_2^2+x_3^2)+x_4^2+2(x_1x_2+x_1x_3-x_2x_3)$；

(2) $f(x_1,x_2,x_3)=5x_1^2+x_2^2+\lambda x_3^2+4x_1x_2-2x_1x_3-2x_2x_3$；

(3) $f(x_1,x_2,x_3)=x_1^2+x_2^2+5x_3^2+2\lambda x_1x_2-2x_1x_3+4x_2x_3$；

(4) $f(x_1,x_2,x_3)=x_1^2+4x_2^2+2x_3^2+2\lambda x_1x_2+2x_1x_3$.

3. 求参数 a 为何值时，下列对称矩阵是正定矩阵：

(1) $\boldsymbol{A}=\begin{pmatrix}1&1&0\\1&a&0\\0&0&a^2\end{pmatrix}$；　　(2) $\boldsymbol{A}=\begin{pmatrix}5&2&-1\\2&1&-1\\-1&-1&a\end{pmatrix}$.

4. 设 $\boldsymbol{A}=\begin{pmatrix}1&0&1\\0&2&0\\1&0&1\end{pmatrix}$，问 a 为何值时，$\boldsymbol{B}=(a\boldsymbol{E}+\boldsymbol{A})^2$ 为正定矩阵？

5. 设三阶实对称矩阵 $\boldsymbol{A}$ 满足 $\boldsymbol{A}^2+2\boldsymbol{A}=\boldsymbol{O}$，而且 $\mathrm{r}(\boldsymbol{A})=2$.

(1) 求 $\boldsymbol{A}$ 的全体特征值；

(2) 当 k 为何值时，$k\boldsymbol{E}+\boldsymbol{A}$ 是正定矩阵？

6. 证明：n 阶矩阵 $\boldsymbol{A}$ 既是正交矩阵又是正定矩阵当且仅当 $\boldsymbol{A}$ 是单位矩阵.

7. 设 $\boldsymbol{A}$ 是 n 阶正定矩阵，$\boldsymbol{E}$ 是 n 阶单位矩阵. 证明：$\boldsymbol{E}+\boldsymbol{A}$ 也是正定矩阵.

8. 设 $\boldsymbol{A}$ 是 n 阶正定矩阵，k 为任意正整数. 证明：$\boldsymbol{A}^k$ 必是 n 阶正定矩阵.

9. 设 $\boldsymbol{A}$ 为 n 阶实对称矩阵，且满足 $\boldsymbol{A}^3-6\boldsymbol{A}^2+11\boldsymbol{A}-6\boldsymbol{E}=\boldsymbol{O}$. 证明：$\boldsymbol{A}$ 是正定矩阵.

10. 设 $\boldsymbol{A}$ 为 n 阶正定矩阵,$\boldsymbol{E}$ 是 n 阶单位矩阵.证明:$|\boldsymbol{A}+n\boldsymbol{E}|>n^n$.

小　　结

一、基本概念

1. 实二次型及其矩阵表示.
2. 实二次型的标准形.
3. 实二次型的规范形.
4. 正定二次型与正定矩阵.
5. 方阵的合同变换.

二、基本结论与公式

1. 设 $f(x_1,x_2,\cdots,x_n)=\boldsymbol{x}^{\mathrm{T}}\boldsymbol{A}\boldsymbol{x}$ 是 n 元实二次型,则一定存在正交变换 $\boldsymbol{x}=\boldsymbol{P}\boldsymbol{y}$,满足 $\boldsymbol{P}\boldsymbol{P}^{\mathrm{T}}=\boldsymbol{E}$,使得

$$f=\lambda_1 y_1^2+\lambda_2 y_2^2+\cdots+\lambda_n y_n^2.$$

也一定存在可逆变换 $\boldsymbol{x}=\boldsymbol{P}\boldsymbol{z}$,满足 $|\boldsymbol{P}|\neq 0$,使得

$$f=z_1^2+\cdots+z_k^2-z_{k+1}^2-\cdots-z_r^2,$$

这里,正惯性指数 k 和秩 $r=\mathrm{r}(\boldsymbol{A})$ 由实对称矩阵 $\boldsymbol{A}$ 唯一确定.

2. n 阶实对称矩阵 $\boldsymbol{A}$ 是正定矩阵 $\Leftrightarrow \boldsymbol{A}$ 的 n 个特征值全大于零
$\Leftrightarrow \boldsymbol{A}$ 的 n 个顺序主子式全大于零.

3. 正定矩阵的合同矩阵必是正定矩阵.
4. 正定矩阵的转置矩阵、逆矩阵和伴随矩阵必是正定矩阵.
5. 正定矩阵的和必是正定矩阵.
6. 任意两个同阶正定矩阵必合同.

三、重点练习内容

1. n 元实二次型 $f(x_1,x_2,\cdots,x_n)=\boldsymbol{x}^{\mathrm{T}}\boldsymbol{A}\boldsymbol{x}$ 与实对称矩阵 $\boldsymbol{A}$ 之间互相确定的方法.
2. 求实对称矩阵的相似标准形和正交相似标准形.
3. 求实对称矩阵的合同标准形.
4. 正定矩阵的判定方法.

习题解答或提示

习　题　1.1

1. (1) 1；(2) x^3-x^2-1；(3) 0；(4) $-(a-b)^2$.

2. (1) -4；(2) 18；(3) -1.

3. 提示：利用对角线法则求出方程左边的行列式为$(x-1)(x-2)(x+1)$，于是方程的根为 $x_1=1, x_2=2, x_3=-1$.

4. (1) $a\neq 1$ 且 $a\neq 3$；(2) $a<-2$ 或 $a>2$.

5. 提示：直接计算左边的行列式.

6. $5!$.

习　题　1.2

1. 余子式 M_{ij} 依次为$-3,-2,5,1,-2,1,-2,4,6$；

代数余子式为 $A_{ij}=(-1)^{i+j}M_{ij}$，$D=-8$.

2. -15.

3. $M_{41}+M_{42}+M_{43}+M_{44}=-28$，　$A_{41}+A_{42}+A_{43}+A_{44}=0$.

4. (1) 32；(2) 14；(3) -56；(4) 0；(5) $abcd+ab+ad+cd+1$.

5. (1) $-4x-4$；(2) $-4x$.

6. (1) $a_1a_2a_3a_4a_5$；(2) $a_1a_2a_3a_4a_5$.

7. 提示：由 $A_{12}=8$，先求出 $x=-2$，再求出 $A_{21}=5$.

8. 121.

习　题　1.3

1. (1) 0；(2) $-22\,680$；(3) -70.

2. (1) $x=0,1,2$；(2) $x=-3$ 或 $x=1$ 三重根.

3. 提示：(1) 先将左边行列式第三列乘以$(-l)$加到第二列，再将所得行列式第二列的$(-k)$倍加到第一列.

(2) 将左边行列式第二、三列加到第一列，并将第一列的公因子 2 提出，得到

$$\text{左边}=2\begin{vmatrix} a_1+b_1+c_1 & c_1+a_1 & a_1+b_1 \\ a_2+b_2+c_2 & c_2+a_2 & a_2+b_2 \\ a_3+b_3+c_3 & c_3+a_3 & a_3+b_3 \end{vmatrix}=2\begin{vmatrix} b_1 & c_1+a_1 & a_1+b_1 \\ b_2 & c_2+a_2 & a_2+b_2 \\ b_3 & c_3+a_3 & a_3+b_3 \end{vmatrix},$$

再用行列式性质化为右边的行列式.

4. -12.

5. (1) 18；(2) $(b-a)(c-a)(c-b)$；(3) $-2(x^3+y^3)$；(4) 8；(5) 0；(6) 90；(7) 5；(8) 40；(9) -8；(10) $a+b+d$；(11) a^2b^2.

6. (1) 提示：将行列式的第 1 行乘(-1)加到第 2,3,4 行，将所得行列式的第 j 列提出公因子 a_j，$j=1,2,3,4$. 再将所得行列式的第 2,3,4 列加到第 1 列，得

$$a_1a_2a_3a_4\left(\frac{1}{a_1}+\frac{1}{a_2}+\frac{1}{a_3}+\frac{1}{a_4}+1\right).$$

(2) $b_1b_2b_3b_4\left(1+\frac{a_1}{b_1}+\frac{a_2}{b_2}+\frac{a_3}{b_3}+\frac{a_4}{b_4}\right)$.

7. (1) $(-1)^{n+1}n!$.

(2) $n+1$. 提示：先将第 $2,3,\cdots,n$ 列都加到第一列上，再按第一列展开得 $D_n=D_{n-1}+1$.

(3) $[a+(n-1)b](a-b)^{n-1}$. 提示：先将第 $2,3,\cdots,n$ 列都加到第一列上，提出第一列的公因子 $a+(n-1)b$，再将第一行的(-1)倍加到第 $2,3,\cdots,n$ 行.

8. $x_1=1,x_2=-1,x_3=2$.

9. $(a+b+c)(b-a)(c-a)(c-b)$.

习　题　1.4

1. (1) $x=2,y=0,z=-2$；(2) $x=\frac{13}{5},y=-\frac{4}{5},z=-\frac{7}{5}$；(3) $x_1=2,x_2=-2,x_3=-3$；

(4) 除了用克拉默法则求解以外，也可将三个方程中任意两个相加，分别消去两个变量，可求出 $x=\frac{a+c}{2},y=\frac{a+b}{2},z=\frac{b+c}{2}$.

2. $x_1=1,x_2=0,x_3=0$.

3. 只有零解.

4. $\lambda=0,2,3$.

习　题　2.2

1. $\begin{pmatrix} 2 & \frac{5}{2} & 5 & 9 \\ 0 & \frac{3}{2} & 0 & 1 \\ 1 & 0 & \frac{7}{2} & 4 \end{pmatrix}$.

2. $|\boldsymbol{A}|=-1,3|\boldsymbol{A}|=-3,|3\boldsymbol{A}|=3^3|\boldsymbol{A}|$.

3. $\frac{1}{2}\begin{pmatrix} 8 & 3 & -2 \\ -2 & 5 & 2 \\ 7 & 11 & 5 \end{pmatrix}$.

4. $y=x+1$.

5. (1) $\boldsymbol{O}$（零矩阵）；(2) $\begin{pmatrix} 8 & -2 & 1 \\ -1 & 9 & 0 \\ -9 & -3 & 1 \\ -1 & 2 & 1 \end{pmatrix}$.

6. $\boldsymbol{AB}=\begin{pmatrix} 0 & 1 & 4 \\ 0 & -1 & 2 \\ 2 & 5 & 0 \end{pmatrix}$, $\boldsymbol{BA}=\begin{pmatrix} 4 & 2 & 0 \\ -1 & -5 & 3 \\ 2 & 0 & 0 \end{pmatrix}$, $\boldsymbol{AB}^{\mathrm{T}}=\begin{pmatrix} 4 & -1 & 2 \\ 2 & -5 & 0 \\ 0 & 3 & 0 \end{pmatrix}$.

7. $\boldsymbol{A}^2=\begin{pmatrix} 1 & 1 & 3 \\ -1 & -1 & 1 \\ 3 & -1 & 1 \end{pmatrix}$, $\boldsymbol{B}^2=\begin{pmatrix} 5 & 9 & 3 \\ 2 & 10 & -6 \\ 11 & 11 & 17 \end{pmatrix}$, $\boldsymbol{A}^2-\boldsymbol{B}^2=\begin{pmatrix} -4 & -8 & 0 \\ -3 & -11 & 7 \\ -8 & -12 & -16 \end{pmatrix}$,

$(\boldsymbol{A}-\boldsymbol{B})(\boldsymbol{A}+\boldsymbol{B})=\begin{pmatrix} 0 & -4 & 0 \\ 2 & -14 & 6 \\ -11 & -11 & -17 \end{pmatrix}$, $(\boldsymbol{A}+\boldsymbol{B})(\boldsymbol{A}-\boldsymbol{B})=\begin{pmatrix} -8 & -12 & 0 \\ -8 & -8 & 8 \\ -5 & -13 & -15 \end{pmatrix}$.

8. $\boldsymbol{O}$.

9. 提示：直接计算 $\boldsymbol{AA}^{\mathrm{T}}$ 和 $\boldsymbol{A}^{\mathrm{T}}\boldsymbol{A}$.

10. 提示：设 $\boldsymbol{\alpha}=(x_1,x_2,x_3)^{\mathrm{T}}$，由条件确定 $x_1^2=x_2^2=x_3^2=1$，于是 $\boldsymbol{\alpha}^{\mathrm{T}}\boldsymbol{\alpha}=3$. 再确定 $x_2=-x_3$，$x_1=-x_2$，于是 $\boldsymbol{\alpha}=\pm(1,-1,1)^{\mathrm{T}}$.

11. 提示：$|\boldsymbol{A}+\boldsymbol{E}|=|\boldsymbol{A}+\boldsymbol{AA}^{\mathrm{T}}|=|\boldsymbol{A}(\boldsymbol{E}+\boldsymbol{A}^{\mathrm{T}})|=|\boldsymbol{A}|\cdot|(\boldsymbol{E}+\boldsymbol{A})^{\mathrm{T}}|=-|\boldsymbol{A}+\boldsymbol{E}|$.

12. 提示：$(\boldsymbol{AB})^{\mathrm{T}}=\boldsymbol{B}^{\mathrm{T}}\boldsymbol{A}^{\mathrm{T}}$.

13. 证略.

习　题　2.3

1. (1) 可逆，逆矩阵为 $\begin{pmatrix} 7 & -9 \\ -3 & 4 \end{pmatrix}$；(2) 可逆，逆矩阵为 $\begin{pmatrix} \cos\theta & -\sin\theta \\ \sin\theta & \cos\theta \end{pmatrix}$；

(3) 可逆，逆矩阵为 $\begin{pmatrix} -\frac{1}{4} & -\frac{5}{4} & \frac{3}{4} \\ \frac{1}{4} & -\frac{3}{4} & \frac{1}{4} \\ \frac{1}{2} & \frac{3}{2} & -\frac{1}{2} \end{pmatrix}$；(4) 不可逆.

2. $|\boldsymbol{AB}+\boldsymbol{E}|=\begin{vmatrix} 1 & ad & be \\ 0 & 1 & ce \\ 0 & cd & 1 \end{vmatrix}=1-c^2de$，而 $|\boldsymbol{AB}+\boldsymbol{E}|\neq 0\Leftrightarrow c^2de\neq 1$.

3. $\boldsymbol{B}=\begin{pmatrix} -2 & -1 \\ 2 & 0 \end{pmatrix}$, $\boldsymbol{B}^{-1}=\begin{pmatrix} 0 & \frac{1}{2} \\ -1 & -1 \end{pmatrix}$, $(\boldsymbol{B}^*)^{-1}=\begin{pmatrix} -1 & -\frac{1}{2} \\ 1 & 0 \end{pmatrix}$.

4. (1) $\boldsymbol{X}=\begin{pmatrix} -7 & -2 & 9 \\ 5 & 1 & -5 \end{pmatrix}$；(2) $\boldsymbol{X}=\begin{pmatrix} 1 & -9 \\ -1 & 6 \end{pmatrix}$；(3) $\boldsymbol{X}=\begin{pmatrix} 3 & -6 \\ 8 & -15 \end{pmatrix}$.

5. 利用 $\boldsymbol{PP}^{-1}=\boldsymbol{E}$ 和矩阵乘法结合律.

$$B^m=P^{-1}A\underbrace{(PP^{-1})A(PP^{-1})AP\cdots(PP^{-1})}_{\text{其中有}m-1\text{个}PP^{-1}}AP=P^{-1}A^mP.$$

6. 提示：用$(A^{-1})^{\mathrm{T}}=(A^{\mathrm{T}})^{-1}=A^{-1}, A^*=|A|A^{-1}$.

7. 提示：若 A 可逆，则$(A^{-1}A)A=A^{-1}A\Rightarrow A=E$.

8. 提示：$A^k(A^{-1})^k=(\underbrace{A\cdots A}_{k\text{个}})(\underbrace{A^{-1}\cdots A^{-1}}_{k\text{个}})=E$.

9. 提示：$|(6A^{\mathrm{T}})^{-1}|=\dfrac{1}{|6A^{\mathrm{T}}|}=\dfrac{1}{6^n|A^{\mathrm{T}}|}=6^{-(n+1)}$.

10. 提示：用 $A^*=|A|A^{-1}$，求出

$$\left|(2A)^{-1}-\frac{1}{5}A^*\right|=\left|\frac{1}{2}A^{-1}-\frac{1}{10}A^{-1}\right|=\left|\frac{2}{5}A^{-1}\right|=\left(\frac{2}{5}\right)^3\frac{1}{|A|}=\frac{16}{125}.$$

或用 $|A^*|=|A|^{n-1}$，求出

$$\left|(2A)^{-1}-\frac{1}{5}A^*\right|=\left|\frac{1}{2}A^{-1}-\frac{1}{5}A^*\right|=\left|\frac{4}{5}A^*\right|=\frac{16}{125}.$$

11. 提示：由于 $A+E$ 可逆，且$(A+E)(A-E)=O\Rightarrow A-E=O$.

12. 提示：$(E-A)(E+A+A^2+\cdots+A^{m-1})=E-A^m=E$.

$$(E+A)[E-A+A^2-A^3+A^4-\cdots+(-1)^{m-1}A^{m-1}]=E+(-1)^{m-1}A^m=E.$$

13. 提示：用反证法，证明$|A|\neq0$.

习　题　2.4

1. 提示：$|A+B|=|\alpha+\beta,2\gamma_1,3\gamma_2,4\gamma_3|=2\times3\times4\left(|A|+\dfrac{1}{6}|B|\right)=52$.

2. 提示：$|A-B|=\begin{vmatrix}\alpha-\beta\\ \gamma_1\\ 2\gamma_2\end{vmatrix}=\begin{vmatrix}\alpha\\ \gamma_1\\ 2\gamma_2\end{vmatrix}-\begin{vmatrix}\beta\\ \gamma_1\\ 2\gamma_2\end{vmatrix}=\dfrac{1}{3}|A|-2|B|=2$.

3. $A^2=\begin{pmatrix}25&0&0&0\\0&25&0&0\\0&0&4&0\\0&0&8&4\end{pmatrix}$，　$|A^4|=|A|^4=\left(\begin{vmatrix}3&4\\4&-3\end{vmatrix}\cdot\begin{vmatrix}2&0\\2&2\end{vmatrix}\right)^4=100^4$.

4. 提示：先求出 $B^{-1}=\begin{pmatrix}1&2\\3&4\end{pmatrix}^{-1}=\begin{pmatrix}-2&1\\ \frac{3}{2}&-\frac{1}{2}\end{pmatrix}, C^{-1}=\begin{pmatrix}5&6\\7&8\end{pmatrix}^{-1}=\begin{pmatrix}-4&3\\ \frac{7}{2}&-\frac{5}{2}\end{pmatrix}$.

(1) $A^{-1}=\begin{pmatrix}B&O\\O&C\end{pmatrix}^{-1}=\begin{pmatrix}B^{-1}&O\\O&C^{-1}\end{pmatrix}$；　(2) $A^{-1}=\begin{pmatrix}O&B\\C&O\end{pmatrix}^{-1}=\begin{pmatrix}O&C^{-1}\\B^{-1}&O\end{pmatrix}$；

(3) $A^{-1}=\begin{pmatrix}E_2&B\\O&E_2\end{pmatrix}^{-1}=\begin{pmatrix}E_2&-B\\O&E_2\end{pmatrix}$；　(4) $A^{-1}=\begin{pmatrix}0&0&c^{-1}&0\\0&0&0&d^{-1}\\a^{-1}&0&0&0\\0&b^{-1}&0&0\end{pmatrix}$；

(5) $\boldsymbol{A}^{-1}=\begin{pmatrix} 0 & 0 & \cdots & 0 & a_n^{-1} \\ a_1^{-1} & 0 & \cdots & 0 & 0 \\ 0 & a_2^{-1} & \cdots & 0 & 0 \\ \vdots & \vdots & & \vdots & \vdots \\ 0 & 0 & \cdots & a_{n-1}^{-1} & 0 \end{pmatrix}$.

习 题 2.5

1. (1) $\begin{pmatrix} \boldsymbol{E} \\ \boldsymbol{O} \end{pmatrix}$； (2) $\begin{pmatrix} \boldsymbol{E} & \boldsymbol{O} \\ \boldsymbol{O} & \boldsymbol{O} \end{pmatrix}$.

2. (1) $\boldsymbol{A}$ 不可逆；(2) $\boldsymbol{A}^{-1}=\dfrac{1}{8}\begin{pmatrix} -2 & 2 & 2 \\ 5 & -1 & -1 \\ 1 & -5 & 3 \end{pmatrix}$；

(3) $\boldsymbol{A}^{-1}=\dfrac{1}{7}\begin{pmatrix} -3 & 5 & -11 \\ 2 & -1 & -2 \\ 2 & -1 & 5 \end{pmatrix}$；(4) $\boldsymbol{A}^{-1}=\begin{pmatrix} 1 & 1 & 3 \\ 2 & 3 & 7 \\ 3 & 4 & 9 \end{pmatrix}$.

3. (1) $\begin{pmatrix} 0 & 2 \\ 1 & 1 \end{pmatrix}$；(2) $\begin{pmatrix} 9 & 7 \\ -10 & -8 \end{pmatrix}$；(3) $\begin{pmatrix} 3 & -8 & -6 \\ 2 & -9 & -6 \\ -2 & 12 & 9 \end{pmatrix}$；(4) $\boldsymbol{X}=\begin{pmatrix} -9 & -1 & 4 \\ -12 & -5 & 8 \end{pmatrix}$.

4. $\boldsymbol{X}=\dfrac{1}{6}\begin{pmatrix} 6 & 3 & 0 \\ -2 & 6 & 0 \\ 0 & 0 & 12 \end{pmatrix}$.

5. 提示：由原式可得出

$$\begin{aligned} \boldsymbol{B} &= 5(\boldsymbol{E}-\boldsymbol{A})^{-1}\boldsymbol{A}=5[\boldsymbol{A}^{-1}(\boldsymbol{E}-\boldsymbol{A})]^{-1}=5(\boldsymbol{A}^{-1}-\boldsymbol{E})^{-1} \\ &= \begin{pmatrix} 5 & 0 & 0 \\ 0 & 1 & 0 \\ 0 & 0 & \frac{1}{2} \end{pmatrix}. \end{aligned}$$

6. 提示：(1) 由原式得

$$\begin{aligned} 2\boldsymbol{A} &= \boldsymbol{BA}-4\boldsymbol{B}=[(\boldsymbol{B}-2\boldsymbol{E})+2\boldsymbol{E}]\boldsymbol{A}-4[(\boldsymbol{B}-2\boldsymbol{E})+2\boldsymbol{E}] \\ &= (\boldsymbol{B}-2\boldsymbol{E})\boldsymbol{A}+2\boldsymbol{A}-4(\boldsymbol{B}-2\boldsymbol{E})-8\boldsymbol{E}, \end{aligned}$$

从而有 $(\boldsymbol{B}-2\boldsymbol{E})(\boldsymbol{A}-4\boldsymbol{E})=8\boldsymbol{E}\Rightarrow\boldsymbol{B}-2\boldsymbol{E}$ 可逆，且 $(\boldsymbol{B}-2\boldsymbol{E})^{-1}=\dfrac{1}{8}(\boldsymbol{A}-4\boldsymbol{E})$；

(2) $\boldsymbol{B}=\begin{pmatrix} 0 & 2 & 0 \\ -1 & -1 & 0 \\ 0 & 0 & -2 \end{pmatrix}$.

习 题 2.6

1. (1) 2；(2) 4；(3) 2；(4) 3.

2. 提示：用初等变换不改变矩阵的秩证明必要性，用矩阵的等价标准形和矩阵等价关系的传递性证明充分性.

3. $\lambda=5,\mu=1$.

4. 4.

5. 提示：$\boldsymbol{A}\cong\begin{pmatrix} a+(n-1)b & b & \cdots & b \\ 0 & a-b & \cdots & 0 \\ \vdots & \vdots & \ddots & \vdots \\ 0 & 0 & \cdots & a-b \end{pmatrix}$.

当 $a\neq b$ 且 $a+(n-1)b\neq 0$ 时，$\mathrm{r}(\boldsymbol{A})=n$；

当 $a\neq b$ 且 $a+(n-1)b=0$ 时，$\mathrm{r}(\boldsymbol{A})=n-1$；

当 $a=b\neq 0$ 时，$\mathrm{r}(\boldsymbol{A})=1$；　当 $a=b=0$ 时，$\mathrm{r}(\boldsymbol{A})=0$.

习　题　2.7

1. (1) $\begin{cases} x_1=-5x_4, \\ x_2=-\dfrac{3}{4}x_4, \\ x_3=\dfrac{1}{4}x_4; \end{cases}$　(2) $\begin{cases} x_1=8x_3, \\ x_2=-6x_3, \\ x_4=0; \end{cases}$　(3) $\begin{cases} x_1=x_2+x_4, \\ x_3=2x_4; \end{cases}$　(4) $\begin{cases} x_1=5x_3+x_4, \\ x_2=4x_3. \end{cases}$

2. (1) $\begin{pmatrix} 1 & 2 & 4 & 31 \\ 5 & 1 & 2 & 29 \\ 3 & -1 & -2 & 2 \end{pmatrix}\to\cdots\to\begin{pmatrix} 1 & 2 & 4 & 31 \\ 0 & 1 & 2 & 14 \\ 0 & 1 & 2 & 13 \end{pmatrix}$，无解；

(2) 有唯一解：$x=1,y=2,z=3$.

3. $\begin{cases} x_1=-\dfrac{7}{5}x_3+x_4+\dfrac{7}{5}, \\ x_2=\dfrac{4}{5}x_3+\dfrac{1}{5}, \end{cases}$　x_3,x_4 为任意常数.

习　题　3.1

1. (1) $(0,-8,0,2)$；(2) $(0,9,0,-4)$.

2. $a=1,b=1,c=1$.

3. $\boldsymbol{\alpha}=(2,-9,-5,10)^{\mathrm{T}},\boldsymbol{\beta}=(-1,7,4,-7)^{\mathrm{T}}$.

4. (1) $\boldsymbol{\beta}=-\boldsymbol{\alpha}_1+(1-2k)\boldsymbol{\alpha}_2+k\boldsymbol{\alpha}_3$，$k$ 为任意实数；(2) $\boldsymbol{\beta}=-\boldsymbol{\alpha}_1+\boldsymbol{\alpha}_2+\boldsymbol{\alpha}_3$；(3) $\boldsymbol{\beta}=2\boldsymbol{\alpha}_1-\boldsymbol{\alpha}_2+3\boldsymbol{\alpha}_3$；(4) $\boldsymbol{\beta}$ 不能由 $\boldsymbol{\alpha}_1,\boldsymbol{\alpha}_2,\boldsymbol{\alpha}_3$ 线性表出.

5. $t=92$.

6. $\boldsymbol{\alpha}_4=2\boldsymbol{\alpha}_1+\boldsymbol{\alpha}_2+\boldsymbol{\alpha}_3$，组合系数为$(2,1,1)$.

7. $\boldsymbol{\beta}=(a,b,c)=(a-b)(1,0,0)+(b-c)(1,1,0)+c(1,1,1)$.

习　题　3.2

1. (1) 线性无关；(2) 线性相关；(3) 线性相关；(4) 线性相关；(5) 线性相关；(6) 线性无关.

2. $a=1$.　**3.** $t=1$.　**4.** $a=b+c$.

5. (1) 线性无关；(2) 线性相关；(3) 线性无关；(4) 线性相关.

6. $|\boldsymbol{A}|=-19$.

7. 提示：用反证法.

8. 提示：(1) $\boldsymbol{\alpha}_2,\boldsymbol{\alpha}_3,\cdots,\boldsymbol{\alpha}_n$ 线性无关$\Rightarrow\boldsymbol{\alpha}_2,\boldsymbol{\alpha}_3,\cdots,\boldsymbol{\alpha}_{n-1}$线性无关，而 $\boldsymbol{\alpha}_1,\boldsymbol{\alpha}_2,\boldsymbol{\alpha}_3,\cdots,\boldsymbol{\alpha}_{n-1}$线性相关$\Rightarrow\boldsymbol{\alpha}_1$ 可由 $\boldsymbol{\alpha}_2,\boldsymbol{\alpha}_3,\cdots,\boldsymbol{\alpha}_{n-1}$线性表出；

(2) 若 $\boldsymbol{\alpha}_n$ 可由 $\boldsymbol{\alpha}_1,\boldsymbol{\alpha}_2,\boldsymbol{\alpha}_3,\cdots,\boldsymbol{\alpha}_{n-1}$表出，结合(1)可推出 $\boldsymbol{\alpha}_2,\boldsymbol{\alpha}_3,\cdots,\boldsymbol{\alpha}_n$ 线性相关.

9. 提示：设$\sum\limits_{i=1}^{m-1}k_i\boldsymbol{\beta}_i=\boldsymbol{0}$，则$\sum\limits_{i=1}^{m-1}k_i(\boldsymbol{\alpha}_i+\lambda_i\boldsymbol{\alpha}_m)=\sum\limits_{i=1}^{m-1}k_i\boldsymbol{\alpha}_i+\sum\limits_{i=1}^{m-1}(k_i\lambda_i)\boldsymbol{\alpha}_m=\boldsymbol{0}$，因为 $\boldsymbol{\alpha}_1,\boldsymbol{\alpha}_2,\cdots,\boldsymbol{\alpha}_m$ 线性无关，必有 $k_1=k_2=\cdots=k_{m-1}=0$.

习　题　3.3

1. (1) 2；(2) 2；(3) 3；(4) 3.

2. 提示：$\boldsymbol{\beta}_1=-\boldsymbol{\alpha}_1+3\boldsymbol{\alpha}_2,\boldsymbol{\beta}_2=\boldsymbol{\alpha}_1-\boldsymbol{\alpha}_2;\boldsymbol{\alpha}_1=\frac{1}{2}\boldsymbol{\beta}_1+\frac{3}{2}\boldsymbol{\beta}_2,\boldsymbol{\alpha}_2=\frac{1}{2}\boldsymbol{\beta}_1+\frac{1}{2}\boldsymbol{\beta}_2$.或用本节例 9 的方法证明.

3. 提示：向量组 T 的秩 $r\leqslant 6,8-6=2$. 取其任一个极大线性无关组，至少有两个向量不在所取极大线性无关组中.

4. $\{\boldsymbol{\alpha}_1,\boldsymbol{\alpha}_2,\boldsymbol{\alpha}_3\},\{\boldsymbol{\alpha}_1,\boldsymbol{\alpha}_2,\boldsymbol{\alpha}_4\},\{\boldsymbol{\alpha}_1,\boldsymbol{\alpha}_3,\boldsymbol{\alpha}_4\},\{\boldsymbol{\alpha}_2,\boldsymbol{\alpha}_3,\boldsymbol{\alpha}_4\}$.

5. $a=2,b=5$.

6. 向量组$\{\boldsymbol{\alpha}_1,\boldsymbol{\alpha}_2,\boldsymbol{\alpha}_3\}$的秩为 2，向量组线性相关.

7. $\boldsymbol{\alpha}_1,\boldsymbol{\alpha}_2$ 是一个极大线性无关组，且 $\boldsymbol{\alpha}_3=\frac{1}{2}\boldsymbol{\alpha}_1+\boldsymbol{\alpha}_2,\boldsymbol{\alpha}_4=\boldsymbol{\alpha}_1+\boldsymbol{\alpha}_2$.

8. 提示：令 $\boldsymbol{A}=(\boldsymbol{\alpha}_1,\boldsymbol{\alpha}_2,\boldsymbol{\alpha}_3,\boldsymbol{\alpha}_4,\boldsymbol{\alpha}_5)$，将其化成行最简形

$$\boldsymbol{A}\rightarrow\begin{pmatrix}1&0&2&0&-2\\0&1&-1&0&-1\\0&0&0&1&0\\0&0&0&0&0\end{pmatrix}.$$

由此可得一个极大无关组为 $\boldsymbol{\alpha}_1,\boldsymbol{\alpha}_2,\boldsymbol{\alpha}_4$. 向量组的秩为 3，且 $\boldsymbol{\alpha}_3=2\boldsymbol{\alpha}_1-\boldsymbol{\alpha}_2,\boldsymbol{\alpha}_5=-2\boldsymbol{\alpha}_1-\boldsymbol{\alpha}_2$.

9. 提示：由于每个 $\boldsymbol{\alpha}_i(i=1,2,\cdots,s)$都可由 $\boldsymbol{\alpha}_{i_1},\boldsymbol{\alpha}_{i_2},\cdots,\boldsymbol{\alpha}_{i_r}$ 线性表出，所以

$$秩(\boldsymbol{\alpha}_1,\boldsymbol{\alpha}_2,\cdots,\boldsymbol{\alpha}_s)\leqslant秩(\boldsymbol{\alpha}_{i_1},\boldsymbol{\alpha}_{i_2},\cdots\boldsymbol{\alpha}_{i_r}),$$

即 $r\leqslant$秩$(\boldsymbol{\alpha}_{i_1},\boldsymbol{\alpha}_{i_2},\cdots,\boldsymbol{\alpha}_{i_r})\Rightarrow\boldsymbol{\alpha}_{i_1},\boldsymbol{\alpha}_{i_2},\cdots,\boldsymbol{\alpha}_{i_r}$ 线性无关.

10. 证略.

习　题　3.4

1. 提示：验证 $\boldsymbol{V}$ 中向量对向量加法和数与向量乘法满足封闭性. $\boldsymbol{V}$ 中任意两个线性无关的向量都构成它的基. 如 $(1,-1,0),(1,0,-1)$是 $\boldsymbol{V}$ 的一个基.

2. $\boldsymbol{\alpha}_1,\boldsymbol{\alpha}_2,\boldsymbol{\alpha}_3$ 线性无关，$\boldsymbol{\beta}$ 的坐标为$\left(5,-\frac{7}{3},\frac{4}{3}\right)$.

3. 证略.

4. $\boldsymbol{\alpha}_1,\boldsymbol{\alpha}_2,\boldsymbol{\alpha}_3$ 是线性无关组，必是 $\mathbf{R}^3$ 的一个基，$\boldsymbol{\beta}_1=\boldsymbol{\alpha}_1+\boldsymbol{\alpha}_2+\boldsymbol{\alpha}_3$，$\boldsymbol{\beta}_2=\boldsymbol{\alpha}_1-2\boldsymbol{\alpha}_2+2\boldsymbol{\alpha}_3$.

5. 提示：验证 $\boldsymbol{\beta}_1,\boldsymbol{\beta}_2,\boldsymbol{\beta}_3$ 线性无关.

6. $V=\{\lambda\boldsymbol{\alpha}_1+\mu\boldsymbol{\alpha}_2\mid\lambda,\mu\in\mathbf{R}\}=\{(2\lambda+\mu,\lambda,\mu)\mid\lambda,\mu\in\mathbf{R}\}$.

7. 提示：证明向量组 $\boldsymbol{A\alpha}_1,\boldsymbol{A\alpha}_2,\cdots,\boldsymbol{A\alpha}_n$ 线性无关.

8. 提示：证明 $\boldsymbol{\alpha}_1,\boldsymbol{\alpha}_2,\boldsymbol{\alpha}_3$ 与 $\boldsymbol{\beta}_1,\boldsymbol{\beta}_2,\boldsymbol{\beta}_3$ 等价.

习　题　4.1

1. 提示：$(\boldsymbol{\alpha}_1+\boldsymbol{\alpha}_2,\ 2\boldsymbol{\alpha}_1-\boldsymbol{\alpha}_2)=(\boldsymbol{\alpha}_1,\ \boldsymbol{\alpha}_2)\begin{pmatrix}1&2\\1&-1\end{pmatrix}$.

2. 提示：(1) 是，$(\boldsymbol{\alpha}_1,\boldsymbol{\alpha}_1-\boldsymbol{\alpha}_2,\ \boldsymbol{\alpha}_1-\boldsymbol{\alpha}_2-\boldsymbol{\alpha}_3)=(\boldsymbol{\alpha}_1,\boldsymbol{\alpha}_2,\boldsymbol{\alpha}_3)\begin{pmatrix}1&1&1\\0&-1&-1\\0&0&-1\end{pmatrix}$；

(2) 不是，因为$(\boldsymbol{\alpha}_1-\boldsymbol{\alpha}_2)+(\boldsymbol{\alpha}_2-\boldsymbol{\alpha}_3)+(\boldsymbol{\alpha}_3-\boldsymbol{\alpha}_1)=\mathbf{0}$.

3. (1) 只有零解：$x_1=0,x_2=0,x_3=0$；

(2) $\begin{cases}x=-2y,\\z=w=0,\end{cases}$ 解向量为 $\boldsymbol{\xi}=k\begin{pmatrix}-2\\1\\0\\0\end{pmatrix}$，$k$ 为任意实数；

(3) 只有零解：$x=0,y=0,z=0,w=0$；

(4) $\begin{cases}x_1=-6x_2+x_4,\\x_3=-3x_4.\end{cases}$ 解为 $\boldsymbol{\xi}=k_1\begin{pmatrix}-6\\1\\0\\0\end{pmatrix}+k_2\begin{pmatrix}1\\0\\-3\\1\end{pmatrix}$，$k_1,k_2$ 为任意实数.

4. (1) $a=-3$，$\begin{cases}x_1=-x_3,\\x_2=x_3,\end{cases}$ $\boldsymbol{\xi}=k\begin{pmatrix}-1\\1\\1\end{pmatrix}$，$k$ 为任意实数；

(2) $a=5$，$\begin{cases}x_1=-9x_3,\\x_2=\ \ 3x_3,\end{cases}$ $\boldsymbol{\xi}=k\begin{pmatrix}-9\\3\\1\end{pmatrix}$，$k$ 为任意实数.

5. (1) $\lambda\neq1$；

（2）当 $\lambda=1$ 时，通解为 $\boldsymbol{\xi}=k_1\begin{pmatrix}-1\\1\\0\\0\end{pmatrix}+k_2\begin{pmatrix}-1\\0\\1\\0\end{pmatrix}$，$k_1,k_2$ 为任意实数.

6. 提示：解方程组 $\boldsymbol{Ax}=\boldsymbol{0}$，即 $\begin{cases}2x_1-2x_2+x_3+3x_4=0,\\9x_1-5x_2+2x_3+8x_4=0,\end{cases}$ 得一个基础解系 $\boldsymbol{\xi}_1=(2,0,11,-5)^{\mathrm{T}}$，$\boldsymbol{\xi}_2=(0,2,1,1)^{\mathrm{T}}$，令 $\boldsymbol{B}=(\boldsymbol{\xi}_1,\boldsymbol{\xi}_2)$ 即可.（注意，这样的 $\boldsymbol{B}$ 不是唯一的.）

7. $\begin{cases}2x_1-x_3=0,\\x_1+2x_2-x_4=0.\end{cases}$

8. 提示：$\boldsymbol{Ax}=\boldsymbol{0}$ 只有零解当且仅当 $\boldsymbol{A}$ 是可逆矩阵.

9. 提示：$\boldsymbol{\xi}_1,\boldsymbol{\xi}_2,\cdots,\boldsymbol{\xi}_t$ 和 $\boldsymbol{\eta}_1,\boldsymbol{\eta}_2,\cdots,\boldsymbol{\eta}_m$ 都是线性无关组，且等价，可得 $t=m$. $\boldsymbol{Ax}=\boldsymbol{0}$ 的每个解向量可由 $\boldsymbol{\xi}_1,\boldsymbol{\xi}_2,\cdots,\boldsymbol{\xi}_t$ 线性表出，$\boldsymbol{\xi}_1,\boldsymbol{\xi}_2,\cdots,\boldsymbol{\xi}_t$ 可由 $\boldsymbol{\eta}_1,\boldsymbol{\eta}_2,\cdots,\boldsymbol{\eta}_m$ 线性表出，所以 $\boldsymbol{Ax}=\boldsymbol{0}$ 的每个解向量可由 $\boldsymbol{\eta}_1,\boldsymbol{\eta}_2,\cdots,\boldsymbol{\eta}_m$ 线性表出.

习　题　4.2

1.（1）有唯一解 $\boldsymbol{\eta}=\begin{pmatrix}2\\1\\3\end{pmatrix}$；（2）无解；

（3）同解方程组为 $\begin{cases}x_1=-2x_2+3,\\x_3=2,\\x_4=1,\end{cases}$ 相伴方程组的同解方程组为 $\begin{cases}x_1=-2x_2,\\x_3=0,\\x_4=0,\end{cases}$

通解为 $\boldsymbol{\eta}=k\begin{pmatrix}-2\\1\\0\\0\end{pmatrix}+\begin{pmatrix}3\\0\\2\\1\end{pmatrix}$，$k$ 为任意常数；

（4）同解方程组为 $\begin{cases}x_1=2,\\x_2=-2x_4+1,\\x_3=1,\end{cases}$ 通解为 $\boldsymbol{\eta}=k\begin{pmatrix}0\\-2\\0\\1\end{pmatrix}+\begin{pmatrix}2\\1\\1\\0\end{pmatrix}$，$k$ 为任意常数；

（5）同解方程组为 $\begin{cases}x_1=-x_4+2,\\x_2=x_4-1,\\x_3=1,\end{cases}$ 通解为 $\boldsymbol{\eta}=k\begin{pmatrix}-1\\1\\0\\1\end{pmatrix}+\begin{pmatrix}2\\-1\\1\\0\end{pmatrix}$，$k$ 为任意常数；

（6）同解方程组为 $\begin{cases}x_1=x_4+5x_5-16,\\x_2=-2x_4-6x_5+23,\\x_3=0,\end{cases}$ 通解为 $\boldsymbol{\eta}=k_1\begin{pmatrix}1\\-2\\0\\1\\0\end{pmatrix}+k_2\begin{pmatrix}-5\\-6\\0\\0\\1\end{pmatrix}+\begin{pmatrix}-16\\23\\0\\0\\0\end{pmatrix}$，

k_1, k_2 为任意常数.

2. $a=-1$，$\begin{cases} x_1 = \dfrac{1}{2}x_3 + \dfrac{1}{2}, \\ x_2 = -\dfrac{3}{2}x_3 - \dfrac{1}{2}, \end{cases}$ k 为任意实数.

3. (1) $c=a+b$；(2) $a : b : c = 1 : 3 : (-2)$.

4. 当 $a \neq 1$ 时，有唯一解：$x_1=\dfrac{-a+b+2}{a-1}, x_2=\dfrac{a-2b-3}{a-1}, x_3=\dfrac{b+1}{a-1}, x_4=0$；

当 $a=1, b=-1$ 时，$\boldsymbol{\eta}=k_1\begin{pmatrix}1\\-2\\1\\0\end{pmatrix}+k_2\begin{pmatrix}1\\-2\\0\\1\end{pmatrix}+\begin{pmatrix}-1\\1\\0\\0\end{pmatrix}$，$k_1, k_2$ 为任意实数；

当 $a=1, b \neq -1$ 时，无解.

5. 提示：相伴方程组 $\boldsymbol{Ax}=\boldsymbol{0}$ 的一个基础解系为

$$\boldsymbol{\xi}=(\boldsymbol{\eta}_1+\boldsymbol{\eta}_2)-2\boldsymbol{\eta}_3=(\boldsymbol{\eta}_1-\boldsymbol{\eta}_3)+(\boldsymbol{\eta}_2-\boldsymbol{\eta}_3)=(1,0,-1,-2)^{\mathrm{T}},$$

于是通解为 $\boldsymbol{\eta}=k(1,0,-1,-2)^{\mathrm{T}}+(1,2,3,4)^{\mathrm{T}}$.

6. 通解为 $\boldsymbol{\eta}=k(\boldsymbol{\eta}_1-\boldsymbol{\eta}_2)+\boldsymbol{\eta}_1$，$k$ 为任意实数.

7. (1) $\lambda=-1$ 时，无解；(2) $\lambda \neq -1$ 且 $\lambda \neq 4$ 时，有唯一解；(3) $\lambda=4$ 时，有无穷多解，通解为

$$k\begin{pmatrix}-3\\-1\\1\end{pmatrix}+\begin{pmatrix}0\\4\\0\end{pmatrix}, \quad k \text{ 为任意实数.}$$

8. 提示：由 $m=\mathrm{r}(\boldsymbol{A}) \leqslant \mathrm{r}(\boldsymbol{A},\boldsymbol{b}) \leqslant m \Rightarrow \mathrm{r}(\boldsymbol{A})=\mathrm{r}(\boldsymbol{A},\boldsymbol{b})=m$.

9. 提示：设 $k_0\boldsymbol{\eta}+k_1\boldsymbol{\xi}_1+k_2\boldsymbol{\xi}_2+\cdots+k_m\boldsymbol{\xi}_m=\boldsymbol{0}$，用 $\boldsymbol{A}$ 左乘此向量等式，可证明系数全为0.

10. $\boldsymbol{A\eta}=\sum\limits_{i=1}^{t}k_i\boldsymbol{A\eta}_i=\left(\sum\limits_{i=1}^{t}k_i\right)\boldsymbol{b}$. $\quad \boldsymbol{A\eta}=\boldsymbol{b} \Leftrightarrow \sum\limits_{i=1}^{t}k_i=1$.

习　题　5.1

1. (1) $\lambda_1=7$，对应的特征向量为 $\boldsymbol{p}_1=k_1(1,1)^{\mathrm{T}}, k_1 \neq 0$.

$\lambda_2=-2$，对应的特征向量为 $\boldsymbol{p}_2=k_2(4,-5)^{\mathrm{T}}, k_2 \neq 0$.

(2) $\lambda_1=-1$，对应的特征向量为 $\boldsymbol{p}_1=k_1(1,0,-1)^{\mathrm{T}}, k_1 \neq 0$.

$\lambda_2=\lambda_3=1$，对应的特征向量为 $\boldsymbol{p}_2=k_2(0,1,0)^{\mathrm{T}}+k_3(1,0,1)^{\mathrm{T}}$，$k_2, k_3$ 不同时为零.

(3) $\lambda_1=\lambda_2=-2$，对应的特征向量为 $\boldsymbol{p}_1=k_1(1,1,0)^{\mathrm{T}}+k_2(0,1,1)^{\mathrm{T}}$，$k_1, k_2$ 不同时为零.

$\lambda_3=4$，对应的特征向量为 $\boldsymbol{p}_2=k_3(1,1,2)^{\mathrm{T}}, k_3 \neq 0$.

(4) $\lambda_1=\lambda_2=\lambda_3=2$，对应的特征向量为

$$\boldsymbol{p}_1=k_1(1,1,0,0)^{\mathrm{T}}+k_2(1,0,1,0)^{\mathrm{T}}+k_3(1,0,0,1)^{\mathrm{T}},\ k_1,k_2,k_3 \text{ 不同时为零，}$$

$\lambda_4=-2$，对应的特征向量为 $\boldsymbol{p}_2=k_4(-1,1,1,1)^{\mathrm{T}}, k_4 \neq 0$.

2. 3个行列式的值均为0.

3. 提示：先求出 $\boldsymbol{A}$ 的特征值 $-1,-2,1$，再求出 $\boldsymbol{A}^2+\boldsymbol{A}+\boldsymbol{E}$ 的特征值 $1,3,3$，于是行列式

$|\boldsymbol{A}^2+\boldsymbol{A}+\boldsymbol{E}|=9$.

4. 提示：$\boldsymbol{A}$ 的任一个特征值 λ 必满足 $\lambda^2=\lambda$，于是有 $\lambda=0$ 或 $\lambda=1$.

5. 提示：由 $\boldsymbol{A}$ 可逆 $\Rightarrow \lambda_i\neq 0, i=1,2,\cdots,n$. $\boldsymbol{A}\boldsymbol{p}_i=\lambda_i\boldsymbol{p}_i \Leftrightarrow \boldsymbol{A}^{-1}\boldsymbol{p}_i=\dfrac{1}{\lambda_i}\boldsymbol{p}_i$，所以 $\boldsymbol{A}^{-1}$ 的全体特征值为 $\dfrac{1}{\lambda_1},\dfrac{1}{\lambda_2},\cdots,\dfrac{1}{\lambda_n}$.

6. 1 重特征值 $\lambda_1=n$ 和 $n-1$ 重特征值 $\lambda_2=0$.

$\boldsymbol{A}$ 的属于特征值 $\lambda=n$ 的特征向量为 $\boldsymbol{p}=k(1,1,\cdots,1)^{\mathrm{T}}, k\neq 0$.

7. $\lambda_1=\lambda_2=\cdots=\lambda_n=-2$.

8. 提示：$\boldsymbol{A}^{-1}\boldsymbol{\alpha}=\lambda\boldsymbol{\alpha}\Rightarrow \boldsymbol{A}\boldsymbol{\alpha}=\dfrac{1}{\lambda}\boldsymbol{\alpha}$，由此可求得 $k^2+k-2=0$，于是 $k=1$ 或 $k=-2$.

9. 提示：由 $|12\boldsymbol{E}-\boldsymbol{A}|=0\Rightarrow a=-4$. 另外两个特征值满足

$$\operatorname{tr}(\boldsymbol{A})=18=12+\lambda_2+\lambda_3,\quad |\boldsymbol{A}|=108=12\lambda_2\lambda_3\Rightarrow \lambda_2=\lambda_3=3.$$

10. 提示：$\boldsymbol{A}\boldsymbol{x}=\boldsymbol{0}$ 有非零解 $\Rightarrow |\boldsymbol{A}|=0\Leftrightarrow |0\boldsymbol{E}-\boldsymbol{A}|=0$.

11. 提示：由 $\boldsymbol{A}$ 可逆知 $\lambda\neq 0$. 设 $\boldsymbol{A}\boldsymbol{p}=\lambda\boldsymbol{p}$，由 $\boldsymbol{A}^*\boldsymbol{A}=|\boldsymbol{A}|\boldsymbol{E}$，得

$$\boldsymbol{A}^*\boldsymbol{A}\boldsymbol{p}=|\boldsymbol{A}|\boldsymbol{p}\Rightarrow \boldsymbol{A}^*(\boldsymbol{A}\boldsymbol{p})=|\boldsymbol{A}|\boldsymbol{p}\Rightarrow \boldsymbol{A}^*(\lambda\boldsymbol{p})=|\boldsymbol{A}|\boldsymbol{p}=\boldsymbol{A}^*\boldsymbol{p}=\frac{|\boldsymbol{A}|}{\lambda}\boldsymbol{p}.$$

12. 提示：
$$\begin{aligned}\boldsymbol{A}^2\boldsymbol{\beta}&=\boldsymbol{A}^2(\boldsymbol{\alpha}_1+2\boldsymbol{\alpha}_2)=\boldsymbol{A}^2\boldsymbol{\alpha}_1+2\boldsymbol{A}^2\boldsymbol{\alpha}_2=\boldsymbol{A}(\boldsymbol{A}\boldsymbol{\alpha}_1)+2\boldsymbol{A}(\boldsymbol{A}\boldsymbol{\alpha}_2)\\&=2\boldsymbol{A}\boldsymbol{\alpha}_1+4\boldsymbol{A}\boldsymbol{\alpha}_2=4\boldsymbol{\alpha}_1+8\boldsymbol{\alpha}_2=(12,16,20)^{\mathrm{T}}.\end{aligned}$$

习　题　5.2

1. (1) 属于 $\lambda_1=\lambda_2=1$ 的特征向量满足 $-4x_1-4x_2-2x_3=0$，可取特征向量

$$\boldsymbol{p}_1=\begin{pmatrix}1\\0\\-2\end{pmatrix},\quad \boldsymbol{p}_2=\begin{pmatrix}0\\1\\-2\end{pmatrix}.$$

属于 $\lambda_3=10$ 的特征向量满足 $\begin{cases}5x_1-4x_2-2x_3=0,\\-4x_1+5x_2-2x_3=0,\\-2x_1-2x_2+8x_3=0,\end{cases}$ 可取特征向量为

$$\boldsymbol{p}_3=\begin{pmatrix}2\\2\\1\end{pmatrix}$$

令 $\boldsymbol{P}=(\boldsymbol{p}_1,\boldsymbol{p}_2,\boldsymbol{p}_3)=\begin{pmatrix}1&0&2\\0&1&2\\-2&-2&1\end{pmatrix}$，则 $\boldsymbol{P}^{-1}\boldsymbol{A}\boldsymbol{P}=\begin{pmatrix}1&0&0\\0&1&0\\0&0&10\end{pmatrix}$.

(2) 属于 $\lambda_1=1$ 的特征向量满足 $x_1=x_2=x_3$，可取特征向量 $\boldsymbol{p}_1=(1,1,1)^{\mathrm{T}}$.
属于 $\lambda_2=2$ 的特征向量满足 $3x_1=2x_2, x_2=x_3$，可取特征向量 $\boldsymbol{p}_2=(2,3,3)^{\mathrm{T}}$.
属于 $\lambda_3=3$ 的特征向量满足 $3x_1=x_2, x_3=4x_1$，可取特征向量 $\boldsymbol{p}_3=(1,3,4)^{\mathrm{T}}$.

令 $\boldsymbol{P}=(\boldsymbol{p}_1,\boldsymbol{p}_2,\boldsymbol{p}_3)=\begin{pmatrix}1&2&1\\1&3&3\\1&3&4\end{pmatrix}$，则 $\boldsymbol{P}^{-1}\boldsymbol{A}\boldsymbol{P}=\begin{pmatrix}1&0&0\\0&2&0\\0&0&3\end{pmatrix}$.

(3) 属于 $\lambda_1=\lambda_2=0$ 的特征向量满足 $x_3=-3x_1$.

属于 $\lambda_3=1$ 的特征向量满足 $x_1=x_2=0$，x_3 可取任意非零实数，如取 $x_3=1$.

令 $\boldsymbol{P}=\begin{pmatrix}1&0&0\\0&1&0\\-3&0&1\end{pmatrix}$，则 $\boldsymbol{P}^{-1}\boldsymbol{AP}=\begin{pmatrix}0&0&0\\0&0&0\\0&0&1\end{pmatrix}$.

(4) 属于三重特征值 $\lambda=a$ 的线性无关特征向量只有一个，故 $\boldsymbol{A}$ 不相似于对角矩阵.

(5) 属于特征值 $\lambda_1=\lambda_2=1$ 的线性无关特征向量只有一个，另一个特征值为 $\lambda_3=-1$，$\boldsymbol{A}$ 不相似于对角矩阵.

(6) $\boldsymbol{A}$ 的特征值为 $\lambda_1=\lambda_2=1,\lambda_3=-2$.

属于特征值 $\lambda_1=\lambda_2=1$ 的线性无关的特征向量有两个：$\boldsymbol{p}_1=\begin{pmatrix}-2\\1\\0\end{pmatrix},\boldsymbol{p}_2=\begin{pmatrix}0\\0\\1\end{pmatrix}$.

属于 $\lambda_3=-2$ 的特征向量取为 $\boldsymbol{p}_3=\begin{pmatrix}1\\-1\\-1\end{pmatrix}$.

令 $\boldsymbol{P}=(\boldsymbol{p}_1,\boldsymbol{p}_2,\boldsymbol{p}_3)=\begin{pmatrix}-2&0&1\\1&0&-1\\0&1&-1\end{pmatrix}$，则 $\boldsymbol{P}^{-1}\boldsymbol{AP}=\begin{pmatrix}1&0&0\\0&1&0\\0&0&-2\end{pmatrix}$.

2. $a=-\dfrac{1}{2}$.

3. $x=0,y=1$.

属于 $\lambda_1=-1$ 的特征向量为 $\boldsymbol{p}_1=k_1\begin{pmatrix}0\\1\\-1\end{pmatrix},k_1\neq0$.

属于 $\lambda_2=1$ 的特征向量为 $\boldsymbol{p}_2=k_2\begin{pmatrix}0\\1\\1\end{pmatrix},k_2\neq0$.

属于 $\lambda_3=2$ 的特征向量为 $\boldsymbol{p}_3=k_3\begin{pmatrix}1\\0\\0\end{pmatrix},k_3\neq0$.

4. (1) $\boldsymbol{A}=\dfrac{1}{3}\begin{pmatrix}-1&0&2\\0&1&2\\2&2&0\end{pmatrix}$；(2) $\boldsymbol{A}=\begin{pmatrix}3&-2&2\\0&1&0\\-1&1&0\end{pmatrix}$.

5. 由 $\mathrm{tr}(\boldsymbol{A})=\lambda_1+\lambda_2+\lambda_3=x-1=-1\Rightarrow x=0$.

属于 $\lambda_1=-2$ 的特征向量可取为 $\boldsymbol{p}_1=\begin{pmatrix}1\\0\\-1\end{pmatrix}$.

属于 $\lambda_2=-1$ 的特征向量可取为 $\boldsymbol{p}_2=\begin{pmatrix}0\\-2\\1\end{pmatrix}$.

属于 $\lambda_3=2$ 的特征向量可取为 $\boldsymbol{p}_3=\begin{pmatrix}0\\1\\1\end{pmatrix}$.

令 $\boldsymbol{P}=(\boldsymbol{p}_1,\boldsymbol{p}_2,\boldsymbol{p}_3)=\begin{pmatrix}1&0&0\\0&-2&1\\-1&1&1\end{pmatrix}$，则 $\boldsymbol{P}^{-1}\boldsymbol{A}\boldsymbol{P}=\begin{pmatrix}-2&0&0\\0&-1&0\\0&0&2\end{pmatrix}$.

6. $\boldsymbol{A}^k=\dfrac{1}{2}\begin{pmatrix}(-1)^k+3^k&(-1)^{k+1}+3^k\\(-1)^{k+1}+3^k&(-1)^k+3^k\end{pmatrix}$.

7. $\boldsymbol{A}=\begin{pmatrix}2&3\\1&4\end{pmatrix}$，　$\boldsymbol{A}^{10}=-\dfrac{1}{4}\begin{pmatrix}-3-5^{10}&3-3\times5^{10}\\1-5^{10}&-1-3\times5^{10}\end{pmatrix}$.

8. 由于 $\boldsymbol{A}$ 相似于 $\boldsymbol{B}$，故 $\boldsymbol{B}$ 与 $\boldsymbol{A}$ 有相同的特征值 $-1,2,3$. 从而 $\boldsymbol{B}^2-2\boldsymbol{B}-\boldsymbol{E}$ 的特征值为 $2,-1,2$；　$\boldsymbol{B}^{-1}$ 的特征值为 $-1,\dfrac{1}{2},\dfrac{1}{3}$.

9. 提示：由 $\boldsymbol{P}^{-1}\boldsymbol{A}\boldsymbol{P}=\boldsymbol{B}\Rightarrow\boldsymbol{P}^{-1}\boldsymbol{A}^k\boldsymbol{P}=\boldsymbol{B}^k$.

10. 提示：设 λ_1,λ_2 是 $\boldsymbol{A}$ 的两个特征值，则 $|\boldsymbol{A}|=\lambda_1\lambda_2<0\Rightarrow\lambda_1\neq\lambda_2\Rightarrow\boldsymbol{A}$ 可对角化.

习　题　5.3

1. -48.　**2.** $k=\pm\dfrac{6}{7}$.

3. (1) $\left(\dfrac{1}{3},-\dfrac{2}{3},\dfrac{2}{3}\right)^{\mathrm{T}}$；(2) $\dfrac{1}{\sqrt{14}}(3,0,-2,-1)^{\mathrm{T}}=\left(\dfrac{3}{\sqrt{14}},0,-\dfrac{2}{\sqrt{14}},-\dfrac{1}{\sqrt{14}}\right)^{\mathrm{T}}$.

4. $\boldsymbol{\gamma}_1=\begin{pmatrix}0\\\dfrac{\sqrt{2}}{2}\\\dfrac{\sqrt{2}}{2}\end{pmatrix},\boldsymbol{\gamma}_2=\begin{pmatrix}\dfrac{\sqrt{6}}{3}\\\dfrac{\sqrt{6}}{6}\\-\dfrac{\sqrt{6}}{6}\end{pmatrix},\boldsymbol{\gamma}_3=\begin{pmatrix}\dfrac{\sqrt{3}}{3}\\-\dfrac{\sqrt{3}}{3}\\\dfrac{\sqrt{3}}{3}\end{pmatrix}$.

5. $x=\dfrac{1}{\sqrt{2}},y=\pm\dfrac{1}{\sqrt{2}}$.

6. (1) $\boldsymbol{x}=(a,a,0)^{\mathrm{T}}$，$a$ 为任意实数.

(2) $\boldsymbol{x}=(a,a,b)^{\mathrm{T}}$，$a,b$ 为任意实数.

7. 提示：利用正交性建立齐次线性方程组，它有非零解当且仅当 $\lambda=5$.

8. (1) 是；(2) 是；(3) 不是.

9. 提示：验证 $(\boldsymbol{A}+\boldsymbol{B})(\boldsymbol{A}^{-1}+\boldsymbol{B}^{-1})=\boldsymbol{E}$，或求出

$$(\boldsymbol{A}+\boldsymbol{B})^{-1}=(\boldsymbol{A}+\boldsymbol{B})^{\mathrm{T}}=\boldsymbol{A}^{\mathrm{T}}+\boldsymbol{B}^{\mathrm{T}}=\boldsymbol{A}^{-1}+\boldsymbol{B}^{-1}.$$

10. 提示：$(\boldsymbol{\alpha},k_1\boldsymbol{\beta}_1+k_2\boldsymbol{\beta}_2+\cdots+k_s\boldsymbol{\beta}_s)=k_1(\boldsymbol{\alpha},\boldsymbol{\beta}_1)+k_2(\boldsymbol{\alpha},\boldsymbol{\beta}_2)+\cdots+k_s(\boldsymbol{\alpha},\boldsymbol{\beta}_s)=0$.

11. 提示：证明 $(\boldsymbol{A}\boldsymbol{\alpha}_i,\boldsymbol{A}\boldsymbol{\alpha}_i)=1,(\boldsymbol{A}\boldsymbol{\alpha}_i,\boldsymbol{A}\boldsymbol{\alpha}_j)=0,i\neq j$.

习 题 5.4

1. 属于 $\lambda_1=1$ 的特征向量满足，$x_1=0, x_2=-x_3$；
属于 $\lambda_2=2$ 的特征向量满足，$x_3=-2x_2, x_2=-2x_3$；
属于 $\lambda_2=5$ 的特征向量满足，$x_1=0, x_2=x_3$.

可取正交矩阵 $P=\begin{pmatrix} 0 & 1 & 0 \\ \frac{1}{\sqrt{2}} & 0 & \frac{1}{\sqrt{2}} \\ -\frac{1}{\sqrt{2}} & 0 & \frac{1}{\sqrt{2}} \end{pmatrix}$，使得 $\boldsymbol{P}^{-1}\boldsymbol{AP}=\begin{pmatrix} 1 & & \\ & 2 & \\ & & 5 \end{pmatrix}$.

2. 提示：利用矩阵的迹和行列式相等定出 $x=4, y=5$.
属于 $\lambda_1=\lambda_2=5$ 的特征向量满足 $2x_1+x_2+2x_3=0$.

属于 $\lambda_3=-4$ 的特征向量满足 $\begin{cases} -5x_1+2x_2+4x_3=0, \\ 2x_1-8x_2+2x_3=0, \\ 4x_1+2x_2-5x_3=0, \end{cases}$ 即 $x_1=x_3=2x_2$.

令正交矩阵 $\boldsymbol{P}=\begin{pmatrix} \frac{1}{\sqrt{5}} & -\frac{4}{\sqrt{45}} & \frac{2}{3} \\ -\frac{2}{\sqrt{5}} & -\frac{2}{\sqrt{45}} & \frac{1}{3} \\ 0 & \frac{5}{\sqrt{45}} & \frac{2}{3} \end{pmatrix}$，则 $\boldsymbol{P}^{-1}\boldsymbol{AP}=\begin{pmatrix} 5 & 0 & 0 \\ 0 & 5 & 0 \\ 0 & 0 & -4 \end{pmatrix}$.

3. 提示：令 $\boldsymbol{A}_1=\begin{pmatrix} 5 & -2 \\ -2 & 2 \end{pmatrix}$，求出 $\boldsymbol{Q}=\frac{1}{\sqrt{5}}\begin{pmatrix} 1 & -2 \\ 2 & 1 \end{pmatrix}$，使得 $\boldsymbol{QA}_1\boldsymbol{Q}=\begin{pmatrix} 1 & 0 \\ 0 & 6 \end{pmatrix}$. 取 $\boldsymbol{P}=\begin{pmatrix} \boldsymbol{Q} & \boldsymbol{O} \\ \boldsymbol{O} & \boldsymbol{Q} \end{pmatrix}$，有 $\boldsymbol{P}^{-1}\boldsymbol{AP}=\begin{pmatrix} \boldsymbol{Q} & \boldsymbol{O} \\ \boldsymbol{O} & \boldsymbol{Q} \end{pmatrix}^{-1}\begin{pmatrix} \boldsymbol{A}_1 & \boldsymbol{O} \\ \boldsymbol{O} & \boldsymbol{A}_1 \end{pmatrix}\begin{pmatrix} \boldsymbol{Q} & \boldsymbol{O} \\ \boldsymbol{O} & \boldsymbol{Q} \end{pmatrix}=\begin{pmatrix} 1 & 0 & 0 & 0 \\ 0 & 6 & 0 & 0 \\ 0 & 0 & 1 & 0 \\ 0 & 0 & 0 & 6 \end{pmatrix}$.

4. 提示：$\boldsymbol{A}$ 的特征值满足 $\lambda^3=1$，从而 $\lambda=1$. 因而 $\boldsymbol{A}$ 相似于 $\boldsymbol{E}$，故 $\boldsymbol{A}=\boldsymbol{E}$.

5. $\boldsymbol{p}_3=\begin{pmatrix} 1 \\ 0 \\ 1 \end{pmatrix}$.

6. 因正交性求出 $\boldsymbol{p}_3=\begin{pmatrix} 1 \\ 0 \\ -1 \end{pmatrix}$，再求出

$$\boldsymbol{A}=\begin{pmatrix} 1 & 1 & 1 \\ -1 & 1 & 0 \\ 1 & 1 & -1 \end{pmatrix}\begin{pmatrix} 2 & 0 & 0 \\ 0 & 2 & 0 \\ 0 & 0 & 1 \end{pmatrix}\begin{pmatrix} 1 & 1 & 1 \\ -1 & 1 & 0 \\ 1 & 1 & -1 \end{pmatrix}^{-1}$$

$$=\frac{1}{4}\begin{pmatrix}2&2&1\\-2&2&0\\2&2&-1\end{pmatrix}\begin{pmatrix}1&-2&1\\1&2&1\\2&0&-2\end{pmatrix}=\frac{1}{4}\begin{pmatrix}6&0&2\\0&8&0\\2&0&6\end{pmatrix}.$$

7. 提示：(1) $r(\boldsymbol{A})=2<3\Rightarrow|\boldsymbol{A}|=0\Rightarrow\lambda_3=0$.

$\boldsymbol{p}_1,\boldsymbol{p}_2$ 为 $\boldsymbol{A}$ 的属于 $\lambda_1=6$ 的线性无关的特征向量. 若令 $\boldsymbol{p}_3=(x_1,x_2,x_3)^{\mathrm{T}}$，则必有

$$\begin{cases}\boldsymbol{p}_1^{\mathrm{T}}\boldsymbol{p}_3=x_1+x_2=0,\\ \boldsymbol{p}_2^{\mathrm{T}}\boldsymbol{p}_3=2x_1+x_2+x_3=0,\end{cases}$$

由此求出 $\boldsymbol{p}_3=(-1,1,1)^{\mathrm{T}}$. 于是 $\boldsymbol{A}$ 属于 $\lambda_3=0$ 的全部特征向量为 $k\boldsymbol{p}_3, k\neq0$.

(2) $$\boldsymbol{A}=\begin{pmatrix}1&2&-1\\1&1&1\\0&1&1\end{pmatrix}\begin{pmatrix}6&0&0\\0&6&0\\0&0&0\end{pmatrix}\begin{pmatrix}1&2&-1\\1&1&1\\0&1&1\end{pmatrix}^{-1}$$

$$=\begin{pmatrix}1&2&-1\\1&1&1\\0&1&1\end{pmatrix}\begin{pmatrix}6&0&0\\0&6&0\\0&0&0\end{pmatrix}\begin{pmatrix}0&1&-1\\\frac{1}{3}&\frac{-1}{3}&\frac{2}{3}\\\frac{-1}{3}&\frac{1}{3}&\frac{1}{3}\end{pmatrix}^{-1}=\begin{pmatrix}4&2&2\\2&4&-2\\2&-2&4\end{pmatrix}.$$

8. 提示：设 λ 是 $\boldsymbol{A}$ 的任一特征值，则 $\lambda^2=0\Rightarrow\lambda=0$.

9. $\boldsymbol{A}$ 与 $\boldsymbol{B}$ 相似.

习　题　6.1

1. (1) 不是；(2) 不是；(3) 不是；(4) 是.

2. (1) $\begin{pmatrix}1&2\\2&5\end{pmatrix}$；(2) $\begin{pmatrix}0&\frac{1}{2}&-\frac{1}{2}\\\frac{1}{2}&0&\frac{1}{2}\\-\frac{1}{2}&\frac{1}{2}&0\end{pmatrix}$；(3) $\begin{pmatrix}1&-1&0\\-1&2&-\frac{1}{2}\\0&-\frac{1}{2}&3\end{pmatrix}$；

(4) $\begin{pmatrix}2&-2&0&3\\-2&-1&-3&0\\0&-3&0&4\\3&0&4&-1\end{pmatrix}$.

3. (1) $f(x_1,x_2)=2x_1x_2$；

(2) $f(x_1,x_2)=ax_1^2+2bx_1x_2+dx_2^2$；

(3) $f(x_1,x_2,x_3)=x_1^2-x_2^2+5x_3^2+2x_1x_2+4x_2x_3$；

(4) $f(x_1,x_2,x_3)=-x_1^2-\sqrt{2}x_2^2+4x_3^2+2x_1x_2-6x_2x_3$；

(5) $f(x_1,x_2,x_3,x_4)=2x_1x_2+x_1x_3-3x_1x_4-2x_2x_3-2x_2x_4+6x_3x_4$.

4. (1) 3；(2) 2.

5. (1) $\boldsymbol{P}^{\mathrm{T}}\boldsymbol{AP}=\begin{pmatrix}1&2&-3\\2&4&-12\\-3&-12&-9\end{pmatrix}$，$f=y_1^2+4y_2^2-9y_3^2+4y_1y_2-6y_1y_3-24y_2y_3$；

(2) $\boldsymbol{P}^{\mathrm{T}}\boldsymbol{A}\boldsymbol{P}=\begin{pmatrix}-8 & -2 & 17\\ -2 & 1 & -3\\ 17 & -3 & 1\end{pmatrix}$, $f=-8y_1^2+y_2^2+y_3^2-4y_1y_2+34y_1y_3-6y_2y_3$.

6. (1) $a=1,b=2$;

(2) 属于 $\lambda_1=\lambda_2=2$ 的特征向量满足 $x_1-2x_3=0$，

属于 $\lambda_3=-3$ 的特征向量满足 $-2x_1-x_3=0,x_2=0$.

可用正交变换

$$\begin{pmatrix}x_1\\ x_2\\ x_3\end{pmatrix}=\begin{pmatrix}\frac{2}{\sqrt{5}} & 0 & \frac{1}{\sqrt{5}}\\ 0 & 1 & 0\\ \frac{1}{\sqrt{5}} & 0 & -\frac{2}{\sqrt{5}}\end{pmatrix}\begin{pmatrix}y_1\\ y_2\\ y_3\end{pmatrix}$$

化成标准形 $f=2y_1^2+2y_2^2-3y_3^2$.

(3) 规范形为 $f=z_1^2+z_2^2-z_3^2$.

7. (1) 正交变换为

$$\begin{pmatrix}x_1\\ x_2\\ x_3\end{pmatrix}=\begin{pmatrix}\frac{\sqrt{2}}{2} & \frac{\sqrt{2}}{6} & \frac{2}{3}\\ 0 & -\frac{2\sqrt{2}}{3} & \frac{1}{3}\\ -\frac{\sqrt{2}}{2} & \frac{\sqrt{2}}{6} & \frac{2}{3}\end{pmatrix}\begin{pmatrix}y_1\\ y_2\\ y_3\end{pmatrix},$$

标准形为 $f=5y_1^2+5y_2^2-4y_3^2$.

(2) 正交变换为

$$\begin{pmatrix}x_1\\ x_2\\ x_3\end{pmatrix}=\begin{pmatrix}1 & 0 & 0\\ 0 & \frac{1}{\sqrt{2}} & \frac{1}{\sqrt{2}}\\ 0 & \frac{1}{\sqrt{2}} & -\frac{1}{\sqrt{2}}\end{pmatrix}\begin{pmatrix}y_1\\ y_2\\ y_3\end{pmatrix},$$

标准形为 $f=2y_1^2+5y_2^2+y_3^2$.

8. (1) $f=y_1^2+y_2^2-2y_3^2$, $\begin{pmatrix}x_1\\ x_2\\ x_3\end{pmatrix}=\begin{pmatrix}1 & -1 & 2\\ 0 & 1 & -1\\ 0 & 0 & 1\end{pmatrix}\begin{pmatrix}y_1\\ y_2\\ y_3\end{pmatrix}$;

(2) $f=2y_1^2+3y_2^2+\frac{5}{3}y_3^2$, $\begin{pmatrix}x_1\\ x_2\\ x_3\end{pmatrix}=\begin{pmatrix}1 & -1 & \frac{1}{3}\\ 0 & 1 & \frac{2}{3}\\ 0 & 0 & 1\end{pmatrix}\begin{pmatrix}y_1\\ y_2\\ y_3\end{pmatrix}$;

(3) $f=y_1^2-y_2^2+3y_3^2$, $\begin{pmatrix}x_1\\ x_2\\ x_3\end{pmatrix}=\begin{pmatrix}1 & 1 & 3\\ 1 & -1 & -1\\ 0 & 0 & 1\end{pmatrix}\begin{pmatrix}y_1\\ y_2\\ y_3\end{pmatrix}$.

9. $a=5,b=2$，所用的正交变换为

$$\begin{pmatrix}x_1\\x_2\\x_3\end{pmatrix}=\begin{pmatrix}0&\frac{2}{\sqrt{5}}&-\frac{1}{\sqrt{5}}\\1&0&0\\0&\frac{1}{\sqrt{5}}&\frac{2}{\sqrt{5}}\end{pmatrix}\begin{pmatrix}y_1\\y_2\\y_3\end{pmatrix}.$$

10. 提示：可求出 f 对应的对称矩阵 $\boldsymbol{A}$ 的特征值，或用配方法把 f 化成标准形，即可得 f 的规范形 $f=y_1^2-y_2^2$. 它的正惯性指数为 1，秩为 2.

11. $a=0$，标准形 $f=y_1^2+2y_2^2$ 或 $f=z_1^2+z_2^2$.

习　题　6.2

1.（1）因为 $-6x_2^2$ 的系数小于 0，所以 f 不是正定二次型；

（2）$D_1=2,D_2=3,D_3=3,f$ 是正定二次型；

（3）$D_1=2,D_2=3,D_3=9,f$ 是正定二次型；

（4）因为 $D_2=0,f$ 不是正定二次型；

（5）因为 $D_3=-13<0,f$ 不是正定二次型；

（6）因为 $D_3=-6<0,f$ 不是正定二次型.

2.（1）$\lambda>2$；（2）$\lambda>2$；

（3）$D_1=1,D_2=1-\lambda^2>0,D_3=-\lambda(5\lambda+4)>0\Rightarrow-\frac{4}{5}<\lambda<0$；

（4）$-\sqrt{2}<\lambda<\sqrt{2}$.

3.（1）$a>1$；（2）$a>2$.

4. 提示：先求出 $\boldsymbol{A}$ 的 3 个特征值 $0,2,2$，再求出 $\boldsymbol{B}$ 的 3 个特征值 $a^2,(a+2)^2,(a+2)^2$，于是，$\boldsymbol{B}$ 是正定矩阵当且仅当 $a\neq0$ 且 $a\neq-2$.

5.（1）$\boldsymbol{A}$ 的特征值 λ 满足 $\lambda^2+2\lambda=0$，再根据 $\mathrm{r}(\boldsymbol{A})=2$ 知 $\boldsymbol{A}$ 的特征值为 $-2,-2,0$；

（2）因为 $k\boldsymbol{E}+\boldsymbol{A}$ 的特征值为 $k-2,k-2,k$，所以 $k\boldsymbol{E}+\boldsymbol{A}$ 正定当且仅当 $k>2$.

6. 提示：$\boldsymbol{A}$ 的正交相似标准形 $\boldsymbol{\Lambda}$ 是正交矩阵也是正定矩阵，因为 $\boldsymbol{\Lambda}$ 是对角矩阵，因而必是单位矩阵.

7. 提示：设 $\lambda_1,\lambda_2,\cdots,\lambda_n$ 是 $\boldsymbol{A}$ 的特征值，则 $1+\lambda_1,1+\lambda_2,\cdots,1+\lambda_n$ 是 $\boldsymbol{E}+\boldsymbol{A}$ 的特征值；或证 $f(x_1,x_2,\cdots,x_n)=\boldsymbol{x}^{\mathrm{T}}(\boldsymbol{E}+\boldsymbol{A})\boldsymbol{x}$ 是正定二次型.

8. 提示：设 $\lambda_1,\lambda_2,\cdots,\lambda_n$ 是 $\boldsymbol{A}$ 的特征值，则 $\lambda_1^k,\lambda_2^k,\cdots,\lambda_n^k$ 是 $\boldsymbol{A}^k$ 的 n 个特征值.

9. 提示：$\boldsymbol{A}$ 的任意一个特征值 λ 都是方程 $x^3-6x^2+11x-6=0$ 的根，而该方程的 3 个根分别为 1,2,3，于是可知 $\boldsymbol{A}$ 的特征值均大于 0，从而 $\boldsymbol{A}$ 正定.

10. 提示：设 $\lambda_1,\lambda_2,\cdots,\lambda_n$ 是 $\boldsymbol{A}$ 的特征值，则 $\lambda_j>0,j=1,2,\cdots,n$. 于是 $\boldsymbol{A}+n\boldsymbol{E}$ 的特征值为 $\mu_j=\lambda_j+n>n$，从而

$$|\boldsymbol{A}+n\boldsymbol{E}|=(\lambda_1+n)(\lambda_2+n)\cdots(\lambda_n+n)>n^n.$$

参 考 书 目

[1] 卢刚. 线性代数[M]. 北京:高等教育出版社,2000.

[2] 丘维声. 简明线性代数[M]. 北京:北京大学出版社,2002.

[3] 姚慕生,高汝熹. 高等数学(二):第一分册　线性代数[M]. 武汉:武汉大学出版社,1989.

后　　记

经全国高等教育自学考试指导委员会同意，由公共课课程指导委员会负责高等教育自学考试数学类教材的审定工作.

《线性代数(经管类)(2023年版)》自学考试教材由北京邮电大学理学院刘吉佑副教授及刘志学讲师担任主编.

参加本教材审稿讨论会并提出修改意见的有中央财经大学尹钊教授、清华大学朱彬教授、清华大学杨晶副教授.全书由刘吉佑副教授修改定稿.

编审人员付出了大量努力，在此一并表示感谢！

全国高等教育自学考试指导委员会

公共课课程指导委员会

2023年1月